21世纪高等院校教材

GPS测量原理及应用

张　勤　李家权等　编著

科学出版社

北　京

内 容 简 介

本书系统地介绍了 GPS 全球卫星导航定位系统的基础知识及其发展，包括系统的组成、与卫星定位相关的坐标和时间参考系统、卫星轨道、卫星信号、定位原理、GPS 信号接收机及全球卫星导航定位系统（GNSS）的近期发展动态。书中重点介绍了 GPS 静态和动态定位的原理，讨论了 GPS 卫星定位中的有关误差及其处理措施、GPS 测量中网的设计与实施作业；详细介绍了 GPS 定位中的数据处理。本书还较全面地概述了 GPS 定位测量技术的应用，最后对几种常用的空间大地测量技术作了简要介绍。

本书可作为高等院校测绘类本科生或相关专业研究生教材，也可作为测绘专业的科技人员和从事定位与导航工作的科技人员及高等院校相关专业师生的参考书。

图书在版编目（CIP）数据

GPS 测量原理及应用/张勤，李家权等编著.—北京：科学出版社，2005

（21 世纪高等院校教材）

ISBN 978-7-03-015402-6

Ⅰ.G…　Ⅱ.①张…②李…　Ⅲ.全球定位系统（GPS）-高等学校-教材
Ⅳ.P228.4

中国版本图书馆 CIP 数据核字（2005）第 036239 号

责任编辑：杨　红　郭　森／责任校对：李奕萱
责任印制：张　伟／封面设计：陈　敬

科学出版社 出版
北京东黄城根北街 16 号
邮政编码：100717
http://www.sciencep.com
北京盛通商印快线网络科技有限公司 印刷
科学出版社发行　各地新华书店经销
*
2005 年 7 月第　一　版　开本：B5(720×1000)
2022 年 1 月第十七次印刷　印张：19 1/2
字数：377 000
定价：68.00 元
（如有印装质量问题，我社负责调换）

序

自从 1978 年 2 月 22 日第一颗 GPS 试验卫星进入轨道以来，27 年间 GPS 已经显示了它巨大的社会、军事作用与经济、社会效益。GPS 卫星发射的导航、定位信号，作为一种时空信息资源，可在全球范围内向无数用户提供位置、速度和时间信息。现在，不论人们是从事何种职业，也不论是在白天还是晚上，只要手中有一台价格低廉、大小接近手机的 GPS 信号接收机，就可以准确知道自己身在何处。当前，GPS 的应用范围正在不断扩大，一切需要空间位置、速度与时间信息的行业，都需要 GPS。

27 年来 GPS 已经给许多相关学科带来了革命性的变化，大地测量学就是变化最显著的学科之一。GPS 不仅极大地丰富了大地测量的学科内容，而且还将大地测量的应用范围由陆地延伸到海洋、由局部地区扩展到全球，由静态测量发展到动态测量。在 20 世纪中期开始崛起的空间大地测量学，就是以 GPS、VLBI 与 SLR 等为主要技术手段来研究大地测量学中的科学与应用问题。这些大地测量的崭新技术，可以在全球任意尺度上使测距相对精度达到 10^{-6}～10^{-9}，尤其是 GPS 更能在一瞬间向用户提供亚米级（WAAS）、甚至厘米级（RTK）点位坐标，这就从根本上突破了传统大地测量的时空局限性。在最近 10 年间，GPS 连续运行参考站的发展，实现了在无人值守的情况下对地学事件及重大工程项目的自动连续监测，并可连续发布差分改正数信号，提供厘米级精度的导航、定位服务，以此在地学领域用以监测地球运动状态，研究地学中的相关问题。在测绘学领域，GPS 的应用范围早已超出了传统大地测量学的界限，而渗入到工程测量、地籍测量、摄影测量与遥感，以及地理信息系统（GIS）等各个分支学科领域内。在航天与导航、地质调查、农业与林业、环境保护等许多应用领域，GPS 的作用也越来越明显。GPS 还可用来进行大气可降水量的研究，监测电离层中自由电子浓度和分布，开展 GPS 气象学服务。利用 GPS 定位中的多路径效应发展的 GPS 测高技术，可用于测定海面或冰面地形、波浪形态、洋流速度和方向等。

GPS 技术的这种划时代的革命性巨大的应用潜力，使其在许多学科和行业中受到普遍重视与关注。我国高校测绘类专业与其他相关专业都开设了 GPS 方面的课程，或者在测量学中增加了有关 GPS 的章节。《GPS 测量原理及应用》一书就是应测绘工程专业 GPS 课程的教学之需，由长安大学的张勤与李家权两位教授编著的教材。全书系统地介绍了 GPS 采用的坐标与时间系统、卫星的运行轨道、GPS静态定位与动态定位原理，以及GPS数据处理的原理与方法。学生在学过这些基本章节后，对GPS将有一个比较完整的了解，这对学生将来的工作或继续深造都非常有益。该书第7章还介绍了GPS在大地测量、地球动力学研究、摄影测量与遥感，以及工程测量等许多领域内的应用。第8章介绍了俄罗斯（GLONASS）、欧洲（Galileo）的卫星导航定位系统，以及美国的GPS现代化计划，并对我国发射的北斗双星定位系统作了专门介绍。全书最后还简要介绍了空间大地测量的其他一些近代技术，如甚长基线干涉测量（VLBI）、卫星激光测距（SLR）、合成孔径雷达干涉测量（INSAR）等。这些内容对于学生可以起到开拓视野，放眼未来的作用。

本书内容丰富，图文并茂，各章最后都附有思考题。全书章节编排合理，脉络清晰，理论和应用配合适当，叙述通俗易懂。两位作者都具有长期从事教学和GPS科研生产的经验，这本书也是在他们多年教学与科研积累的基础上撰写出来的，包含了他们多年辛勤劳动的成果。本书既适合作为测绘类专业本科生学习GPS课程的教材，又可供相关专业的本科生与研究生参考。

在本书出版之前，我有幸先睹为快，就此写下一些阅读后的心得与感想，供读者与作者参考。

宁津生

中国工程院院士

全国高等学校测绘学科教学指导委员会主任

2005年5月于武汉大学

前　言

自20世纪50年代末人类成功地把第一颗人造地球卫星送入太空以来，空间科学与技术即以异常迅猛的速度飞速发展，以全球定位系统GPS（global positioning system）为代表的卫星导航定位系统成为现代空间科学与其他多个学科高新技术融合发展的结晶。GPS是一种全新的空基无线电导航定位系统，它不仅能够实现全天候、全天时和全球性的连续三维空间定位，而且还能对运动载体的速度、姿态进行实时测定以及精确授时。正是由于GPS具有其他定位技术难以比拟的优越性，所以GPS计划从一开始就引起了世界各国学者的广泛关注，使得GPS的应用开发也几乎与其本身的发展同步进行。20余年的发展与使用历史已经证明，GPS全球卫星导航定位系统具有极其广泛的应用范围，从地面、海上到空中、空间，从高空飞行的卫星、导弹到地壳运动与灾害监测，从地球动力学、地球物理学、大地测量学、工程测量学到交通管理、海洋学和气象学等。毫不夸张地说，GPS的应用几乎触及人类社会生活每一领域的每个方面，甚至有人形容它的应用“只受到人们想象力的限制”。可以相信，随着“GPS现代化”的逐步实施和完成，GPS必将迅速地向更为宽广的范围与更加深刻的层次发展和普及。

作者于1984年初（GPS发展的中期阶段）在国内院校较早地开始为本、专科生开设GPS卫星定位测量课程，以后又为研究生开设了空间定位理论课程，并先后承担完成了大量有关GPS理论与应用方面的科研和生产任务。在此基础上，为了满足教学的需要，作者于20世纪90年代初编写了“GPS定位测量原理与应用”的校内讲义，随后又编写出版了《全球定位系统（GPS）测量原理及其数据处理基础》，得到了使用者的良好评价，目前该版本的书籍已销售一空。鉴于此，作者以原有教材为基本素材，结合近年来全球空间定位技术的最新发展情况，以及作者多年的教学科研成果，编写了本书，旨在为初学者提供一本内容深入浅出、覆盖面广，既易于掌握卫星定位基本原理与方法，又能紧密跟随现代空间定位技术发展与应用脉络的教材。

全书共8章，内容包括：GPS卫星定位测量基础，GPS卫星信号及其测量原理，GPS静态与动态定位原理，GPS控制网的设计与外业工作，GPS网平差与数据处理方法，GPS定位技术的应用和现代全球卫星导航定位系统发展等。同时，为使读者对空间定位技术有一个全面的了解，本书还介绍了除美国GPS全球定位系统以外的俄罗斯GLONASS系统、欧洲Galileo系统和我国的北斗双星定位系统的组成特点和原理，以及GPS现代化的内涵与作用，最后本书还对其他几种空间大地测量技术作了简要介绍，如甚长基线干涉测量（VLBI）、卫星激光测距（SLR）、合成孔径雷达干涉测量（INSAR）和卫星测高等。

本书第1、2章由李家权教授编写；第3章1、2节由李家权教授编写，第3、4节由张勤教授编写，第5节由王利讲师编写；第4、5、6章由张勤教授编写，其中第5章第2节由高雅萍讲师编写，第6章第1、6节由刘万林副教授编写；第7章第1节由李家权教授编写，第2、3、4节由王利讲师编写；第8章第1、2、3节由张勤教授编写，第5节由高雅萍讲师编写，第4、6节由赵超英博士编写。王利讲师还完成了本书各章思考题的编写及全书的校对工作，张勤、李家权教授完成了全书最后的审阅工作。

本书可作为高等院校测绘类专业本科生或非测绘专业研究生学习GPS相关课程的教材，也可作为测绘专业的科技人员和从事定位和导航工作的有关人员及高等院校有关师生学习GPS的“通用教材”。实际授课时，教师可根据本专业学生的基础情况和学时选择部分重点章节进行讲授，而适当地忽略某些内容。

GPS卫星定位测量是以多学科相互渗透而形成的一门新兴学科，涉及数学、天文学、数字通讯技术、无线电技术、现代数据处理技术和测绘科学等诸多学科的相关知识，加之作者水平有限，书中难免有错误和疏漏之处，恳请读者不吝斧正。

作　者

2005年6月

目　　录

序

前言

第1章　GPS卫星定位测量基础 …… 1

1.1　GPS定位系统概述 …… 1

1.1.1　卫星大地测量的发展概况 …… 1

1.1.2　GPS系统的组成 …… 5

1.1.3　其他卫星导航定位系统 …… 8

1.2　GPS定位系统的坐标系 …… 9

1.2.1　天球概述 …… 10

1.2.2　两种天球坐标系及其转换模型 …… 12

1.2.3　极移与国际协议地极原点 …… 15

1.2.4　两种地球坐标系及其转换模型 …… 15

1.2.5　瞬时极（真）天球坐标系到瞬时极（真）地球坐标系的转换模型 …… 18

1.2.6　WGS-84世界大地坐标系 …… 19

1.3　GPS定位的时间系统 …… 20

1.3.1　世界时系统 …… 20

1.3.2　原子时 …… 22

1.3.3　力学时 …… 23

1.3.4　协调世界时 …… 23

1.3.5　GPS时间系统 …… 24

1.4　人造地球卫星的正常轨道运动 …… 24

1.4.1　二体问题意义下卫星的运动方程 …… 24

1.4.2　开普勒定律和卫星运动的轨道参数 …… 25

1.4.3　卫星的瞬时位置计算 …… 32

1.4.4　卫星运动的瞬时速度计算 …… 34

1.5　人造地球卫星的受摄运动 …… 35

1.5.1　卫星运动的摄动力和受摄运动方程 …… 35

1.5.2　地球引力场摄动力及其对卫星轨道运动的影响 …… 37

1.5.3　日、月引力摄动 …… 39

1.5.4　太阳光压摄动 …… 40

1.5.5 其他摄动力影响 …… 40
思考题 …… 41
第2章 GPS卫星信号及其测量原理 …… 42
2.1 GPS卫星的测距码信号与伪距测量原理 …… 42
2.1.1 码的基本概念 …… 42
2.1.2 伪随机噪声码及其产生 …… 43
2.1.3 GPS卫星的测距码信号 …… 45
2.1.4 码相关伪距测量原理 …… 47
2.2 GPS卫星的导航电文 …… 48
2.2.1 导航电文的组成格式 …… 48
2.2.2 导航电文的内容 …… 49
2.3 GPS卫星星历 …… 52
2.3.1 GPS卫星的预报星历 …… 52
2.3.2 GPS卫星的后处理星历 …… 53
2.4 GPS卫星的载波信号与相位测量原理 …… 55
2.4.1 GPS卫星的载波信号 …… 55
2.4.2 GPS卫星信号的调制 …… 55
2.4.3 GPS卫星信号的解调 …… 57
2.4.4 载波相位测量原理 …… 59
2.5 美国政府关于GPS卫星信号的限制使用政策 …… 60
2.5.1 GPS工作卫星的SA与AS技术 …… 60
2.5.2 GPS用户的反限制技术措施 …… 61
2.6 GPS信号接收机 …… 62
2.6.1 GPS信号接收机的基本工作原理 …… 62
2.6.2 GPS信号接收机分类 …… 66
2.6.3 几种常见的测量型GPS信号接收机 …… 68
思考题 …… 71
第3章 GPS静态定位原理 …… 73
3.1 GPS定位方法分类及其误差源 …… 73
3.1.1 GPS定位方法分类 …… 73
3.1.2 GPS测量误差概述 …… 75
3.1.3 卫星星历误差 …… 76
3.1.4 时钟误差 …… 78
3.1.5 卫星信号传播误差 …… 79
3.1.6 与接收设备有关的误差 …… 85

3.2 静态绝对定位原理 …… 87
3.2.1 伪距观测方程及其线性化 …… 87
3.2.2 伪距法绝对定位解 …… 88
3.2.3 卫星几何分布精度因子 …… 90
3.3 静态相对定位原理 …… 92
3.3.1 静态相对定位的一般概念 …… 92
3.3.2 载波相位观测方程及其线性化 …… 93
3.3.3 基线向量的单差模型及其解算 …… 95
3.3.4 基线向量的双差和三差模型及其解算 …… 99
3.3.5 相位观测量线性组合的相关性 …… 102
3.4 整周未知数的确定方法与周跳分析 …… 104
3.4.1 整周未知数的确定方法 …… 105
3.4.2 周跳的探测与修复 …… 109
3.5 GPS 快速静态相对定位 …… 112
3.5.1 准动态定位法 …… 112
3.5.2 快速整周未知数解算原理 …… 113
3.5.3 快速整周未知数求解方法 …… 114
3.5.4 快速静态定位作业方式 …… 116
思考题 …… 117
第 4 章 GPS 动态定位原理 …… 118
4.1 GPS 动态绝对定位原理 …… 118
4.2 GPS 动态相对定位与差分 GPS …… 120
4.3 差分 GPS 定位原理 …… 122
4.3.1 位置差分原理 …… 122
4.3.2 伪距差分原理 …… 123
4.3.3 相位平滑伪距差分 …… 125
4.4 载波相位差分原理 …… 128
4.4.1 载波相位差分 GPS 定位原理 …… 128
4.4.2 整周未知数的动态求解 …… 131
4.4.3 RTK GPS 定位设备 …… 134
4.5 动态相对定位中的坐标转换 …… 135
4.5.1 三维空间直角坐标系下的坐标转换 …… 135
4.5.2 平面坐标转换 …… 136
4.6 广域差分 GPS …… 137
4.6.1 单站差分 GPS …… 137

4.6.2 局部区域差分 GPS …… 138

4.6.3 广域差分 GPS 系统 …… 139

思考题 …… 142

第 5 章 GPS 控制网的设计与外业工作 …… 143

5.1 GPS 网的构网特点与网形设计一般原则 …… 143

5.1.1 GPS 网的构网特点 …… 143

5.1.2 GPS 控制网的构网方式 …… 144

5.1.3 GPS 控制网网形设计的一般原则 …… 146

5.2 GPS 控制网的优化设计 …… 146

5.2.1 GPS 测量的特点以及优化设计的内容 …… 147

5.2.2 GPS 网基准的优化设计 …… 148

5.2.3 GPS 网的精度设计 …… 149

5.2.4 GPS 网精度设计实例 …… 151

5.3 GPS 网的可靠性设计 …… 152

5.3.1 GPS 网可靠性概念 …… 152

5.3.2 传统控制网可靠性设计标准 …… 153

5.3.3 GPS 控制网可靠性设计标准 …… 155

5.3.4 顾及可靠性标准的 GPS 网的设计 …… 159

5.4 GPS 测量的外业工作 …… 161

5.4.1 选点与埋设标志 …… 161

5.4.2 GPS 接收机的检验 …… 162

5.4.3 GPS 卫星预报与观测调度计划 …… 163

5.4.4 GPS 外业观测工作 …… 165

5.4.5 GPS 相对定位作业模式 …… 167

5.5 GPS 基线向量解算与网平差概述 …… 169

5.5.1 GPS 基线向量解算 …… 169

5.5.2 GPS 网平差与坐标转换概述 …… 170

5.6 GPS 观测成果检验与技术总结 …… 171

5.6.1 GPS 观测成果的检验 …… 171

5.6.2 GPS 测量的技术总结与上交资料 …… 172

思考题 …… 173

第 6 章 GPS 定位测量数据处理 …… 174

6.1 概述 …… 174

6.2 国家坐标系与地方独立坐标系 …… 175

6.2.1 旋转椭球与参心坐标系 …… 175

6.2.2 54北京和80西安国家坐标系 …… 177
6.2.3 站心坐标系 …… 179
6.2.4 地方独立坐标系 …… 180
6.2.5 高斯平面直角坐标系和UTM坐标系 …… 180
6.3 GPS定位测量中的坐标转换 …… 183
6.3.1 空间直角坐标系与椭球大地坐标系的关系 …… 183
6.3.2 三维坐标转换模型 …… 185
6.3.3 三维坐标差转换模型 …… 187
6.3.4 联合平差确定转换参数 …… 188
6.4 GPS网的三维平差 …… 190
6.4.1 三维无约束平差 …… 191
6.4.2 GPS网的三维约束平差 …… 193
6.4.3 GPS网的三维联合平差 …… 195
6.4.4 GPS网的三维平差中若干问题的处理 …… 196
6.5 GPS基线向量网的二维平差 …… 201
6.5.1 GPS基线向量网的二维投影变换 …… 202
6.5.2 GPS基线向量网的二维平差 …… 205
6.5.3 GPS网平差约束基准兼容性检验 …… 206
6.6 GPS高程 …… 212
6.6.1 高程系统简介 …… 212
6.6.2 GPS水准 …… 214
6.6.3 GPS重力高程 …… 217
6.6.4 GPS高程精度 …… 218
思考题 …… 219
第7章 GPS定位测量技术应用 …… 220
7.1 GPS在大地测量与地球动力学研究中的应用 …… 220
7.1.1 GPS在大地测量中的应用 …… 220
7.1.2 GPS在地球动力学研究中的应用 …… 225
7.2 GPS在灾害监测与预报中的应用 …… 230
7.2.1 GPS在滑坡、矿山地面沉陷等灾害地质监测中的应用 …… 230
7.2.2 GPS在大城市地面沉降监测中的应用 …… 233
7.2.3 GPS在大坝、桥梁、海上钻井平台等工程形变监测中的应用 …… 240
7.3 GPS在工程测量以及摄影测量与遥感技术中的应用 …… 243
7.3.1 GPS在桥梁与隧道控制测量中的应用 …… 244
7.3.2 GPS在各种线路工程测量中的应用 …… 247

7.3.3 GPS 在摄影测量与遥感技术中的应用 …… 251
7.4 GPS 定位技术的其他应用 …… 254
7.4.1 GPS 在海洋测绘中的应用 …… 254
7.4.2 GPS 在农业、林业与野外考查中的应用 …… 258
7.4.3 GPS 在导航、航天及天气预报中的应用 …… 260
7.4.4 GPS 测时、测速 …… 265
思考题 …… 266
第 8 章 现代全球卫星导航定位系统发展 …… 268
8.1 全球导航卫星系统概述 …… 268
8.2 俄罗斯卫星导航系统——GLONASS 卫星系统 …… 269
8.2.1 GLONASS 系统的发展与结构 …… 269
8.2.2 GLONASS 系统频率和信号 …… 270
8.2.3 现阶段 GLONASS 系统存在的问题与发展方向 …… 271
8.3 欧洲卫星导航系统——Galileo 系统 …… 272
8.3.1 Galileo 系统的结构和组成 …… 272
8.3.2 Galileo 系统的信号 …… 275
8.3.3 Galileo 系统的特点与 GPS 的同异及兼容性 …… 277
8.4 北斗双星导航定位系统——RDSS 系统 …… 279
8.4.1 双星定位系统的组成 …… 279
8.4.2 双星定位系统的定位原理及方法 …… 280
8.4.3 双星导航定位系统的功能与特点 …… 282
8.5 GPS 现代化的构架与作用 …… 284
8.5.1 现有 GPS 系统存在的问题 …… 284
8.5.2 GPS 现代化的构架 …… 285
8.5.3 GPS 现代化计划的进程安排 …… 288
8.6 空间大地测量新技术简介 …… 288
8.6.1 甚长基线干涉测量 …… 288
8.6.2 卫星激光测距 …… 291
8.6.3 卫星测高 …… 293
8.6.4 合成孔径雷达干涉测量 …… 294
8.6.5 由卫星集成的多普勒定轨和无线电定位系统 …… 295
8.6.6 精密测距及其变率测量系统 …… 296
思考题 …… 296
参考文献 …… 297

第 1 章　GPS 卫星定位测量基础

GPS 是全球定位系统（global positioning system）的英文缩写，是随着现代科学技术的迅速发展而建立起来的新一代精密卫星导航定位系统。GPS 卫星定位测量是利用 GPS 系统解决大地测量问题的一项空间技术。本章介绍 GPS 卫星定位测量的基础知识，包括 GPS 系统简介、卫星定位测量采用的坐标系统和时间系统、GPS 卫星的轨道运动和星历计算等内容。

1.1　GPS 定位系统概述

1.1.1　卫星大地测量的发展概况

1957 年 10 月 4 日，世界上第一颗人造地球卫星（SPUTNIK-1）发射成功，标志着空间科学技术的发展进入到了一个崭新的时代。随着人造地球卫星的不断入轨运行，利用人造地球卫星进行定位测量已成为现实。20 世纪 60 年代卫星定位测量技术问世，并逐渐发展成为利用人造地球卫星解决大地测量问题的一项空间技术。卫星定位测量技术的发展过程可归结为三个阶段：卫星三角测量、卫星多普勒定位测量、GPS 卫星定位测量。

1. 卫星三角测量原理

卫星定位测量技术问世之初，人造地球卫星仅仅作为一种空间的动态观测目标，由地面测站拍摄卫星的瞬时位置而测定地面点的坐标，称为卫星三角测量。设 A、B 是地面上两个已知点，C 是待定点（图 1-1），A、C 两个测站用卫星摄影仪（记时照相仪）同步拍摄卫星 S_1 的相片，由此得到的摄影底片，既有卫星 S_1 在两张相片上的同步影像 S_a 和 S_c，又有某些恒星的影像 S^*。在天文年历中可查出恒星 S^* 的坐标，并以此为起算数据在相片上量算 S_a 和 S_c 的坐标，进而推算方向 AS_1 和 CS_1，获得同步平面 ACS_1。用同样的方法观测

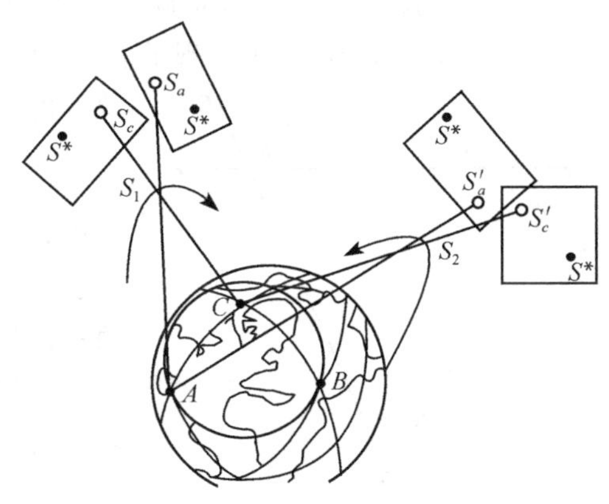

图 1-1　卫星三角测量原理

另一颗卫星 S_2，可得另一同步平面 ACS_2。两平面的交线即弦 AC。类似地，在 B、C 设站，同样观测卫星 S_1 和 S_2，则可得弦 BC。弦 AC 与 BC 的交点，即待定点 C。如果 A、B 两测站位于大陆，而 C 点在远海岛屿上，用上述卫星三角测量的方法可实现大陆与海岛间的联测定位，这是常规大地测量技术所不及的。

1966～1972 年间，美国国家大地测量局（NGS）在美国和联邦德国测绘部门的协助下，应用上述卫星三角测量的方法，测量了具有 45 个测站的全球三角网，并获得了 5m 的点位精度。但是，卫星三角测量资料处理过程复杂，且定位精度不高，不能获得待定点三维地心坐标，因此，目前已成为一种过时的测量技术。卫星三角测量是卫星定位测量历史发展的初级阶段，随着科学技术的进一步发展，卫星定位测量由初级阶段进入了高级阶段。

2. 卫星多普勒定位测量

1958 年 12 月，美国海军和詹斯·霍普金斯（Johns Hopkins）大学应用物理实验室开始联合研制美国海军导航卫星系统（navy navigation satellite system），简称 NNSS 系统。1959 年 9 月发射了第一颗试验卫星。美国海军研制 NNSS 系统的目的，是给“北极星”核潜艇提供全球性导航系统。经过几年试验研究，该系统于 1964 年建成并投入使用。1967 年美国政府宣布：NNSS 系统解密提供民用。NNSS 系统又称子午卫星导航系统，由 6 颗工作卫星组成子午卫星星座。卫星高度在 950～1 200km 之间，运行周期约为 107min，卫星轨道近似圆形且经过地球南、北极上空，故称子午卫星（Transit）。子午卫星导航系统的出现，标志着卫星大地测量技术由初级阶段进入高级阶段，其特点是：①卫星不再作为一种单纯的空间动态观测目标，而是通过其轨道参数介入定位计算的动态已知点。②观测不再采用传统的几何模式，而是通过地面测站接收卫星发射的信号测定站星距离来定位。利用子午卫星射电信号测定地面点位置的技术，称为卫星多普勒定位技术，其基本原理基于奥地利物理学家多普勒（Christian Doppler，1803～1853）于 1842 年发现的多普勒效应：当波源与观测者作相对运动时，波源发射频率与观测者接收频率之间具有以下关系：

$$f_r = \frac{c}{c - \boldsymbol{v} \cdot \cos\alpha} \cdot f_s \tag{1-1}$$

式中，f_s 为波源发射频率；f_r 为测站接收频率；c 为光速；α 为波源运动方向与测站方向间的夹角；$\boldsymbol{v}$ 为波源运动速度（图 1-2）。

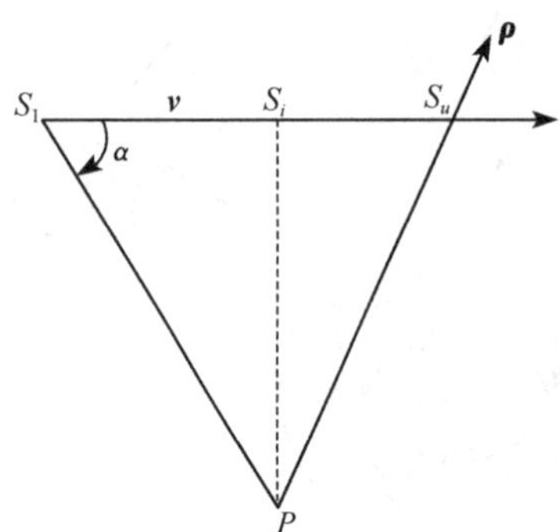

图 1-2 多普勒效应示意图

由图 1-2，卫星即波源运动的向径速度 $\boldsymbol{\rho}_v$ 可表示为

$$\boldsymbol{\rho}_v = \frac{\mathrm{d}\boldsymbol{\rho}}{\mathrm{d}t} = - v\cos\alpha \tag{1-2}$$

代入式（1-1），整理后可得

$$f_r = \left(1 - \frac{\boldsymbol{\rho}_v}{c}\right) \cdot f_s \tag{1-3}$$

记 $\Delta f = f_s - f_r$ 称为多普勒频移，于是有

$$\boldsymbol{\rho}_v = \frac{\mathrm{d}\boldsymbol{\rho}}{\mathrm{d}t} = \frac{c}{f_s}\Delta f \tag{1-4}$$

多普勒频移一经确定，即可求出 $\boldsymbol{\rho}_v$，积分后可得卫星与测站间的距离 ρ。如果已知卫星在地心空间直角坐标系中的瞬时位置向量 $\boldsymbol{r}$，并由卫星多普勒定位技术测得站星距离向量 $\boldsymbol{\rho}$，那么测站位置向量 $\boldsymbol{R}$ 就可由式（1-5）求得（图 1-3）：

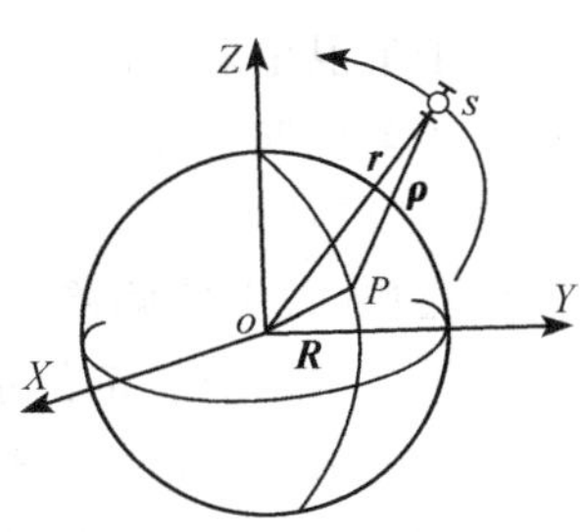

图 1-3　卫星定位测量原理

$$\boldsymbol{R} = \boldsymbol{r} - \boldsymbol{\rho} \tag{1-5}$$

卫星多普勒定位技术具有经济、快速和不受天气、时间限制等许多优点。在地球上任何地方只要能见到子午卫星，便可进行单点定位和联测定位，采集两天数据可获得具有分米级定位精度的测站三维地心坐标。许多国家都采用了卫星多普勒定位技术。美洲各国大约测定了 500 多个多普勒点；西欧各国测定了 30 多个多普勒点；法国除在本土建立了多普勒网以外，还在阿尔及利亚、利比亚、圭亚那和加蓬等国测定了 115 个多普勒点。我国也测定了近百个多普勒点，并布设了全国性的多普勒网，实现了大陆和西沙、南沙群岛的联测。尽管卫星多普勒定位技术在导航与定位技术的发展过程中具有划时代的意义，子午卫星系统被称为第一代卫星导航定位系统，但是该系统仍有许多明显的缺点，主要是：

图 1-4　子午卫星运行图

（1）卫星颗数少，不能实现连续实时导航定位

由于子午卫星星座仅有 6 颗工作卫星，且运行轨道都通过地球南、北极上空（图 1-4）。因而地面测站观测到卫星的时间间隔较短（平均 1.5h）。同一颗子午卫星，每天通过测站上空的次数最多为 13 次，而一台卫星多普勒接收机一般需要成功地观测 15 次卫星通过，才能达到 ±10m 的单点定位精度。当所有测站观测了 17 次卫星通过时，联测定位精度才能达到 ±0.5m。由于卫星通过测站上空的时间太短，而需要的观测时间又过长，所以无法提供连续、实时的三维导航和定位服务。

（2）卫星轨道高度低，难以实现精密定轨

子午卫星飞行的平均高度为 1 070km，属于低轨道卫星。在这种情况下，地球引力场模型误差，大气密度、卫星质面比、大气阻力系数等摄动因子误差，大

气阻力模型误差，都将阻碍子午卫星定轨精度的提高。子午卫星星历参数的精度较低，致使卫星多普勒的定位精度局限在米级水平。

(3) 信号频率低，难以补偿电离层效应的影响

子午卫星射电信号的频率为400MHz和150MHz，用这两种频率的信号进行双频多普勒定位时，只能削弱电离层效应的低阶项影响，而难以削弱电离层效应的高阶项影响。而电离层效应的高阶项影响，在地球赤道附近将导致测站高程产生±1m以上的偏差。

子午卫星导航定位系统的上述缺陷，使其应用受到较大的限制。为了突破子午卫星导航系统的局限性，实现全天候、全球性和高精度的实时导航与定位，美国国防部于1973年12月批准陆海空三军联合研制了一种新的军用卫星导航系统——NAVSTAR GPS (navigation system timing and ranging global positioning system)，即导航卫星测时与测距全球定位系统，简称GPS卫星全球定位系统。

3. GPS卫星定位测量

GPS系统的研制计划分3个阶段实施：

1）原理与可行性实验阶段，1973年12月到1978年2月22日第一颗试验卫星发射成功，历时5年。

2）系统研制与实验阶段，1978年2月22日到1989年2月14日第一颗工作卫星发射成功，历时11年。

3）工程发展与完成阶段，1989年2月14日到1995年4月27日，历时7年。1995年4月27日美国国防部宣布："GPS系统已具备运作能力"，在全世界任何地方都可以实现全天候的导航、定位和定时。GPS计划历时23年、耗资130多亿美元，截止2000年在轨道上正常工作的卫星有28颗，其中26颗为早期发射的BLOCKⅡA型卫星，2颗为1999年发射的BLOCKⅡR型卫星。

GPS系统是第二代卫星导航定位系统，它的出现导致测绘行业一场深刻的技术革命。和子午卫星导航定位系统相比，GPS系统具有如下一些显著的优点。

(1) 提供全天候、全球性的导航、定位服务

GPS系统卫星数目多而且分布合理，地球上任何地点、任意时刻均可连续同步观测到4颗以上卫星，从而保证了该系统导航、定位服务的全天候和全球性。

(2) 可进行高精度、高速度的实时精密导航和定位

GPS卫星在轨道平均高度、卫星钟稳定度以及信号频率等方面，都比子午卫星提高了1个数量级以上，其定位精度也相应地提高到厘米甚至毫米级，观测时间则缩短到几小时甚至几秒钟。目前，GPS单点实时定位观测几秒钟，定位精度可达10～15m；静态相对定位观测1～3h，精度可达10^{-6}～10^{-7}；如采用快

速静态相对定位技术，观测时间可缩短到几分钟。近期发展起来的 GPS 差分动态定位技术（DGPS）和相位差分动态定位技术（RTK GPS），进一步缩短了观测时间，提高了定位精度，实现了厘米级实时导航和定位。图 1-5 比较了各种定位方法的精度，该图说明，在 5～500km 距离内，GPS 定位的精度优于其他各种定位方法。GPS 信号除了用于导航、定位以外，还可用于高精度的测速和测时。目前，GPS 测速精度可达 0.1m/s，而测时精度为数十纳米。

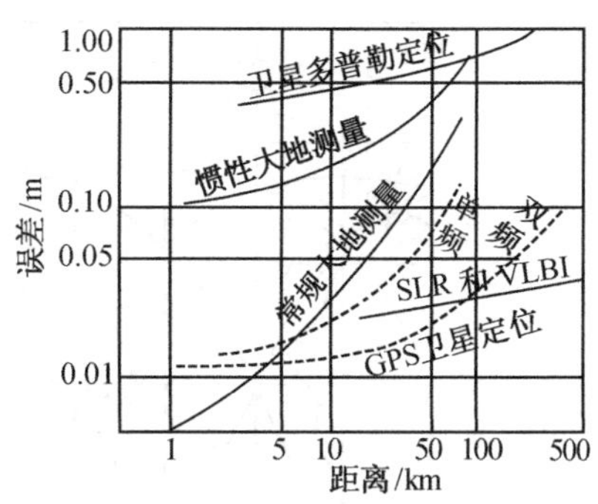

图 1-5　GPS 和其他各种定位方法的精度比较

（3）用途广泛，操作简便

GPS 技术的用途十分广泛，诸如海空导航、车辆引行、导弹制导、精密定位、工程测量、动态观测、设备安装、时间传递、速度测量等许多方面，都可以应用这一技术。尤其是对于大地和工程测量来讲，GPS 定位技术不仅精度高、速度快，而且自动化程度很高，操作十分简便。在一个测站上，作业员仅需安置和开关仪器、量取天线高，以及监视仪器的工作状态，而捕获、跟踪卫星、记录卫星信号等一系列测量工作都由仪器自动完成。

1.1.2　GPS 系统的组成

GPS 系统由 3 部分组成：空间部分、地面监控部分和用户接收设备部分。

1. 空间部分——GPS 卫星星座

GPS 卫星星座由 24 颗卫星组成，其中 21 颗工作卫星、3 颗备用卫星，均匀分布在 6 个地心轨道平面内（图 1-6），每个轨道 4 颗卫星。卫星轨道平面相对地球赤道面的倾角为 55°，各个轨道平面的升交点赤经相差 60°，轨道平均高度 20 200km，卫星运行周期为 11 小时 58 分（恒星时），同一轨道上各卫星的升交角距为 90°。GPS 卫星的上述时空配置，保证了地球上的任何地点，在任何时刻均至少可以同时观测到 4 颗卫星，以满足精密导航和定位的需要（图 1-7）。

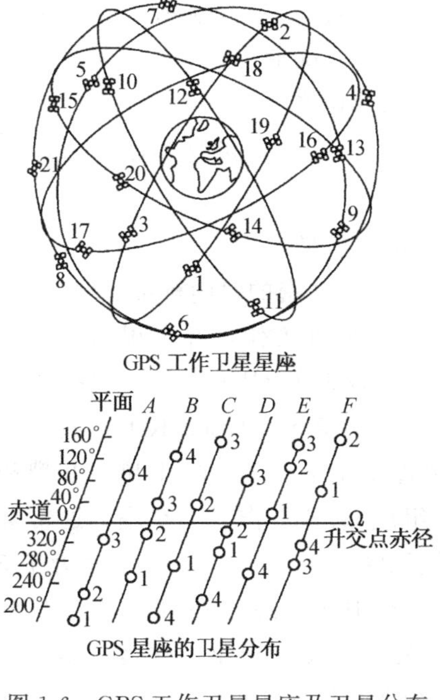

图 1-6　GPS 工作卫星星座及卫星分布

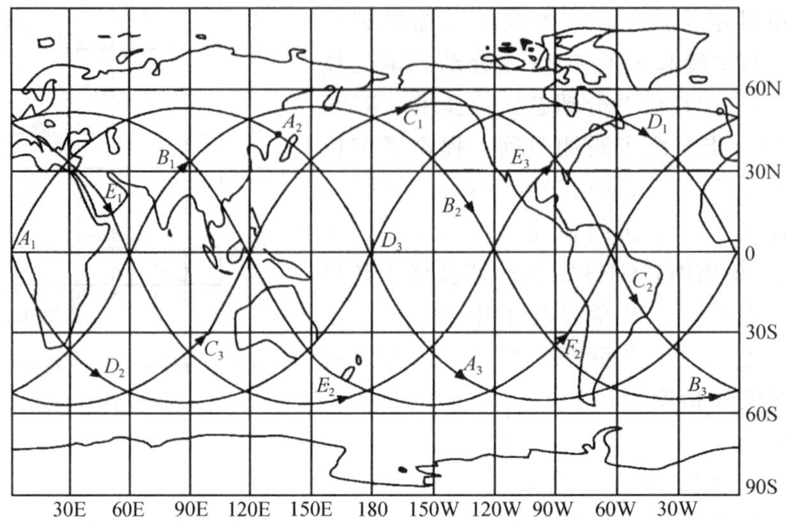

图 1-7　GPS 卫星星座的地面轨迹

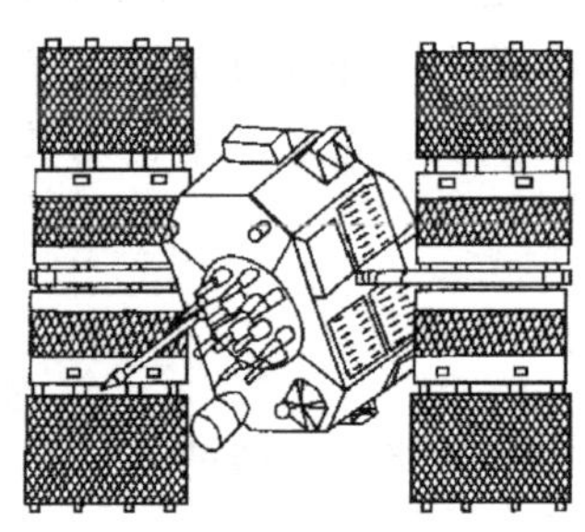

图 1-8　GPS 卫星示意图

GPS 卫星的主体呈圆柱形，直径约为 1.5m，重约 774kg（包括 310kg 燃料），两侧各安装两块双叶太阳能电池板，能自动对日定向，以保证卫星正常工作的用电（图 1-8）。每颗 GPS 卫星带有 4 台高精度原子钟，其中 2 台为铷钟，2 台为铯钟。原子钟为 GPS 定位提供高精度的时间标准。

GPS 卫星的 3 个基本功能是：

1）执行地面监控站的指令，接收和储存由地面监控站发来的导航信息。

2）向 GPS 用户播送导航电文，提供导航和定位信息。

3）通过高精度卫星钟（铯钟和铷钟）向用户提供精密的时间标准。

GPS 卫星上设有微处理机，可进行必要的数据处理工作，并可根据地面监控站指令，调整卫星姿态、启动备用卫星。迄今已发射的 GPS 卫星，包括Ⅰ型卫星、Ⅱ型和ⅡA 型卫星、ⅡR 型卫星。其中，Ⅰ型卫星（BLOCKⅠ）共研制发射了 11 颗，用于全球定位系统的实验，通常称Ⅰ型卫星为实验卫星。Ⅱ型和ⅡA 型卫星（BLOCKⅡ与 BLOCKⅡA）用于组成 GPS 工作卫星星座，通常称为 GPS 工作卫星。Ⅱ型和ⅡA 型卫星共研制了 28 颗，卫星的设计寿命为 7.5 年，自 1989 年初至 1994 年发射完成，目前在太空中运行的 GPS 卫星大部分就是这种Ⅱ型和ⅡA 型卫星。美国从 1997 年开始发射ⅡR 型卫星，这是Ⅱ型卫星中的第二代卫星，它有比Ⅱ型和ⅡA 型卫星原子种频率稳定度高一个数量级的新铷原子钟，可提高用户收到信号的功率，并能发送和接收其他 GPS 卫星的导航数据，形成 GPS 卫星间相互定位的能力。今后ⅡR 型卫星将逐渐替换现有的Ⅱ型和ⅡA 型卫星，并计划在 2002 年发射Ⅱ型卫星中的第三代ⅡF 型卫星，届时 GPS 卫星导航和定位精度将有较大幅度的提高。

2. 地面监控部分

GPS 系统的地面监控网络区段目前由 5 个地面站组成。其中包括主控站（MCS）、地面天线站和监测站，其分布见图 1-9。

图 1-9　GPS 地面监控站的分布

主控站（MCS）设在美国本土科罗拉多斯普林斯（Colorado Spings）的联合空间执行中心（CSOC）。主控站协调、管理所有地面监控网络的工作，主要有 4 项任务：

1）据各监测站提供的观测资料推算编制各颗卫星的星历、卫星钟差和大气层修正参数等，并把这些数据传送到注入站。

2）提供全球定位系统的时间基准。各监测站和 GPS 卫星的原子钟均应与主控站的原子钟同步或测出其间的钟差，并将钟差信息编入导航电文送到注入站。

3）调整偏离轨道的卫星，使之沿预定的轨道运行。

4）启用备用卫星以取代失效的工作卫星。

地面天线站现有 3 个，分别设在印度洋的迪戈加西亚（Diego Garcia）、南大西洋的阿森松岛（Ascencion）和南太平洋的卡瓦加兰（Kwajalein）。地面天线站的主要设备包括一台直径为 3.6m 的天线、一台 C 波段发射机和一台计算机。

其主要任务是在 MCS 的控制下，将由 MCS 推算和编制的卫星星历、钟差、导航电文和其他控制指令等注入到相应卫星的存储系统，并监测注入信息的正确性。

监测站的主要任务是为 MCS 编算导航电文提供观测数据。监测站现有 5 个，其中 4 个和 MCS 及地面天线站重叠，另外 1 个设在夏威夷（Hawaii）。每个监测站均用双频 GPS 信号接收机，对每颗可见卫星每 6 秒钟进行一次伪距测量和积分多普勒观测，并采集气象要素等数据。整个 GPS 的地面监控网络，除 MCS 外均无人值守。各站间用现代化的通讯系统联系起来，在原子钟和计算机的驱动和精确控制下，各项工作实现了高度的自动化和标准化。

3. 用户设备部分

GPS 系统的用户设备部分由 GPS 接收机硬件和相应的数据处理软件及微处理机及其终端设备组成。GPS 接收机硬件包括接收机主机、天线和电源，它的主要功能是接收 GPS 卫星发射的信号，以获得必要的导航和定位信息及观测量，并经简单数据处理而实现实时导航和定位。GPS 软件是指各种机内软件、后处理软件、具有差分定位功能或 RTK 定位功能的实时处理软件，它们通常由厂家提供，其主要作用是对观测数据进行加工，以便获得比较精密的定位结果。由于 GPS 用户的要求不同，GPS 接收机也有许多不同的类型，一般可分为导航型、测量型和授时型三类。用于测量工作的接收机，目前已有众多的生产厂家，且产品更新率很快。我国各个测量单位也从不同国家的厂家，引进了许多种型号不同的接收机，本书将在第 2 章中向读者介绍接收机的工作原理及其类型。

1.1.3 其他卫星导航定位系统

GPS 系统的广泛应用价值，引起了各国科学家的关注和研究。前苏联、西欧以及我国的科学家，在积极开发利用 GPS 信号资源的同时，还致力于研究各自的卫星导航定位系统。

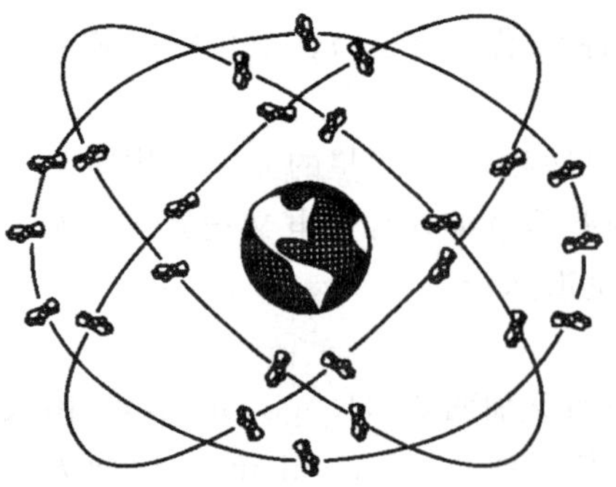

图 1-10　GLONASS 工作卫星星座

前苏联自 1982 年 10 月开始，陆续发射第二代导航卫星，目标是建成自己的第二代卫星导航定位系统——GLONASS 全球卫星导航系统。计划在 1995 年前建成 GLONASS 工作卫星星座，与 GPS 工作卫星星座一样，该系统包括 21 颗工作卫星和 3 颗备用卫星，均匀分布在 3 个轨道平面内（图 1-10）。卫星高度19 100km，轨道平面倾角

64.8°，卫星运行周期 11 小时 15 分（恒星时），卫星信号频率 1.6×10^3MHz 和 1.2×10^3MHz。GLONASS 系统是在吸取 GPS 系统成功经验的基础上发展起来的，因此和 GPS 系统极其类似。1982～1987 年，前苏联共发射了 27 颗 GLONASS 试验卫星，图 1-10 所表示的是截止 1993 年 2 月在轨工作的部分试验卫星。

欧盟自 2002 年起筹建一种民用卫星导航系统，称为 Galileo（伽里略）卫星导航系统。包括 30 颗 Galileo 卫星，其中 27 颗工作卫星，3 颗在轨备用卫星，均匀分布在 3 个轨道上，卫星轨道高度 23 616km，轨道倾角 56°，图 1-11 即为 Galileo 工作卫星星座。Galileo 系统计划于 2008 年建成，总投资约 32 亿到 36 亿欧元，其中 11 亿欧元为起动经费，21 亿～25 亿欧元为系统开发经费。Galileo 系统卫星数量多，轨道位置高、轨道面少。Galileo 卫星信号包括公开、安全、商业、政府 4 种服务模式，其定位精度优于 GPS 信号。

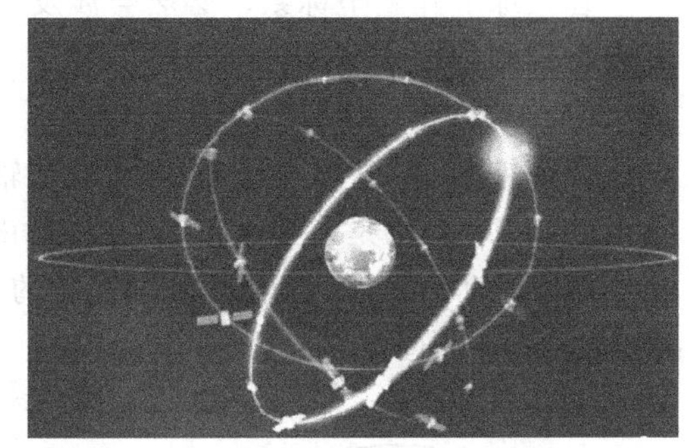

图 1-11　Galileo 工作卫星星座

2000 年 10 月 31 日我国第一颗自行研制的导航定位卫星（北斗导航试验卫星）在西昌发射成功，同年 12 月 21 日第二颗北斗导航试验卫星正确进入轨道，这标志我国已拥有自主研制的卫星导航定位系统，称为北斗导航定位系统。早在 1983 年，我国科学家就提出了创建北斗导航定位系统的设想，该系统由两颗位于我国上空的地球同步卫星（GEO），以及地面控制中心与用户终端三部分组成。目前，北斗导航定位系统具有快速实时定位（精度与 GPS 相当），简短通信（可一次传送 120 个汉字的短文），精密授时（可提供 20ns 的时间同步精度）等功能，覆盖区域为中国及其周边国家和地区，无通信盲区，提供 24 小时全天候服务。

1.2　GPS 定位系统的坐标系

GPS 定位测量涉及两类坐标系，即天球坐标系和地球坐标系。天球坐标系是一种惯性坐标系，其坐标原点和各坐标轴的指向在空间保持不动，可较方便地描述卫星的运行位置和状态。而地球坐标系则是与地球体相固联的坐标系统，用于描述地面测站的位置。本节介绍几种主要的天球和地球坐标系，以及坐标系之间的转换模型。

1.2.1 天球概述

天球是指以地球质心为中心，半径无穷大的理想球体。天文学中通常把天体投影到天球的球面上，并在天球面上研究天体的位置、运动规律和天体间的相互关系。

1. 天球上的某些有参考意义的点、线、面

在天球上建立坐标系，必然会涉及天球上一些有参考意义的点、线、面，现择要介绍如下。

(1) 天轴和天极

天轴是指地球自转轴的延伸直线，天轴和天球表面的交点称为天极 P（图 1-12），与地球北极相应的是北天极 P_N，与地球南极相应的是南天极 P_S。天极并不固定，有岁差和章动的变化。扣除了章动影响的天极为平天极；包含岁差和章动影响的瞬时位置的天极为真天极。

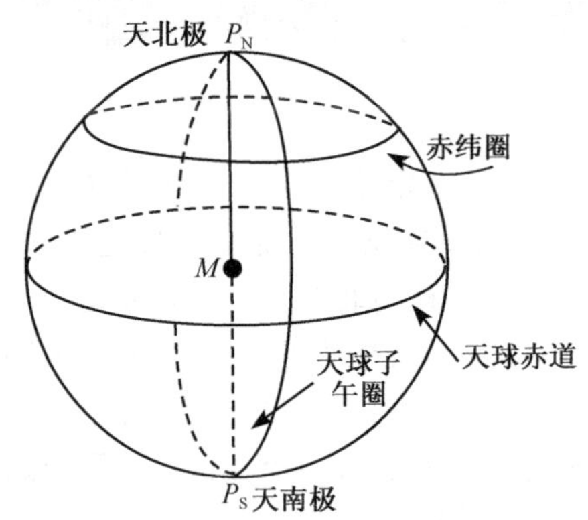

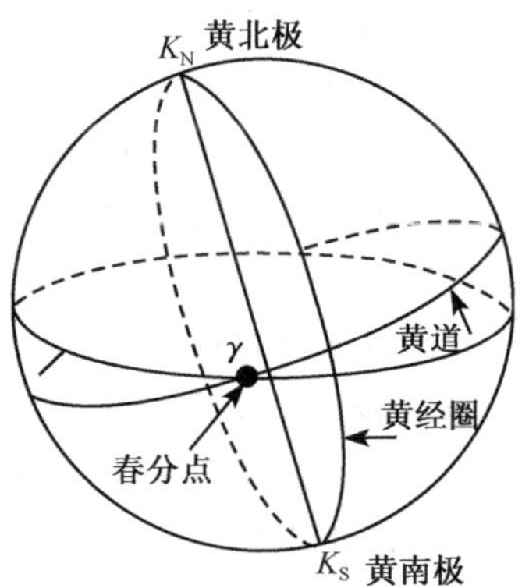

图 1-12 天球概述

(2) 天球赤道面和天球赤道

天球赤道面是指通过地球质心并与天轴垂直的平面。天球赤道面和天球表面的交线称为天球赤道。天球赤道是半径为无穷大的圆周。

(3) 天球子午面和天球子午圈

包含天轴并通过天球面上任意一点的平面称为天球子午面，天球子午面和天球表面相交的大圆称天球子午圈。

(4) 时圈

通过天轴的平面和天球表面相交的半个大圆称时圈。

(5) 黄道

黄道是指地球绕太阳公转时的轨道平面和天球表面相交的大圆，即当地球绕

太阳公转时，地球上的观测者所看到的太阳在天球面上作视运动的轨迹。黄道平面和天球赤道面的夹角 ε 称为黄赤交角，ε 约等于 23.5°。

（6）黄极

黄极是指过天球中心且垂直于黄道平面的直线和天球表面的交点。黄极也有黄北极（K_N）和黄南极（K_S）的区分。

（7）春分点

春分点是指太阳由南半天球向北半天球运动时，所经过的天球黄道与天球赤道的交点。春分点和天球赤道面是建立天球坐标系的基准点和基准面。

2. 岁差和章动

由于地球形状接近于一个两极扁平赤道隆起的椭球体，因此在日月引力和其他天体引力的作用下，地球在绕太阳运行时，其自转轴方向并不保持恒定，而是绕着北黄极缓慢地旋转。地球自转轴的这种旋转运动，使地球绕太阳的状态，像一只巨大的陀螺。地球自转轴的这种变化，意味着天极的运动，即北天极绕着北黄极作缓慢的旋转运动。天极运动由于受到引力场不均匀变化的影响而十分复杂，天文学中把天极的运动分解为一种长周期运动——岁差，和一种短周期运动——章动。

天极位置是变化的，天文学中称天极的瞬时位置为真天极。与真天极相对应，把扣除章动影响后的天极称平天极。平天极也是运动的，但它只有岁差而无章动的变化。相应地，天球赤道也有“真”与“平”的区分。

岁差指平北天极以北黄极为中心，以黄赤交角 ε 为半径的一种顺时针圆周运动。由于岁差，北天极在天球表面上画出一个以北黄极为中心，以黄赤交角 ε 为半径的圆周（图 1-13）。天极的这种变化，必然导致天球赤道面的变化，而实际反映出来的是春分点位置的变化。根据近代天文学精确测量的结果，平春分点在黄道上每年西移约 50.26″，使回归年比恒星年约 72 年短 1 天。岁差作为一种天文现象，早在公元前就有记载，我国东晋成帝咸和年间的虞喜（公元 330 年）曾测定回归年比恒星年约 50 年短 1 天。

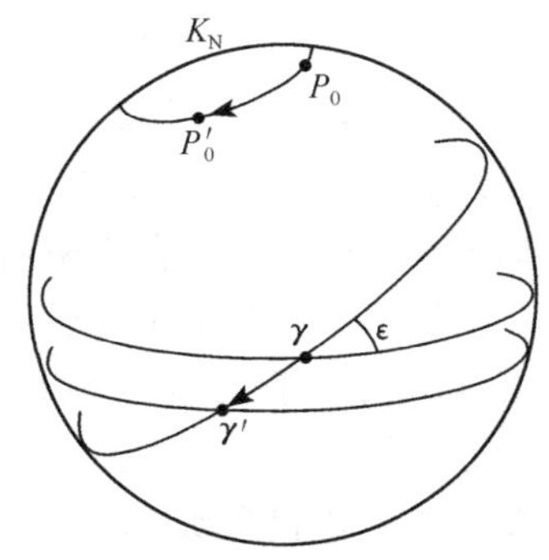

图 1-13　岁差示意图

章动是指真北天极绕平北天极所作的顺时针椭圆运动。椭圆轨迹的长半径约 9.2″，短半径约 6.9″。章动周期为 18.6 年，与岁差相比是一种短周期运动。图 1-14 描绘了章动的概略情况，图中 P_0 是平北天极，P 是真北天极。综合岁差和章动的影响，真北天极绕北黄极的旋转运动，实际如图 1-15 所示。

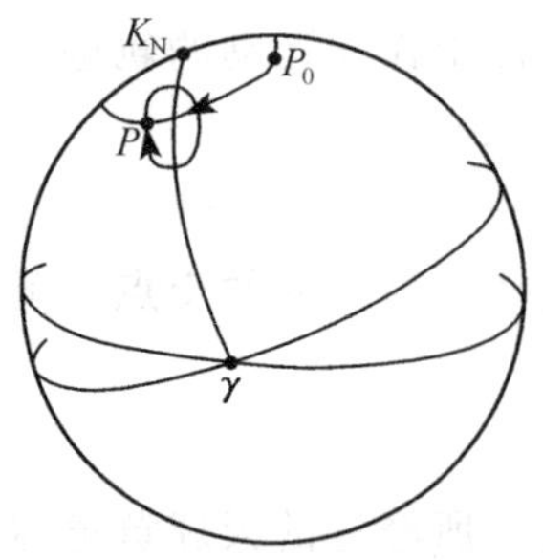

图 1-14 章动示意图

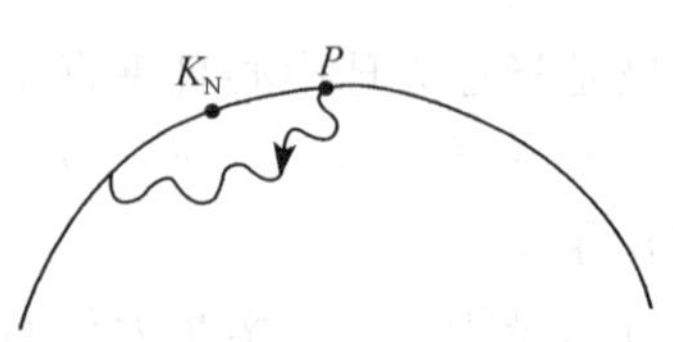

图 1-15 真北天极的运动轨迹

1.2.2 两种天球坐标系及其转换模型

天极有“真”、“平”的区分，天球坐标系同样有“真”、“平”两种形式。

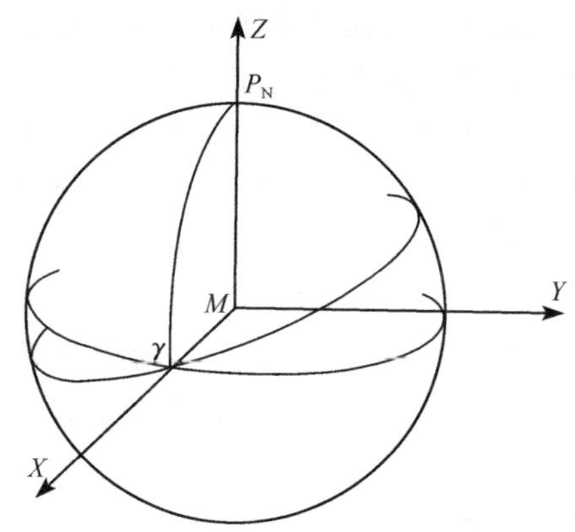

图 1-16 瞬时极（真）天球坐标系

（1）瞬时极（真）天球坐标系

瞬时极（真）天球坐标系（图 1-16）的原点为地球质心 M；Z 轴指向瞬时（真）北天极 P_N；X 轴指向为真春分点 γ；Y 轴垂直于 XMZ 平面，且与 X 轴和 Z 轴构成右手系。

（2）（历元）平天球坐标系

（历元）平天球坐标系的原点为地球质心 M；Z 轴指向为（历元）平北天极 P_0；X 轴指向（历元）平春分点 γ_0；Y 轴垂直于 XMZ 平面，且与 X 轴和 Z 轴构成右手系。这里，“历元”是天文学术语，意思是“起始时刻”。（历元）平北天极和（历元）平春分点，是指某个起始时刻的平北天极和相应的春分点。上述两种天球坐标系的差异，在于采用了不同的北天极，因此要实现上述两种天球坐标系之间的转换，实际就是要转换北天极的位置。由（历元）平天球坐标系到瞬时极（真）天球坐标系的转换，需要做两个旋转变换，即岁差旋转和章动旋转。

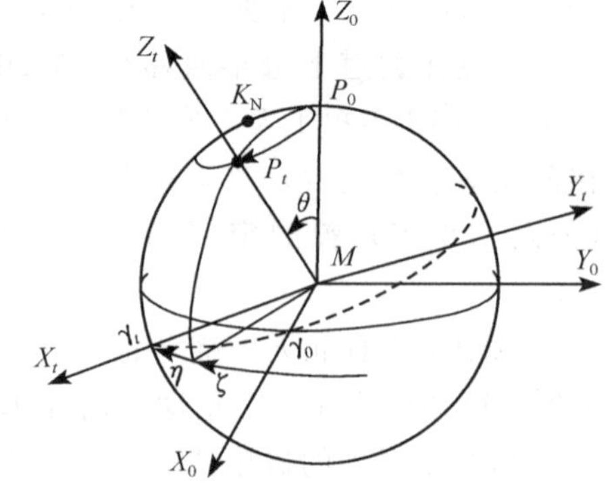

图 1-17 岁差旋转

1. 岁差旋转

图 1-17 中，P_0 是历元时刻 t_0 的平北天极，即（历元）平北天极，P_t 是观测时刻 t 的平北天极，称为（观测）平北天极，而 γ_0 与 γ_t 则表示相应的春分点。由（历

元）平天球坐标系变换到（观测）平天球坐标系，要求两坐标系的 Z 轴由 Z_0 沿岁差小圆顺时针转动到 Z_t 的位置，而转动的角距恰好等于 t_0 到 t 时刻的岁差，因此称为岁差旋转。岁差旋转，可由三次 Givens 转动合成：$R_Z(-\zeta)$，$R_Y(\theta)$与 $R_Z(-\eta)$。

首先作顺时针 Givens 转动：

$$R_Z(-\zeta)=\begin{pmatrix}\cos\zeta & -\sin\zeta & 0\\ \sin\zeta & \cos\zeta & 0\\ 0 & 0 & 1\end{pmatrix} \tag{1-6}$$

其意义是以 Z_0 轴为旋转轴，顺时针转动 ζ 角，使 X_0 轴旋转并到达通过（观测）平天极的子午面上。

第二步是作逆时针 Givens 转动：

$$R_Y(\theta)=\begin{pmatrix}\cos\theta & 0 & -\sin\theta\\ 0 & 1 & 0\\ \sin\theta & 0 & \cos\theta\end{pmatrix} \tag{1-7}$$

其意义是以 Y_0 轴为旋转轴，逆时针转动 θ 角，使坐标轴 Z_0 与 Z_t 重合，这时 X_0 轴也将随着转动到相应于（观测）平天极的赤道面上。

最后，再作顺时针 Givens 转动：

$$R_Z(-\eta)=\begin{pmatrix}\cos\eta & -\sin\eta & 0\\ \sin\eta & \cos\eta & 0\\ 0 & 0 & 1\end{pmatrix} \tag{1-8}$$

使坐标轴 X_0 与 X_t 重合。由于坐标轴之间的两两正交关系，这时坐标轴 Y_0 也必定和坐标轴 Y_t 重合，这样就最终完成了岁差旋转。岁差旋转矩阵可表示为

$$R_{ZYZ}(-\eta,\theta,-\zeta)=R_Z(-\eta)R_Y(\theta)R_Z(-\zeta) \tag{1-9}$$

据此，由（历元）平天球坐标系转换到（观测）平天球坐标系的数学模型为

$$\begin{bmatrix}X\\ Y\\ Z\end{bmatrix}_t=R_{ZYZ}(-\eta,\theta,-\zeta)\begin{bmatrix}X\\ Y\\ Z\end{bmatrix}_{t_0} \tag{1-10}$$

$$\begin{aligned}\zeta&=0.640\,616\,1^\circ\,T+0.000\,083\,9^\circ\,T^2+0.000\,005\,0^\circ\,T^3\\ \theta&=0.556\,753\,0^\circ\,T-0.000\,118\,5^\circ\,T^2-0.000\,011\,6^\circ\,T^3\\ \eta&=0.640\,616\,1^\circ\,T+0.000\,304\,1^\circ\,T^2+0.000\,051^\circ\,T^3\end{aligned} \tag{1-11}$$

式中，T 为起始历元 t_0 至观测历元 t 的儒略世纪数。儒略历是公元前罗马皇帝儒略·凯撒所实行的一种历法，1 个儒略世纪含 36 525 个儒略日。儒略日是由公元前 4713 年儒略历 1 月 1 日格林威治平正午起算的连续天数。

2. 章动旋转

如果要使（观测）平天球坐标系转换为瞬时极（真）天球坐标系，需作章动

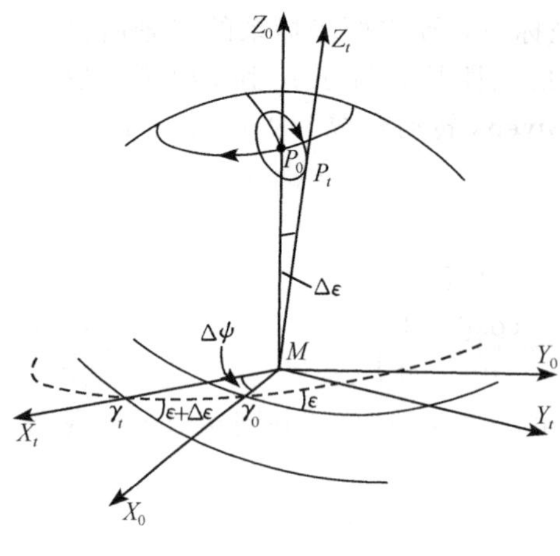

图 1-18 章动旋转

旋转。即通过旋转变换，使 Z 轴由指向（观测）平天极 P_0 改为指向瞬时（真）天极 P_t（图 1-18）。实现这一目标，同样要经过三次旋转变换，与其相应的旋转矩阵为

$$R_X(\varepsilon)=\begin{pmatrix}1 & 0 & 0\\0 & \cos\varepsilon & \sin\varepsilon\\0 & -\sin\varepsilon & \cos\varepsilon\end{pmatrix} \tag{1-12}$$

$$R_Z(-\Delta\psi)=\begin{pmatrix}\cos\Delta\psi & -\sin\Delta\psi & 0\\\sin\Delta\psi & \cos\Delta\psi & 0\\0 & 0 & 1\end{pmatrix} \tag{1-13}$$

以及

$$R_X(-\varepsilon-\Delta\varepsilon)=\begin{pmatrix}1 & 0 & 0\\0 & \cos(\varepsilon+\Delta\varepsilon) & -\sin(\varepsilon+\Delta\varepsilon)\\0 & \sin(\varepsilon+\Delta\varepsilon) & \cos(\varepsilon+\Delta\varepsilon)\end{pmatrix} \tag{1-14}$$

由此，章动旋转矩阵为

$$R_{XZX}(-\varepsilon-\Delta\varepsilon,-\Delta\psi,\varepsilon)=R_X(-\varepsilon-\Delta\varepsilon)R_Z(-\Delta\psi)R_X(\varepsilon) \tag{1-15}$$

而由（观测）平天球坐标系到瞬时极（真）天球坐标系的转换模型为

$$\begin{pmatrix}X\\Y\\Z\end{pmatrix}_{t(\text{真})}=R_{XZX}(-\varepsilon-\Delta\varepsilon,-\Delta\psi,\varepsilon)\begin{pmatrix}X\\Y\\Z\end{pmatrix}_{t(\text{平})} \tag{1-16}$$

式中，旋转量 ε 是黄赤交角，其表达式为

$$\varepsilon=23°26'21.448''-46.815''T-0.000\,59''T^2+0.001\,813T^3 \tag{1-17}$$

$\Delta\varepsilon$ 是章动交角，$\Delta\psi$ 是黄经章动，在实际应用时可根据 T 值在天文年历中查取。1980 年，国际天文联合会（IAU）采用了基于弹性地球模型的章动理论，计算章动交角 $\Delta\varepsilon$ 的表达式为多达 64 项的级数展开式，而计算黄经章动 $\Delta\psi$ 的表达式则为多达 106 项的级数展开式。它们各自的主项是

$$\Delta\varepsilon=9.202\,5''\cos\Omega+0.573\,6''\cos(2F-2D+2\Omega)+0.092\,7''\cos(2F-2\Omega)$$

$$\Delta\psi=-17.199\,6''\sin\Omega-1.318\,7''\sin(2F-2D+2\Omega)-0.227\,4''\cos(2F-2\Omega)$$

式中，Ω 是月球升交点的平均经度；D 是太阳至月球的平均距离；$F=\lambda_M-\Omega$。

由于（历元）平天球坐标系的 Z 轴固定，用它研究卫星运动轨道比较方便。因此，在工作中首先采用（历元）平天球坐标系研究卫星运动，然后再将研究结果通过岁差旋转和章动旋转变换到瞬时极（真）天球坐标系。

1.2.3 极移与国际协议地极原点

地球自转轴不仅由于受到日、月引力作用而在空间变化，而且还受到地球内部质量不均匀影响而在地球体内部运动。前者导致产生岁差和章动，后者导致地极在地球表面上的位置随时间而变化，这种现象称为地极移动，简称极移。

根据长期的观测和研究，得知极移的轨迹为一不规则的圆形螺旋线。极移主要包含两种周期性变化，一种是周期约为1年，振幅约为0.1″的变化；另一种是周期约为432天，振幅约为0.2″的变化（张德勒周期变化）。

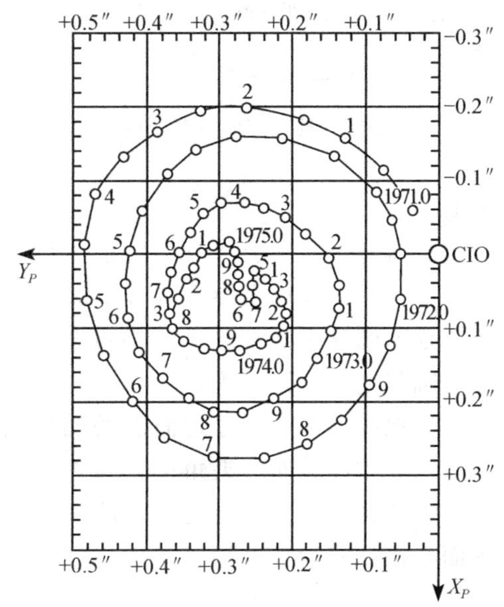

图1-19 极移轨迹

极移使地球坐标系的坐标轴指向产生变化，给实际定位工作带来困难。为此，国际天文联合会（IAU）和国际大地测量学协会（IAG），于1967年建议，采用国际上5个纬度服务站（见表1-1），在1900～1905年间测定的平均纬度所确定的平均地极位置为国际协议地极原点（conventional international origin-CIO），简称平极，与CIO原点相应的赤道面，称协议赤道面或平赤道面。图1-19所描绘的是1971年至1975年间地极相对于CIO原点的运动轨迹。

表1-1 国际纬度站分布

站　址	所在国家	纬度 φ	经度 λ
卡洛福特（Carloforte）	意大利	39°08′09″N	8°18′44″E
盖瑟斯堡（Gaithersburg）	美国	39°08′13″N	77°11′57″W
基塔布（Kitab）	俄罗斯	39°08′02″N	66°52′51″E
水泽（Mizusawa）	日本	39°08′04″N	141°07′51″E
尤凯亚（Ukiah）	美国	39° 08′12″N	123°12′35″W

1.2.4 两种地球坐标系及其转换模型

地球坐标系也有“平”、“真”两种形式。

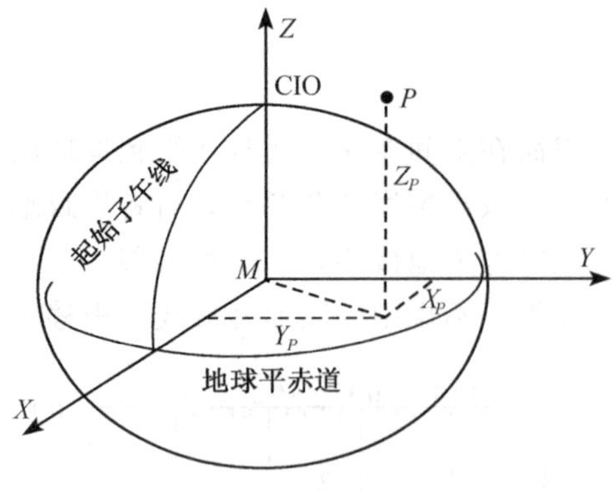

图 1-20 地心空间直角坐标系

1. 协议（平）地球坐标系

协议（平）地球坐标系的地极位置采用国际协议地极原点 CIO，它有如下两种形式。

（1）地心空间直角坐标系（图 1-20）

原点——地球质心 M；

Z 轴——指向国际协议地极原点 CIO；

X 轴——指向由国际时局（BIH）定义的格林威治起始子午面与地球平赤道的交点；

Y 轴——垂直于 XMZ 平面，且与 X 轴和 Z 轴构成右手系。

（2）地心大地坐标系（图 1-21）

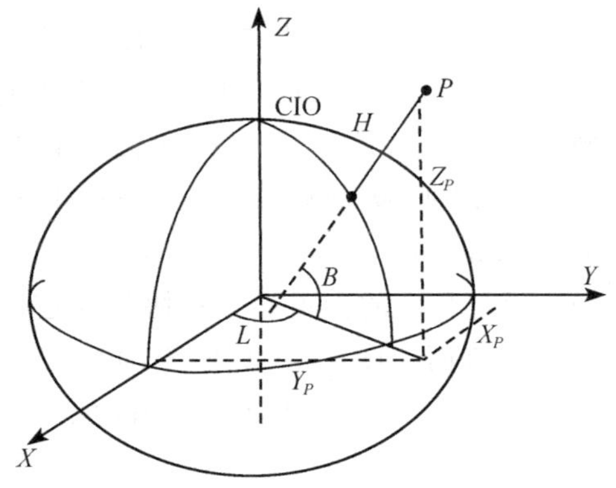

图 1-21 地心大地坐标系

地球椭球中心和地球质心重合，椭球短轴与地球自转轴重合。

大地纬度 B——过地面点的椭球面法线与椭球赤道面的夹角；

大地经度 L——过地面点的椭球子午面与格林威治平大地子午面之间的夹角；

大地高 H——地面点沿椭球面法线到椭球面的距离。

所以，地面任意一点 P 的位置，在地球坐标系中可表示为地心空间直角坐标（X，Y，Z）或地心大地坐标（B，L，H）。这两种坐标系的换算关系为

$$\begin{aligned} X &= (N+H)\cos B \cdot \cos L \\ Y &= (N+H)\cos B \cdot \sin L \\ Z &= [N(1-e^2)+H]\sin B \end{aligned} \tag{1-18}$$

式中，N 为椭球的卯酉圆曲率半径；e 为椭球的第一偏心率，它们的表达式为

$$N = a/(1-e^2 \cdot \sin^2 B)^{1/2} \tag{1-19}$$

$$e^2 = \frac{a^2-b^2}{a^2} \tag{1-20}$$

式中，a 为椭球长半径；b 为椭球短半径。

当需要由空间直角坐标换算大地坐标时，可采用下式计算：

$$
\begin{aligned}
B &= \arctan\left[\frac{1}{\sqrt{X^2+Y^2}}\left(Z+\frac{ce^{\prime 2}\tan B}{\sqrt{1+e^{\prime 2}\tan^2 B}}\right)\right] \\
L &= \arcsin\frac{Y}{\sqrt{X^2+Y^2}} \\
H &= \frac{\sqrt{X^2+Y^2}}{\cos B}-N
\end{aligned}
\tag{1-21}
$$

式中，$c=a^2/b$ 为极点处的子午线曲率半径；$e^{\prime 2}=\sqrt{a^2-b^2}/b$ 为椭球第二偏心率。式（1-21）中，大地纬度 B 需迭代计算，但其收敛速度很快，迭代4次，大地纬度 B 的精度可达 $0.000\ 01''$，大地高 H 的精度即可达到1mm。协议（平）地球坐标系由于采用了固定地极，因此又称为地固坐标系。

2. 瞬时极（真）地球坐标系

瞬时极（真）地球坐标系的原点与各个坐标轴的指向如下：

原点——地球质心 M；

Z 轴——指向地球的瞬时极，与地球的瞬时自转轴一致；

X 轴——指向平格林威治起始子午面与地球瞬时（真）赤道的交点；

Y 轴——垂直于 XMZ 平面，且与 X 轴和 Z 轴构成右手系。

前文讨论过，地球瞬时（真）极相对国际协议地极原点CIO移动的现象，称为极移。为了定量地描述极移，可构造一平面直角坐标系，该坐标系取CIO为原点，X 轴的指向为平格林威治起始子午线方向，Y 轴指向平格林威治起始子午面以西90°方向。因此，任一历元瞬间，地球瞬时（真）极相对国际协议地极原点CIO的位置，可通过一对坐标，即极移分量（X_P，Y_P）表示（图1-22）。极移分量（X_P，Y_P）均以角秒表示，可在上海天文台发布的《地球自转参数公报》中查取，也可在国际时局（BIH）出版的“B”“D”简报中找到。图1-23说

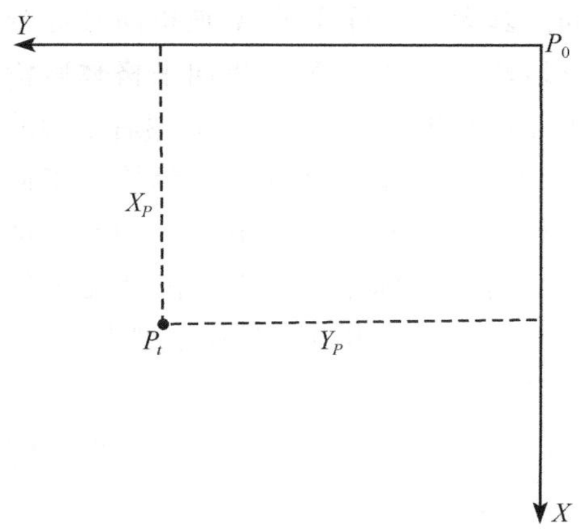

图1-22　极移分量

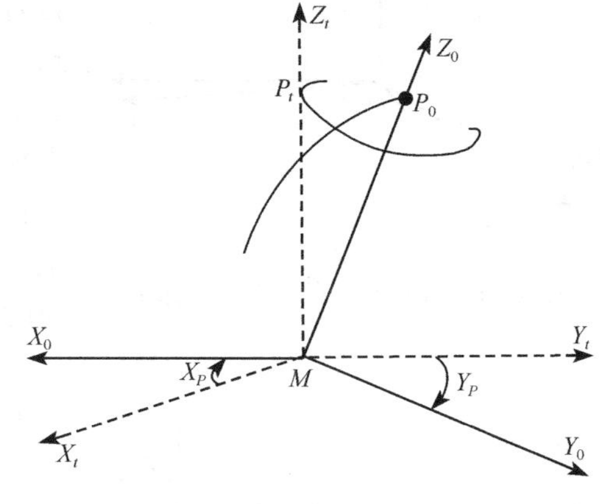

图1-23　极移旋转

明，由瞬时极（真）地球坐标系到协议（平）地球坐标系的变换，可通过顺时针转动极移分量 Y_P 与 X_P 实现。所以，由瞬时极（真）地球坐标系到协议（平）地球坐标系的转换模型可表示为

$$\begin{bmatrix} X \\ Y \\ Z \end{bmatrix}_{平} = R_Y(-X_P) \cdot R_X(-Y_P) \begin{bmatrix} X \\ Y \\ Z \end{bmatrix}_{真} \tag{1-22}$$

式中，$R_Y(-X_P)$ 与 $R_X(-Y_P)$ 为顺时针 Givens 转动矩阵，它们的表达式分别为

$$R_X(-Y_P) = \begin{bmatrix} 1 & 0 & 0 \\ 0 & \cos Y_P & -\sin Y_P \\ 0 & \sin Y_P & \cos Y_P \end{bmatrix} \tag{1-23}$$

$$R_Y(-X_P) = \begin{bmatrix} \cos X_P & 0 & \sin X_P \\ 0 & 1 & 0 \\ -\sin X_P & 0 & \cos X_P \end{bmatrix} \tag{1-24}$$

如果极移分量很小，且当 α 很小时有 $\sin\alpha \approx \alpha$，$\cos\alpha \approx 1$，则转换模型（1-22）可写成

$$\begin{bmatrix} X \\ Y \\ Z \end{bmatrix}_{平} = \begin{bmatrix} 1 & 0 & X_P \\ 0 & 1 & -Y_P \\ -X_P & Y_P & 1 \end{bmatrix} \begin{bmatrix} X \\ Y \\ Z \end{bmatrix}_{真} \tag{1-25}$$

1.2.5 瞬时极（真）天球坐标系到瞬时极（真）地球坐标系的转换模型

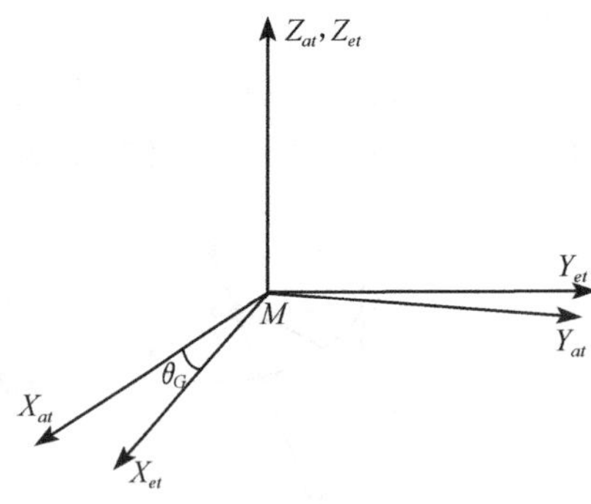

图 1-24 瞬时极（真）天球坐标系

根据定义，真天球坐标系和真地球坐标系的原点都是地心 M，且其 Z 轴都与地球真自转轴重合。它们之间的差异，仅在于 X 轴的指向不同。真天球坐标系的 X 轴指向真春分点，而真地球坐标系的 X 轴指向平格林威治起始子午面和地球真赤道的交点，两者之间的夹角 θ_G，称为对应于平格林威治起始子午面的真春分点时角（图 1-24）。因此，由真天球坐标系到真地球坐标系的变换，仅需绕 Z 轴逆时针转动 θ_G 角，其相应的转换模型为

$$\begin{bmatrix} X \\ Y \\ Z \end{bmatrix}_{(et)} = R_Z(\theta_G) \begin{bmatrix} X \\ Y \\ Z \end{bmatrix}_{(at)} \tag{1-26}$$

式中，$R_Z(\theta_G)$ 为以 Z 轴为旋转轴的逆时针 Givens 转动矩阵，显然有

$$R_Z(\theta_G) = \begin{bmatrix} \cos\theta_G & \sin\theta_G & 0 \\ -\sin\theta_G & \cos\theta_G & 0 \\ 0 & 0 & 1 \end{bmatrix} \tag{1-27}$$

且由天文学知

$$\theta_G = \theta_0 + \frac{\mathrm{d}\theta_0}{\mathrm{d}t} \cdot U_t + \Delta\psi \cdot \cos\varepsilon \tag{1-28}$$

这里，θ_0 为世界时 0 点的格林威治平恒星时；$\Delta\psi$ 为黄经章动；ε 为黄赤平交角。

$$\theta_0 = 6^h 41^m 50^s.548\,1 + 8\,640\,184^s.812\,866T + 0^s.093\,104T^2 - 6^s.2 \times 10^{-6} T^3 \tag{1-29}$$

式中，T 为自公元 2000 年起算的世界时儒略世纪数。

在 GPS 卫星定位测量中，通常在（历元）平天球坐标系中研究人造地球卫星的轨道运动，而在协议地球坐标系中研究地面点（测站）的坐标，这样就产生了由（历元）平天球坐标系到协议（平）地球坐标系的变换问题。这一变换过程可综合描述如下：

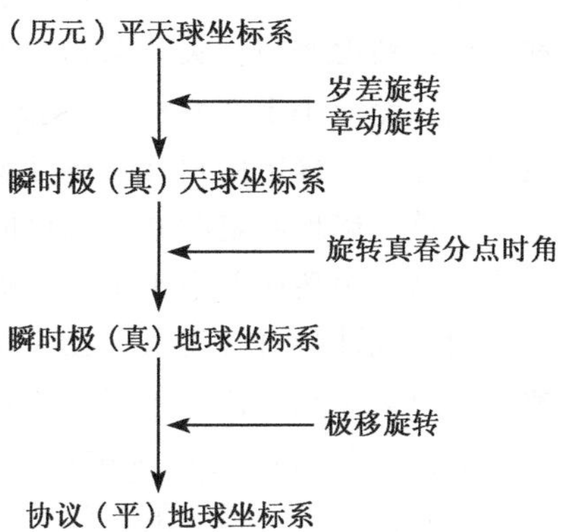

1.2.6　WGS-84 世界大地坐标系

GPS 定位测量中所采用的协议地球坐标系，称为 WGS-84 世界大地坐标（world geodetic system 1984）。该坐标系由美国国防部研制，自 1987 年 1 月 10 日开始起用。WGS-84 坐标系的原点为地球质心 M；Z 轴指向 BIH1984.0 时元定义的协议地极（CTP，coventional terrestrial pole）；X 轴指向 BIH1984.0 时元定义的零子午面与 CTP 相应的赤道的交点；Y 轴垂直于 XMZ 平面，且与 Z、X 轴构成右手系（图 1-25）。WGS-84 坐标系采用的地球椭球，称为 WGS-84 椭球，其常数为国际大地测量学与地球物理学联合会（IUGG）第 17 届大会的推荐值，4 个主要参数如下：

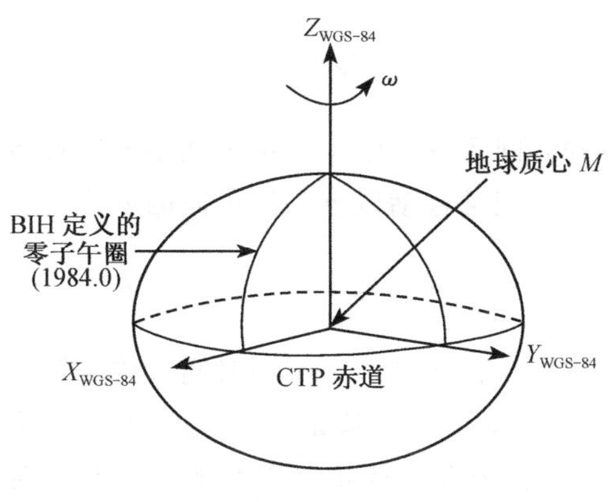

图 1-25　WGS-84 坐标系

椭球长半径 $a=$ (6 378 137±2)m

地球（含大气层）引力常数 $GM=(3\,986\,005\times10^8\pm0.6\times10^8)\mathrm{m}^3/\mathrm{s}^2$

正常二阶带谐系数 $C_{2.0}=-484.166\,85\times10^{-6}\pm1.30\times10^{-9}$

地球自转角速度 $\omega=(7\,292\,115\times10^{-11}\pm0.15\times10^{-11})\mathrm{rad/s}$

利用上述4个基本参数，可算出WGS-84椭球的扁率为：$f=1/298.257\,223\,563$。

第6章中我们将对WGS-84坐标系作进一步讨论，并介绍由WGS-84坐标系到其他参心坐标系的变换模型。

1.3 GPS定位的时间系统

GPS卫星作为一个高空动态已知点，其位置是随时间不断变化的。因此，在给出卫星运行位置的同时，必须给出相应的瞬间时刻。并且，卫星位置的精度和时刻的精度密切相关，例如：当要求GPS卫星的位置误差小于1cm时，相应的时刻误差应小于2.6×10^{-6}s。GPS测量是通过接收和处理GPS卫星发射的无线电信号，来确定用户接收机（观测站）至卫星间的距离，进而确定观测站的位置。而欲准确地测定测站至卫星的距离，就必须精密地测定信号的传播时间。如果要求站星距离误差小于1cm，则信号传播时间的测定误差应不超过3×10^{-11}s。

由于地球的自转现象，在天球坐标系中，地球上点的位置是不断变化的。若要求赤道上一点的误差不超过1cm，则时间的测定误差须小于2×10^{-6}s。

显然，利用GPS技术进行精密定位与导航，应尽可能获得高精度的时间信息，这就需要一个精确的时间系统。以下介绍与GPS测量有关的几种时间系统，即：世界时、原子时和力学时。

确定一个时间系统和确定其他测量基准一样，要定义时间单位（尺度）和原点（起始历元）。

1.3.1 世界时系统

世界时系统是以地球自转为基准的一种时间系统。但是，由于观察地球自转运动时，所选择的空间参考点不同，世界时系统又包括以下几种不同的形式。

1. 恒星时

如果以春分点为参考点，则由春分点的周日视运动所确定的时间，称为恒星时（sidereal time，ST）。春分点连续两次经过本地子午圈的时间间隔为一恒星日，包含24个恒星时。所以恒星时在数值上等于春分点相对于本地子午圈的时角。因为恒星时是以春分点通过本地子午圈时为原点计算的，所以恒星时具有地方性，有时也称之为地方恒星时。

由于岁差、章动的影响，地球自转轴在空间的指向是变化的。与此相应，春分点在天球上的位置也不固定，有真春分点和平春分点之分。因此，相应的恒星时也有真恒星时和平恒星时之分。

恒星时是以地球自转为基础，并与地球的自转角度相对应的时间系统。

2. 太阳时

太阳时（solar time ）有真太阳时和平太阳时（mean solar time，MT）两种。如果以真太阳作为观察地球自转的参考点，那么由真太阳周日视运动所确定的时间，称为真太阳时。即可定义真太阳中心连续两次经过本地子午圈所经历的时间间隔为一个真太阳日，同样，一个真太阳日也包含 24 个真太阳时。显然，真太阳时也有地方性，而且由于地球的公转轨道为一椭圆，根据天体运动的开普勒定律可知，太阳的视运动速度是不均匀的。以真太阳作为观察地球自转运动的参考点，不符合建立时间系统的基本要求。因此，假设某个参考点的视运动速度，等于真太阳周年运动的平均速度，且其在天球赤道上作周年视运动。这个假设的参考点，在天文学中称为平太阳。平太阳连续两次经过本地子午圈的时间间隔，为一个平太阳日，而一个平太阳日包含有 24 个平太阳时。平太阳时也具有地方性，故常称为地方平太阳时。

平太阳日由平正午开始，即平正午为 0 时，平子夜为 12 时。1925 年国际天文联合会决定，改平太阳日由平子夜开始，即平子夜为 0 时，平正午为 12 时，简称平时或民用时。

3. 世界时

以平子夜为零时起算的格林威治平太阳时称为世界时 UT（universal time）。如果以 θ_{Gm} 代表平太阳相对格林威治子午圈的时角，则世界时 UT_0 可表示为

$$UT_0 = \theta_{Gm} + 12(h) \tag{1-30}$$

世界时与平太阳时的尺度基准相同，其差别仅仅是起算点不同。

世界时系统是以地球自转为基础的时间系统，而地球自转速度是不均匀的，存在长周期变化、季节性短周期变化和不规则变化。并且，地球的自转轴在地球内部的位置也不固定，存在极移。地球自转的这种不稳定性，导致了世界时 UT_0 的不均匀性。为了弥补这一缺陷，1955 年 9 月国际天文联合会决定，在世界时 UT_0 中引入极移改正，经此改正的世界时，相应表示为 UT_1 和 UT_2，即

$$UT_1 = UT_0 + \Delta\lambda \tag{1-31}$$

$$UT_2 = UT_1 + \Delta T_s \tag{1-32}$$

这里，$\Delta\lambda$ 为观测瞬间地极相对国际协议地极原点 CIO 的极移改正，其表达式为

$$\Delta\lambda = \frac{1}{15}(X'' \cdot \sin\lambda_0 + Y'' \cdot \cos\lambda_0) \cdot \tan\varphi_0 \tag{1-33}$$

式中，X''，Y''为观测瞬间的极移分量；λ_0，φ_0 为测站的天文经度和天文纬度。

ΔT_s 为地球自转速度的季节性变化改正，自 1962 年起国际上采用如下经验公式：

$$\Delta T_s = a \cdot \sin 2\pi t + b \cdot \cos 2\pi t + c \cdot \sin 4\pi t + d \cdot \cos 4\pi t \qquad (1\text{-}34)$$

式中，$a=0.022''$；$b=-0.012''$；$c=-0.006''$；$d=0.007''$；t 为由本年 1 月 0 日起算的年小数。很明显，世界时 UT_1 经过极移改正后，仍含有地球自转速度变化的影响，而 UT_2 虽经地球自转季节性变化的改正，但仍含有地球自转速度长期变化和不规则变化的影响，所以世界时 UT_2 仍不是一个严格均匀的时间系统。

世界时 UT_0、UT_1 与 UT_2 之间关系为

$$UT_2 = UT_0 + \Delta\lambda + \Delta T_s \qquad (1\text{-}35)$$

1.3.2 原子时

随着空间科学技术、现代天文学和大地测量学的发展，对时间系统的准确度和稳定度的要求不断提高。以地球自转为基础的世界时系统，已难以满足要求。为此，人们在 20 世纪 50 年代，便建立了以物质内部原子运动的特征为基础的原子时间系统。因为物质内部的原子跃迁所辐射和吸收的电磁波频率，具有很高的稳定性和复现性，所以由此而建立的原子时（atomic time，AT ），便成为当代最理想的时间系统。

原子时秒长的定义为：位于海平面上的铯原子 C_S^{133} 基态两个超精细能级，在零磁场中跃迁辐射振荡 9 192 631 770 周所持续的时间，为 1 原子时秒。该原子时秒作为国际制秒（SI）的时间单位。这一定义严格地确定了原子时的尺度，而原子时的原点由下式确定：

$$AT = UT_2 - 0.003\,9'' \qquad (1\text{-}36)$$

原子时系统出现后，得到了迅速的发展和广泛的应用，许多国家都建立了各自的地方原子时系统。但不同的地方原子时之间存在着差异。为此，国际上大约有 100 座原子钟，通过相互比对，并经数据处理推算出统一的原子时系统，称为国际原子时（international atomic time，IAT)。原子时是通过原子钟来守时和授时的，因此，原子钟振荡器频率的准确度和稳定度便决定了原子时的精度。

当前常用的几种频率标准的特性，如表 1-2 所列。

表 1-2 几种常用原子频标的特性比较

特 征 值	振荡器的种类			
	晶体振荡器	铷汽泡	铯原子束	氢原子激射器
相对频率稳定度/1s	$10^{-6}\sim10^{-12}$	$2.10^{-11}\sim5.10^{-12}$	$5.10^{-11}\sim5.10^{-13}$	5.10^{-13}
相对频率稳定度/1d	$10^{-6}\sim10^{-12}$	$5.10^{-12}\sim5.10^{-13}$	$10^{-13}\sim10^{-14}$	$10^{-13}\sim10^{-14}$
钟误差达 1μs 的时间	1s～10d	1～10d	7～30d	7～30d
相对频率再现性	不可应用必须校准	10^{-10}	$10^{-11}\sim2.10^{-12}$	5.10^{-13}
相对频率漂移	$10^{-9}\sim10^{-11}/d$	$10^{-11}/m$	$<5.10^{-13}/d$	$<5.10^{-13}/a$

在卫星大地测量中，原子时作为高精度的时间基准，用于精密测定卫星信号的传播时间。

1.3.3 力学时

力学时（dynamic time，DT）是天体力学中用以描述天体运动的时间单位。根据天体运动方程，所对应的参考点不同，力学时又分为质心力学时和地球力学时两种形式。

质心力学时（barycentric dynamic time，TDB），是相对太阳系质心的天体运动方程所采用的时间参数。

地球力学时（terrestrial dynamic time，TDT），是相对地球质心的天体运动方程所采用的时间参数。

地球力学时（TDT）的基本单位是国际制秒（SI），与原子时的尺度一致。国际天文学联合会决定，于1977年1月1日原子时（IAT）0时与地球力学时的严格关系定义如下：

$$TDT = IAT + 32.184'' \tag{1-37}$$

若以 ΔT 表示地球力学时（TDT）与世界时（UT_1）之差，则由上式可知

$$\Delta T = TDT - UT_1 = IAT - UT_1 + 32.184'' \tag{1-38}$$

该差值可通过国际原子时与世界时的对比而确定，通常载于天文年历中。在GPS测量中，地球力学时作为一种严格均匀的时间尺度和独立的变量而用于描述卫星的运动。

1.3.4 协调世界时

在许多应用部门，如大地天文测量、天文导航和空间飞行器的跟踪定位等部门，当前仍需要以地球自转为基础的世界时。但是，由于地球自转速度长期变慢的趋势，近20年来，世界时每年比原子时约慢1s，两者之差逐年积累。为了避免发播的原子时与世界时之间产生过大的偏差，所以，从1972年起便采用了一种以原子时秒长为基础，在时刻上尽量接近于世界时的一种折衷的时间系统，这种时间系统称为协调世界时（coordinate universal time，UTC），或简称协调时。

协调世界时的秒长严格等于原子时的秒长，采用闰秒（或跳秒）的办法使协调时与世界时的时刻相接近。当协调时与世界时的时刻差超过±0.9s时，便在协调时引入1闰秒（正或负），闰秒一般在12月31日或6月30日加入。具体日期由国际时间局安排并通告。

为了使用世界时的用户得到精度较高的 UT_1 时刻，时间服务部门在发播协调时（UTC）时号的同时，还给出 UT_1 与 UTC 的差值。这样用户便可容易地由 UTC 得到相应的 UT_1。

目前，几乎所有国家时号的发播，均以 UTC 为基准。时号发播的同步精度约为±0.2ms，这样要求，是考虑到当存在电离层折射影响时，在同一个台站上接收世界各国的时号，其互差将不会超过±1ms。

1.3.5 GPS 时间系统

为了保证导航和定位精度，全球定位系统（GPS）建立了专门的时间系统，简称 $GPST$。

$GPST$ 属原子时系统，其秒长为国际制秒（SI），与原子时相同，但其起点与国际原子时（IAT）不同。因此，$GPST$ 与 IAT 之间存在一个常数差，它们的关系为

$$IAT - GPST = 19'' \qquad (1\text{-}39)$$

$GPST$ 与协调时（UTC）规定于 1980 年 1 月 6 日 0 时相一致，其后随着时间成整倍数积累，至 1987 年该差值为 4s。

$GPST$ 由主控站原子钟控制。

图 1-26 描述了 GPS 测量中，所应用的几种主要时间系统的关系。

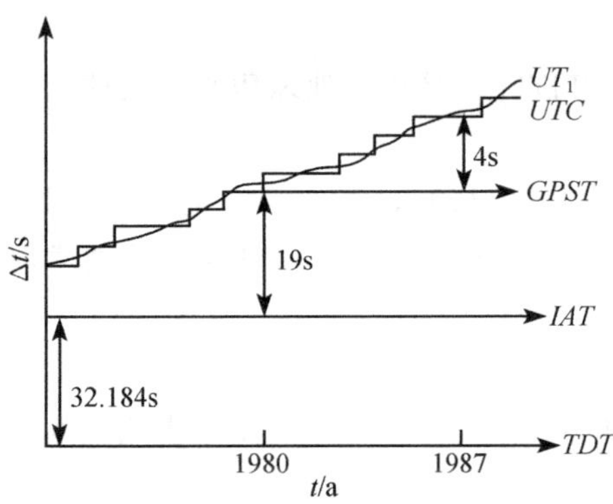

图 1-26 GPS 测量中不同时间系统间的关系

1.4 人造地球卫星的正常轨道运动

在利用 GPS 系统进行导航和定位时，GPS 卫星作为高空动态已知点，需要计算它在协议地球坐标系中的瞬时坐标。而实现这项计算的基础，就是 GPS 卫星的轨道运动理论。本节介绍人造地球卫星的正常轨道运动理论（卫星的无摄运动），以及卫星瞬时位置的计算过程。

1.4.1 二体问题意义下卫星的运动方程

假如地球是一质量分布均匀的球体，则地球的引力就等效于一个质点的引力。地球可视为质量全部集中在其质心的质点，卫星同样可以看作是质量集中的质点。研究两个质点在万有引力作用下的相对运动问题，在天体力学中称为二体问题。在二体问题意义下，人造地球卫星的轨道运动，称为正常轨道运动。

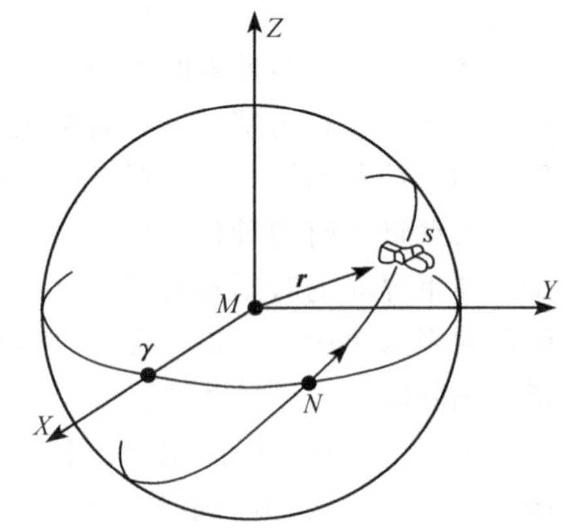

图 1-27 卫星的正常轨道运动

根据万有引力定律，地球受卫星的引力 $\boldsymbol{F}_e$ 可表示为（图 1-27）

$$\boldsymbol{F}_e = \frac{G \cdot M \cdot m}{r^2} \cdot \frac{\boldsymbol{r}}{r} \tag{1-40}$$

式中，M 为地球质量；m 为卫星质量；$G=6.672\times10^{-8}\text{cm}^3/(\text{g}\cdot\text{s}^2)$ 为万有引力常数；$\boldsymbol{r}$ 为卫星在（历元）平天球坐标系中的位置向量；$r=|\boldsymbol{r}|$ 为向量 $\boldsymbol{r}$ 的模，即卫地距离。

卫星受地球的引力 $\boldsymbol{F}_s$，其大小与 $\boldsymbol{F}_e$ 相等而方向相反，即

$$\boldsymbol{F}_s = -\frac{G \cdot M \cdot m}{r^2} \cdot \frac{\boldsymbol{r}}{r} \tag{1-41}$$

按照牛顿第二定律，可写出卫星运动方程

$$m\frac{\mathrm{d}^2\boldsymbol{r}}{\mathrm{d}t^2} = -\frac{G \cdot M \cdot m}{r^2} \cdot \frac{\boldsymbol{r}}{r} \tag{1-42}$$

和地球运动方程

$$M\frac{\mathrm{d}^2\boldsymbol{r}}{\mathrm{d}t^2} = -\frac{G \cdot M \cdot m}{r^2} \cdot \frac{\boldsymbol{r}}{r} \tag{1-43}$$

由此，在二体问题意义下卫星相对地球的运动方程为

$$\frac{\mathrm{d}^2\boldsymbol{r}}{\mathrm{d}t^2} = -\frac{G(M+m)}{r^2} \cdot \frac{\boldsymbol{r}}{r} \tag{1-44}$$

因为卫星的质量（约 774kg）远小于地球的质量（约 5.97×10^{21}t），所以通常略去 m 项，并记 $\mu=GM$ 为地球引力常数。根据向量分析知识，位置向量 $\boldsymbol{r}$ 及其二阶导数 $\mathrm{d}^2\boldsymbol{r}/\mathrm{d}t^2$，可分别用其坐标（$X$，$Y$，$Z$）以及二阶导数的三个分量（$\mathrm{d}^2X/\mathrm{d}t^2$，$\mathrm{d}^2Y/\mathrm{d}t^2$，$\mathrm{d}^2Z/\mathrm{d}t^2$）表示。于是，卫星相对地球的运动可写成

$$\left.\begin{aligned}\frac{\mathrm{d}^2X}{\mathrm{d}t^2} &= -\frac{\mu}{r^3}\cdot X\\ \frac{\mathrm{d}^2Y}{\mathrm{d}t^2} &= -\frac{\mu}{r^3}\cdot Y\\ \frac{\mathrm{d}^2Z}{\mathrm{d}t^2} &= -\frac{\mu}{r^3}\cdot Z\end{aligned}\right\} \tag{1-45}$$

1.4.2　开普勒定律和卫星运动的轨道参数

二阶常数微分方程组（1-45）的积分含 6 个积分常数，卫星运动状态就由这 6 个积分常数确定，它们被称为卫星的轨道参数或卫星星历。而卫星的运动规律，则可由德国天文学家开普勒（Kepler，1571～1630）所发现的行星运动三大定律描述。这是因为，在二体问题意义下，行星绕太阳的运动，与卫星绕地球的运动有相同的力学关系。

1. 开普勒第一定律

开普勒第一定律：卫星在通过地球质心的平面内运动，其向径扫过的面积与所经历的时间成正比。

开普勒第一定律指出，微分方程组（1-45）的通解，应当是一通过原点的平面方程。事实上，由式（1-45）之第 2 式乘以 Z 再减去第 3 式乘以 Y，可得

$$Z\frac{\mathrm{d}^2Y}{\mathrm{d}t^2}-Y\frac{\mathrm{d}^2Z}{\mathrm{d}t^2}=0$$

由此，进一步可写成

$$\frac{\mathrm{d}}{\mathrm{d}t}\left(Z\frac{\mathrm{d}Y}{\mathrm{d}t}-Y\frac{\mathrm{d}Z}{\mathrm{d}t}\right)=0$$

上式积分后得

$$Y\frac{\mathrm{d}Z}{\mathrm{d}t}-Z\frac{\mathrm{d}Y}{\mathrm{d}t}=A \tag{1-46}$$

类似地，若由第 1 式乘以 Z 减去第 3 式乘以 X，积分后则可得

$$Z\frac{\mathrm{d}X}{\mathrm{d}t}-X\frac{\mathrm{d}Z}{\mathrm{d}t}=B \tag{1-47}$$

再若以第 2 式乘以 X 减去第 1 式乘以 Y，那么积分后就有

$$X\frac{\mathrm{d}Y}{\mathrm{d}t}-Y\frac{\mathrm{d}X}{\mathrm{d}t}=C \tag{1-48}$$

现在对（1-46）～（1-48），分别乘以 X、Y 和 Z 并求和，则不难获得

$$AX+BY+CZ=0 \tag{1-49}$$

式（1-49）为一通过原点的平面方程，它是微分方程组（1-45）的通解。这就证明了，在二体问题意义下，卫星在通过地球质心的平面内运动。式中，A 、B、C 为 3 个积分常数，以下进一步分析这 3 个积分常数的几何意义。

显然，积分常数 A、B、C 是卫星轨道平面方程的 3 个方向数，于是有轨道平面法线方向的向量：

$$\boldsymbol{n}=\left(\frac{A}{h},\frac{B}{h},\frac{C}{h}\right) \tag{1-50}$$

式中，$h=(A^2+B^2+C^2)^{1/2}$，并且 A/h，B/h，C/h 分别是单位法向量 $\boldsymbol{n}$ 的三个方向余弦（图 1-28）。

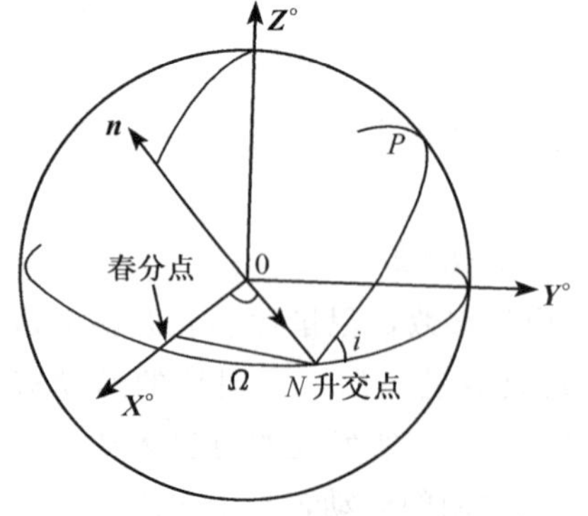

图 1-28 卫星的轨道平面参数

设 i 是人造地球卫星的轨道平面和天球赤道面的交角，称为轨道平面倾角。根据图 1-28 显然有

$$i=\arccos(\boldsymbol{Z},\boldsymbol{n})=\arccos\left(\frac{C}{h}\right) \tag{1-51}$$

又设 N 为卫星由南半球运行至北半球时，卫星与天球赤道的交点，称为升交点。Ω 为春分点至升交点的角距，称为升交点赤经。容易看出：

$$\Omega = \arctan\left(\frac{Y_N}{X_N}\right) = \arctan\left(-\frac{A}{B}\right) \tag{1-52}$$

轨道平面倾角 i 和升交点赤经 Ω 合称轨道平面参数，i 和 Ω 一经确定，轨道平面在空间的位置也就完全确定了。

为了证明常数 h 的几何意义，考虑卫星运动的角动量。设 $V(\mathrm{d}X/\mathrm{d}t, \mathrm{d}Y/\mathrm{d}t, \mathrm{d}Z/\mathrm{d}t)$ 是卫星运动的速度向量，则相应的角动量可表示为

$$\boldsymbol{r} \times m \cdot \mathbf{V} = \begin{vmatrix} \boldsymbol{i} & \boldsymbol{j} & \boldsymbol{k} \\ X & Y & Z \\ m\dfrac{\mathrm{d}X}{\mathrm{d}t} & m\dfrac{\mathrm{d}Y}{\mathrm{d}t} & m\dfrac{\mathrm{d}Z}{\mathrm{d}t} \end{vmatrix} \tag{1-53}$$

按照行列式的乘法规则展开上式，并顾及（1-46）～（1-48）三式，不难获得

$$\boldsymbol{r} \times m \cdot \mathbf{V} = \begin{bmatrix} A \\ B \\ C \end{bmatrix} \cdot m = \boldsymbol{h} \cdot m$$

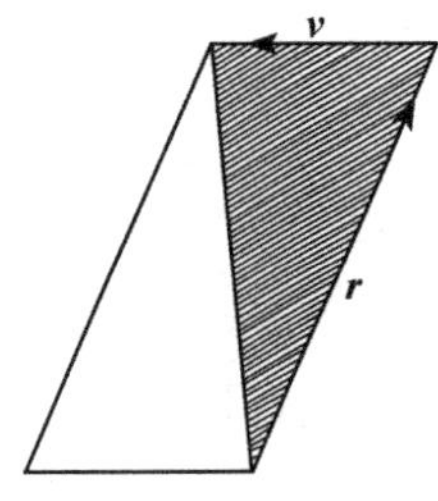

图 1-29　面积速度

$\boldsymbol{h}$ 是常向量，它的模 $h = |\boldsymbol{r} \times \boldsymbol{v}|$ 是卫星运动时向径（即位置向量）$\boldsymbol{r}$ 在单位时间内扫过面积的 2 倍（图 1-29），因此 $h/2$ 又称为面积速度。并且，向径 $\boldsymbol{r}$ 扫过的面积，显然与所经历的时间成正比。由于常数 i，Ω，h 具有明确的几何意义，因此通常用它们代替积分常数 A、B、C。

2. 开普勒第二定律

开普勒第二定律：卫星运动的轨道为一椭圆，地球位于此椭圆的一个焦点上。

为了证明开普勒第二定律，我们建立轨道平面上的卫星运动方程。如图1-30所示，O-xy 为轨道平面直角坐标系，其中原点 O 仍为地心，x 轴指向升交点 N，y 轴按右手系与 x 轴垂直。容易看出，在轨道平面直角坐标系中，卫星运动方程为

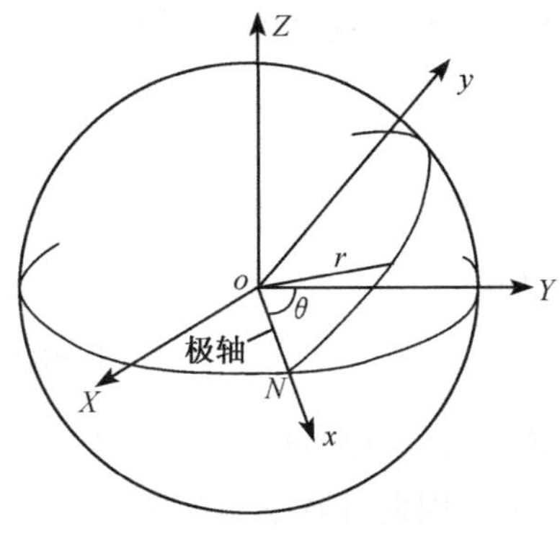

图 1-30　轨道平面坐标系

$$\begin{aligned} \frac{\mathrm{d}^2 x}{\mathrm{d}t^2} &= -\frac{\mu}{r^3} \cdot x \\ \frac{\mathrm{d}^2 y}{\mathrm{d}t^2} &= -\frac{\mu}{r^3} \cdot y \end{aligned} \tag{1-54}$$

考虑到解算方便起见，现将上述运动方程转换为极坐标形式。顾及关系式

$$\left.\begin{aligned} x &= r \cdot \cos\theta \\ y &= r \cdot \sin\theta \\ r &= \sqrt{x^2 + y^2} \end{aligned}\right\} \tag{1-55}$$

微分后代入式（1-54）可得

$$\left[\frac{\mathrm{d}^2 r}{\mathrm{d}t^2} - r \cdot \left(\frac{\mathrm{d}\theta}{\mathrm{d}t}\right)^2\right]\cos\theta - \left(r\frac{\mathrm{d}^2\theta}{\mathrm{d}t^2} + 2\frac{\mathrm{d}r}{\mathrm{d}t} \cdot \frac{\mathrm{d}\theta}{\mathrm{d}t}\right) \cdot \sin\theta = -\frac{\mu}{r^2}\cos\theta \tag{1-56}$$

$$\left[\frac{\mathrm{d}^2 r}{\mathrm{d}t^2} - r \cdot \left(\frac{\mathrm{d}\theta}{\mathrm{d}t}\right)^2\right] \cdot \sin\theta + \left(r \cdot \frac{\mathrm{d}^2\theta}{\mathrm{d}t^2} + 2\frac{\mathrm{d}r}{\mathrm{d}t} \cdot \frac{\mathrm{d}\theta}{\mathrm{d}t}\right) \cdot \cos\theta = -\frac{\mu}{r^2}\sin\theta \tag{1-57}$$

这里，θ 为极角。式（1-56）乘以 $\cos\theta$，式（1-57）乘以 $\sin\theta$，相加后可得

$$\frac{\mathrm{d}^2 r}{\mathrm{d}t^2} - r\left(\frac{\mathrm{d}\theta}{\mathrm{d}t}\right)^2 = -\frac{\mu^2}{r^2} \tag{1-58}$$

再以 $\sin\theta$ 乘式（1-56），$\cos\theta$ 乘式（1-57），相减后可得

$$r\frac{\mathrm{d}^2\theta}{\mathrm{d}t^2} + 2\frac{\mathrm{d}r}{\mathrm{d}t} \cdot \frac{\mathrm{d}\theta}{\mathrm{d}t} = 0 \tag{1-59}$$

式（1-58）与式（1-59）即轨道平面上卫星运动方程的极坐标形式。

容易看出，式（1-59）乘以 r 后写成

$$\frac{\mathrm{d}}{\mathrm{d}t}\left(r^2\frac{\mathrm{d}\theta}{\mathrm{d}t}\right) = 0$$

积分后得

$$r^2\frac{\mathrm{d}\theta}{\mathrm{d}t} = h \tag{1-60}$$

式中，h 为积分常数，其物理意义仍旧是卫星运动时向径 $\boldsymbol{r}$ 扫过面积的 2 倍。现作变量变换，令 $u=1/r$，则有 $\mathrm{d}\theta/\mathrm{d}t=u^2h$，以此式代入式（1-57），略加整理后可得

$$\frac{\mathrm{d}^2 u}{\mathrm{d}\theta^2} + u = \frac{\mu}{h^2} \tag{1-61}$$

上式为二阶常系数线性非齐次方程，根据常微分方程理论中解这类方程的规则，不难求得其通解：

$$u = \frac{\mu}{h^2}[1 + e \cdot \cos(\theta - \omega)]$$

由变量置换关系 $r=1/u$，即得卫星运动的轨道方程：

$$r = \frac{h^2/\mu}{1 + e \cdot \cos(\theta - \omega)} \tag{1-62}$$

式（1-62）是极坐标形式的椭圆方程，“极”位于椭圆的一个焦点上。这就是说，卫星的运动轨道是一椭圆，地球在椭圆的一个焦点上，因此开普勒第二定律就被证明。

式（1-62）中，

e 为椭圆的离心率；

$a=\dfrac{h^2}{\mu(1-e^2)}$，为椭圆的长半径；

$f=\theta-\omega$，为极角，由近地点起算（图 1-31），称为真近点角。

于是，卫星的轨道椭圆方程，可以写成

$$r=\frac{a(1-e^2)}{1+e\cdot\cos f} \tag{1-63}$$

由此，当卫星运动至近地点时，显然有 $f_0=\theta_0-\omega=0$，即 $\omega=\theta_0$ 为近地点至升交点的角距，称为近升角距。

椭圆长半径 a 和离心率 e 称为轨道椭圆形状参数，而近升角距 ω 则称为轨道椭圆定向参数。a、e、ω，再加上轨道平面参数 i 和 Ω，我们总共确定了 5 个轨道参数。至于常数 h，由于它与参数 a、e 函数相关，因此不是独立的轨道参数。最后一个轨道参数，将由开普勒第三定律给出。

3. 开普勒第三定律

开普勒第三定律：卫星运动周期之平方与轨道椭圆长半径之立方的比值为一常数。即成立关系式

$$a^3=\left(\frac{1}{2\pi}\right)^2\mu\cdot T^2 \tag{1-64}$$

式中，T 为卫星运动周期。定义

$$n=\frac{2\pi}{T} \tag{1-65}$$

为卫星运动的平均角速度。当卫星运动一个整周期 T 时，其向径扫过的面积为

$$\frac{1}{2}h\cdot T=\pi ab=\pi\cdot a^2\sqrt{1-e^2}$$

顾及 $h^2=\mu\cdot a(1-e^2)$，代入上式后就有

$$\mu\cdot a(1-e^2)T^2=(2\pi)^2a^4(1-e^2)$$

整理后可得

$$a^3=\left(\frac{1}{2\pi}\right)^2\mu\cdot T^2 \tag{1-66}$$

考虑到 $T=2\pi/n$，则有

$$n^2\cdot a^3=\mu \tag{1-67}$$

至此，开普勒第三定律已被证明。但欲求出卫星运动方程的第 6 个积分常数，也就是第 6 个轨道参数，尚需进一步研究卫星的运动速度。

在轨道平面坐标系中，卫星运动方程为

$$\frac{\mathrm{d}^2 x}{\mathrm{d}t^2} = -\mu \cdot \frac{x}{r^3} \tag{1-68}$$

$$\frac{\mathrm{d}^2 y}{\mathrm{d}t^2} = -\mu \cdot \frac{y}{r^3} \tag{1-69}$$

现对式（1-68）乘以 $\mathrm{d}x/\mathrm{d}t$，对式（1-69）乘以 $\mathrm{d}y/\mathrm{d}t$，相加后可得

$$\frac{\mathrm{d}x}{\mathrm{d}t} \cdot \frac{\mathrm{d}^2 x}{\mathrm{d}t^2} + \frac{\mathrm{d}y}{\mathrm{d}t} \cdot \frac{\mathrm{d}^2 y}{\mathrm{d}t^2} = -\frac{\mu}{r^3}\left(\frac{\mathrm{d}x}{\mathrm{d}t} \cdot x + \frac{\mathrm{d}y}{\mathrm{d}t} \cdot y\right) \tag{1-70}$$

若记 $v = \sqrt{(\mathrm{d}x/\mathrm{d}t)^2 + (\mathrm{d}y/\mathrm{d}t)^2}$ 为卫星运动速度，则式（1-70）等号左边

$$\frac{\mathrm{d}x}{\mathrm{d}t} \cdot \frac{\mathrm{d}^2 x}{\mathrm{d}t^2} + \frac{\mathrm{d}y}{\mathrm{d}t} \cdot \frac{\mathrm{d}^2 y}{\mathrm{d}t^2} = \frac{1}{2} \cdot \frac{\mathrm{d}}{\mathrm{d}t}(v^2)$$

而其右边

$$-\frac{\mu}{r^3}\left(\frac{\mathrm{d}x}{\mathrm{d}t} \cdot x + \frac{\mathrm{d}y}{\mathrm{d}t} \cdot y\right) = -\frac{\mu}{r^2} \cdot \frac{\mathrm{d}r}{\mathrm{d}t}$$

于是成立等式

$$\frac{1}{2} \cdot \frac{\mathrm{d}}{\mathrm{d}t}(v^2) = -\frac{\mu}{r^2} \cdot \frac{\mathrm{d}r}{\mathrm{d}t}$$

积分后可得

$$\frac{1}{2}v^2 = \frac{\mu}{r} + c \tag{1-71}$$

式中，c 为积分常数。为确定积分常数 c，需顾及表达式 $x = r \cdot \cos\theta$ 与 $y = r \cdot \sin\theta$，将卫星运动速度改写成极坐标形式

$$v^2 = \left(\frac{\mathrm{d}x}{\mathrm{d}t}\right)^2 + \left(\frac{\mathrm{d}y}{\mathrm{d}t}\right)^2 = \left(\frac{\mathrm{d}r}{\mathrm{d}t}\right)^2 + r^2\left(\frac{\mathrm{d}\theta}{\mathrm{d}t}\right)^2 \tag{1-72}$$

当卫星运动至近地点时，真近点角 $f = 0$，于是有 $r = a(1-e)$，$\mathrm{d}r/\mathrm{d}t = 0$。并且，已知

$$\frac{\mathrm{d}\theta}{\mathrm{d}t} = \frac{h}{r^2}$$

所以，当卫星运动至近地点时，其速度的平方

$$v^2 = \frac{h^2}{r^2}$$

由于 $h^2 = \mu \cdot a(1-e^2)$，则可得

$$v^2 = \frac{\mu(1+e)}{a(1-e)}$$

以此代入式（1-71），就有

$$\frac{\mu(1+e)}{2a(1-e)} = \frac{\mu}{a(1-e)} + c$$

移项后，经简单运算即得

$$c = -\frac{\mu}{2a} \tag{1-73}$$

将 c 的表达式（1-73）代入式（1-71），即得在二体问题意义下描述卫星运动速度的公式，即活力公式：

$$v^2 = \mu\left(\frac{2}{r} - \frac{1}{a}\right) \tag{1-74}$$

活力公式反映出二体问题意义下卫星运动的动能和势能间的守恒关系。根据活力公式（1-74）和式（1-72）有

$$\left(\frac{\mathrm{d}r}{\mathrm{d}t}\right)^2 + r^2\left(\frac{\mathrm{d}\theta}{\mathrm{d}t}\right) = \mu\left(\frac{2}{r} - \frac{1}{a}\right)$$

顾及 $\mathrm{d}\theta/\mathrm{d}t = h/r^2$，$h^2 = a \cdot \mu(1-e^2)$，则上式可写成

$$\left(\frac{\mathrm{d}r}{\mathrm{d}t}\right)^2 = \frac{2\mu}{r} - \frac{\mu}{a} - \frac{a \cdot \mu(1-e^2)}{r^2}$$

再以 $\mu = n^3 \cdot a^3$ 代入上式，可得

$$\frac{\mathrm{d}r}{\mathrm{d}t} = \frac{na}{r}\sqrt{a^2e^2 - (a-r)^2} \tag{1-75}$$

引进辅助变量，令 $a - r = \mathrm{arccos}E$，于是有

$$r = a(1 - e\cos E) \tag{1-76}$$

以及

$$\frac{\mathrm{d}r}{\mathrm{d}t} = \mathrm{arcsin}E\,\frac{\mathrm{d}E}{\mathrm{d}t} \tag{1-77}$$

上述结果代入式（1-75）后，不难获得一阶微分方程

$$(1 - e\cos E)\frac{\mathrm{d}E}{\mathrm{d}t} = n$$

积分后得

$$E - e\sin E = n(t - \tau) \tag{1-78}$$

式中，E 为偏近点角；τ 是积分常数。

如果偏近点角 $E=0$，则由式（1-76）可看出，这时 $r=a(1-e)$，即卫星运动至近地点。并且，当 $E=0$ 时，显然有 $t=\tau$，即 τ 是卫星通过近地点的时刻，称为卫星通过近地点的时刻参数。

二体问题意义下，人造地球卫星运动的 6 个轨道参数至此已全部求得，即

轨道平面参数：i 为轨道平面倾角，Ω 为升交点赤经；

轨道椭圆形状参数：a 为轨道椭圆长半径，e 为轨道椭圆离心率；

轨道椭圆定向参数：ω 为近升角距；

时间参数：τ 为卫星通过近地点的时刻。

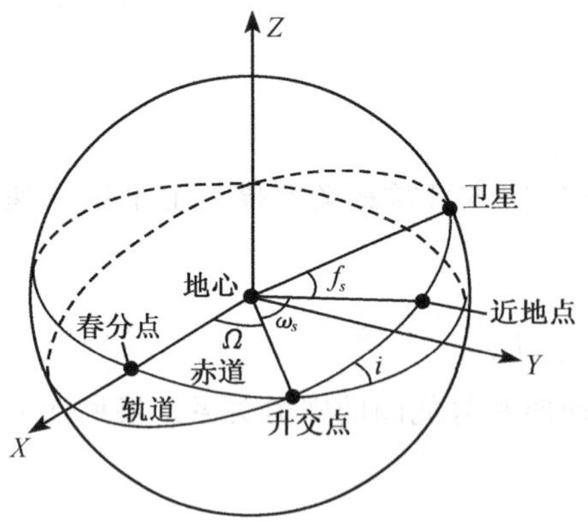

图 1-31 卫星的空间运动状态

如果已知这 6 个轨道参数，就唯一地确定了二体问题意义下卫星的运动状态。换句话说，只要已知这 6 个轨道参数，就可以计算卫星的瞬时位置和瞬时速度。

图 1-31 描述了卫星在空间的运动状态，并指出了部分轨道参数的几何意义。

1.4.3 卫星的瞬时位置计算

卫星的瞬时位置（包括瞬时速度）计算，通常称为卫星的星历计算，而卫星的轨道参数又叫星历参数。在二体问题意义下卫星的星历计算，包括以下过程。

（1）由已知轨道参数 a，计算平均角速度 n

$$n^2 a^3 = \mu \tag{1-79}$$

式中，$\mu=3.986\,005\times10^{14}\,\mathrm{m^3/s^2}$，为地球引力常数。

（2）由已知轨道参数 τ 和 e 求偏近点角 E

$$M = E - e\sin E \tag{1-80}$$

式中，$M=n(t-\tau)$ 称为平近点角，式（1-80）称为开普勒方程。具体计算时，可先求平近点角 M，然后迭代解算开普勒方程求偏近点角 E。

（3）计算真近点角 f

根据式（1-76），已知

$$r = a(1 - e\cos E) \tag{1-81}$$

又由式（1-63）知

$$r = \frac{a(1-e^2)}{1+e\cdot\cos f}$$

比较上述两式，容易看出成立等式

$$1-e^2 = (1-e\cos E)(1+e\cos f)$$

由此就有

$$\frac{1-e^2}{1-e\cos E} - 1 = e\cdot\cos f$$

不难解出

$$\cos f = \frac{\cos E - e}{1-e\cos E} \tag{1-82}$$

或者写成

$$\sin f = \frac{\sqrt{1-e^2}\cdot\sin E}{1-e\cos E} \tag{1-83}$$

当然还有

$$\tan\frac{f}{2}=\frac{\sin f}{1+\cos f}=\sqrt{\frac{1+e}{1-e}}\tan\frac{E}{2} \tag{1-84}$$

根据式（1-82）、（1-83）、（1-84）都可以方便地计算真近点角 f。

（4）根据已知的近升角距 ω 求升交角距 θ

$$\theta=f+\omega \tag{1-85}$$

（5）求卫星在轨道平面坐标系中的坐标

$$\left.\begin{aligned}x&=r\cdot\cos\theta\\y&=r\cdot\sin\theta\end{aligned}\right\} \tag{1-86}$$

或者如图1-32所示，令 x 轴指向近地点，那样就有

$$\left.\begin{aligned}x&=r\cdot\cos f\\y&=r\cdot\sin f\end{aligned}\right\} \tag{1-87}$$

（6）作旋转变换，计算卫星在天球坐标系中的瞬时位置

首先将轨道平面坐标系扩展为空间坐标系，为此定义 z 轴指向北天球一侧，并与轨道平面法线重合（图1-33）。于是式（1-87）可写成

$$\begin{bmatrix}x\\y\\z\end{bmatrix}=\begin{bmatrix}r\cdot\cos f\\r\cdot\sin f\\0\end{bmatrix} \tag{1-88}$$

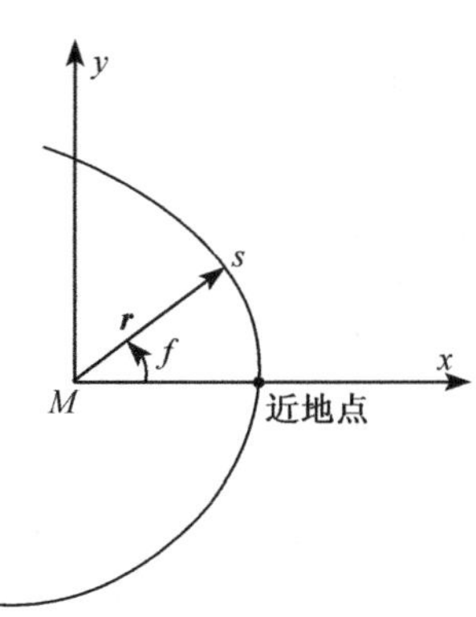

图1-32　x 轴指向近地点时的轨道坐标系

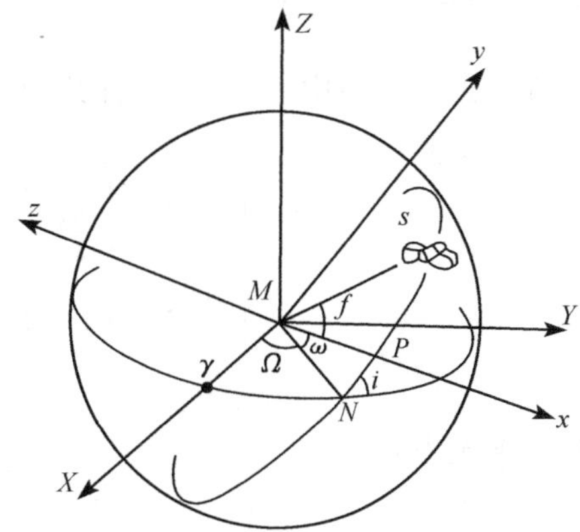

图1-33　卫星位置由轨道坐标系到天球坐标系

以表达式（1-81）、（1-82）与（1-83）代入上式，并略加整理后可得

$$\begin{bmatrix}x\\y\\z\end{bmatrix}=\begin{bmatrix}a(\cos E-e)\\a\sqrt{1-e^2}\cdot\sin E\\0\end{bmatrix} \tag{1-89}$$

由图 1-33 容易看出，由旋转矩阵

$$R = R_z(-\Omega) \cdot R_x(-i) \cdot R_z(-\omega) \tag{1-90}$$

可使卫星坐标由轨道坐标系变换到天球坐标系。式中，

$$R_z(-\Omega) = \begin{bmatrix} \cos\Omega & -\sin\Omega & 0 \\ \sin\Omega & \cos\Omega & 0 \\ 0 & 0 & 1 \end{bmatrix}$$

$$R_x(-i) = \begin{bmatrix} 1 & 0 & 0 \\ 0 & \cos i & -\sin i \\ 0 & \sin i & \cos i \end{bmatrix}$$

$$R_z(-\omega) = \begin{bmatrix} \cos\omega & -\sin\omega & 0 \\ \sin\omega & \cos\omega & 0 \\ 0 & 0 & 1 \end{bmatrix}$$

为顺时针 Givens 转动矩阵。于是，卫星在天球坐标系中的瞬时位置可表示为

$$\begin{bmatrix} X \\ Y \\ Z \end{bmatrix}_{at} = R \cdot \begin{bmatrix} a(\cos E - e) \\ a\sqrt{1-e^2} \cdot \sin E \\ 0 \end{bmatrix} \tag{1-91}$$

卫星坐标由天球坐标系到地球坐标系的变换，可按 1.2 中的方法计算，这里不再重复讨论。

1.4.4 卫星运动的瞬时速度计算

在轨道坐标系中，卫星运动的瞬时速度，显然可表示为

$$\begin{bmatrix} \frac{\mathrm{d}x}{\mathrm{d}t} \\ \frac{\mathrm{d}y}{\mathrm{d}t} \\ \frac{\mathrm{d}z}{\mathrm{d}t} \end{bmatrix} = \begin{bmatrix} -a \cdot \sin E \cdot \frac{\partial E}{\partial t} \\ a\sqrt{1-e^2} \cdot \cos E \cdot \frac{\partial E}{\partial t} \\ 0 \end{bmatrix} \tag{1-92}$$

根据开普勒方程

$$M = E - e \cdot \sin E$$

以及平近点角 M 的表达式

$$M = n(t - \tau)$$

容易求得，在式（1-92）中

$$\frac{\partial E}{\partial t} = \frac{n}{1 - e\cos E} \tag{1-93}$$

以此代入式（1-92），并注意到 $r=a(1-e\cos E)$，则可得轨道坐标中卫星运动的瞬时速度

$$\begin{bmatrix} \frac{\mathrm{d}x}{\mathrm{d}t} \\ \frac{\mathrm{d}y}{\mathrm{d}t} \\ \frac{\mathrm{d}z}{\mathrm{d}t} \end{bmatrix} = \begin{bmatrix} -\frac{a^2 n}{r} \cdot \sin E \\ \frac{a^2 n}{r} \cdot \sqrt{1-e^2} \cdot \cos E \\ 0 \end{bmatrix} \tag{1-94}$$

如果以旋转矩阵 R，即式（1-90）作用于式（1-94）右边，则可得天球坐标系中卫星运动的瞬时速度

$$\begin{bmatrix} \frac{\mathrm{d}x}{\mathrm{d}t} \\ \frac{\mathrm{d}y}{\mathrm{d}t} \\ \frac{\mathrm{d}z}{\mathrm{d}t} \end{bmatrix} = R \cdot \begin{bmatrix} -\frac{a^2 n}{r} \cdot \sin E \\ \frac{a^2 n}{r} \cdot \sqrt{1-e^2} \cdot \cos E \\ 0 \end{bmatrix} \tag{1-95}$$

按 1.2 中所介绍的方法继续进行旋转变换，可得地球坐标系中卫星运动的瞬时速度，这里不再重复讨论。

1.5　人造地球卫星的受摄运动

在讨论卫星的正常轨道运动时，视地球为一均质球体，其全部质量集中在质心 M，研究在地球质心引力作用下卫星相对地球的运动。这是卫星运动轨道的第一次近似，称为卫星运动的正常轨道或开普勒轨道。要想获得卫星运动的精密轨道，就不能只考虑地球的质心引力作用，而必须顾及卫星运动中所受到的地球非质心引力和其他各种作用力的综合影响。这些力称为摄动力。卫星在地球质心引力和各种摄动力综合影响下的轨道运动，称为卫星的受摄运动，相应的卫星运动轨道称为摄动轨道或瞬时轨道。摄动轨道偏离正常轨道的差异，称为卫星的轨道摄动。

1.5.1　卫星运动的摄动力和受摄运动方程

卫星在运行中，除主要受地球的质心引力 $\boldsymbol{f}_c$ 的作用外，还要受以下各种摄动力的影响：

$\boldsymbol{f}_{nc}$——地球的非球性与非均质性引起的作用力，即地球的非质心引力；

$\boldsymbol{f}_s$——太阳的引力；

$\boldsymbol{f}_m$——月球的引力；

$\boldsymbol{f}_r$——太阳的光辐射压力；

$\boldsymbol{f}_a$——大气阻力；

$\boldsymbol{f}_p$——地球潮汐作用力，包括海洋潮汐和地球固体潮所引起的作用力；

其他作用力。

图 1-34 描述了这些摄动力。由于摄动力作用，卫星的实际运行轨道，即瞬时轨道，比正常轨道要复杂得多。瞬时轨道的轨道平面在空间的方向并不固定不变，轨道的形状同样不固定并且不是严格标准的椭圆。这说明，在摄动力作用下，轨道参数不是常数，而是时间的函数。轨道摄动，对卫星的星历精度带来不容忽视的影响。仅地球的非质心引力一项，就可以在卫星运行的 3h 弧段上造成 2km 的位置偏差。表 1-3 指出了各种摄动力加速度所起的卫星位置偏差。显然，这些偏差对任何用途的导航与定位工作，都是不能接受的。为此，必须建立卫星运行的受摄运动方程，修正卫星运动的正常轨道。

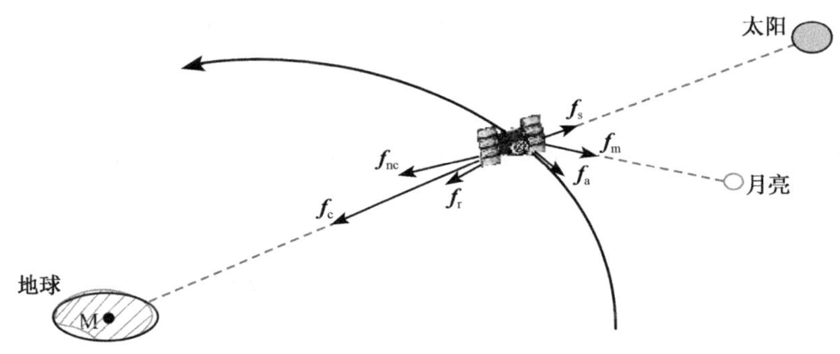

图 1-34 卫星运动所受的力

表 1-3 摄动力对 GPS 卫星的影响

摄 动 源		加速度/(m/s²)	轨道摄动/m	
			3h 弧段	2d 弧段
地球的非对称性	(a) $\bar{C}_{20}$	5×10^{-5}	≈2km	≈14km
	(b) 其他调和项	3×10^{-7}	5～80	100～1500
日月引力影响		5×10^{-6}	5～150	1000～3000
地球潮汐位	(a) 固体潮	1×10^{-9}	——	0.5～1.0
	(b) 海洋潮汐	1×10^{-9}	——	0.0～2.0
太阳辐射压		1×10^{-7}	5～10	100～800
反照压		1×10^{-8}	——	1.0～1.5

如果记向量 $\boldsymbol{F}$ 为地球质心引力与各种摄动力的总和，即

$$\boldsymbol{F} = \boldsymbol{f}_c + \boldsymbol{f}_{nc} + \boldsymbol{f}_s + \boldsymbol{f}_m + \boldsymbol{f}_r + \boldsymbol{f}_a + \boldsymbol{f}_p \tag{1-96}$$

那么，根据牛顿第二定律，卫星受摄运动方程可以写成

$$m\frac{\mathrm{d}^2\boldsymbol{r}}{\mathrm{d}t^2} = \boldsymbol{F} \tag{1-97}$$

在空间直角坐标系中，式（1-97）可分解为

$$\left.\begin{aligned} m\frac{\mathrm{d}^2X}{\mathrm{d}t^2} &= F_X \\ m\frac{\mathrm{d}^2Y}{\mathrm{d}t^2} &= F_Y \\ m\frac{\mathrm{d}^2Z}{\mathrm{d}t^2} &= F_Z \end{aligned}\right\} \tag{1-98}$$

受摄运动方程（1-97）等号右边项是位置、速度和时间的函数，即

$$\boldsymbol{F}=\boldsymbol{F}(X,Y,Z,v,t) \tag{1-99}$$

称为摄动力函数，其内涵十分复杂。因此，微分方程组（1-98）的求解过程也相对比较困难。本书不详细讨论有关这一问题的数学理论，有兴趣的读者可以参阅刘林（1992），李庆海和崔春芳（1989）等人的著作。

1.5.2　地球引力场摄动力及其对卫星轨道运动的影响

地球不仅内部质量分布不均匀，而且形状也不规则。通常认为，地球的形状接近于一个长短轴相差约为 21km 的椭球，但在地球北极大地水准面高出椭球面约 19m，而在地球南极大地水准面却低于椭球面约 26m，在赤道附近两者之差最大竟达 108m。

地球体的这种不均匀和不规则性，引起地球引力场的摄动，这时地球引力位模型，含有一摄动位 ΔV。若设 V 是地球引力位，则有

$$V=\frac{\mu}{r}+\Delta V \tag{1-100}$$

式中，μ 为地球引力常数，r 为卫星至地心的距离。摄动位 ΔV 的球谐函数展开式的一般形式如下：

$$\Delta V=\mu\sum_{k=1}^{n} r^{\frac{a^k}{k+1}}\sum_{m=0}^{k} P_{km}(\sin\varphi)(C_{km}\cos m\lambda+S_{km}\sin m\lambda) \tag{1-101}$$

式中，a 为地球椭球长半径；$P_{km}(\sin\varphi)$ 为 k 阶 m 次勒让德函数；C_{km}，S_{km} 为球谐系数；n 为预定的某一最高阶次；φ，λ 为测站的天文纬度和天文经度。

地球引力场是保守力场，其位函数的重要特性之一是它对三个坐标的导数，分别等于质点沿三坐标轴方向的加速度。于是有

$$\frac{\mathrm{d}^2X}{\mathrm{d}t^2}=\frac{\partial}{\partial X}\left(\frac{\mu}{r}+\Delta V\right)=-\frac{\mu}{r^2}\cdot\frac{\partial r}{\partial X}(\Delta Y)=-\frac{\mu}{r^3}X+\frac{\partial}{\partial X}(\Delta Y) \tag{1-102}$$

类似地有

$$\frac{\mathrm{d}^2Y}{\mathrm{d}t^2}=-\frac{\mu}{r^3}Y+\frac{\partial}{\partial Y}(\Delta V) \tag{1-103}$$

以及

$$\frac{\mathrm{d}^2Z}{\mathrm{d}t^2}=-\frac{\mu}{r^3}Z+\frac{\partial}{\partial Z}(\Delta V) \tag{1-104}$$

式（1-102）、（1-103）与式（1-104）是顾及地球引力场摄动位的卫星运动方程。式中，

$$\left.\begin{aligned}&\frac{\partial}{\partial X}(\Delta V)\\&\frac{\partial}{\partial Y}(\Delta V)\\&\frac{\partial}{\partial Z}(\Delta V)\end{aligned}\right\} \tag{1-105}$$

是地球引力场摄动力加速度。日月引力、潮汐摄动力等也都是保守力场，这些摄动力的卫星运动方程，显然也有类似的形式。

地球引力场摄动力对卫星轨道的影响主要有三点：

1）引起轨道平面在空间旋转，使升交点赤经 Ω 产生周期性变化。其变化率为

$$\frac{\partial\Omega}{\partial t}=-\frac{3nJ_2}{2}\left[\frac{a}{a_s(1-e_s^2)}\right]^2\cos i \tag{1-106}$$

式中，a 为地球椭球长半径；a_s 为卫星轨道椭圆长半径；e_s 为轨道椭圆离心率；J_2 为二阶带谐系数，i 为轨道平面倾角。

GPS卫星轨道椭圆长半径 a_s 约等于26 559km，离心率 e_s 约为0.006。若取 $J_2=1.082\ 63\times10^{-3}$，则可算出升交点沿地球赤道每天西移3.3km。任意时刻的升交点赤经：

$$\Omega(t)=\Omega(t_0)+\frac{\partial\Omega}{\partial t}(t-t_0) \tag{1-107}$$

2）引起近地点在轨道平面内旋转，导致近升角距 ω 的变化，其变化率可近似地表示为

$$\frac{\partial\omega}{\partial t}=-\frac{3nJ_2}{4}\left[\frac{a}{a_s(1-e_s^2)}\right]^2(1-5\cos^2 i) \tag{1-108}$$

当轨道平面倾角 $i\approx63.4°$时，$\partial\omega/\partial t\approx0$。类似地，可写出任意时刻近升角距的表达式：

$$\omega(t)=\omega(t_0)+\frac{\partial\omega}{\partial t}(t-t_0) \tag{1-109}$$

式中，$\omega(t_0)$ 为参考时刻 t_0 的近升角距。

由于GPS卫星的轨道平面倾角 $i=55°$，接近标准倾角63.4°，因此 $\partial\omega/\partial t\approx0$，即近地点几乎是不动的。

3）引起平近点角 M 的变化，其变化率可表示为

$$\frac{\partial M}{\partial t}=-\frac{3}{4}nJ_2\left(\frac{a}{a_s}\right)^2(1-e_s^2)^{-3/2}(1-3\cos^2 i) \tag{1-110}$$

于是，任意时刻的平近点角可表示为

$$M(t)=M(t_0)+\frac{\partial M}{\partial t}(t-t_0) \tag{1-111}$$

式中，平近点角变化率 $\partial M/\partial t$，在二体问题意义下就是平均角速度 n。所以，若设

$$\Delta n = \frac{\partial \omega}{\partial t} + \frac{\partial M}{\partial t} \tag{1-112}$$

那么，Δn 就是平均角速度改正数，或称卫星的平均运行速度差。对于 GPS 卫星来说，可算得 $\Delta n = -0.01°/\mathrm{d}$。由于升交点和近地点在地球引力场摄动力作用下的缓慢变化，卫星的轨道运动实际并不在同一平面上，而是在空间画出一条螺旋状的曲线（图 1-35）。

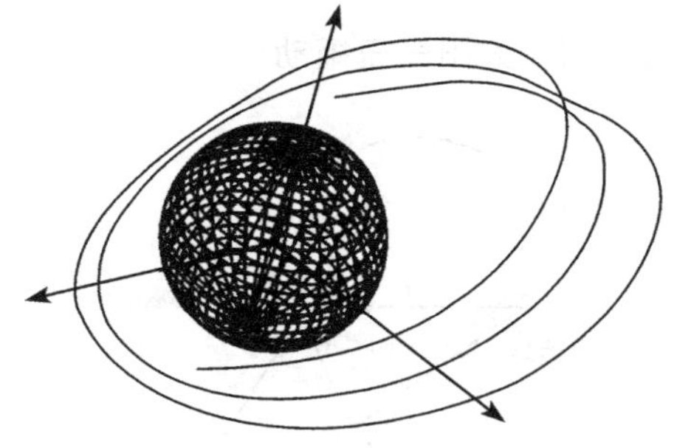

图 1-35　卫星的受摄轨道运动

1.5.3　日、月引力摄动

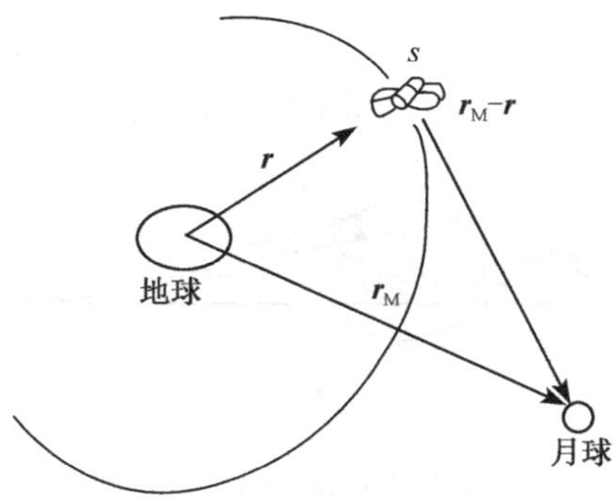

图 1-36　三体问题示意图

日、月作为质点，其引力是一种典型的第三体摄动力。由此引起的摄动位可表示成

$$\Delta V = \frac{Gm^*}{r^*} \sum_{k=2}^{\infty} \left(\frac{r}{r^*}\right)^k P_k(\cos\varphi) \tag{1-113}$$

式中，m^* 为第三体质量；r^* 为第三体地心距；$P_k(\cos\varphi)$ 为 k 阶勒让德函数；φ 为卫星与第三体地心处的夹角（图 1-36 ）。

由日、月摄动位引起的卫星轨道摄动力加速度，可表示为

$$\frac{\partial^2 \boldsymbol{r}_S}{\partial t^2} + \frac{\partial^2 \boldsymbol{r}_M}{\partial t^2} = Gm_S\left(\frac{\boldsymbol{r}_S - \boldsymbol{r}}{|\boldsymbol{r}_S - \boldsymbol{r}|^3} - \frac{\boldsymbol{r}_S}{|\boldsymbol{r}|^3}\right) + Gm_M\left(\frac{\boldsymbol{r}_M - \boldsymbol{r}}{|\boldsymbol{r}_S - \boldsymbol{r}|^3} - \frac{\boldsymbol{r}_M}{|\boldsymbol{r}|^3}\right) \tag{1-114}$$

其中：$\boldsymbol{r}_S$、$\boldsymbol{r}_M$ 为太阳、月球的地心向径；$\boldsymbol{r}$ 为卫星的地心向径；m_S、m_M 为太阳、月球的质量；G 为万有引力常数。

日、月引力引起的卫星位置摄动，主要表现为一种长周期摄动。它们作用在 GPS 卫星上的加速度约为 $5\times10^{-6}\mathrm{m/s^2}$，如果忽视这项影响，将造成 GPS 卫星在 3h 弧段上，在径向、法向和切向上产生 50～150m 的位置误差。

尽管太阳的质量远大于月球的质量，但其距离太远，所以太阳引力的影响，仅为月球引力影响的 46%。月球的引力影响，可使 GPS 卫星在 4h 弧段上，产生如表 1-4 所示的轨道参数摄动。

表 1-4　轨道参数摄动

轨道参数	月球引力所产生的摄动/m
a	220
e	140
i	80
Ω	80
$\omega+M$	500

太阳系的其他行星对 GPS 卫星的影

响，远小于太阳引力的影响，一般均可忽略。

1.5.4 太阳光压摄动

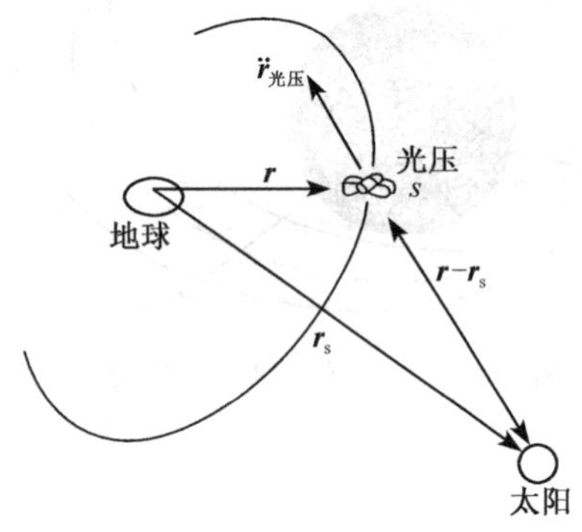

图 1-37 太阳光压摄动力示意图

卫星在运行中，还将直接受到太阳光辐射压力的影响而摄动（图 1-37）。太阳光辐射压对卫星所产生的摄动力加速度，不仅与卫星、太阳、地球三者之间的相对位置有关，而且也与卫星表面的反射特性、卫星接受阳光照射的有效截面积与卫星质量的比有关。通常，可近似地采用一个简单模型表示如下：

$$\frac{d^2 \boldsymbol{r}}{dt^2} = \gamma \cdot P_r \cdot C_r \frac{A}{m_S} r^2 \cdot \frac{\boldsymbol{r}_S - \boldsymbol{r}}{|\boldsymbol{r} - \boldsymbol{r}_S|} \tag{1-115}$$

式中，P_r 为太阳光压；C_r 为卫星表面反射因子；A/m_S为卫星有效截面积与卫星质量之比，这里假定卫星的太阳能电池板总是朝向太阳，即是一个常数；r_S 为太阳的地心距；γ 为蚀因子，在阴影区 $\gamma=0$，在阳光直接照射区 $\gamma=1$，在半阴影区 $0<\gamma<1$（图 1-38）。

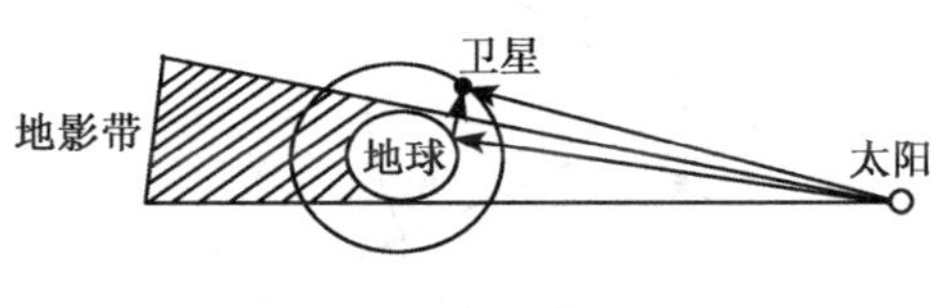

图 1-38 太阳光压

太阳光压对 GPS 卫星约产生 $10^{-7}\mathrm{m/s^2}$ 的摄动力加速度，忽略这一影响，可使卫星在3h弧段上产生5～10m的位置偏差。这一偏差对于基线长度大于50km的相对定位，一般也是不容忽视的。表 1-5 指出了太阳光压摄动对 4h 弧段产生的摄动量。由地球表面反射回来到达卫星的间接的太阳辐射，称为漫反射效应。间接辐射压对 GPS 卫星运动的影响较小，一般只有直接辐射压的 1%～2%，因此通常忽略这一影响。

表 1-5 太阳光压摄动

轨道参数	太阳光压影响/m
a	5
e	5
i	2
Ω	3
$\omega+M$	10

1.5.5 其他摄动力影响

1. 固体潮和海洋潮汐摄动

固体潮和海洋潮汐同样会改变地球重力位，对 GPS 卫星产生摄动力加速度，其量级约为 $10^{-9}\mathrm{m/s^2}$。忽略固体潮汐影响，将在两天弧段上产生 0.5～1m 的轨道误差。而忽略海洋潮汐影响，对于两天弧段将产生 1～2m 的轨道误差。对于大多数 GPS 测量来说，这项影响可忽略不计。

2. 大气阻力摄动

大气阻力摄动对低轨道卫星特别敏感，其影响程度主要取决于大气的密度、卫星截面积与质量之比以及卫星的运动速度。飞行高度为 200km 的卫星，所受到的大气摄动力加速度约为 $2.51\times10^{-7}\mathrm{m/s^2}$。GPS 卫星飞行高度在 20 000km 以上，那里大气密度甚微，一般可以忽略这项影响。

思 考 题

1. 名词解释

   天球；赤经；赤纬；黄道；春分点；岁差；章动；极移；世界时；原子时；协调世界时；儒略日。
2. 简述卫星大地测量的发展历史，并指出其各个发展阶段的特点。
3. 试说明 GPS 全球定位系统的组成。
4. 为什么说 GPS 卫星定位测量技术问世是测绘技术发展史上的一场革命？
5. 简述 GPS、GLONASS 与 Galileo 三种卫星导航定位系统工作卫星星座的主要参数。
6. 简述（历元）平天球坐标系、（观测）平天球坐标系以及瞬时极（真）天球坐标系之间的差别。
7. 怎样进行岁差旋转与章动旋转？它们有什么作用？
8. 为什么要进行极移旋转？怎样进行极移旋转？
9. 简述协议地球坐标系的定义。
10. 试写出由地心大地坐标到地心空间直角坐标的变换过程。
11. 综述由（历元）平天球坐标系到协议地球坐标系的变换过程。
12. 简述恒星时、真太阳时与平太阳时的定义。
13. 什么是 GPS 定位测量采用的时间系统？它与协调世界时 UTC 有什么区别？
14. 试述描述 GPS 卫星正常轨道运动的开普勒三大定律。
15. 试画图并用文字说明开普勒轨道 6 参数。
16. 简述人造地球卫星轨道运动所受到的各种摄动力。
17. 地球引力场摄动力对卫星的轨道运动有什么影响？
18. 日、月引力对卫星的轨道运动有什么影响？
19. 简述太阳光压产生的摄动力加速度，并说明它对卫星轨道运动有何影响。
20. 综述考虑摄动力影响的 GPS 卫星轨道参数。
21. 试写出计算 GPS 卫星瞬时位置的步骤。

第 2 章　GPS 卫星信号及其测量原理

GPS 卫星定位测量是通过用户接收机接收 GPS 卫星发射的信号来测定测站坐标的，那么究竟什么是 GPS 卫星信号呢？粗略地说，GPS 卫星信号包括测距码信号（P 码和 C/A 码信号）、导航电文或称 D 码（数据码信号）和载波信号。GPS 卫星信号的产生、调制和解调都非常复杂，涉及现代数字通讯理论和技术方面的若干高科技问题。作为 GPS 信号用户，虽然可以不用深入钻研这些问题，但了解其基本知识和概念，将有助于理解 GPS 卫星导航和定位测量的原理，因而仍旧是十分必要的。

本章介绍 GPS 信号的一般知识，以及 GPS 信号接收机的一般原理和几种常见的 GPS 信号接收机。

2.1　GPS 卫星的测距码信号与伪距测量原理

GPS 卫星发射的测距码信号包括 C/A 码和 P 码，它们都是二进制伪随机噪声序列，具有特殊的统计性质。本节从码的基本概念引入，介绍伪随机噪声序列及其产生，以及 C/A 码和 P 码的产生及其特征，并简要介绍码相关伪距测量原理。

2.1.1　码的基本概念

码是指表达信息的二进制数及其组合。例如，若分地面控制网为四个等级，则可取两位二进制数的不同组合：11，10，01，00，依此代表控制网的一、二、三、四等。这些二进制数的组合形式便称为码。其中每一位二进制数称为 1 个码元（binarydigit）或叫 1 比特（bit），比特的意思就是二进制数，它是码的度量单位，也是信息量的度量单位。如果将各种信息，例如声音、图像以及文字等，通过量化并按某种规则表示为二进制数的组合形式，则这一过程就称为编码，也就是信息的数字化。

在二进制数字化信息的传输中，每秒钟传输的比特数称为数码率，用以表示数字化信息的传输速度，其单位为 bit/s 或记为 BPS。一组二进制数的码序列，又可以看作是以 0 和 1 为幅度的时间函数（图 2-1），用记号 $u(t)$ 表示。如果一组码序列 $u(t)$，对某个时刻 t，码元是 0 或 1 完全是随机的，但其出现的概率均为 1/2 。这种码元幅值是完全无规律的码序列，称为随机噪声码序列。它是一种非周期序列，无法复制。但是，随机噪声码序列却有良好的自相关性，GPS 码信号测距就是利用了 GPS 测距码的良好自相关性才获得成功。这里，自相关性是指两个结构相同的码序列的相关程度，它由自相关函数描述。那么，什么是自相关函数呢？为了说明这一问题，可将随机噪声码序列 $u(t)$ 平移 k 个码元，获得具有相同结构的新的码序列 $\tilde{u}(t)$。比较两个码序列 $u(t)$ 与 $\tilde{u}(t)$，假定它们的对应码元中，码值（0 或 1）相同的码元个数为 S_u，而码值相异的码元个数为 D_u，那么两者之差 $S_u - D_u$ 与两者之和 $S_u + D_u$（即码元总数）的比值，定义为随机噪声码序列的自相关函数，并以符号 $R(t)$ 表示。即有

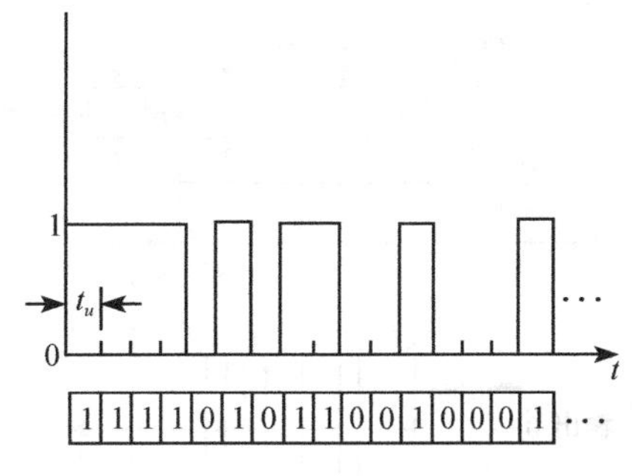

图 2-1 码序列——以 0 和 1 为幅度的时间函数

$$R(t) = \frac{S_u - D_u}{S_u + D_u} \tag{2-1}$$

在实用中，可通过自相关函数 $R(t)$ 的取值判断两个随机噪声码序列的相关性。很明显，当平移的码元个数 $k=0$ 时，两个结构相同的码序列其相应码元完全相同，这时 $D_u=0$，而自相关函数 $R(t)=1$；相反，当 $k\neq0$ 时，且假定码序列中的码元总数充分大，那么由于码序列的随机性，将有 $S_u \approx D_u$，这时自相关函数 $R(t)\approx0$。由此，根据自相关函数 $R(t)$ 的取值，即可确定两个随机噪声码序列是否已经“相关”，或者通俗地讲，两个码序列的相应码元是否已完全“对齐”。

假设 GPS 卫星发射一个随机序列 $u(t)$，而 GPS 信号接收机在收到信号的同时复制出结构与 $u(t)$ 完全相同的随机序列 $\tilde{u}(t)$，则这时由于信号传播时间延迟的影响，被接收的 $u(t)$ 与 $\tilde{u}(t)$ 之间产生平移，即相应码元已错开，因而 $R(t)\approx0$。如果通过一个时间延迟器来调整 $\tilde{u}(t)$，使之与 $u(t)$ 的码元相互完全对齐，即有 $R(t)=1$，那么就可以从 GPS 接收机的时间延迟器中，测出卫星信号到达用户接收机的准确传播时间，再乘以光速便可准确地确定由卫星至观测站的距离。所以随机噪声码序列的良好自相关特性，为 GPS 测距奠定了基础。

2.1.2 伪随机噪声码及其产生

虽然随机码具有良好的自相关特性，但由于它是一种非周期性的码序列，没有确定的编码规则，所以实际上无法复制和利用。因此，为了能够实际应用，GPS 采用了一种伪随机噪声码（pseudo random noise，PRN），简称伪随机码或伪码。这种码序列的主要特点是，不仅具有类似随机码的良好自相关特性，而且具有某种确定的编码规则。它是周期性的、可人工复制的码序列。

伪随机码由多级反馈移位寄存器产生。这种移位寄存器由一组连接在一起的存储单元组成，每个存储单元只有“0”或“1”两种状态，并接受钟脉冲和置

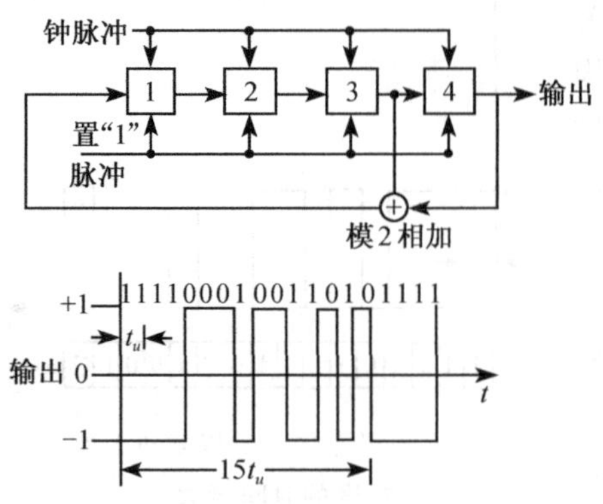

图 2-2 四级反馈移位寄存器示意图

“1”脉冲的驱动和控制。

假定一由 4 个存储单元组成的四级反馈和移位寄存器，如图 2-2 所示。在钟脉冲的驱动下，每个存储单元的内容，都按次序由上一单元转移到下一单元，而最后一个存储单元的内容便输出。并且，其中某两个存储单元，例如单元 3 和 4 的内容进行模二相加，再反馈输入给第一存储单元。

所谓模二相加，是二进制数的一种加法运算，常用符号⊕表示，其运算规则是

$$1 \oplus 1 = 0, 0 \oplus 1 = 1, 1 \oplus 0 = 1, 0 \oplus 0 = 0$$

当移位寄存器开始工作时，置“1”脉冲使各级存储单元全处于“1”状态，此后在钟脉冲的驱动下，移位寄存器将经历 15 种不同的状态，然后再返回到全“1”状态，从而完成了一个周期（表 2-1）。在四级反馈移位寄存器经历上述 15 种状态的同时，其最末级存储单元便输出了一个具有 15 个码元，且周期为 $15t_u$ 的二进制数码序列，称为 m 序列。t_u 表示钟脉冲的时间间隔，也就是码元的宽度。

表 2-1 四级反馈移位寄存器状态序列

状态编号	各级状态				模二加反馈	末级输出的二进制数
	④	③	②	①	③ ⊕ ④	
1	1	1	1	1	0	1
2	1	1	1	0	0	1
3	1	1	0	0	0	1
4	1	0	0	0	1	1
5	0	0	0	1	0	0
6	0	0	1	0	0	0
7	0	1	0	0	1	0
8	1	0	0	1	1	1
9	0	0	1	1	0	0
10	0	1	1	0	1	0
11	1	1	0	1	0	1
12	1	0	1	0	1	1
13	0	1	0	1	1	0
14	1	0	1	1	1	1
15	0	1	1	1	1	0

不难看出，四级反馈移位寄存器所产生的 m 序列，其一个周期可能包含的最大码元个数恰好等于 2^4-1 个。因此，一般来说，一个 r 级移位寄存器所产生的 m 序列，在一个周期内其码元的最大个数：

$$N_u = 2^r - 1 \tag{2-2}$$

与此相应，这时 m 序列的最大周期：

$$T_u = (2^r - 1) \cdot t_u = N_u \cdot t_u \tag{2-3}$$

式中，N_u 也称为码长。

由于移位寄存器不容许出现全“0”状态，因此 2^r-1 个码元中，“1”的个数总比“0”的个数多 1 个。这样，当两个周期相同的 m 序列其相应码元完全相同时，自相关系数 $R(t)=1$，而在其他情况下则有

$$R(t) = -\frac{1}{N_u} = \frac{-1}{2^r - 1} \tag{2-4}$$

当 r 足够大时，就有 $R(t)\approx 0$。所以，伪随机噪声码与随机噪声码一样，具有良好的自相关性，又是一种结构确定，可以复制的周期性序列。用户接收机可方便地复制卫星所发射的伪随机噪声码信号，并通过和接收到的码信号比较（相关），精确测定信号的传播时延，进一步计算出某一时刻测站和卫星间的距离。

2.1.3　GPS 卫星的测距码信号

GPS 卫星发射两种测距码信号，即 C/A 码和 P 码，两者都是伪随机噪声码，以下分别介绍它们的产生、特点和用途。

1. C/A 码

如图2-3所示，C/A码由两个10级反馈移位寄存器相组合产生。两个移位

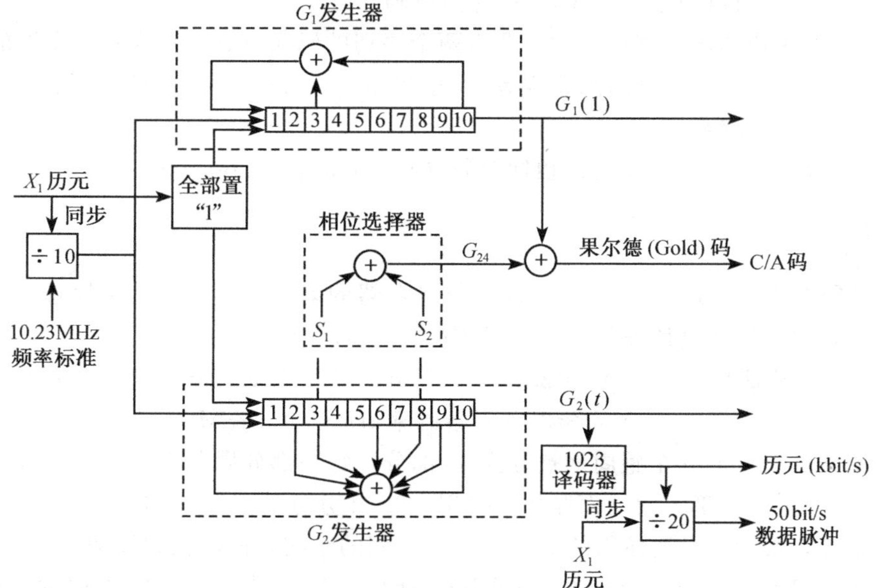

图 2-3　C/A 码发生示意图

寄存器于每星期日子夜零时，在置“1”脉冲作用下全处于“1”状态，同时在频率为 $f_1=f_0/10=1.023\text{MHz}$ 钟脉冲驱动下，两个移位寄存器分别产生码长为 $N_u=2^{10}-1=1023\text{bit}$，周期为 $N_u-t_u=1\text{ms}$ 的 m 序列 $G_1(t)$ 和 $G_2(t)$。这时 $G_2(t)$序列的输出不是在该移位寄存器的最后一个存储单元，而是选择其中两个存储单元进行二进制相加后输出，由此得到一个与 $G_2(t)$ 平移等价的 m 序列 G_{2i} 再将其与$G_1(t)$ 进行模二相加，便得到 C/A 码。由于 $G_2(t)$ 可能有 1023 种平移序列，所以其分别与 $G_1(t)$ 相加后，将可能产生 1023 种不同结构的 C/A 码。C/A 码不是简单的 m 序列，而是由两个具有相同码长和数码率但结构不同的 m 序列相乘所得到的组合码，称为戈尔德（Gold）序列。

C/A 码的码长、码元宽度、周期和数码率为：码长 $N_u=2^{10}-1=1023\text{bit}$；码元宽度 $t_u\approx0.977\ 52\mu\text{s}$，相应长度 293.1m；周期 $T_u=N_ut_u=1\text{ms}$；数码率 $BPS=1.023\text{Mbit/s}$。各颗 GPS 卫星所使用的 C/A 码，其上述四项指标都相同但结构相异，这样既便于复制又容易区分。

C/A 码有如下 2 个特点：

1）C/A 码的码长很短，易于捕获。在 GPS 导航和定位中，为了捕获 C/A 码以测定卫星信号传播的时延，通常需要对 C/A 码逐个进行搜索。因为 C/A 码总共只有 1023 个码元，所以若以每秒 50 码元的速度搜索，只需要约 20.5s 便可完成。

由于 C/A 码易于捕获，而且通过捕获的 C/A 码所提供的信息，又可以方便地捕获 P 码。所以通常 C/A 码也称为捕获码。

2）C/A 码的码元宽度较大。假设两个序列的码元对齐误差为码元宽度的 1/10～1/100，则这时相应的测距误差可达 29.3～2.9m。由于其精度较低，所以 C/A 码也称为粗码。

所以，C/A 码的原意就是粗捕获码（coarse acquisition code）。

2. P 码

P 码由两组各有两个 12 级反馈移位寄存器的电路发生，其基本原理与 C/A 码相似，但其线路设计细节远比 C/A 码复杂并且严格保密。

P 码的特征是：码长 $N_u\approx2.35\times10^{14}\text{bit}$；码元宽度 $t_u\approx0.097\ 752\mu\text{s}$，相应长度 29.3m；周期 $T_u=N_nt_u\approx267\text{d}$；数码率 $BPS=10.23\text{Mbit/s}$。

实际上 P 码的一个整周期被分为 38 部分，每一部分周期 7d，码长约 $6.19\times10^{12}\text{bit}$。其中，5 部分由地面监控站使用，32 部分分配给不同的卫星，1 部分闲置。这样，每颗卫星所使用的 P 码便具有不同的结构，但码长和周期相同。

因为 P 码的码长约为 $6.19\times10^{12}\text{bit}$，所以如果仍采用搜索 C/A 码的办法来捕获 P 码，即逐个码元依次进行搜索，当搜索的速度仍为每秒 50 码元时，那将是无法实现的（约需 14×15^5d）。因此，一般都是先捕获 C/A 码，然后根据导航电文中给出的有关信息，便可容易地捕获 P 码。

另外，由于 P 码的码元宽度为 C/A 码的 1/10，这时若取码元的相关精度仍为码元宽度的 1/10～1/100，则由此引起的相应距离误差约为 2.93～0.29m，仅为 C/A 码的 1/10。所以 P 码可用于较精密的导航和定位，称为精码（precision code）。目前，美国政府对 P 码保密，不提供民用，因此一般用户实际只能接收到的 GPS 信号是 C/A 码信号。

2.1.4　码相关伪距测量原理

码相关法伪距测量是通过调整自相关函数 $R(t)$ 的值，测定测距码信号由卫星到达测站的传播时间实现的。自相关函数的严格表达式是

$$R(t)=\frac{1}{T}\int_0^T U(t-\Delta t)\cdot U'(t-\tau)\,\mathrm{d}t \tag{2-5}$$

式中，Δt 为测距码信号的传播时间；τ 为接收机复制码延迟；$U(t\text{-}\Delta t)$ 为测距码信号；$U'(t\text{-}\tau)$ 为接收机复制码信号；T 为测距码信号周期。

自相关函数具有下述 3 种可能的状态：

1）当 $\Delta t=\tau$ 时，由于两个码序列的结构相同，测距码序列与复制码序列完全对齐（图 2-4（a）），因而任意时刻两个码的状态相同，其乘积码恒等于 1。这时，自相关函数也等于 1，即

$$R(t)=\frac{1}{T}\int_0^T U(t-\Delta t)U'(t-\tau)\,\mathrm{d}t=\frac{1}{T}\int_0^T \mathrm{d}t=1 \tag{2-6}$$

2）$\Delta t-\tau=t_u$ 时，即两个码序列错开一个码元。如果假定周期 $T=15t_u$，那么由图 2-4（b）易看出，其中 7 码元乘积波形为+1，8 码元乘积波形为-1，因而在一个整周期 $[0,T]$ 上，积分

$$\int_0^T U(t-\Delta t)U'(t-\tau)\,\mathrm{d}t=-1$$

由此，自相关函数

$$R(t)=\frac{1}{T}\int_0^T U(t-\Delta t)U'(t-\tau)\,\mathrm{d}t=-\frac{1}{T} \tag{2-7}$$

上述结论，对于任意 $\Delta t-\tau>t_u$ 均成立。

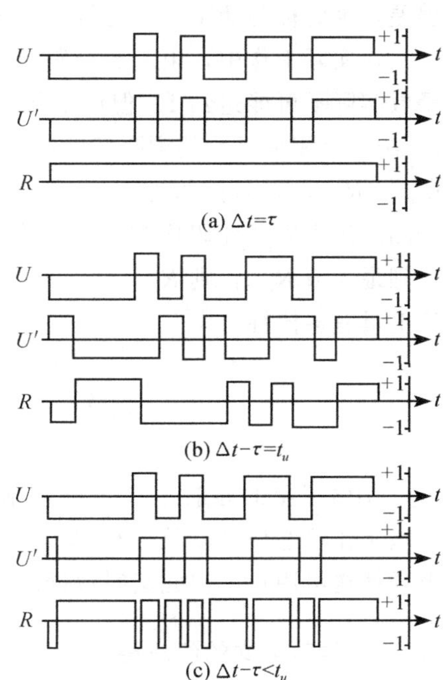

图 2-4　$\Delta t-\tau$ 不同时自相关函数 $R(t)$ 的值

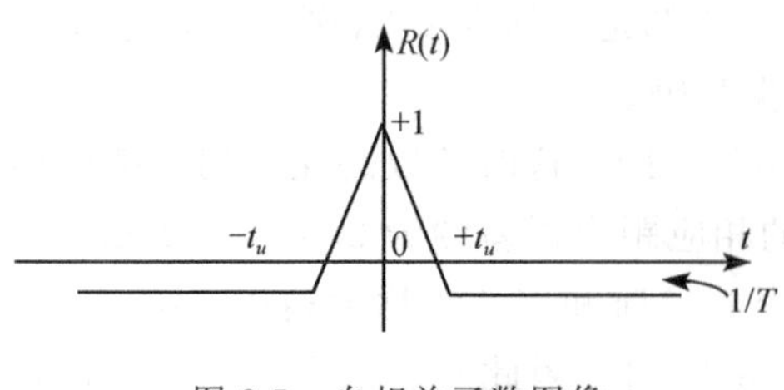

图 2-5 自相关函数图像

3）$\Delta t-\tau<t_u$ 时，也就是当两个码序列错开不足一个码元时，若已假定 $T=15t_u$，那么自相关函数在 $\Delta t-\tau$ 分别等于码元宽度的 1/5、2/5、3/5、4/5 时的值由表 2-2 给出。图 2-4（c）描述了 $\Delta t-\tau<t_u$ 时的情况。可见，当 $\Delta t-\tau<t_u$时，有$-1/T<R(t)<1$。由于两个码序列的结构相同，因此自相关函数显然具有对称性。图 2-5 就是根据上面讨论结果绘制的自相关函数图像。

表 2-2 $\Delta t-\tau\leqslant t_u$ 时自相关函数 $R(t)$ 的值

$\Delta t-\tau$	0	1/5	2/5	3/5	4/5	1
$R(t)$	1	59/75	43/75	27/75	11/75	−5/75

当卫星发射的测距码信号经过 Δt 秒传播时间后到达接收机时，接收机立刻产生出一个结构完全相同的复制码序列，并在时延器的控制下不断调整 τ，直到 $R(t)$ =1 为止。这时，即有 $\tau=\Delta t$，信号传播时间 Δt 一旦测定，只要乘以光速 c，即可获得卫星至测站的距离，但是由于其中包含卫星钟和接收机钟的不同步误差，因此称为伪距，以记号 $\tilde{\rho}$ 表示。

在实际工作中，由于测距码产生过程中的随机误差和信号传播误差，自相关函数实际不可能达到 1。但可不断调整 τ，使 $R(t)$ 达到最大值 $R_{max}\approx1$，因而有 $\tau\approx\Delta t$。自相关函数的测距精度通常以自相关函数的分辨率 d/M 表示，其中 $d=R_{max}-R_{min}$，M 目前约为 50～200，所以自相函数的测距精度为 d/M 个码元。由于测距码为周期性码序列，所以自相关函数同样为一周期函数。即，如果$R(t)$达到最大值 R_{max}，则 $R(t+T)$ 同样达到最大值 R_{max}，所以码相关伪距测量在理论上具有多值性。

2.2 GPS 卫星的导航电文

GPS 卫星的导航电文主要包括：卫星星历、时钟改正、电离层时延改正、卫星工作状态信息以及由 C/A 码捕获 P 码的信息。导航电文同样以二进制码的形式播送给用户，因此又叫数据码，或称 D 码。

2.2.1 导航电文的组成格式

导航电文的基本单位叫“帧”。一帧导航电文长 1500bit，含 5 个子帧（图

2-6）。而每个子帧又分别含有 10 个字，每个字含 30bit 电文，故每一子帧共含 300bit 电文。电文的播送速率为每秒 50bit，所以播送一帧电文的时间需要 30s，而一子帧电文的持续播发时间为 6s。

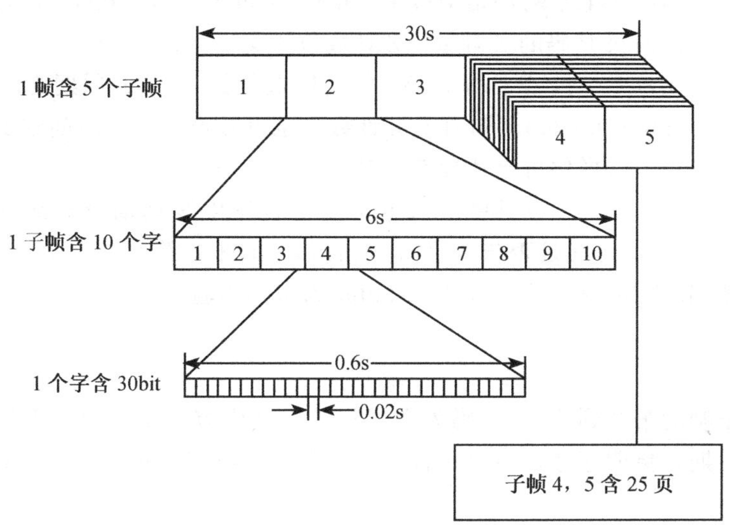

图 2-6　导航电文的组成格式

为了记载多达 25 颗 GPS 卫星的星历，规定子帧 4、5 各含有 25 页。子帧 1、2、3 与子帧 4、5 的每一页均构成一帧电文。每 25 帧导航电文组成一个主帧。在每一帧电文中，1、2、3 子帧的内容每小时更新一次，而子帧 4、5 的内容仅在给卫星注入新的导航数据后才得以更新。

2.2.2　导航电文的内容

每帧导航电文中，各子帧电文的主要内容如图 2-7 所示。以下介绍电文各部分的基本意义。

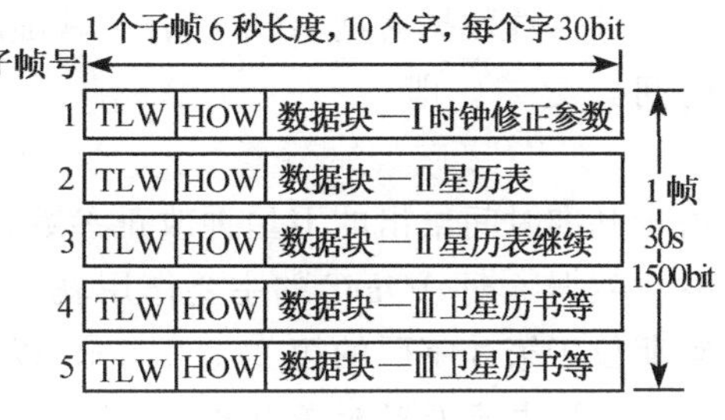

图 2-7　各帧导航电文的内容

1. 遥测字

每个子帧的开头第一个字码都是遥测字（telemetry word，TLW），作为捕获导航电文的前导。其中第 1～8bit 是同步码（10001001），为各子帧编码脉冲提供一个同步起点，接收机从该起点开始顺序译出电文。每 9～22bit 为遥测电文，它包括地面监控系统注入数据时的状态信息、诊断信息和其他信息，以此指示用户是否选用该颗卫星。第

23～24bit 无意义，第 25～30bit 是奇偶检验码。

2. 交接字

每个子帧的第 2 个字码都是交接字（hand over word，HOW），它的主要作用是向用户提供捕获 P 码的 Z 计数。Z 计数位于交接字的第 1～17bit，表示自星期天 0 时至星期六 24 时，P 码子码 X_1 的周期重复数。X_1 的周期为 1.5s，因此 Z 计数的量程是 0～403 200。知道了 Z 计数，也就知道了观测瞬间在 P 码周期中所处的准确位置，这样便可迅速捕获 P 码。

交接字的第 18bit 表明卫星注入电文后是否发生滚动动量矩缺载现象；第 19bit 指示数据帧的时间是否与子码 X_1 的钟信号同步；第 20～22bit 为子帧识别标志；第 23 和 24bit 无意义；第 25～30bit 为奇偶检验码。

3. 数据块Ⅰ

第 1 子帧的第 3 到第 10 字码为数据块Ⅰ，其内容主要包含：卫星的健康状况，数据龄期，星期序号，卫星时钟改正参数及电离层改正参数等信息。现作如下简要说明。

（1）传输参数 N

传输参数 N 位于数据块Ⅰ第 3 字码的第 13～16bit，它向非特许用户指明，当采用该颗卫星进行导航定位测量时，可能达到的测距精度，以 URA（即 predicated user range accuracy）表示，且知

$$URA \leqslant 2^N (m)$$

当 $N=1111(=15)$ 时，非特许用户不宜采用该卫星作导航定位测量。研究表明，在我国境内当 $N=1001(=9)$ 时，不宜采用。

（2）钟参数数据龄期 $AODC$

钟参数数据龄期 $AODC$ 表示基准时间 t_0 和最近一次更新卫星钟改正参数的时间 t_L 之差，即

$$AODC = t_0 - t_L \tag{2-8}$$

由于基准时间给出的卫星钟改正参数，将随着时间的推移而其精度下降，因此钟参数数据龄期 $AODC$ 的主要作用就是评价卫星钟改正参数的精度。钟参数数据龄期位于第 3 字码的第 23、24bit，以及第 8 字码的第 1～8bit。

（3）电离层时延差改正 Tgd

第 7 字码的第 17～24bit 表示载波 L_1、L_2 的电离层时延差改正 Tgd。当使用单频接收机作导航定位测量时，采用 Tgd 改正观测结果，可提高定位精度。

（4）GPS 星期编号 WN

WN 表示从 1980 年 1 月 6 日 UTC 零时起算的 GPS 星期数。GPS 系统采用

了 GPS 星期和 GPS 时间系统，关于 GPS 时间系统在 1.3 中已作过介绍，这里不再详述。

(5) GPS 卫星时钟改正参数

卫星钟钟差是指各颗 GPS 卫星的卫星钟钟面时相对 GPS 标准时的差异。由于相对论效应，卫星钟比地面钟要略快一些，两者每秒相差约 448PS(1PS=1s×10^{-12})，即每天相差 3.87×10^{-5} s。为了改正这一偏差，将卫星钟的标称频率由 10.23MHz 减小到 10.229 999 995 45MHz，经改正后的残余偏差和卫星钟自身误差，采用如下多项式模型改正。即任意时刻的卫星钟钟差：

$$\Delta t = a_0 + a_1(t - t_0) + a_2(t - t_0)^2 \tag{2-9}$$

式中，t_0 为参考历元，即数据块Ⅰ的基准时间；a_0 为卫星钟钟差，即卫星钟面时相对 GPS 时的差值；a_1 为相对于实际频率的频率偏差系数，即钟速；a_2 为时钟的频率漂移系数（钟漂），即钟速变化率。系数 a_0，a_1，a_2 分别由数据块Ⅰ的第 9 和第 10 字码给出。

4. 数据块Ⅱ

导航电文的第 2 和第 3 子帧构成数据块Ⅱ。它的内容为 GPS 卫星星历，这是 GPS 卫星为导航、定位播送的主要电文，向用户提供有关计算卫星运行位置的信息。包括：

1）开普勒轨道 6 参数：$\sqrt{a}$为卫星轨道椭圆长半径的平方根；e 为卫星轨道椭圆离心率；i_0 为参考时刻 t_0 的轨道平面倾角；Ω_0 为参考时刻 t_0 的升交点赤经；ω 为近地点角距；M_0 为参考时刻 t_0 的平近点角。

2）轨道摄动 9 参数：Δn 为平均角速度改正数，即卫星运动的平均角速度与计算值之差；$\dot{\Omega}$ 为升交点赤经的变化率；$\dot{i}$ 为卫星轨道平面倾角的变化率；C_{us}、C_{uc}为升交角距的正余弦调和改正项振幅；C_{is}、C_{ic}为轨道平面倾角的正余弦调和改正项振幅；C_{rs}、C_{rc}为轨道向径正余弦调和改正项振幅。

3）时间 2 参数：t_0 为由星期日子夜零时起算的星历参考时刻；$AODE$ 为星历表数据龄期。

5. 数据块 Ⅲ

导航电文的第 4 和第 5 子帧构成数据块Ⅲ，它向用户提供 GPS 卫星的历书数据，包括 GPS 卫星的概略星历、卫星钟概略改正数、码分地址和卫星工作状态信息。用户根据这些信息，可选择工作正常和位置适当的卫星，构成最佳观测空间几何图形，以此提高导航和定位精度。用户并可根据已知的码分地址，较快地捕获所选择的观测卫星。

2.3 GPS卫星星历

GPS系统通过两种方式向用户提供卫星星历，一种方式是通过导航电文中的数据块Ⅱ直接发射给用户接收机，通常称为预报星历；另一种方式是由GPS系统的地面监控站，通过磁带、网络、电传向用户提供，称为后处理星历。

2.3.1 GPS卫星的预报星历

预报星历是指相对参考历元的外推星历。参考历元瞬间的卫星星历（即参考星历），由GPS系统的地面监控站根据大约一周的观测资料计算而得，为参考历元瞬间卫星的轨道参数。在其邻近时刻，由于摄动力影响，卫星的实际轨道将逐渐偏离参考轨道，且偏离的程度取决于观测历元与参考历元间的时间间隔。

因此，为了保证预报星历的精度，采用限制外推时间间隔的方法。GPS卫星的参考星历每小时更新一次，参考历元选在两次更新星历的中央时刻，这样由参考历元外推的时间间隔限制为0.5h。

预报星历的内容包括：参考历元瞬间的开普勒轨道6参数，反映摄动力影响的9个参数，以及参考时刻参数和星历数据龄期，共计17个星历参数。用户接收机在接收到卫星播发的导航电文后，通过解码即可直接获得预报星历。由于预报星历是以电文方式由卫星直接播送给用户接收机，因此又称为广播星历。目前广播星历的精度，估计约为20m。

表2-3 RINEX 2格式的广播星历文件

2RINEXDLL. DLL V2.60	NAVIGATION DATA	15-MAR-04 16：15	RINEX VERSION/TYPE PGM/RUN BY/DATECOM MENT END OF HEADER
5 02 10 30 2 0 0.0	.371187925339D−04	.193267624127D−11	.000000000000D+00
.670000000000D+02	.226250000000D+02	.524593279987D−08	.319024464512D+00
.113248825073D−05	.417179556098D−02	.886060297489D−05	.515359665680D+04
.266400000000D+06	.242143869400D−07	.273085823358D+01	.121071934700D−06
.935859548249D+00	.199093750000D+03	.627468684155D+00	−.832606109958D−08
.310012913282D−09	.000000000000D+00	.119000000000D+04	.000000000000D+00
.100000000000D+01	.000000000000D+00	−.465661287308D−08	.670000000000D+02
.260880000000D+06	.000000000000D+00	.000000000000D+00	.000000000000D+00
9 02 10 30 2 0 0.0	−.147451646626D−04	−.170530256582D−11	.000000000000D+00
.430000000000D+02	−.704687500000D+02	.479305679291D−08	.115995385566D+01
−.369176268578D−05	.138199460926D−01	.954605638981D−05	.515366312790D+04
.266400000000D+06	−.176951289177D−06	.172047038377D+01	.596046447754D−07
.946850241119D+00	.191468750000D+03	.888341953134D+00	−.829677416538D−08
−.967897459671D−10	.000000000000D+00	.119000000000D+04	.000000000000D+00

续表

2RINEXDLL. DLL V2.60	NAVIGATION DATA	15-MAR-04 16:15	RINEX VERSION/TYPE PGM/RUN BY/DATECOMMENT END OF HEADER
.000000000000D+00	.000000000000D+00	−.512227416039D−08	.430000000000D+02
.260880000000D+06	.000000000000D+00	.000000000000D+00	.000000000000D+00
14 02 10 30 2 0 0.0	−.419211573899D−04	.204636307899D−11	.000000000000D+00
.560000000000D+02	.637500000000D+02	.439768318116D−08	.243083512339D+01
−.314600765705D−05	.152729789261D−02	.406242907047D−05	.515362653351D+04
.266400000000D+06	−.596046447754D−07	.696677410359D+00	.279396772385D−07
.969928819806D+00	.307187500000D+03	−.831492775172D+00	−.817105464294D−08
−.296440919383D−10	.000000000000D+00	.119000000000D+04	.000000000000D+00
.000000000000D+00	.000000000000D+00	−.102445483208D−07	.560000000000D+02
.260880000000D+06	.000000000000D+00	.000000000000D+00	.000000000000D+00

表 2-3 是 RINEX 2 格式的广播星历文件，作为例子，图中给出了 PRN5、PRN9 与 PRN14 三颗卫星的广播星历数据。每颗卫星的广播星历数据占 8 行，其内容包括：卫星的 PRN 编号；发布本星历的时间（年、月、日、时、分、秒）；卫星钟改正参数（a_0，钟差；a_1，钟速；a_2，钟漂）；17 个轨道参数；*cflgl2*(L2 上的 C/A 码伪距指示)；*weekno*（GPS 星期数）；*pflgl2*（L2 上的 P 码伪距指示）；*svacc*（本星的精度指示）；*svhlth*（卫星健康指标）；*tgd*（电离层动告群延迟改正参数）；*AODC*（卫星数据龄期）；*ttm*（信息传输时间）。在表 2-4 中，指出了各个位置上星历数据的相应含义，表中有关轨道参数符号的说明见 2.2.2 中的 4。

表 2-4　RINEX 2 格式的广播星历数据含义

PRN 号	年月日时分秒	a_0	a_1	a_2
	AODE	C_{rs}	Δn	M_0
	C_{uc}	e	C_{us}	$\sqrt{a}$
	t_0	C_{ic}	Ω_0	C_{is}
	i_0	C_{rc}	ω	$\dot{\Omega}$
	$\dot{i}$	*cflgl2*	*weekno*	*pflgl2*
	svacc	*svhlth*	*tgd*	*AODC*
	ttm			

2.3.2　GPS 卫星的后处理星历

由于 GPS 卫星的广播星历包含外推误差，因此它的精度受到限制，不能满足某些从事精密定位工作的用户的要求。例如，在应用 GPS 技术作地球动力学研究时，要求达到 10^{-7} 甚至 10^{-8} 的定位精度，相应的卫星星历精度就要求达到米级甚至分米级。广播星历显然不能适应这种高精度定位的要求。

后处理星历是不含外推误差的实测精密星历，它由地面跟踪站根据精密观测资料计算而得，可向用户提供用户观测时刻的卫星精密星历，其精度可达米级甚至分米级。但是，用户不能实时通过卫星信号获得后处理星历，只能在事后通过INTERNET网、电传、磁带等通讯媒体向用户传递。

目前获得精密星历比较方便而有效的方法，是直接在IGS网站上下载其数据产品。IGS（international GPS service for geodynamics）由国际大地测量协会组建，其目的是为大地测量与地球动力学研究提供GPS数据服务，包括提供全球GPS跟踪站数据和精密星历等。

IGS由1994年起开始正式运作。它的数据处理中心收集全球50多个GPS永久跟踪站的观测数据，通过分析、处理及时产生IGS GPS数据产品。内容包括：高精度的GPS卫星星历，地球自转参数，各IGS跟踪站的坐标和速度，GPS卫星与跟踪站的时钟信息和电离层信息。目前，IGS发布的GPS卫星星历精度优于30cm，GPS卫星钟的钟差精度优于5ns，极移精度优于0.0005″，日长变化精度优于0.5ms/d，跟踪站坐标（一年解）精度为3～30mm。

IGS星历文件采用SP3格式给出，提供15min等间隔点上的卫星坐标和速度，坐标系统属全球ITRF参考框架，通过INTERNET网可从IGS数据处理中心免费获得。表2-5即是IGS精密星历的一个实例，该星历文件自2001年1月10日0时0分开始，每隔15min给出一组星历数据，包括31颗卫星的坐标和钟差。但在表2-5中，为了节省篇幅删去了其中4到30号卫星的数据。

表2-5 IGS精密星历

```
/ * PREDICTION ORBIT COMBINATION FROM WEIGHTED AVERAGE OF:
/ * cop emp gfp sip usp
/ * REFERENCED TO THE LATEST IERS BULLETIN A
/ * CLK ANT Z-OFFSET (M): II/IIA 1.023 IIR 0.000
*  2001  1  10  0  0  0.00000000
P  1     26120.950153      478.277752      5065.001226     160.050542
P  2      8908.771417   -24676.825076     -1221.030108    -323.416280
P  3      8740.265595    13961.281222    -20886.582351      73.896113
....  ...........       ............     ............     .........
P  31    22024.642799     6450.028795    -13884.074903      25.733338
*  2001  1  10  0  15  0.00000000
P  1     25447.539951      814.289216      7796.557140     160.051975
P  2      9166.515474   -24218.458664     -4026.209568    -323.420987
P  3      6389.284630    14516.212658    -21349.278263      73.899081
....  ...........       ............     ............     .........
P  31    20434.678083     6959.395952    -15924.724001      25.734770
*  2001  1  10  0  30  0.00000000
P  1     24498.894612     1246.494781     10394.954812     160.053407
```

续表

P 2	9379.147679	−23460.764014	−6759.200325	−323.425693
P 3	4037.154386	15193.613752	−21446.089129	73.902048
....	....	....	....	....
P 31	18666.633418	7603.006405	−17699.348977	25.736203
* 2001 1 10 0 45 0.00000000				
....				
EOF				

2.4　GPS 卫星的载波信号与相位测量原理

前文介绍 GPS 卫星发射的测距码信号与导航电文信号是组成 GPS 卫星信号的两个分量，而组成 GPS 卫星信号的第三个分量就是载波信号。

2.4.1　GPS 卫星的载波信号

GPS 卫星的测距码信号和导航电文信号都属于低频信号，其中 C/A 码和 P 码的数码率分别为 1.023Mbit/s 与 10.23Mbit/s，而 D 码（导航电文，又称为数据码）的数码率仅为 50bit/s。GPS 卫星离地面远达 2×10^4km，其电能又非常紧张，因此很难将上述数码率很低的信号传输到地面。解决这一难题的办法，就是另外发射一种高频信号，并将低频的测距码信号和导航电文信号加载到这一高频信号上，构成一高频的已调波发射给地面。GPS 卫星采用 L 频带的两种不同频率的电磁波作为高频信号，分别称为 L_1 载波与 L_2 载波。其中，L_1 载波的频率 f_1＝1575.42MHz，波长 λ_1＝19.03cm，其上调制 C/A 码、P 码以及导航电文；L_2 载波的频率 f_2＝1227.6MHz，波长 λ_2＝24.42cm，其上仅调制 P 码与导航电文。GPS 卫星发射信号的频率，都要受卫星上原子钟的基准频率的控制。GPS 卫星原子钟基准频率 f_0＝10.23MHz，P 码采用基准频率，C/A 码仅取基准频率的 1/10，而 L_1 载波的频率 f_1 为基准频率倍频 154 倍后获得，L_2 载波的频率 f_2 则取基准频率 f_0 的 120 倍。图 2-8 描述了上述 GPS 卫星信号的构成。

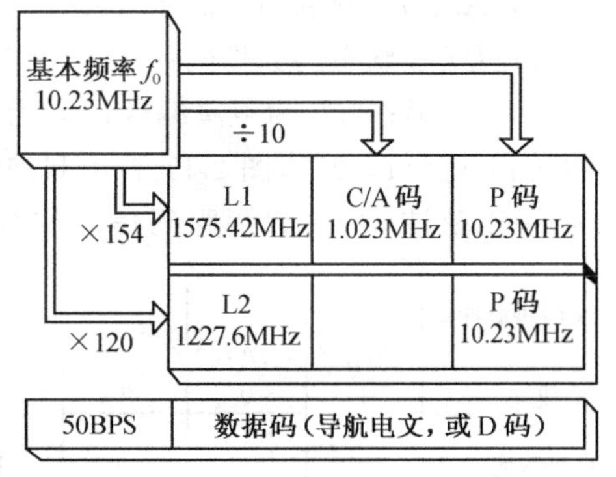

图 2-8　GPS 卫星信号构成示意图

2.4.2　GPS 卫星信号的调制

在数字通讯技术中，为了有效地传播信息，一般均将低频信号加载到高频的载波上，这时原低频信号称为调制信号，而加载信号后的载波就称为已调波。那么，GPS 卫星的测距码和数据码信号又是怎样调制到载波上的呢？

GPS 信号调制，是采用调相技术实现的。前文曾介绍过，GPS 测距码信号和数据码信号，都是以二进制数为码元的时间序列，它具有信号波形和信号序列两种表述形式。信号波形也称为码状态，通常以符号 $u(t)$ 表示。信号序列通常以符号 $\{u\}$ 表示，信号序列 $\{u\}$ 中的每一个元素取值为 0 或者 1，称为码值。并且约定，当码值为 0 时，对应的码状态为 +1；而当码值取 1 时，对应的码状态为 −1。图 2-9 说明了信号波形 $u(t)$ 和信号序列 $\{u\}$ 两种表述方式间的对应关系。实现码信号与载波信号的调制，只需取码状态与载波相乘就可以了。

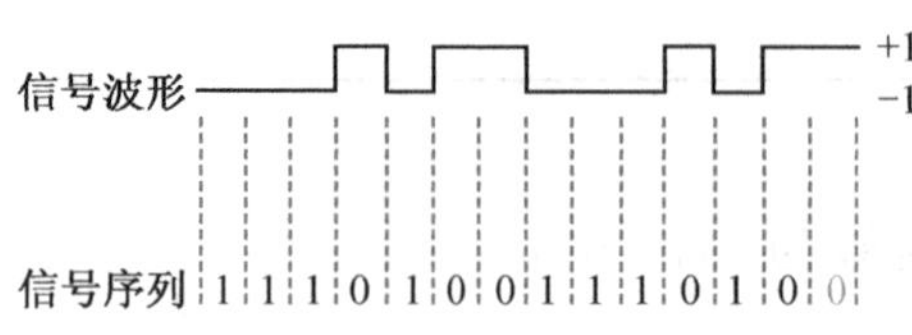

图 2-9 信号波形 $u(t)$ 与信号序列 $\{u\}$ 之间的对应关系

载波是一种电磁波，由 GPS 卫星上原子钟的振荡器产生，其数学表达式为一正弦波。因此，当码状态 +1 与载波相乘时，显然不会改变载波的相位；而当码状态取 −1 与载波相乘时，载波相位改变 180°。这样，当码值由 0 变为 1，或由 1 变为 0 时，都会使调制后的载波相位改变 180°，称为相位跃迁（图 2-10）。

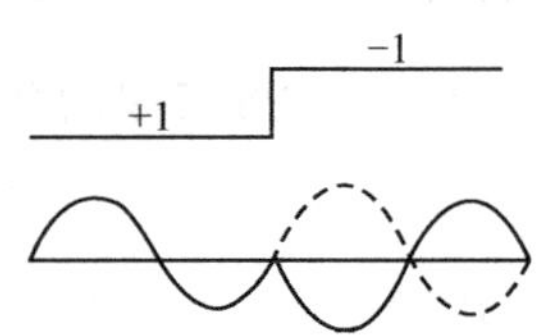

图 2-10 加载信号后产生的相位跃迁

在加载测距码信号与数据码信号后，载波 L_1 与 L_2 的表达式分别为

$$S_{L_1}(t) = A_p P_i(t) D_i(t) \cos(\omega_1 t + \varphi_1) + A_C C_i(t) D_i(t) \sin(\omega_1 t + \varphi_1) \quad (2\text{-}10)$$

$$S_{L_2}(t) = B_p P_i(t) D_i(t) \cos(\omega_2 t + \varphi_2) \quad (2\text{-}11)$$

式中，A_p、B_p 分别为调制于 L_1、L_2 上的 P 码振幅；$P_i(t)$ 为 ±1 状态的 P 码；$D_i(t)$ 为 ±1 状态的数据码；A_c 为调制于 L_1 上的 C/A 码振幅；$C_i(t)$ 为 ±1 状态的 C/A 码；"i" 为卫星编号；ω_j 为载波 L_j 的角频率（j=1，2）；φ_i 为载波 L_i 的初相（j=1，2）。图 2-11 表示载波信号的调制过程，该图说明，纯净的载波为一正弦波，在加载测距码信号或数据码信号后，在码值由0变为1或由1变为

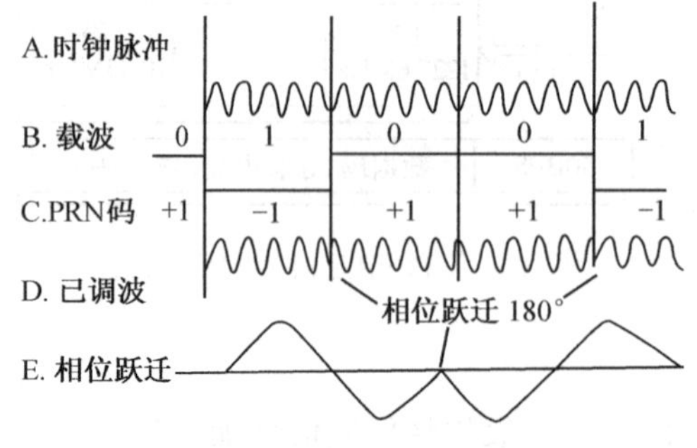

图 2-11 载波信号的调制过程

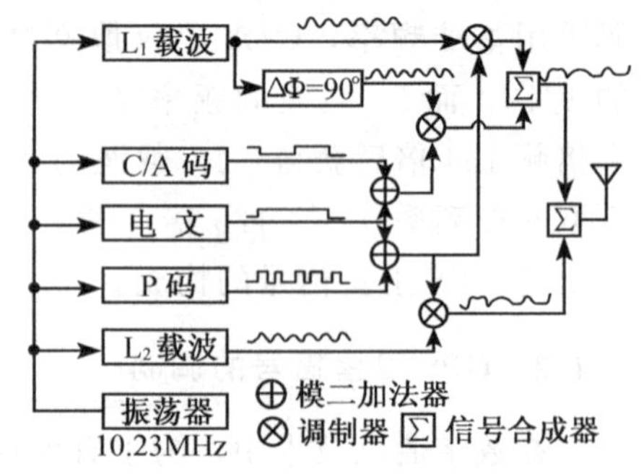

图 2-12 GPS 卫星信号电路示意图

0 的交替处，调制后的载波出现相位跃迁。图 2-12 是构成 GPS 卫星信号的电路示意图，该图说明，GPS 卫星的各个信号分量都由卫星原子钟振荡器的基准频率产生，并且信号调制过程是通过电路中一系列混频、模二求和与叠加实现。图中符号⊗表示混频器，其意思是取码状态与载波相乘；符号⊕表示码值模二求和；符号∑为加法器。仔细阅读该图，就不难理解 L_1 载波与 L_2 载波的信号调制过程。

2.4.3　GPS 卫星信号的解调

在进行 GPS 卫星定位测量时，既然用户接收机收到的 GPS 卫星信号是一种已调波，那么，随之产生的一个技术问题，就是怎样从接收到的已调波中分离出测距码信号、导航电文信号以及纯净的载波信号，这项技术称为信号的解调。当用户接收机收到 GPS 卫星信号后，通常可采用以下两种方法进行信号的解调。

1. 码相关解调技术

由于调制波是以码状态与载波相乘实现的，当码状态由 +1 变为 −1，或由 −1 变为 +1 时，都会使调制后的载波改变相位，产生相位跃迁而形成已调波。因此，要想恢复载波，只需用接收机产生的复制码信号，在同步条件下与卫星信号相乘就可以了。其原因是由于接收机产生的复制码信号，与 GPS 卫星发射的测距码信号结构完全相同，在经过码相关清除时延差后，可实现完全同步。这样原先因乘 −1 而被改变的相位，现在又因再乘 −1 而得到恢复，图 2-13 演示了两种码信号的调制与解调过程。假定 $P(t)$ 为测距码信号，$D(t)$ 为导航电文信号，经过调制后得调制信号：

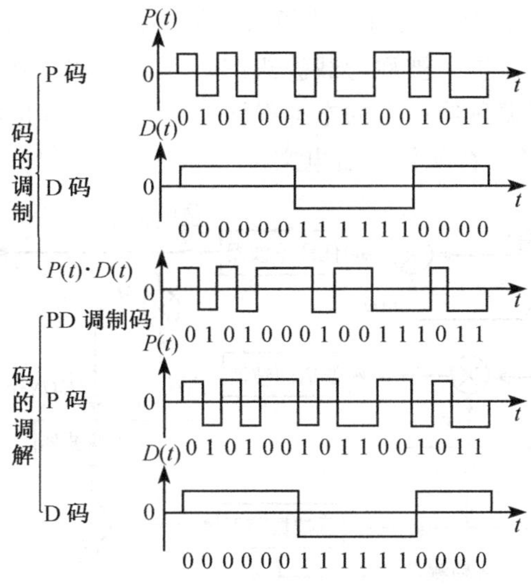

图 2-13　码信号的调制与解调示意图

$$S(t) = P(t) \cdot D(t)$$

接收机在收到信号 $S(t)$ 后，产生结构完全相同的复制信号 $P(t)$，在经过码相关处理实现完全同步的条件下，与卫星信号 $S(t)$ 相乘，结果获得 $D(t)$，即：

$$S(t) \cdot P(t) = D(t)$$

在采用相关型波道的 GPS 信号接收机内，通常设置有称为伪噪声码跟踪环路的电路，该电路的功能就是应用码相关解调技术实现信号的解调。但是，由于 GPS 信号接收机不可能复制出导航电文，因此经过码相关解调技术处理后的载波信号，仍含数据码 $D(t)$。

图 2-14 为伪噪声码跟踪环路示意图，该图清楚说明 GPS 卫星信号 $G(t)$，在与经过码相关技术处理后的本地码信号混频后，输出的解扩信号为

$$D(t) \cdot \sin(\omega_0 t + \varphi)$$

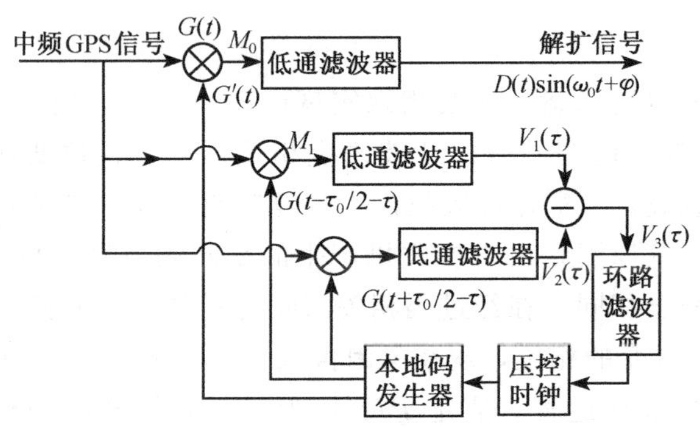

图 2-14　伪噪声码跟踪环路示意图

其中仍含数据码 $D(t)$。如果要进一步提取数据码信号 $D(t)$，就需在 GPS 信号接收机通道内，另外再设置一被称为载波跟踪环路的电路（图 2-15）。该电路可使由接收机石英钟压控振荡器产生的本地载波信号与上述解扩信号混频而获得纯净的数据码 $D(t)$，再经解释便得导航电文。

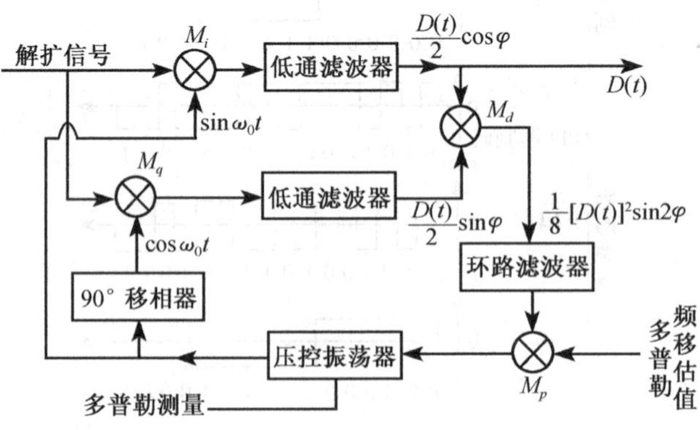

图 2-15　载波跟踪环路示意图

2. 平方解调技术

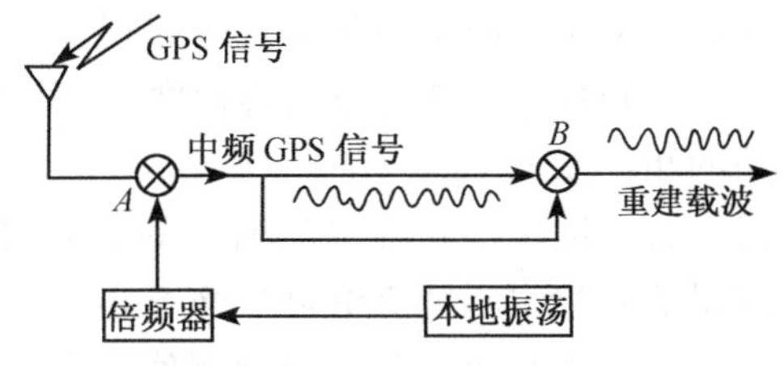

图 2-16 平方解调技术电路示意图

由于处于±1 状态的调制码信号，经平方后均为+1，而+1 不改变载波相位，所以卫星信号经平方后即可达到解调的目的。图 2-16 是平方解调技术电路示意图。该图说明，当用户接收到 GPS 卫星信号后，首先通过变频而得一中频信号，这时信号结构无任何变化，仅仅只降低了载波频率。电路再将所获得的中频 GPS 卫星信号自乘，消去加载在载波上的测距码信号和数据码信号，达到解调的目的。最后，电路输出经过解调后的纯净载波。平方解调技术可不必知道调制码的结构，但它在解调时不仅消去了测距码信号，同时也消去了数据码信号，因此不能用来恢复导航电文。

2.4.4 载波相位测量原理

假定卫星 S 发出的载波信号，在接收机 M 处的相位为 φ_M，而在卫星 S 处的相位为 φ_s。那么卫星 S 至接收机 M 间的距离 ρ 就可以粗略地表示为

$$\rho = \lambda(\varphi_s - \varphi_M)$$

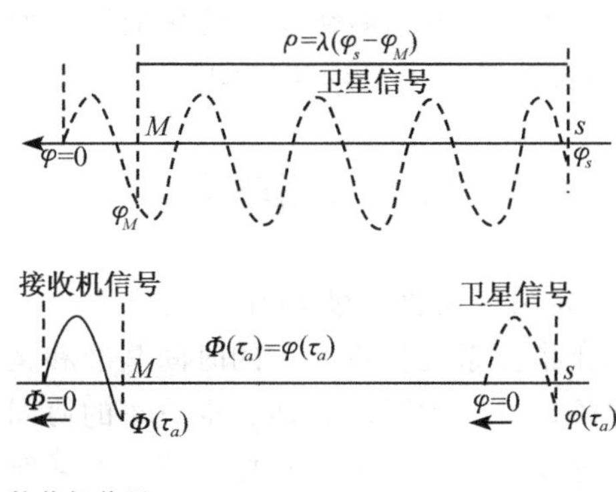

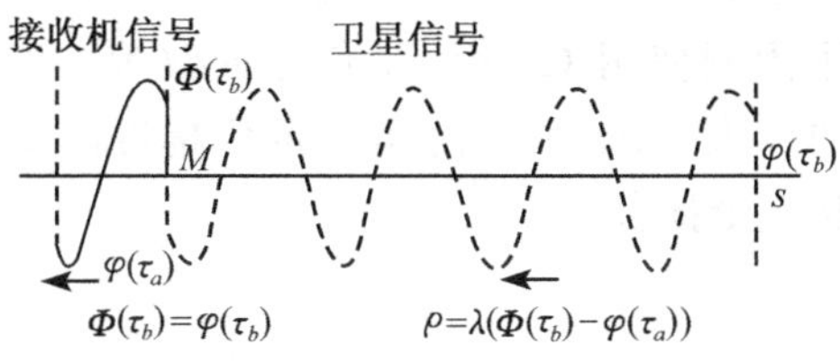

图 2-17 载波相位测量原理

式中，λ 为载波的波长，φ_M 和 φ_s 均由某个起点开始，包括整周数与不足一整周数的载波相位值，其单位为周(图 2-17)。但是，φ_s 在实际工作中无法测得，代替的办法是由接收机的振荡器产生一个频率与初相和卫星信号完全相同的基准信号，使得在任一瞬间接收机基准信号的相位就等于卫星 S 处射信号相位，因此 $\Phi(\tau_b)=\varphi(\tau_b)$。如果接收机接到的载波信号相位为 $\varphi(\tau_a)$，那么由卫星 S 到接收机 M 间的距离 ρ 可表示成

$$\rho = \lambda[\varphi(\tau_b) - \varphi(\tau_a)]$$

在实际进行载波相位测量时，当接收机跟踪上卫星信号，并在起始历元 t_0 瞬间进行首次载波相位测量时，所测得的相位差应包括整周部分和不足一整周部分 $F^0(\varphi)$，相位差观测值应为

$$\varphi^0(M) - \varphi^0(S) = N_0 + F^0(\varphi) \tag{2-12}$$

式中，$\varphi^0(M)$ 为 t_0 时刻接收机基准信号相位；$\varphi^0(S)$ 为接收机在 t_0 时刻收到的卫星信号相位。但是，由于载波是一单纯的正弦波，不具有任何辨识标记，因此无法知道正在测量的是第几周的相位。换句话说，N_0 实际不能直接测定，称为整周未知数（或称为整周模糊度）。而接收机在 t_0 瞬间所测得的仅仅是不足一整周的相位差 $F^0(\varphi)$。在 t_0 时刻以后的各次载波相位测量中，接收机电路中的计数器会自动记录从 t_0 至观测时刻的载波相位观测量整周数变化值 $In(\varphi)$。因此，所测得的载相位测量值中包含整周数 $In(\varphi)$ 和不足一整周数 $F(\varphi)$。如果以符号 $\tilde{\varphi}$ 表示在 t_i 时刻测得的相位观测值，则

$$\tilde{\varphi} = In^i(\varphi) + F^i(\varphi) \tag{2-13}$$

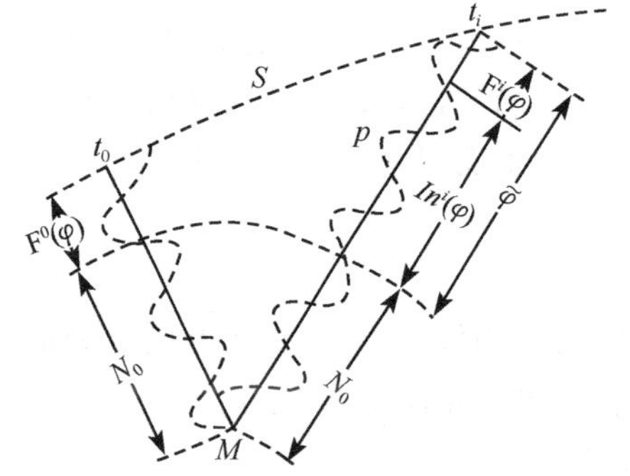

图 2-18　载波相位观测量

式中，整周数 $In^i(\varphi)$ 在 t_0 时刻进行的首次测量值为 0，而在其余各次测量值中为整数。当接收机连续跟踪卫星信号时，所测得的每个相位观测量显然含有同一整周未知数 N_0（图 2-18）。因此，t_i 时刻一个完整的载波相位观测量可表示成

$$\varphi = N_0 + \tilde{\varphi} = N_0 + In^i(\varphi) + F^i(\varphi) \tag{2-14}$$

当卫星信号中断时，将丢失 $In(\varphi)$ 中的一部分整周数，称为整周跳变，简称周跳。而 $F(\varphi)$ 是瞬时值，不受周跳影响。

2.5　美国政府关于 GPS 卫星信号的限制使用政策

GPS 定位技术的全球、全天候、实时与高精度特性，使其在现代化战争中具有非常重要的作用。例如，它可以为自动化指挥系统提供统一的时间基准和坐标系统，为战略武器与空间防御提供测绘保障，并可加强海、陆、空三军的协同作战能力、侦察能力、导弹与飞机轰炸的制导能力，以及为三军提供统一的导航系统等。由于上述原因，美国国防部制定了限制使用 GPS 卫星信号的政策，即采用所谓 SA 技术，使未经美国政府特许的广大 GPS 用户的实时定位精度降低到它所允许的水平，以此保护美国国家利益不受损害。

2.5.1　GPS 工作卫星的 SA 与 AS 技术

美国政府目前对 GPS 信号实行双用途服务。一种是标准定位业务称为 SPS，专供各类民间用户使用；另一种是精密定位业务称为 PPS，专供军方和特许用户使用。为了限制 SPS 用户的实时定位精度，美国政府对 GPS 工作卫星信号，采

用了 SA(selective availability，选择可用性）技术：它包括对信号基准频率的 δ 技术，对导航电文 ε 技术，对 P 码的译密技术。

所谓 δ 技术，是指在 GPS 工作卫星信号基准频率中，引入一个人工高频抖动信号，使 GPS 卫星频率产生快速变化（称为钟频抖动）。GPS 卫星钟基准频率为 10.23MHz，钟频抖动可达±2Hz，抖动周期约为 10min 左右。由于基准频率是测距码、数据码以及载波等所有卫星信号的振荡源，因此这些派生信号也都引入了一个人工高频抖动信号。SPS 用户根据这种带有人工误差的信号定位、测速和测时，必然导致降低测量精度。

导航电文经 ε 技术处理后，广播星历的精度由±20m 降低到±100m 左右，而且偏差不固定，为不规则变化的随机量，美国国防部还决定保留在战争或危急时刻进一步降低广播星历精度的权利。

为了有效地实行双用途服务措施，对由于采用 SA 技术而产生的信号频率抖动和星历偏差等人工误差，用密码加密。仅 PPS 用户接收机具有解密功能，可以脱密恢复不含人工误差的信号频率和星历。SPS 用户接收机无解密功能，只能根据包含人工误差的信号进行测量和定位计算。目前，美国政府正在修改导航电文，计划把 PPS 用户的实时定位精度提高到 1m。

此外，美国政府还采用了反电子诱骗（AS，anti-spoofing）技术，即对 P 码采用译密技术，使 P 码和机密的 W 码模二和生成 Y 码。只有 PPS 用户知道 W 码的结构，可解译出 P 码，SPS 用户不能破译 P 码，因此就不能获得高精度定位信息。

SA 与 AS 技术已于 1991 年 7 月 1 日开始实行，24 颗在轨工作卫星信号，全部经 SA 与 AS 技术处理而带有上述人工误差。

2.5.2 GPS 用户的反限制技术措施

美国国防部对 GPS 工作卫星信号实施 SA 与 AS 技术，对于 GPS 静态定位用户影响并不太大，而对于 GPS 实时动态定位的用户影响却非常大。美国国防部的用意，就是使非特许用户的实时定位精度降低到所允许的水平（±100m），以此保护美国国家利益不受损害。然而对于许多应用领域来讲（例如：飞机进场着陆；船舶进港及内河航行；地面车辆的导航及调度管理；资源勘查；环境监测与灾害救助等），±100m 的实时定位精度就显得过低，无法满足广大用户的要求，从而限制了 GPS 的应用范围。因此，SA 与 AS 技术在实施过程中，受到了包括美国本国民用部门和世界各国 GPS 用户的强有力的反限制技术挑战。GPS 用户冲破美国政策限制，提高 GPS 定位精度的技术措施主要有以下两个方面。

1）建立为某个国家或者某个地区服务的 GPS 卫星测轨系统。如美国的一些民用部门，以及加拿大、澳大利亚和欧洲的一些国家，都曾实施建立区域性的甚至全球性的测轨系统计划。其中著名的一项计划是国际合作 GPS 卫星跟踪网(CIGNET，cooperative international GPS satellite tracking network)，该网以美国为首于 1986 年开始组建，跟踪站扩展至南半球，测轨精度可达分米级。我国也有不少专家建议，以目前国内已有的 GPS 跟踪站为基础，扩大完善为全国永久性 GPS 跟踪网，以此提供卫星星历、钟差等与 GPS 自身有关的信息服务。这项建议对于开发利用 GPS 资源，推动测绘科技的现代化进程都有重大意义。一些国家和地区例如俄罗斯和欧洲，则发展本国和区域性的卫星导航定位系统，如第 1 章中曾介绍过的 GLONASS 系统与 Galileo 系统等，以此摆脱美国政策的限制。我国也研制了一种双星导航定位系统，该系统采用两颗地球静止轨道卫星，以双向测距结合数字地形模型（DEM）确定地面点位置。

2）发展 GPS 定位技术，研究新的能够有效地削弱美国政府 SA 技术影响的实时定位方法，以提高 GPS 实时定位精度。差分 GPS(DGPS，differential GPS) 就是在上述要求下发展起来的新一代 GPS 实时动态定位技术。它的出现，使 GPS 非特许用户的实时定位精度由±100m 提高到±1m，有效地消除了 SA 技术的影响。有关差分 GPS 的原理和技术方法，我们将在第 4 章中介绍。目前，差分 GPS 技术发展非常迅速，所谓载波相位差分技术（RTK，real time kinematic）可实时提供观测点厘米级精度的三维坐标。

GPS 的技术进步，使 SA 技术的作用日益消失。同时也为了保证美国 GPS 在卫星定位中的统治地位，美国政府已经宣布，在 2000 年 5 月开始试行取消对 GPS 工作卫星实施 SA 技术，但仍实施 AS 技术，即 P 码仍旧保密。

2.6 GPS 信号接收机

GPS 信号接收机是用来接收、处理和测量 GPS 卫星信号的专门设备。由于 GPS 卫星信号的应用范围非常广泛，而信号的接收和测量又有多种方式，因此 GPS 信号接收机有许多种不同的类型。根据 1994 年 1 月出版的 *GPS World* 报导，截止当时世界上就已有 50 家企业生产 308 种不同型号的 GPS 信号接收机。

2.6.1 GPS 信号接收机的基本工作原理

尽管 GPS 信号接收机有许多种不同的类型，但其主要结构却大体相同，可分为天线单元和接收单元两大部分。天线单元的主要功能是将 GPS 卫星信号的非常微弱的电磁波能转化为电流，并对这种信号电流进行放大和变频处理。而接收单元的主要功能则是对经过放大和变频处理的信号电流进行跟踪、处理和测量。图 2-19 描述了 GPS 信号接收机的构成概况。

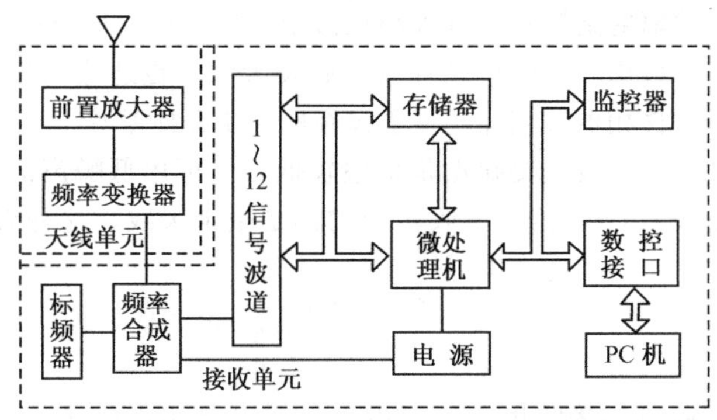

图 2-19　GPS 信号接收机的基本组成

1. 天线单元

GPS 信号接收机的天线单元由接收天线和前置放大器两部分组成。天线的基本作用，是把来自卫星的微弱能量转化为相应的电流量。而前置放大器则是将 GPS 信号电流予以放大，并进行变频，即将中心频率为 1575.42MHz（L_1 载波）与 1227.60MHz（L_2载波）的高频信号变换为低一两个数量级的中频信号。通常 GPS 信号接收天线应满足如下一些基本要求：

1）天线与前置放大器应密封为一体，以保障在恶劣气象环境下也能正常工作，并减少信号损失。

2）天线的作用范围应为整个上半天球，并在天顶处不产生死角，以保障能接收到来自天空任何方向的卫星信号。

3）天线须有适当的防护与屏蔽措施，以便尽可能地减弱来自各个方向的反射信号的干扰。

4）天线相位中心应保持高度稳定，并与其几何中心之间的偏差应尽量小。

目前，GPS 信号接收机采用的天线类型有：单极或偶极天线、四线螺旋形结构天线、微波传输带型天线、圆锥螺旋天线等。这些天线的性能各有特点，需结合接收机的性能选用。而微波传输带状天线（简称微带天线，microstrip antenna），因其体积小、重量轻、性能优良而成为 GPS 信号接收机天线的主要类型。通常微带天线是由一块厚度远小于工作波长的介质基片和两面各覆盖一块用微波集成技术制作的辐射金属片（钢或金片）构成（图 2-20）。其中覆盖基片底部的辐射金属片，称为接地板；而

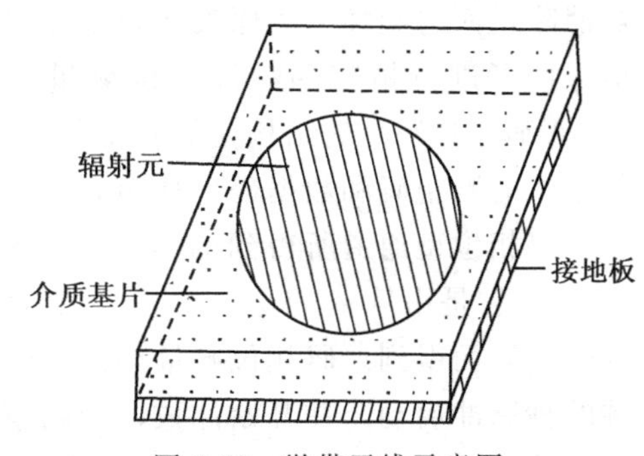

图 2-20　微带天线示意图

处在基片另一面的辐射金属片，其大小近似于工作波长，称为辐射元。微带天线结构简单且坚固，可用于制作单频和双频收发天线，更适宜与振荡器、放大器、调制器、混频器、移相器等固体元件敷设在同一块介质基片上，使整机的体积和重量显著减少。这种天线主要缺点是增益较低，但可用低噪声前置放大器弥补。目前，大部分测量型 GPS 信号接收机用的都是微带天线，这种天线更适于安装在飞机、火箭等高速运动物体上。

2. 接收单元

GPS 信号接收机的接收单元主要由信号通道单元、存储单元、计算和显示控制单元、电源等四个部分组成。

(1) 信号通道

信号通道是接收单元的核心部分，由硬件和软件组合而成。每一个通道在某一时刻只能跟踪一颗卫星，当某颗卫星被锁定后，该卫星便占据这一通道直到信号失锁为止。因此，目前大部分接收机均采用并行多通道技术，可同时接收多颗卫星信号。对于不同类型的接收机，信号通道的数目也由 1 到 12 不等。现在一些厂家已推出可同时接收 GPS 卫星和 GLONASS 卫星信号的接收机，其信号通道多达 24 个。信号通道有平方型、码相位型和相关型等 3 种不同类型，它们分别采用不同的解调技术。

平方型通道采用 2.4.3 中介绍的平方解调技术。假定，接收机收到的卫星信号分量为

$$f(t)=c(t)\cos(\omega t+\varphi_0) \tag{2-15}$$

平方后得

$$f^2(t)=c^2(t)\cos^2(\omega t+\varphi_0)$$

式中，$c(t)$ 为调制码振幅，其值为+1 或−1，平方后有 $c^2(t)=1$。于是有

$$f^2(t)=[1+\cos(\omega t+2\varphi_0)]/2 \tag{2-16}$$

这说明接收到的卫星信号经平方后，调制码信号（C/A 码、P 码和数据码）完全被消除，而得到频率为原载波频率 2 倍的纯载波信号（称为重建载波），利用该信号便可进行精密的载波相位测量。平方型通道的优点是，无需掌握测距码（C/A 码、P 码）的结构便能获得载波信号。但是平方型通道也完全消除了卫星信号中的测距码和数据码，从而无法检译出 GPS 卫星信号中的导航电文。

码相位型通道所得到的信号不是重建载波，而是一种所谓码率正弦波（图 2-21）。它是由从 A 点输入的接收码（C/A 码或 P 码）乘以延迟了 1/2 码元宽度的时延码而得到。码相位测量是依靠时间计数器实现的。时间计数器由接收机时钟的秒脉冲启动，并开始计数，当码率正弦波的正向过零点时关闭计数器。开关计数器的时间之差，相应于码率正弦波中不足一整周的小数部分。而码相位的整

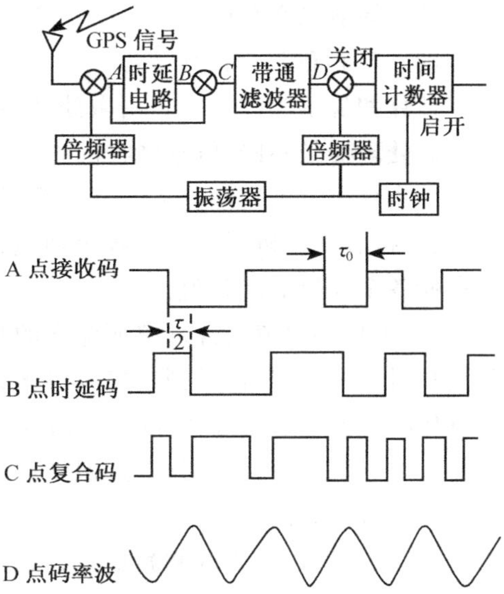

周数仍为未知，还需利用其他方法解算。C/A 码的码元宽度（码相位）为 293.052m，相当于 977.517ns；P 码的码元宽度为 29.305m，相当于 97.752ns。码相位通道测定站星距离中不足一个码元宽度的小数部分，而站星距离究竟是 C/A 码或 P 码码元宽度的多少倍，通常可用多普勒测量予以解决。码相位通道的优点是，用户无需知道伪噪声码的结构即可进行 C/A 码和 P 码的相位测量，这对 GPS 非特许用户有很大的好处。码相位通道的缺点和平方型通道一样，需要另外提供 GPS 卫星星历，用以作测后数据处理。

图 2-21　码相位通道示意图

相关型通道广泛用于现代各种 GPS 信号接收机。它可以从伪噪声码信号中提取导航电文，实现运动载体的实时定位。相关型通道主要由 2.4.3 中介绍的伪噪声码跟踪环路和载波跟踪环路两大部分组成。伪噪声码跟踪环路用于从 C/A 码或 P 码中提取伪距观测量，并通过对卫星信号的解调，获取仅含导航电文和载波的解扩信号。载波跟踪环路的主要作用是，根据已除去测距码的解扩信号实现载波相位测量，并解调出导航电文（数据码）。相关型通道的主要优点是，可以同时进行伪距和载波相位测量，并可获取导航电文。此外，它还具有良好的信噪比，因此为 GPS 接收机所普遍采用。当然相关型通道也有缺点，即就要求用户必须掌握伪随机噪声码的结构，以便接收机产生复制码信号。但是由于美国政府实施 SA 技术，非特许用户不能解译 P 码，也就无法用码相关技术获得 L_2 载波的观测值。为了获得 L_2 载波的相位观测量，尚需补充其他技术。

（2）存储单元

GPS 信号接收机内都设有存储器以存储所解译的 GPS 卫星星历、伪距观测量和载波相位观测量，以及各种测站信息数据。在 1988 年以前，许多接收机都采用盒式磁带记录器，例如 WM101GPS 信号接收机，就是采用带有时间标识符的每英寸 800bit 的记录磁带。而目前大多数接收机采用内装式半导体存储器，简称内存，内存的容量有 1Mbit 到 8Mbit 不等。也有厂家采用磁卡作为存储器，如 Ashtech Z-12 97 款 GPS 信号接收机，就配备了 2～85Mbit 内存卡供选用。保存在接收机内存中的数据可以通过数据传输接口输入到微机内，以便保存和处理观测数据。在存储器内通常还装有多种工作软件，如：自测试软件；天空卫星预报软件；导航电文解码软件；GPS单点定位软件等。

（3）计算和显示控制单元

计算和显示控制单元，由微处理器和显示器构成。

微处理器是GPS信号接收机的控制系统，GPS接收机的一切工作都在微处理器的指令控制下自动完成。其主要工作任务是：

1）接收机开机后立即对各个通道进行自检，并显示自检结果，测定、校正和存储各个通道的时延值。

2）根据各通道跟踪环路所输出的数据码，解译出GPS卫星星历，并根据实际测量得到的GPS信号到达接收机天线的传播时间，计算出测站的三维地心坐标（WGS-84坐标系），并按预置的位置更新率不断更新测站坐标。

3）根据已测得的测站点近似坐标和GPS卫星历书，计算所有在轨卫星的升降时间、方位和高度角。

4）记录用户输入的测站信息，如：测站名、天线高、气象参数等。

5）根据预先设置的航路点坐标和测得的测站点近似坐标计算导航参数，如：航偏距、航偏角、航行速度等。GPS信号接收机一般都配备液晶显示屏向用户提供接收机工作状态信息，并配备控制键盘，用户可通过键盘控制接收机工作。某些导航型接收机，还配有大显示屏，直接显示导航信息甚至导航数字地图。

（4）电源

GPS信号接收机一般采用蓄电池作电源，机内往往配备锂电池，用于为RAM存储器供电，以防止关机后数据丢失。机外另配外接电源，通常为可充电的12V直流镉镍电池，也可采用普通汽车电瓶。

2.6.2 GPS信号接收机分类

GPS信号接收机可按接收机工作原理、用途、接收机接收的卫星信号频率、信号通道数目等分成许多不同的类型，现介绍如下。

1. 根据接收机的工作原理分类

根据接收机的工作原理，接收机可分为：码相关型接收机；平方型接收机；混合型接收机。

码相关型接收机采用码相关技术测定伪距观测量。这类接收机要求知道伪随机噪声码的结构，由于P码对非特许用户保密，所以这类接收机又分为C/A码接收机和P码接收机。C/A码接收机供一般用户使用，P码接收机专供特许用户应用。目前国内销售的导航型接收机都是C/A码接收机。

平方型接收机是利用载波信号的平方解调技术去掉调制信号获取载波信号

的，并通过计算机内产生的载波信号与接收到的载波信号间的相位差测定伪距。这类接收机无需知道测距码的结构，所以又称为无码接收机。

混合型接收机则综合以上两类接收机的优点，既可获取码相位伪距，又可测定载波相位观测量。目前大部分测量型接收机都属于这种类型。

2. 根据接收机的用途分类

GPS 信号接收机按其用途可以分为：导航型；测量型；授时型。

1）导航型接收机可以确定船舶、车辆、飞机和导弹等运动载体的实时位置和速度，主要用于导航，即保障上述运动载体按预定的路线航行。这种接收机都是采用 C/A 码伪距单点实时定位，精度较低（25～100m）。但它的结构简单，操作方便，价格便宜，应用十分广泛。导航型接收机又可分为：低动态型，中动态型，高动态型 3 种。低动态型主要是指车载和船载导航型接收机；中动态型是指用于飞行速度低于 400km/h 的民用机载接收机；而高动态型则是指用于飞行速度大于 400km/h 的飞机、导弹的机载接收机，拥有这类接收机的用户往往为特许用户，可利用 P 码，因此定位精度较高，可达±2m 左右。

2）测量型 GPS 信号接收机早期主要用于大地测量和工程控制测量，一般均采用载波相位观测量进行相对定位，通常定位精度可在厘米级甚至更高。近年来测量型接收机在技术上取得了重大进展，开发出实时差分动态定位（RTD GPS，real time differential GPS）技术和实时相位差分动态定位（RTK GPS，real time kinematic GPS）技术。前者以伪距观测量为基础，可实时提供流动测站米级精度的坐标；后者以载波相位观测量为基础，可实时提供流动测站厘米级精度的坐标。RTD 主要用于精密导航和海上定位；RTK 则主要用于精密导航、工程测量、三维动态放样、一步法成图等许多方面，并成为地理信息系统采集数据的重要手段。一些 GPS 信号接收机制造厂家，也都纷纷推出具有 RTD 或者 RTK 功能的 GPS 信号接收机。某些测量型接收机，也可以升级 RTD 功能或者 RTK 功能。更有一些生产厂家，把具有 RTK 功能的 GPS 信号接收机，称 GPS 全站仪。测量型 GPS 信号接收机结构复杂，通常配备有功能完善的数据处理软件，因此其价格也比较昂贵。

3）授时型接收机主要用于天文台或地面监控站进行时间频标的同步测定。

3. 根据接收机接收的卫星信号频率分类

根据接收机接收的卫星信号频率，接收机可分为单频接收机和双频接收机两种不同的类型。

1）单频接收机只能接收 L_1 载波信号。虽然可利用导航电文提供的参数，对观测量进行电离层影响的改正，但是由于电离层改正模型目前尚不完善，影响定位精度。因此，单频接收机通常用于基线较短的精密定位和导航，以便构成双差模型时可以有效地消除电离层影响。应用单频机测量的基线长度，一般不宜超过15km。

2）双频接收机可以同时接收 L_1 和 L_2 载波信号，这样应用双频技术即可有效消除电离层影响，又可提高定位精度。双频接收机可用于长达几千公里的精密定位，其价格也比单频机贵得多。

4. 根据接收机的通道数目分类

根据接收机的通道数目，接收机可分为多通道接收机、序贯通道接收机、多路复用通道接收机等不同类型。

1）多通道接收机具有多个卫星信号通道，而每个信号通道只连续跟踪一颗卫星信号。来自天空中不同卫星的信号，分别在不同的通道中处理、测量获得不同卫星信号的观测量。国内常见GPS信号接收机中，Ashtech系列产品以及Leica WILD系列产品都是12通道接收机，而Trimble 4000系列接收机则为9通道接收机。这种接收机的优点是可以对卫星进行连续跟踪，并可获得GPS卫星的广播星历。其缺点是由于通道多，所以价格高，并且通道之间有时延差。

2）序贯通道接收机只有一个通道。为了跟踪多颗卫星的信号，需在相应软件的控制下，按时序顺次对各颗卫星的信号进行跟踪和测量。由于顺序对各颗卫星测量一个循环所需时间较长（数秒钟），当对一颗卫星信号进行测量时，将丢失另外一些卫星信号的信息。所以，这类接收机对卫星信号的跟踪是不连续的，并且也不能获得完整的导航电文。为了获得导航电文，往往需要再设一个通道。序贯通道接收机结构简单，体积小，重量轻，在早期导航型接收机常被采用。

3）多路复用通道接收机，同样只设一、二个通道，也是在相应软件控制下按顺序测量卫星信号。但它测量一个循环所需的时间要短得多，通常不超过20ms。因此可保持对GPS卫星信号的连续跟踪，并可同时获得多颗星完整的导航电文。这类接收机的信噪比低于多通道接收机。

2.6.3 几种常见的测量型GPS信号接收机

目前国内常见的测量型GPS信号接收机，主要有美国Ashtech公司和Trimble公司，欧洲Leica公司，法国Sercel公司的系列产品。

1. Ashtech GPS信号接收机系列产品

美国Ashtech公司成立于1987年，主要从事制造和销售GPS信号接收机及其相关设备。1988 年 Ashtech 公司推出了第一台 Ashtech Ⅻ 型 GPS 信号接收机，由于该机设计新颖、技术先进、功能齐全和操作简便，因而获得国际宇航学会授予的最佳 GPS 产品奖。正式投放市场的 L 型接收机，包含了数据采集、固态存储器和各种显示功能，而后又改进为体积更小的 M 型接收机。1993 年 Ashtech 公司发明了 Z 跟踪技术，并获得专利。Z 跟踪技术可以在 SA 技术实施时减少其对定位精度的影响。近期，Ashtech 技术被法国 THALES 集团收购，成立 Thales Navigation（泰雷斯导航公司），继续生产各种测量型和导航型 GPS 信号接收机及其相关产品。除了早期生产的 LT 和 MT 单频机以及 LD 和 MD 双频机之外，近期的主要产品有：

1）Ashtech ProMark Ⅱ GPS 信号接收机（图 2-22），是一种经济、实用的单频 GPS 信号接收机。该机具有 12 个独立平行通道，可进行 C/A 码伪距测量和 L_1 载波相位测量，8MB 固体内存，兼有导航和测量双重功能。由于操作简便，体积小，重量轻，定位精度稳定，因而很受用户欢迎。LOCUS 是该公司近期推出的又一种单频测量型 GPS 信号接收机，它采用接收机和天线一体化设计，内置电池和红外数据通讯技术。其后处理软件称为 Ashtech Solutions，图 2-23 即 LOCUS 接收机及其后处理软件界面。

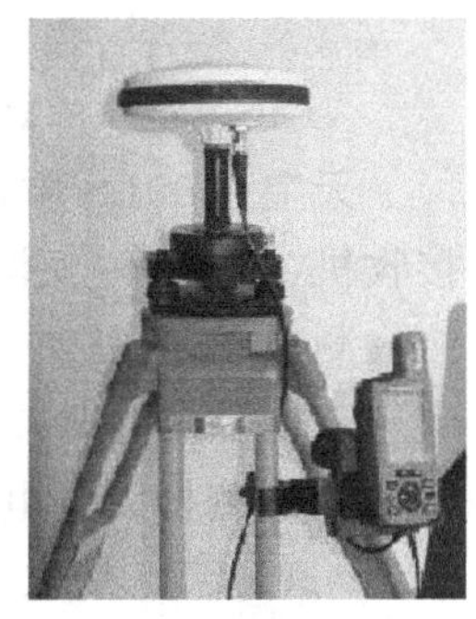

图 2-22　Ashtech ProMark Ⅱ GPS 信号接收机

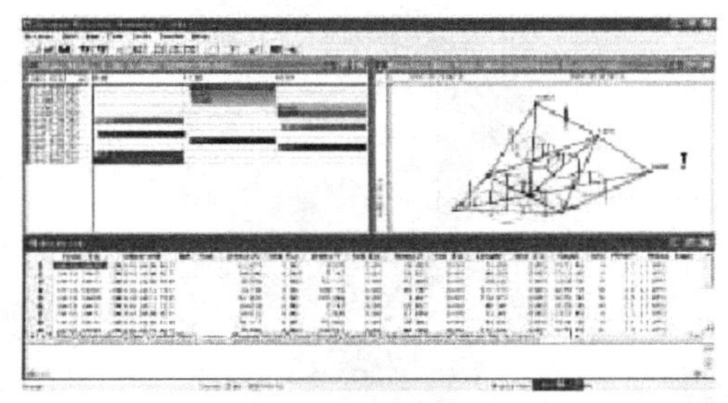

图 2-23　Locus GPS 信号接收机与 Solutions 软件

2）Ashtech Z-Xtreme 快速 RTK 测量系统，是一种双频 GPS 信号接收机（图 2-24），该机除了具有 Ashtech Z 跟踪专利技术外，还拥有 Ashtech Instant 专利技术，可在一瞬间捕获整周未知数，称为即时 RTK，可用于大地测量和各种工程放样和地籍测量。图 2-25是 Thales Navigation 在接收 Ashtech 技

图 2-24　Ashtech Z-Xtreme 双频 GPS 信号接收机

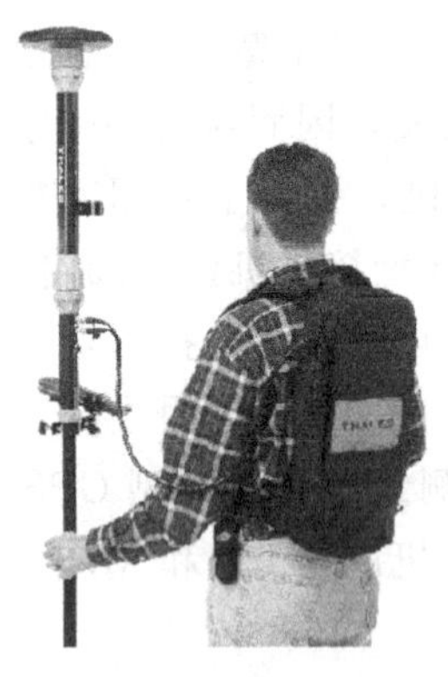

图 2-25　THALES Z-MAX GPS 接收机流动站

术后生产的第一款新型 GPS 信号接收机，称为 Z-MAX。该机采用模块化设计，无电缆连接，不仅具有 Ashtech Z 跟踪技术，并有 ADAPT RTK（自适应 RTK）技术，可有效地扩展 RTK 的作用距离。

2. 天宝 GPS 信号接收机系列产品

美国天宝导航公司以生产 Trimble GPS 信号接收机而闻名，该公司于 1978 年在美国加州成立，它生产的 4000/5000 系列接收机在国内有一定的影响。以下介绍该公司近期生产的主要产品。

天宝 4600LS 单频接收机和前面介绍的 LOCUS 接收机一样，也是集天线、接收机、电池于一体的经济实用型 GPS 信号接收机。它具有 8 到 12 个通道，可接收测量 C/A 码和 L_1 载波全波相位，1MB 固体内存。

天宝公司近期推出的新产品是双频 5700 GPS 接收机（图 2-26），该仪器配备 eRTK 测杆无线电天线，可扩大 RTK 信号的覆盖范围。图 2-27 是天宝最新产品 5800 GPS 接收机流动站，该机集成化程度较高，GPS 接收机、天线、甚高频无线电台、电源一体化，重仅 1.21kg。

图 2-26　Trimble 5700 GPS 接收机

图 2-27　Trimble 5800 GPS 接收机

3. Leica Wild GPS 信号接收机系列产品

Leica 公司是一大型国际集团公司，由瑞士 Wild 公司、美国 Magnavox 公司、德国 Leitz 公司、瑞士 Kern 公司、美国 Cambridge 公司等合并组成。它的前身是 WM 卫星测量公司，该公司由 Wild 和 Magnavox 两公司合开办，并于 1984 年底生产出 WM101 型单频 GPS 信号接收机，不久又推出 WM102 型双频 GPS 信号接收机。Leica 公司成立后于 1991 年下半年推出 WM 型接收机的更新产品——Wild 200 GPS 测量系统。该仪器不仅设计新颖、体积小、重量轻，而且具有功能强大的后处理软件 SKI。该软件较早采用了解算整周待定值的快速逼近技术，开发出快速静态相对定位作业模式。1995 年 Leica 公司又进一步推出新型号——Wild 300 GPS 测量系统，并开发实时动态定位（RTK）功能，供 Wild 200/300 GPS 测量系统的用户选用。Leica 产品通常由天线、传感器、无线电信号调制解调器、控制器、电源等部分组成，近期推出的 Wild 530 GPS 测量系统（图 2-28）采用新研制的 SR9500 传感器，具有 12 个通道，可进行窄相关 C/A 码伪距和 L_1、L_2 全波长载波相位测量。Leica 的一项专利技术是 P 码辅助跟踪技术，该技术比经典的相关接收技术高出 13db 的信噪比。

图 2-28　Leica Wild 530 GPS 测量系统

思　考　题

1. 名词解释

   码；码元（比特）；数码率；自相关函数；信号调制；信号解调；SA 技术。
2. 试说明什么是随机噪声码？什么是伪随机噪声码？
3. C/A 码和 P 码是怎样产生的？
4. 试述 C/A 码和 P 码的特点。
5. 试述伪随机噪声码的测距原理。
6. 试述导航电文的组成格式。

7. 名词解释

遥测字；交接字；钟参数数据龄期；电离层时延差改正；传输参数 N。

8. 简述导航电文数据块Ⅱ的主要内容。

9. 什么是预报星历？什么是后处理星历？

10. 试通过图表说明 GPS 卫星信号是怎样构成的？

11. 试写出调制后的 GPS 载波信号（L_1 和 L_2）的表达式。

12. 绘图说明载波与测距码信号调制与解调的基本原理。

13. 试述 GPS 接收机的硬件和软件。

14. 试述 GPS 接收机的分类。

第 3 章　GPS 静态定位原理

3.1　GPS 定位方法分类及其误差源

3.1.1　GPS 定位方法分类

应用 GPS 卫星信号进行定位的方法，可以按照用户接收机天线在测量中所处的状态，或者按照参考点的位置，分为以下几种。

1. 静态定位和动态定位

如果在定位过程中，用户接收机天线处于静止状态，或者更明确地说，待定点在协议地球坐标系中的位置，被认为是固定不动的，那么确定这些待定点位置的定位测量就称为静态定位。由于地球本身在运动，因此严格地说，接收机天线的所谓静止状态，是指相对周围的固定点天线位置没有可察觉的变化，或者变化非常缓慢，以致在观测期内察觉不出而可以忽略。

在进行静态定位时，由于待定点位置固定不动，因此可通过大量重复观测提高定位精度。正是由于这一原因，静态定位在大地测量、工程测量、地球动力学研究和大面积地壳形变监测中，获得了广泛的应用。随着快速解算整周待定值技术的出现，快速静态定位技术已在实际工作中使用，静态定位作业时间大为减少，从而在地形测量和一般工程测量领域内也将获得广泛的应用。

相反，如果在定位过程中，用户接收机天线处在运动状态，这时待定点位置将随时间变化。确定这些运动着的待定点的位置，称为动态定位。例如，为了确定车辆、船舰、飞机和航天器运行的实时位置，就可以在这些运动着的载体上安置 GPS 信号接收机，采用动态定位方法获得接收机天线的实时位置。

2. 绝对定位和相对定位

根据参考点的不同位置，GPS 定位测量又可分为绝对定位和相对定位。

绝对定位是以地球质心为参考点，测定接收机天线（即待定点）在协议地球坐标系中的绝对位置。由于定位作业仅需使用一台接收机，所以又称为单点定位。

单点定位外业工作和数据处理都比较简单，但其定位结果受卫星星历误差和信号传播误差影响较显著，所以定位精度较低。这种定位方法，适用于低精度测量领域，例如船只、飞机的导航，海洋捕鱼，地质调查等。

近年国内外一些学者开展了基于国际 IGS 精密卫星轨道参数和卫星钟差的“非差相位精密单点定位”的研究，以实现单台双频接机实时动态定位（precise point position）简称 PPP。这是一种非常具有应用前景的单点定位技术。

如果选择地面某个固定点为参考点，确定接收机天线相位中心相对参考点的位置，则称为相对定位。由于相对定位至少使用两台以上接收机，同步跟踪 4 颗以上 GPS 卫星，因此相对定位所获得的观测量具有相关性，并且观测量中所包含的误差也同样具有相关性。采用适当的数学模型，即可消除或者削弱观测量所包含的误差，使定位结果达到相当高的精度。相对定位既可作静态定位，也可作动态定位，其结果是获得各个待定点之间的基线向量，即三维坐标差：Δx，Δy，Δz。目前，静态相对定位由于其精度可达 $10^{-6} \sim 10^{-8}$，所以仍旧是精密定位的基本模式。随着整周待定值快速逼近技术所取得的进展，快速静态相对定位方法目前已被采用，并且已在某些应用领域内取代传统的静态相对定位方法。此外，还有一种准动态相对定位作业模式，它也是一种快速定位技术，但其定位精度不理想，且要求在作业过程中不能失锁，因此应用不广。

在动态相对定位技术中，差分定位即 DGPS 定位（differential global positioning system）受到了普遍重视。在进行 DGPS 定位时，一台接收机被安置在参考点上固定不动，其余接收机则分别安置在需要定位的运动载体上（图 3-1）。固定接收机和流动接收机可分别跟踪 4 颗以上 GPS 卫星的信号，并以伪距作为观测量。根据参考点的已知坐标，可计算出定位结果的坐标改正数或距离改正数，并可通过数据传输电台（数据链）发射给流动用户，以改进流动站定位结果的精度。

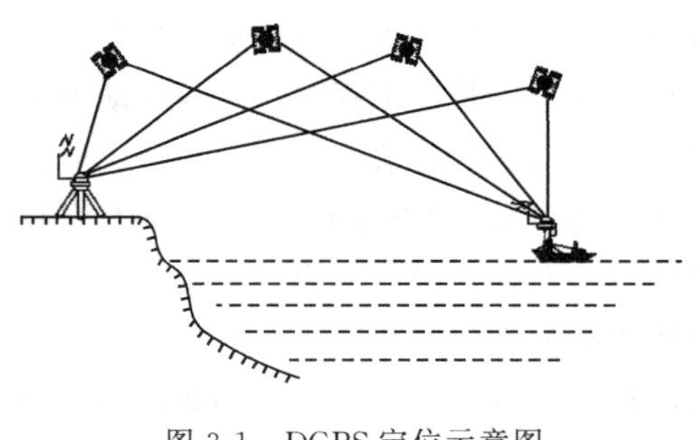
图 3-1　DGPS 定位示意图

DGPS 是建立在 C/A 码伪距测量基础上的一种实时定位技术，其定位精度为米级，主要用于导航、地质勘探、水深和水下地形测量等精度要求不太高的测量项目。近期开发的一种实时动态定位技术称为 RTK（real time kinematic）GPS 测量，采用了载波相位观测量作为基本观测量，能够达到厘米级的定位精度。在 RTK GPS 测量作业模式下，位于参考站的 GPS 接收机，通过数据链将参考点的已知坐标和载波相位观测量一起传输给位于流动站的 GPS 接收机，流动站的 GPS 接收机根据参考站传递的定位信息和自己的测量成果，组成差分模型并进行基线向量的实时解算，可获得厘米级精度的定位结果。RTK GPS 测量极大地提高了 GPS 测量的工作效率，特别适用于各类工程测量以及各种用途的大比例尺测图或 GIS 数据采集，为 GPS 测量开拓了更广阔的应用前景。

3.1.2　GPS 测量误差概述

正如其他测量工作一样，GPS 测量同样不可避免地会受到测量误差的干扰。按误差性质来讲，影响 GPS 测量精度的误差主要是系统误差和偶然误差，其中，系统误差的影响又远大于偶然误差，相比之下，后者甚至可以忽略不计。从误差来源分析，GPS 测量误差大体上又可分为以下 3 类。

1. 与 GPS 卫星有关的误差

这类误差主要包括卫星星历误差和卫星钟误差，两者都是系统误差。在 GPS 测量作业中，可通过一定的方法消除或者削弱其影响，也可采用某种数学模型对其进行改正。

2. 与 GPS 卫星信号传播有关的误差

GPS 卫星发射的信号，需穿过地球上空电离层和对流层才能到达地面。当信号通过电离层和对流层时，由于传播速度发生变化而产生时延，使测量结果产生系统误差，称为 GPS 信号的电离层折射误差和对流层折射误差。在 GPS 测量作业中，同样可通过一定的方法消除或者削弱其影响，也可通过观测气象元素并采用一定的数学模型对其进行改正。

当卫星信号到达地面时，往往受到某些物体表面反射，使接收机收到的信号不单纯是直接来自卫星的信号，而包含了一部分反射信号，从而产生信号的多路径误差。多路径误差取决于测站周围的环境，具有随机性质，是一种偶然误差。

3. 与 GPS 信号接收机有关的误差

这类误差包括接收机的分辨率误差、接收机的时钟误差以及接收机天线相位中心的位置偏差。

接收机的分辨率误差也就是 GPS 测量的观测误差，具有随机性质，是一种偶然误差，通过增加观测量可以明显减弱其影响。接收机时钟误差，是指接收机内部安装的高精度石英钟的钟面时间相对 GPS 标准时间的偏差。这项误差与卫星钟误差一样属于系统误差，并且一般比卫星钟误差大，同样可通过一定的方法消除或削弱。在进行 GPS 定位测量时，是以接收机天线相位中心代表接收机位置的。理论上讲，天线相位中心与天线几何中心应当一致，但事实上天线相位中心随着信号强度和输入方向的不同而变化，使天线相位中心偏离天线几何中心而产生定位系统误差。

GPS定位测量除上述3种主要误差源以外，还受到其他一些误差来源的影响。其中，最主要的是地球自转影响和相对论效应。

卫星在协议地球坐标系中的瞬间位置，是根据信号发播的瞬间时刻计算的，当信号到达测站时，由于地球自转影响，卫星在上述瞬间的位置也产生了相应的旋转变化。因此，对于卫星瞬时位置，应加地球自转改正。

根据相对论原理，处在不同运动速度中的时钟振荡器会产生频率偏移，而引力位不同的时钟振荡器会产生引力频移现象。在进行GPS定位测量时，由于卫星钟和接收机钟所处的状态不同，即它们的运动速度和引力位不同，因此卫星钟和接收机钟就会由于相对论原因而产生相对钟差，称为相对论效应。

3.1.3　卫星星历误差

卫星星历误差是指卫星星历给出的卫星空间位置与卫星实际位置间的偏差，由于卫星空间位置是由地面监控系统根据卫星测轨结果计算求得的，所以又称为卫星的轨道误差。

估计和处理卫星的轨道误差一般比较困难，原因是卫星在运行中要受到多种摄动力的复杂影响，而地面监控系统又很难确切掌握这些作用力的变化规律。广播星历的早期精度是20～50m，目前随着摄动力模型和定轨技术不断完善已可达5～10m，甚至更高的精度。在美国政府实行SA与AS技术期间，对于只能接受标准定位服务的SPS用户，仅能使用调制在C/A码上的包含人工误差的低精度广播星历，星历误差达20～100m。只有PPS用户特许可解释Y码，获得调制在P码上的未经人工干预的原始广播星历。因此，对于广大SPS用户来讲，星历误差是严重影响定位精度的重要误差源之一。

在GPS定位测量中，卫星作为空间动态已知点，卫星星历作为已知起算数据。因此，星历误差是一种起算数据误差，它必将以某种方式传递给测站坐标，产生定位误差。在GPS绝对定位中，星历误差对测站坐标的影响，估计为几十米到一百米。由于在某一时间段内，卫星星历误差有很强的相关性，所以在GPS相对定位中，可以利用两个相邻测站上星历误差的相关性，采用相位观测量求差的方法消除、削弱星历误差的影响，从而获得高精度的定位结果。所以，卫星星历误差对相对定位的影响，远小于它对绝对定位的影响。通常采用下式估计星历误差对于相对定位的影响。

$$\frac{1}{10}\cdot\frac{dp}{p}<\frac{dB}{B}<\frac{1}{4}\cdot\frac{dp}{p} \tag{3-1}$$

式中，p为卫星至测站的几何距离；dp为卫星星历误差；B为基线向量长度；dB为由卫星星历误差引起的基线向量测量误差。

在实施 SA 技术后，广播星历的星历误差一般可达 100m，卫星飞行高度以 20 000km计算，基线向量相对误差 dB/B 在(1.25～0.1)×10^{-6}之间。略为保守一点估计，广播星历对 GPS 相对定位的影响，即由此引起的基线向量相对误差 $dB/B \approx 1 \times 10^{-6}$。这一精度可满足大部分测量工程的要求，但是随着基线向量长度的增加，卫星星历误差的影响仍非常显著。因此，对于一些长距离（边长为几百公里，甚至上千公里）、高精度的 GPS 测量，需应用精密星历。目前，采用美国国家大地测量局（NGS）提供的精密星历，GPS 相对定位精度可提高到（0.1～0.04)×10^{-6}，可满足监测地壳运动、建立国家控制网等远距离、高精度的测量要求。

在 GPS 测量中，根据不同情况，可采用以下 3 种方法处理星历误差。

1. 建立我国自己的卫星跟踪网独立定轨

建立我国自己的 GPS 卫星跟踪网，进行独立定轨，对于确保导航和实时定位的可靠性与精度具有很大的意义。这项措施可以保证我国 GPS 用户不受美国政府 SA 政策的影响，向实时动态定位用户提供无人工干涉的预报星历，向静态定位用户提供后处理精密星历。我国 GPS 研究工作者在 1988 年就提出了以国内 VLBI/SLR 站为基础的测轨网建站方案，并在上海、长春、乌鲁木齐、昆明和西安等地建立了测轨站。目前，测轨网已初步形成，GPS 定轨软件经多年努力也已比较完善，定轨精度已达 3m 左右。今后进一步研究的重点是加强测轨网建设，提高数据通信能力和精密星历计算能力，实现向有关用户提供精密星历服务的目标。

2. 采用轨道改进技术

这一技术的基本思路，就是把卫星星历给出的卫星位置当作未知参数纳入平差模型，通过平差计算，同时求出测站位置及卫星轨道偏差改正数。常用的轨道改进技术有短弧法和半短弧法，这两种方法的共同思路是：考虑卫星轨道上的一段短弧，如何通过一定的数学方法，由它的初始位置逼近其真实位置。两者的具体特点如下：

1）短弧法。将 6 个轨道参数的初始值全部纳入平差模型作为待估参数，在数据处理时与测站坐标等其他待估参数一并求解。短弧法可有效地削弱轨道偏差的影响，明显地提高定位精度，但计算工作量较大。

2）半短弧法。仅将受摄动力影响较大的轨道参数初始值纳入平差模型，通常是以轨道的切向、法向和径向三个改正数作待估参数，与测站坐标一并求解。半短弧法计算工作量较短弧法明显减少，而同样可明显削弱轨道偏差的影响。据报道，经半短弧法修正后的卫星轨道偏差将小于 10m。

轨道改进技术具有一定的局限性：其一，测区应有一定的规模，不宜过小；其二，数据处理复杂，计算工作量大，要求计算作业人员有较高的素质。因此，很难在一般作业单位推广应用。

3. 采用相对定位方法

根据星历误差对距离不太远的两个测站的影响基本相同的特点，采用在两个或多个测站上观测同一颗卫星所得同步观测量求差的方法，可消除大部分星历误差的影响，明显提高定位精度。这一方法简便而效果显著，因而被广泛采用。

3.1.4 时钟误差

由于卫星的空间位置是随时间变化的，所以GPS测量是以精密测时为基础的。信号由卫星到达地面的传播时间乘以光速就等于站星间的几何距离。可见，GPS测量的精度与时钟误差密切相关。所谓时钟误差是指卫星钟误差，以及接收机钟误差。

GPS卫星均配备高精度的原子钟（铷钟和铯钟），其日频率稳定度约为10^{-13}，运行12小时误差为±4.3ns，相当距离误差±1.3m。原子钟由地面主控站控制和调整，太空中外部环境对原子钟的工作也十分有利。尽管如此，卫星钟的钟面时与GPS时之间的误差，即卫星钟误差仍在1ms以内，而1ms钟差引起的等效距离误差是300km，显然远远不能满足定位的精度要求。为了改正卫星钟的上述偏差，可以通过连续监测精确测定其运行状态参数，而将卫星钟钟面时在t时刻的改正数表示为二阶多项式

$$\Delta t = a_0 + a_1(t - t_0) + a_2(t - t_0)^2 \tag{3-2}$$

式中，t_0为参考历元；a_0为卫星钟在t_0时刻的钟差；a_1为卫星钟在t_0时刻的钟速；a_2为卫星钟在t_0时刻的钟速变化率。

a_0、a_1、a_2三个参数，由地面主控站根据前一段时间的跟踪资料与USNO（美国海军天文台）提供的标准GPS时推算，并通过导航电文传送给用户。经Δt改正后的卫星钟误差约为20ns左右，其等效距离误差为6m。这个精度，对于导航来讲已经足够，对于大地测量来讲尚需通过相对定位数学模型进一步消除。

GPS信号接收机，一般设有高精度石英钟，其日频率稳定度约为10^{-11}。假定接收机钟与卫星钟之间有1μs相对钟差，由此引起的等效距离误差为300m。消除接收机钟差的方法，通常是将接收机钟差改正数作为未知参数，在数据处理时与测站坐标一起解算。经过改正后的接收机钟与卫星钟的同步精度约为10～100ns，这种方法主要用于实时动态定位。在静态绝对定位中，也可像处理卫星钟钟差那样，将接收机钟差表示成多项式，在数据处理时求出多项式的系数。这

种方法的效果，取决于多项式模型的正确性。在静态相对定位中，可通过观测量求差的方法消除接收机钟差。在定位精度要求很高的测量中，还可采用高精度的外接频标（如铷原子钟和铯原子钟），提高接收机的测时精度。

3.1.5　卫星信号传播误差

卫星信号传播误差包括：信号穿过地球上空电离层和对流层时所产生的误差，以及信号到达地面时产生反射信号而引起的多路径干扰误差。以下对此分别进行讨论。

1. 电离层传播误差

电离层是指地球上空 50～1000km 之间的大气层。由于太阳光中的紫外线、X 射线和高能粒子的强烈辐射，大气分子被电离生成自由电子和正负离子，形成从宏观上说仍然是中性的等离子体区域，称为电离层。当电磁波信号穿过电离层时，信号的路径会产生弯曲，信号传播速度会发生变化。这时由信号传播时间乘以真空中的光速就不再等于卫星至测站间的距离。电离层对 GPS 信号传播的影响，在天顶方向距离差最大可达 50m，而在接近地面方向则可达 150m。

电离层中的电子密度分布极不均匀，它随着高度、时间、季节和测站地理位置的不同而变化。图 3-2 描述了不同高度处的电子密度。该图说明 50km 以下的大气分子不发生电离现象，而随着高度增加电离程度由弱到强，在离地面 200～400km 处达到最大值。离地面 400km 以上的高空，随着大气密度减少，电子密度也开始下降。电子密度和地方时有关，如果我们定义底面积为 1m^2 贯穿整个电离层的柱体内所含的电子数为电子含量，那么电子含量随地方时变化作周日变化的关系由图 3-3 表示。由于太阳辐射强度还随着季节变化而不断改变，所以电子含量也有周年变化。除此以外，电子含量还与测站的地理位置有关，图 3-4 指出了电子含量随纬度和经度变化的规律。

由上面的讨论可见，电离层的电子密度分布受到多种因素的制约，难以用数

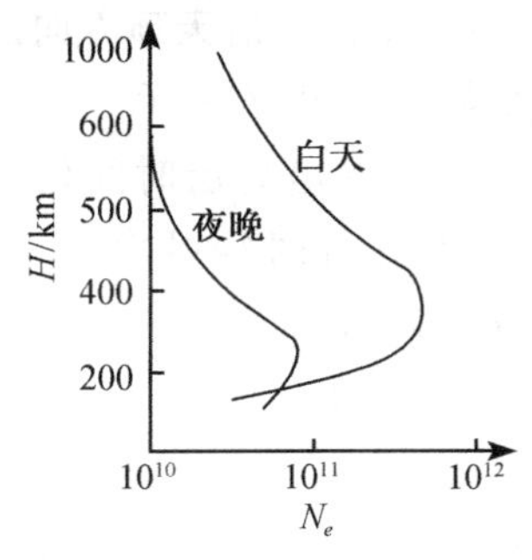

图 3-2　不同高度处的电子密度

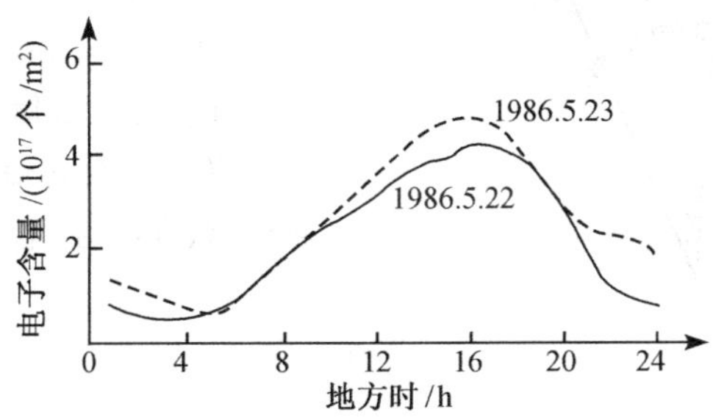

图 3-3　电子含量随地方时变化的规律

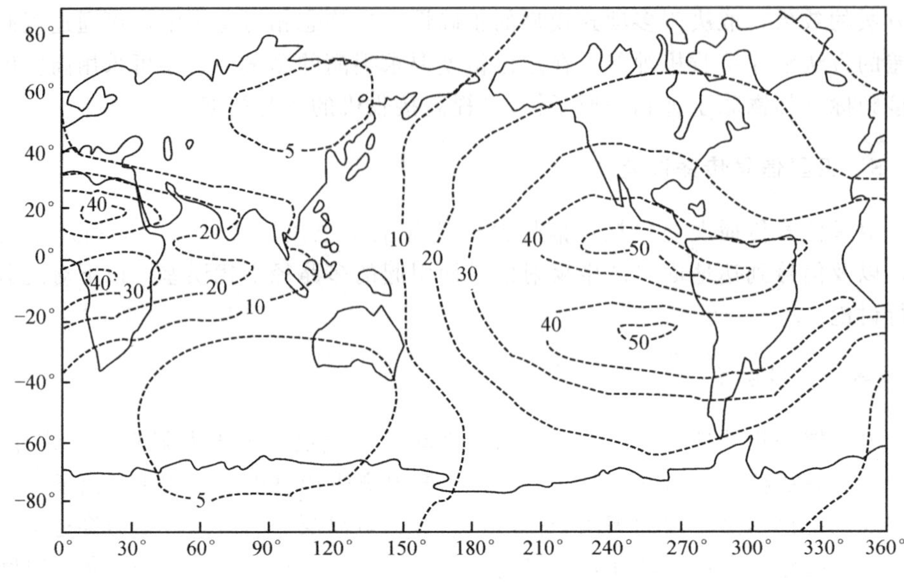

图 3-4 电子密度和测站地理位置的关系

学模型精确描述电子密度变化的规律，这就给建立严格的电离层改正模型带来了困难。目前，改正电离层信号传播误差的方法有以下三种。

(1) 采用近似的电离层改正模型

GPS 卫星信号通过导航电文向 GPS 单频信号接收机用户提供电离层改正模型。目前提供的模型，可使单频接收机用户的电离层时间延迟影响减少 75%。在电离层改正模型研究中，美国的克劳布歇（Klobuchar）于 1987 年提出的电离层改正模型，具有计算方便、实用可靠、能有效改正电离层时间延迟影响等优点。以下略去复杂的推证过程，介绍克劳布歇电离层改正模型的计算过程。

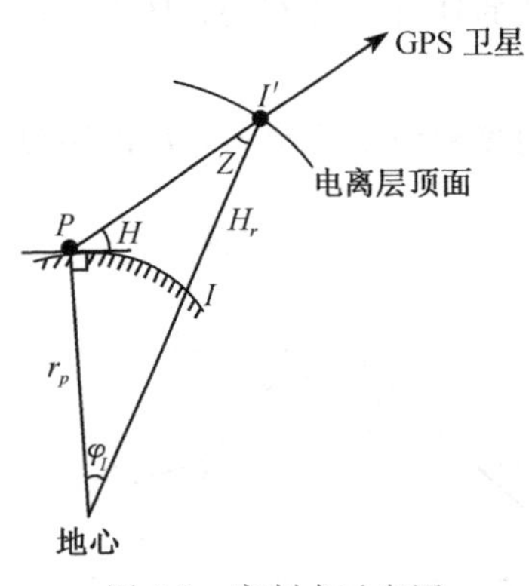

图 3-5 穿刺点示意图

图 3-5 中，P 为测站点，GPS 卫星与测站点 P 的连线与电离层顶面的交点 I' 称为穿刺点，而 I 为其足下点。据此，$I'P$ 连线即为 GPS 卫星信号的传播路径，而 $I'I$ 连线则是信号沿天顶方向的传播路径，两者之间的夹角用符号 Z 表示。如果记 L_1 载波沿信号传播路径 $I'P$ 的电离层时间延迟为 T_{L_1}，而其沿天顶方向 $I'I$ 的时间延迟为 T'_{L_1}，那么 T_{L_1} 与 T'_{L_1} 之间显然成立关系式

$$T_{t_1} = \sec Z \cdot T'_{L_1} \tag{3-3}$$

式中，

$$Z = \arcsin[(r_p \cos H)/(r_p + H_r)] \tag{3-4}$$

这里，r_p 为测站点 P 的地心距；H_r 为穿刺点 I' 的高度，一般取 350km；H 为相对于测站 P 的卫星高度角。r_p 和 H_r 以公里为单位，H 和 Z 以度为单位。式 (3-3) 中，L_1 载波沿天顶方向传播的时间延迟 T'_{L_1} 可按下式计算：

$$T'_{L_1} = 5 \times 10^{-9} + \left(\sum \alpha_n (\varphi_m/180)^n\right) \cdot \cos x \tag{3-5}$$

其中

$$x = 2x(t - 50\,400)/\sum \beta_n (\varphi_M/180)^n \tag{3-6}$$

$$t = t_I \cdot 3600 \tag{3-7}$$

T'_{L_1} 的具体计算过程如下。

首先计算测站点 P 至穿刺点的足下点 I 之间的地心角 ψ_I：

$$\psi_I = 90° - H - Z \tag{3-8}$$

第二步是计算 I 点的地理纬度 φ_I 与地理经度 λ_I：

$$\varphi_I = \arcsin(\sin\varphi_p \cos\varphi_I + \cos\varphi_p \sin\varphi_I \cos A \tag{3-9}$$

$$\lambda_I = \lambda_p + \arcsin(\sin\psi_I \sin A/\cos\varphi_I) \tag{3-10}$$

式中，A 是测站点 P 至卫星星下点的方位角；φ_p 与 λ_p 是测站点 P 的地理纬度和经度。

第三步是将测站点 P 的地理纬度 φ_p 换算为地磁纬度 φ_M，计算公式为

$$\sin\varphi_M = \sin\varphi_p \sin\varphi_N \cos\varphi_p \cos\varphi_N \cos(\lambda_p - \lambda_N) \tag{3-11}$$

式中，φ_N 为地磁场北极的地理纬度，$\varphi_N = 78.3°\mathrm{N}$（地磁场北极的地理经度 $\lambda_N = 69°\mathrm{W}$）。

第四步是计算 I 点的地方时 t_I：

$$t_I = (\lambda_I/15) + UTC \tag{3-12}$$

式中，λ_I 以度为单位，UTC 为收到卫星信号瞬间的协调世界时，UTC 和 t_I 均以小时为单位。计算结果若 $t_I \geqslant 24\mathrm{h}$，则应减去 24h，使 t 值满足不等式 $24 > t_I \geqslant 0$。上述四步计算全部完成后，即可应用式（3-7）、（3-6）与式（3-5）计算 L_1 载波沿天顶方向传播的时间延迟 T'_{L_1}，这时两个参数 α_n 与 β_n 的值由导航电文提供。最后，应用式（3-4）与式（3-3）即可算出 L_1 载波沿信号传播路径的电离层时间延迟 T'_{L_1}。

(2) 应用双频技术改正电离层传播误差

由于电离层的电子密度分布受到多种因素的制约，单频机用户很难通过电离层改正模型完全消除电离层传播误差。然而，对于双频机用户来说，则可通过双频观测数据更有效地削弱 GPS 卫星信号的电离层传播误差。

载波信号作为一种频率单一的电磁波信号，其传播速度通常以相速度 v_p 描述。而当载波信号穿过电离层时，相应地产生相折射率 n_p，相速度 v_p 与相折射率 n_p 之间成立关系式：

$$v_p = \frac{c}{n_p} \tag{3-13}$$

式中，c 为真空中的光速。在理论上可证明，相折射率 n_p 与传播路径上的大气电子密度 Ne 成正比，而与载波频率平方成反比，即有

$$n_p = 1 - 40.28Ne \cdot f^{-2} \tag{3-14}$$

据此就有相速度

$$v_p = c(1 - 40.28Ne \cdot f^{-2})^{-1}$$

上式以二项式级数展开，略去二阶微量后可得

$$v_p = c(1 + 40.28Ne \cdot f^{-2}) \tag{3-15}$$

而当进行伪距测量时，所采用的调制码信号则是由多种频率叠加而成的电磁波信号，称为群波，以群速度 V_G 传播。调制码信号通过电离层时，产生群折射率 n_G，其表达式为

$$n_G = 1 + 40.28Ne \cdot f^{-2} \tag{3-16}$$

与此相应，群速度 V_G 的表达式为

$$v_G = \frac{c}{n_G} = c(1 - 40.28Ne \cdot f^{-2}) \tag{3-17}$$

由于相折射率变化而引起的传播路径距离误差 $\delta\rho_p$ 可写成

$$\delta\rho_p = c\int_s (n_p - 1)\mathrm{d}s \tag{3-18}$$

式中，s 为信号传播路径，顾及式（3-14）就有

$$\delta\rho_p = -40.28\frac{c}{f^2}\int_s Ne\mathrm{d}s$$

其中积分表示传播路径上的电子总量，若以符号 N_Σ 表示，即令

$$N_\Sigma = \int_s Ne\mathrm{d}s \tag{3-19}$$

则有

$$\delta\rho_p = -40.28\frac{c}{f^2}N_\Sigma \tag{3-20}$$

同样，由群折射率引起的信号传播距离误差为

$$\delta\rho_G = 40.28\frac{c}{f^2}N_\Sigma \tag{3-21}$$

对于双频机用户来说，可利用双频信号传播路径距离误差，求出电离层改正，纠正电离层延迟对测距和测相的影响。根据式（3-20）与（3-21），双频信号的电离层传播路径距离误差分别为

$$\delta\rho_1 = -40.28c \cdot \frac{N_\Sigma}{f_1^2} \tag{3-22}$$

$$\delta\rho_2 = -40.28c \cdot \frac{N_{\Sigma}}{f_2^2} \tag{3-23}$$

式中，f_1 与 f_2 分别为载波 L_1 与 L_2 的频率。两式相除，可得

$$\delta\rho_2 = \delta\rho_1 \cdot \frac{f_1^2}{f_2^2}$$

设信号穿过电离层的真实传播距离为 ρ_0，则

$$\rho_0 = \rho_1 - \delta\rho_1 \tag{3-24}$$

于是有

$$\rho_1 = \rho_0 + \delta\rho_1 \qquad \rho_2 = \rho_0 + \delta\rho_1 \cdot \frac{f_1^2}{f_2^2}$$

令 $\delta\rho$ 表示由 L_1 载波和 L_2 载波分别测定的 ρ_1 与 ρ_2 之差，则

$$\delta\rho = \rho_1 - \rho_2 = \delta\rho_1\left(\frac{f_2^2 - f_1^2}{f_2^2}\right)$$

由此，求出距离误差

$$\delta\rho_1 = \delta\rho \cdot \left(\frac{f_2^2}{f_2^2 - f_1^2}\right) \tag{3-25}$$

由此，代入（3-24）得

$$\rho_0 = \rho_1 - \delta\rho \cdot \left(\frac{f_2^2}{f_2^2 - f_1^2}\right) \tag{3-26}$$

对于 GPS 信号，f_1=1575.42MHz，f_2=1227.6MHz。因此，有

$$\delta\rho = -1.545\,73\delta\rho$$

所以

$$\rho_0 = \rho_1 + 1.545\,73\delta\rho \tag{3-27}$$

式（3-27）表明，双频机用户可通过由双频信号获得的 $\delta\rho$ 改正所测的伪距，求出信号穿过电离层的真实距离 ρ_0。

类似地，利用双频信号观测数据也可以消除电离层折射对测量载波相位的影响。现略去推导，仅给出结果。设 φ_1 与 φ_2 为两个载波的相位观测值，$\delta\varphi_1$ 与 $\delta\varphi_2$ 为由电离层折射引起的测相误差，而 φ_1^0 为消除电离层折射影响后的相位值，则

$$\varphi_1^0 = \varphi_1 - \delta\varphi_1 \tag{3-28}$$

式中

$$\delta\varphi = -1.545\,73(\varphi_1 - 1.283\,33\delta\varphi_2) \tag{3-29}$$

经过双频改正后，伪距残差为厘米级。

(3) 利用两个（或多个）测站的同步观测值求差

当相邻测站间的距离较近时，由于卫星信号到达不同测站的路径相近，所经过的介质状况相似，所以通过不同测站对相同卫星的同步观测值求差，便可显著

地减弱电离层折射影响，其残差将不会超过 1×10^{-6}。对于单频接收机用户来说，这一方法的重要意义尤为明显。经验表明，大约在20km范围内，利用同步观测值求差的方法都可以有效地削弱电离层折射影响。而当基线边长度大于20km时，采用上述双频技术则可较好地遏制由电离层折射带来的测距和测相精度损失。

2. 对流层传播误差

从地面起向上到距地面40km的大气层称为对流层。电磁波在对流层中的传播速度与大气折射率和传播方向有关。由于对流层的介质对GPS信号没有弥散效应，所以其群折射率与相折射率可认为相等。对流层折射对观测值的影响可分为干分量与湿分量两部分，干分量主要与大气的温度与压力有关，而湿分量主要与信号传播路径上的大气湿度和高度有关。当卫星处于天顶方向时，对流层干分量对距离观测值的影响约占对流层影响的90％，且这种影响可以应用地面的大气资料计算。若地面平均大气压为1013mbar，则在天顶方向干分量对所测距离的影响约为2.3m，而当高度角为10°时其影响约为20m。湿分量的影响虽数值不大，但由于很难可靠地确定信号传播路径上的大气物理参数，所以湿分量尚无法准确地测定。因此，当要求定位精度较高或基线较长时（例如＞50km），它将成为误差的主要来源之一。

关于消除对流层折射的影响，通常有如下三种处理方法：

1）应用对流层模型加以改正。即测定测站周围的气象元素，代入对流层模型计算改正数，这一方法可消除对流层传播误差的92％～93％。

2）对流层影响的附加待估参数求解。引入描述对流层影响的附加待估参数，在数据处理中一并求解。

3）同步观测值求差。与电离层的影响相类似，当两观测站相距不太远时，由于信号通过对流层的路径相近，对流层的物理特性相似，所以对同一卫星的同步观测值求差，可以明显地减弱对流层折射的影响。因此，这一方法在精密相对定位中应用非常成功。不过，随着同步观测站之间距离的增大，测区大气状况的相关性很快减弱，这一方法的有效性也将随之降低。

3. 多路径效应影响

所谓多路径效应，是指接收机天线除直接收到卫星的信号外，尚可能收到经天线周围物体反射的卫星信号（图3-6）。两种信号叠加将会引起天线相位中心位置的变化。而这种变化随天线周围反射面的性质而异，很难控制。多路径效应具有周期性特征，其变化幅度可达数厘米。在同一地点，当所测卫星的分布相似时，多路径效应将会重复出现。

由图 3-7 可以估计多路径效应影响，由卫星直接传送接收的信号和反射后接收的信号分别为

$$
\begin{aligned}
S_1 &= A \cdot \cos\varphi \\
S_2 &= \alpha A \cdot \cos(\varphi + \Delta\varphi)
\end{aligned}
\tag{3-30}
$$

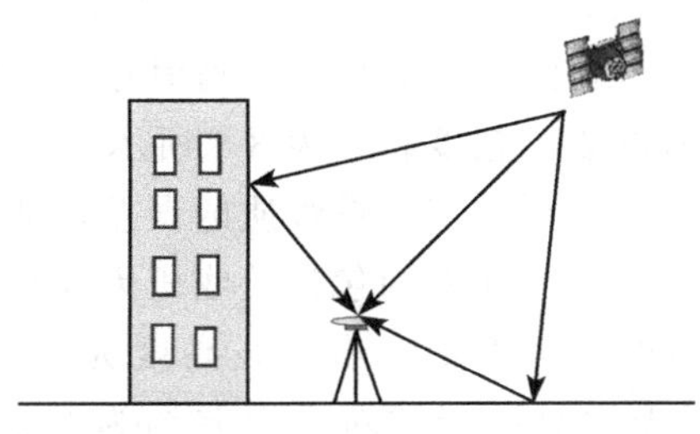

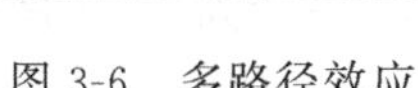
图 3-6　多路径效应

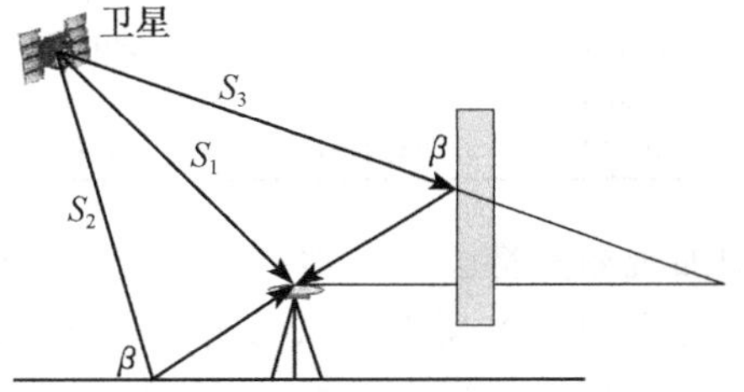

图 3-7　多路径效应的影响

式中，A、φ 表示信号的振幅与相位，α 为振幅衰减因子（$0<\alpha<1$），$\Delta\varphi$ 为多路径信号相位变化值，两信号叠加时的信号为

$$S = S_1 + S_2 = A' \cdot \cos(\varphi + \theta) \tag{3-31}$$

其中 A'为组合信号的振幅

$$A' = A(1 + 2\alpha\cos\varphi + \alpha^2)^{1/2} \tag{3-32}$$

而 θ 为相位延迟

$$\theta = \tan^{-1}\frac{\alpha\sin\Delta\varphi}{1 + \alpha\cos\Delta\varphi} \tag{3-33}$$

$$\Delta\varphi = \frac{4\pi h}{\lambda}\sin\beta \tag{3-34}$$

式中，β 为入射角，h 为天线到反射面的垂直距离，则多路径误差为

$$S_{\text{multi}} = \frac{\theta}{2\pi} = \frac{\lambda}{2\pi}\tan^{-1}\frac{\alpha\sin\Delta\varphi}{1 + \alpha\cos\Delta\varphi} \tag{3-35}$$

当 α 为常数，$\Delta\varphi$ 为 $\pm 90°$ 时，多路径影响为最大，约为 $\lambda/4 = 4.8$cm（对载波相位）。

减弱多路径效应影响的主要办法有：

1）仔细选择天线安置的位置，避开较强的反射面。

2）选择造型良好的（微带、扼流圈）天线并扩大天线盘，使之带有抑径板。

3）针对多路径误差的周期性，采用较长观测时间的数据取平均值。

3.1.6　与接收设备有关的误差

在 GPS 定位测量中，与用户接收设备有关的误差主要包括：观测误差、接收机钟差、天线相位中心偏移误差。

1. 观测误差

表 3-1　观测误差

信　　号	波　　长	观测误差
P码	29.3m	0.3m
C/A码	293m	2.9m
载波 L_1	19.05cm	2.0mm
载波 L_2	24.45cm	2.5mm

观测误差，主要是指仪器硬、软件对GPS信号的分辨率误差。根据经验，一般认为分辨率误差约为信号波长的1%。由此，对GPS测距码信号和载波信号的观测精度将如表3-1所示。

观测误差属偶然性质的误差，适当增加观测量将会明显地减弱其影响。除此之外，观测误差尚包括接收机天线相对测站点的安置误差、天线整平与天线高量测误差。例如，当天线高度为1.6m时，如果天线整平误差为0.1°，则由此引起光学对中器的对中误差约为3mm。因此，在精密定位工作中必须仔细操作，以尽量减小这种误差的影响。

2. 接收机钟差

GPS接收机一般设有内置高精度的石英钟，其日频率稳定度约为10^{-11}。如果接收机钟与卫星钟之间的同步差为1μs(1×10^{-6}s)，则由此引起的等效距离误差约为300m。

处理接收机钟差比较有效的方法，是在每个观测站上引入钟差参数作为未知数，在数据处理中与观测站的位置参数一并求解。这时如果假定在每一观测瞬间钟差都是独立的，则处理较为简单。所以，这一方法广泛应用于实时定位。在静态绝对定位中，也可像卫星钟那样，将接收机钟差表示为多项式的形式，并在观测量的平差计算中求解多项式的系数。不过这将涉及到在构成钟差模型时，对钟差特性所作假设的正确性。在定位精度要求较高时，可以采取高精度的外接频标(即时间标准)，如铷原子钟或铯原子钟，以提高接收机时间标准的精度。在精密相对定位中，还可以利用观测值求差的方法有效地消除接收机钟差的影响。

3. 天线相位中心偏移误差

GPS定位是以接收机天线相位中心为准的，而天线对中则是以天线的几何中心为准的。从理论上讲，接收机天线相位中心与天线的几何中心应完全一致，但实际上接收机天线相位中心随着信号输入的强度与方位不同而有变化，往往偏离天线的几何中心，这项误差称为天线相位中心偏移误差。天线相位中心偏移误差，可以给定位结果带来几毫米至几厘米的误差。在实际工作中，如果使用同一类型的天线，在相距不远的两个或多个观测站上同步观测了同一组卫星，那么，就可通过观测值求差的方法削弱天线相位中心偏移误差。不过，这时各观测站的天线均应按天线附有的方位标进行定向，使之根据罗盘指向磁北极。在高精度定位测量中，常用一种带有螺旋状结构的天线，称为扼流圈天线，它可以有效地消除天线相位中心偏移误差。

4. 其他误差来源

GPS 定位除受到上述三类误差的影响外，还受到地球自转、相对论效应以及其他一些因素的影响。本书限于篇幅对此不作讨论，有兴趣的读者可参考有关文献。

3.2　静态绝对定位原理

静态绝对定位是在接收机天线处于静止状态下，确定测站的三维地心坐标。定位所依据的观测量，是根据码相关测距原理测定的卫星至测站间的伪距。由于定位仅需使用一台接收机，速度快，灵活方便，且无多值性问题等优点，广泛用于低精度测量和导航。本节介绍静态绝对定位原理，包括：伪距观测方程；伪距法绝对定位解；卫星的几何分布对绝对定位精度的影响等问题。

3.2.1　伪距观测方程及其线性化

为了建立伪距观测方程，引进如下符号：

t^j(GPS) 表示第 j 颗卫星发出信号瞬间的 GPS 标准时间；t^j 是相应的卫星钟钟面时刻；t_i(GPS) 表示接收机在第 i 个测站上收到卫星信号瞬间的 GPS 标准时间；t_i 是相应的接收机钟钟面时刻；δt^j 代表卫星钟钟面时相对 GPS 标准时间的钟差；而 δt_i 则是接收机钟钟面时相对 GPS 标准时间的钟差。

显然，卫星钟和接收机钟钟面时与 GPS 标准时间之间，存在如下关系：

$$t^j = t^j(\mathrm{GPS}) + \delta t^j \tag{3-36}$$

$$t_i = t_i(\mathrm{GPS}) + \delta t_i \tag{3-37}$$

由此，卫星信号由卫星到达测站的钟面传播时间：

$$\Delta t_i^j = t_i - t^j = t_i(\mathrm{GPS}) - t^j(\mathrm{GPS}) + \delta t_i - \delta t^j \tag{3-38}$$

如果不考虑大气折射影响，那么由钟面传播时间 Δt_i^j 乘以光速 c，即得卫星 S^j 至测站 T_i 间的伪距：

$$\widetilde{D}_i^j = c\Delta t_i^j = c[t_i(\mathrm{GPS}) - t^j(\mathrm{GPS})] + c(\delta t_i - \delta t^j) \tag{3-39}$$

并且，引用记号 D_i^j 表示卫星 S^j 至测站 T_i 间的几何距离；δt_i^j 表示接收机钟与卫星钟的相对钟差，于是，显然有

$$D_i^j = c[t_i(\mathrm{GPS}) - t^j(\mathrm{CPS})] \tag{3-40}$$

与

$$\delta t_i^j = \delta t_i - \delta t^j \tag{3-41}$$

以式（3-40）与（3-41）代入式（3-39）即得伪距表达式的简化形式：

$$\widetilde{D}_i^j = D_i^j + c\delta t_i^j \tag{3-42}$$

式中第二项 $c\delta t_i^j$ 表示接收机钟与卫星钟之相对钟差的等效距离误差。现顾及大气层折射影响，则伪距观测方程可写成

$$\widetilde{D}_i^j(t) = D_i^j(t) + c\delta t_i^j + \delta I_i^j(t) + \delta T_i^j(t) \tag{3-43}$$

式中，$\delta I_i^j(t)$ 为 t 时刻电离层折射延迟的等效距离误差；而 $\delta T_i^j(t)$ 则为 t 时刻对流层折射延迟的等效距离误差。

式（3-43）中 $D_i^j(t)$ 是非线性项，表示测站与卫星之间的几何距离。显然有

$$D_i^j(t) = [(X^j(t) - X_i)^2 + (Y^j(t) - Y_i)^2 + (Z^j(t) - Z_i)^2]^{1/2} \tag{3-44}$$

这里 $X^j(t)$、$Y^j(t)$、$Z^j(t)$ 为 t 时刻卫星 S^j 的三维地心坐标，X_i、Y_i、Z_i 则是测站 T_i 的三维地心坐标。如果设

$$\left.\begin{aligned} X_i &= X_i^0 + \delta X_i \\ Y_i &= Y_i^0 + \delta Y_i \\ Z_i &= Z_i^0 + \delta Z_i \end{aligned}\right\} \tag{3-45}$$

式中（X_i^0，Y_i^0，Z_i^0）为测站三维地心坐标的近似值，并且如果视导航电文所提供的卫星瞬时坐标为固定值，那么，对 $D_i^j(t)$ 以（X_i^0，Y_i^0，Z_i^0）为中心作泰勒级数展开取一次项后可得

$$D_i^j(t) = (D_i^j(t))_0 + \left(\frac{\partial D_i^j(t)}{\partial X_i}\right)_0 \partial X_i + \left(\frac{\partial D_i^j(t)}{\partial Y_i}\right)_0 \partial Y_i + \left(\frac{\partial D_i^j(t)}{\partial Z_i}\right)_0 \partial Z_i$$

式中，

$$\left(\frac{\partial D_i^j(t)}{\partial X_i}\right)_0 = -\frac{1}{(D_i^j(t))_0}(X^j(t) - X_i^0) = -k_i^j(t)$$

$$\left(\frac{\partial D_i^j(t)}{\partial Y_i}\right)_0 = -\frac{1}{(D_i^j(t))_0}(Y^j(t) - Y_i^0) = -l_i^j(t)$$

$$\left(\frac{\partial D_i^j(t)}{\partial Z_i}\right)_0 = -\frac{1}{(D_i^j(t))_0}(Z^j(t) - Z_i^0) = -m_i^j(t)$$

于是，站星几何距离的线性化表达式为

$$D_i^j(t) = (D_i^j(t))_0 - k_i^j(t)\delta X_i - l_i^j(t)\delta Y_i - m_i^j(t)\delta Z_i \tag{3-46}$$

而

$$(D_i^j(t))_0 = [(X^j(t) - X_i^0)^2 + (Y^j(t) - Y_i^0)^2 + (Z^j(t) - Z_i^0)^2]^{1/2} \tag{3-47}$$

为站星几何距离近似值。以式（3-46）代入式（3-43）后可得线性化的伪距观测方程：

$$\widetilde{D}_i^j(t) = (D_i^j(t))_0 - k_i^j(t)\delta X_i - l_i^j(t)\delta Y_i - m_i^j(t)\delta Z_i + c\delta t_i^j + \delta I_i^j(t) + \delta T_i^j(t) \tag{3-48}$$

3.2.2 伪距法绝对定位解

在伪距观测方程（3-48）中，含有 3 个测站未知数 δX_i、δY_i 与 δZ_i，以及 1

个钟差未知数 δt_i^j，因此接收机至少要跟踪 4 颗 GPS 卫星，才能组成 4 个伪距观测方程，由此解算出测站 T_i 的三维地心坐标（图 3-8）。

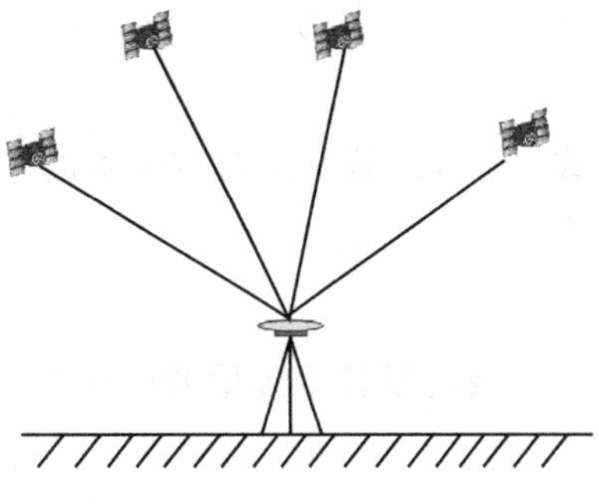

图 3-8　静态绝对定位示意图

现假定电离层和对流层延迟等效距离误差已通过适当的数学模型求出，据此，在式（3-48）中可令

$$\widetilde{R}_i^j(t) = \widetilde{D}_i^j(t) - \delta I_i^j(t) - \delta T_i^j(t) \tag{3-49}$$

并记

$$\delta D_i = c\delta t_i^j \tag{3-50}$$

称为卫星钟与接收机钟相对钟差等效距离误差。于是，伪距观测方程可以改写为

$$\widetilde{R}_i^j(t) = (D_i^j(t))_0 - k_i^j(t)\delta X_i - l_i^j(t)\delta Y_i - m_i^j(t)\delta Z_i + \delta D_i \tag{3-51}$$

式中 $j=1, 2, 3, 4$。采用矩阵形式，则有

$$\begin{bmatrix} k_i^1(t) & l_i^1(t) & m_i^1(t) & -1 \\ k_i^2(t) & l_i^2(t) & m_i^2(t) & -1 \\ k_i^3(t) & l_i^3(t) & m_i^3(t) & -1 \\ k_i^4(t) & l_i^4(t) & m_i^4(t) & -1 \end{bmatrix} \begin{bmatrix} \delta X_i \\ \delta Y_i \\ \delta Z_i \\ \delta D_i \end{bmatrix} = \begin{bmatrix} (D_i^1(t))_0 - \widetilde{R}_i^1(t) \\ (D_i^2(t))_0 - \widetilde{R}_i^2(t) \\ (D_i^3(t))_0 - \widetilde{R}_i^3(t) \\ (D_i^4(t))_0 - \widetilde{R}_i^4(t) \end{bmatrix}$$

上式简化为

$$\underset{4\times4}{A_i(t)}\ \underset{4\times1}{\delta G_i} = \underset{4\times1}{L_i(t)} \tag{3-52}$$

由此，伪距法绝对定位解可表示为

$$\underset{4\times1}{\delta G_i} = \underset{4\times4}{A_i(t)^{-1}}\ \underset{4\times1}{L_i(t)} \tag{3-53}$$

当跟踪卫星颗数 $n^j > 4$ 时，则可应用最小二乘法求解，这时有误差方程

$$\underset{n^j\times1}{v_i(t)} = \underset{n^j\times4}{A_i(t)}\ \underset{4\times1}{\delta G_i} - \underset{n^j\times1}{L_i(t)} \tag{3-54}$$

其相应的最小二乘解为

$$\underset{4\times1}{\delta G_i} = (\underset{4\times n^j}{A_i(t)^T}\ \underset{n^j\times4}{A_i(t)})^{-1}\ \underset{4\times n^j}{A_i(t)^T}\ \underset{n^j\times1}{L_i(t)} \tag{3-55}$$

现假定共观测了 n_t 个历元，则可形成 n_t 组误差方程组

$$\begin{bmatrix} \underset{n^j\times1}{v_i(t_1)} \\ \underset{n^j\times1}{v_i(t_2)} \\ \vdots \\ \underset{n^j\times1}{v_i(t_{n_t})} \end{bmatrix} = \begin{bmatrix} \underset{n^j\times1}{A_i(t_1)} \\ \underset{n^j\times1}{A_i(t_2)} \\ \vdots \\ \underset{n^j\times1}{A_i(t_{n_t})} \end{bmatrix} \begin{bmatrix} \delta X_i \\ \delta Y_i \\ \delta Z_i \\ \delta D_i \end{bmatrix} - \begin{bmatrix} \underset{n^j\times1}{L_i(t_1)} \\ \underset{n^j\times1}{L_i(t_2)} \\ \vdots \\ \underset{n^j\times1}{L_i(t_{n_t})} \end{bmatrix}$$

且可简写为

$$\underset{(n^j\cdot n_t)\times1}{V_i} = \underset{(n^j\cdot n_t)\times4}{A_i} \cdot \underset{4\times1}{\delta T_i} - \underset{(n^j\cdot n_t)\times1}{L_i} \tag{3-56}$$

其最小二乘解为

$$\underset{4\times1}{\delta T_i} = \underset{4\times4}{(A_i^T A_i)^{-1}} \underset{4\times1}{A_i^T L_i} \tag{3-57}$$

式（3-57）就是绝对定位解的一般形式，而反映定位精度的未知数协因数矩阵则为

$$\underset{4\times4}{Q_{T_i}} = \underset{4\times4}{(A_i^T A_i)^{-1}} \tag{3-58}$$

且参数向量各个分量的中误差

$$(m_{T_i})_k = \sigma_0 \sqrt{(Q_{T_i})_{kk}} \tag{3-59}$$

式中，σ_0 为伪距测量中误差；$(Q_{T_i})_{kk}$ 为 Q_{T_i} 阵主对角线上第 k 个元素。

当观测时间较长时，接收机钟差随时间变化不容忽视。这时可用下述两种方法处理：一是将钟差表示成多项式，平差时同时求出系数；另一种方法是对不同的观测历元，分别取独立的钟差参数，即取

$$\delta D_i = \begin{bmatrix} \delta D_i(t_1) \\ \delta D_i(t_2) \\ \cdots\cdots \\ \delta D_i(t_{n_t}) \end{bmatrix} \tag{3-60}$$

3.2.3 卫星几何分布精度因子

式（3-59）说明，GPS静态绝对定位的精度，由两个因素确定：其中一个因素是单位权中误差 σ_0，它由码相关伪距测量的精度、卫星星历精度以及大气折射影响等许多因素确定；另一个因素是未知参数的协因数矩阵 Q_{T_i}，它由卫星的空间几何分布确定。

在GPS导航和定位测量中，定义所谓几何精度因子 *DOP*（dilution of precision），并以此作为衡量卫星空间几何分布对定位精度影响的标准。

记未知参数的协因数矩阵为

$$Q_{T_i} = \begin{bmatrix} q_{11} & q_{12} & q_{13} & q_{14} \\ q_{21} & q_{22} & q_{23} & q_{24} \\ q_{31} & q_{32} & q_{33} & q_{34} \\ q_{41} & q_{42} & q_{43} & q_{44} \end{bmatrix} \tag{3-61}$$

式中各个元素反映出在特定的卫星空间几何分布下，不同参数的定位精度及其相关性信息。因此利用这些元素的不同组合，即可定义出若干从不同侧面描述卫星空间几何分布对定位精度影响的精度因子。

1. 钟差精度因子 *TDOP*

定义

$$TDOP = \sqrt{q_{44}} \tag{3-62}$$

则相应的钟差中误差为

$$m_T = \sigma_0 \cdot TDOP \tag{3-63}$$

2. 三维位置精度因子 $PDOP$

定义

$$PDOP = \sqrt{q_{11} + q_{22} + q_{33}} \tag{3-64}$$

则相应的三维位置中误差为

$$m_p = \sigma_0 \cdot PDOP \tag{3-65}$$

综合 $TDOP$ 和 $PDOP$，可定义反映卫星空间几何分布对接收机钟差和位置综合影响的精度因子—$GDOP$

$$GDOP = \sqrt{q_{11} + q_{22} + q_{33} + q_{44}} \tag{3-66}$$

由此，相应的时空精度中误差为

$$m_G = \sigma_0 \cdot GDOP \tag{3-67}$$

3. 垂直分量精度因子 $VDOP$

定义

$$VDOP = \sqrt{q_{33}} \tag{3-68}$$

反映卫星空间几何分布对接收机位置垂直分量的影响，相应的垂直分量中误差为

$$m_v = \sigma_0 \cdot VDOP \tag{3-69}$$

$VDOP$ 的另一种定义称为高程精度因子

$$VDOP = \sqrt{\boldsymbol{r} \cdot \boldsymbol{q} / |\boldsymbol{r}|} \tag{3-70}$$

式中，$\boldsymbol{r}=\{x,\ y,\ z\}$ 为测站概略位置向量；$\boldsymbol{q}=\{q_{11},\ q_{22},\ q_{33}\}$ 为三维精度因子向量。由（3-70）定义的 $VDOP$ 计算 m_v，即得高程定位中误差。

4. 水平分量精度因子 $HDOP$

定义

$$HDOP = \sqrt{q_{11} + q_{22}} \tag{3-71}$$

相应的水平分量中误差为

$$m_H = \sigma_0 \cdot HDOP \tag{3-72}$$

$HDOP$ 也有另外一种定义称为水平位置精度因子

$$HDOP = \sqrt{PDOP^2 - VDOP^2} \tag{3-73}$$

由上式定义的 $HDOP$ 计算 m_H，即得水平位置中误差。

显然，GPS 绝对定位的误差和精度因子（DOP）的大小成正比，因此在测距精度 σ_0 确定的情况下，应尽量采用精度因子小的一组卫星进行观测。换句话说，当接收机跟踪的卫星多于 4 颗时，便可选择其中 $GDOP$ 最小的一组卫星进行观测，这项工作称为选星，通常接收机可以自动完成。

3.3 静态相对定位原理

静态绝对定位，由于受到卫星轨道误差、接收机钟不同步误差，以及信号传播误差等多种因素的干扰，其定位精度较低，2～3h C/A码伪距绝对定位精度约为±20m，远不能满足大地测量精密定位的要求。而静态相对定位，由于采用载波相位观测量以及相位观测量的线性组合技术，极大地削弱了上述各类定位误差的影响，其定位相对精度高达10^{-6}～10^{-7}，是目前GPS定位测量中精度最高的一种方法，广泛应用于大地测量、精密工程测量以及地球动力学研究。

3.3.1 静态相对定位的一般概念

用两台接收机分别安置在基线的两端点，其位置静止不动，同步观测相同的4颗以上GPS卫星，确定基线两端点的相对位置，这种定位模式称为静态相对定位（图3-9）。在实际工作中，常常将接收机数目扩展到3台以上，同时测定若干条基线（图3-10）。这样做不仅提高了工作效率，而且增加了观测量，提高了观测成果的可靠性。

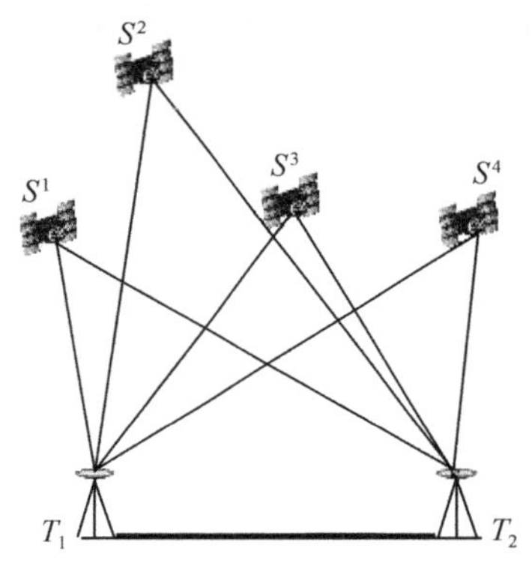

图3-9 静态相对定位原理

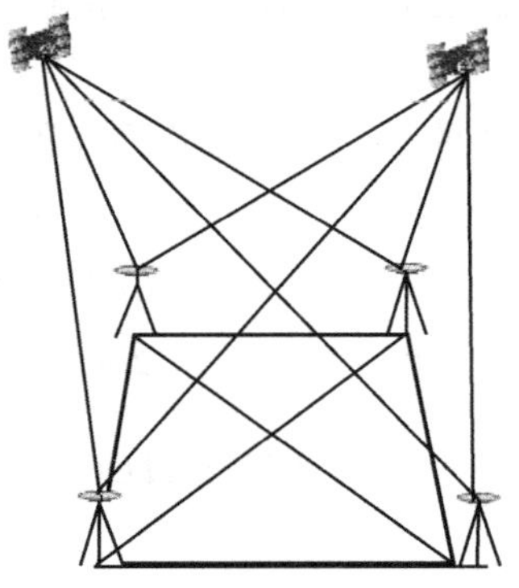

图3-10 用多台接收机定位作业

静态相对定位采用载波相位观测量为基本观测量，载波波长短，测量精度远高于码相关伪距测量，并且采用不同载波相位观测量的线性组合可以有效地削弱卫星星历误差、信号传播误差以及接收机钟不同步误差对定位结果的影响时天线长时间固定在基线两端点上，可保证取得足够多的观测数据，从而可以准确确定整周未知数N_0。上述这许多优点，使得静态相对定位可以达到很高的精度。实践证明，在通常情况下，采用广播星历定位精度可达10^{-6}～10^{-7}，如果采用精密星历和轨道改进技术，那么定位精度可提高到10^{-8}～10^{-9}。如此高的定位精度，是常规大地测量望尘莫及的。

当然，静态相对定位也存在缺点，即定位观测时间过长。在跟踪 4 颗卫星的情况下，通常要观测 1～3h，甚至观测更长的时间。长时间观测影响了 GPS 定位测量的功效，因此近几年发展了一种整周未知数快速逼近技术，可以在短时间内快速确定整周未知数，使定位测量时间缩短到几秒钟，这项技术目前已成功的用于 GPS 实时动态定位作业（RTK），为 GPS 定位技术开辟了更广泛的应用前景。

3.3.2　载波相位观测方程及其线性化

设卫星 S^j 在卫星钟钟面时间 t^j 发射的载波信号相位为 $\varphi^j(t^j)$，而接收机 M_i 在接收机钟面时间 t_i 收到卫星信号后产生的基准信号相位为 $\varphi_i(t_i)$。根据 2.4 中的讨论，这时相应于历元 t 的相位观测量 $\tilde{\varphi}_i^j(t)$，应当等于接收机基准信号相位与卫星发射信号相位之差减去相应于初始历元 t_0 的相位差整周数 $N_i^j(t_0)$。即成立

$$\tilde{\varphi}_i^j(t) = \varphi_i(t_i) - \varphi^j(t_i) - N_i^j(t_0) \tag{3-74}$$

式中 $N_i^j(t_0)$ 未知，称为整周未知数（整周模糊度）。

卫星钟和接收机钟的振荡器都有良好的稳定度，通常可达 10^{-11}～10^{-12} s，在 1 秒内相应的频率漂移为 0.016～0.0016Hz。并且，信号由卫星到达接收机的传播时间 Δt 极短，其取值范围约为 0.066～0.090s 之间，因此，由频率漂移产生的误差可以忽略。即可视卫星发射的载波信号频率 f^j，以及接收机产生的基准信号频率 f_i，两者相等。即有

$$f^j = f_i = f \tag{3-75}$$

在上述条件下，信号相位与频率之间成立关系式

$$\varphi(t + \Delta t) = \varphi(t) + f\Delta t \tag{3-76}$$

设 $t_i = t + \Delta t$，$t^j = t$，且顾及（3-74）式则有

$$\tilde{\varphi}_i^j(t) = f\Delta t - N_i^j(t_0) \tag{3-77}$$

由于钟面时与 GPS 标准时间之间存在差异，因此可设

$$t_i = t_i(\mathrm{GPS}) + \delta t_i \tag{3-78}$$

与

$$t^j = t^j(\mathrm{GPS}) + \delta t^j \tag{3-79}$$

式中，$t_i(\mathrm{GPS})$ 与 $t^j(\mathrm{GPS})$ 分别表示与钟面时 t_i 与 t^j 相应的标准 GPS 时间；δt_i 与 δt^j 则分别是接收机钟与卫星钟的钟差改正数。于是，信号传播时间 Δt 可表示为

$$\Delta t = t_i - t^j = t_i(\mathrm{GPS}) - t^j(\mathrm{GPS}) + \delta t_i - \delta t^j = \Delta\tau + \delta t_i - \delta t^j$$

将上式代入（3-77）式，相位观测量可进一步表示为

$$\begin{aligned}\tilde{\varphi}_i^j(t) &= f[t_i(\text{GPS}) - t^j(\text{GPS})] + f\delta t_i - f\delta t^j - N_i^j(t_0) \\ &= f\Delta\tau + f\delta t_i - f\delta t^j - N_i^j(t_0)\end{aligned} \tag{3-80}$$

考虑到 $\Delta\tau = \frac{1}{c}D_i^j(t)$，且顾及电离层和对流层对信号传播的影响，则有载波相位观测方程

$$\tilde{\varphi}_i^j(t) = \frac{f}{c}[D_i^j(t) + \delta I_i^j(t) + \delta T_i^j(t)] + f\delta t_i - f\delta t^j - N_i^j(t_0) \tag{3-81}$$

如果将（3-81）式两边同乘上 $\lambda = \frac{c}{f}$，则有

$$\widetilde{D}_i^j(t) = D_i^j(t) + \delta I_i^j(t) + \delta T_i^j(t) + c\delta t_i - c\delta t^j - \lambda N_i^j(t_0) \tag{3-82}$$

将（3-82）式与（3-43）式进行比较，可以看出，载波相位观测方程除了增加了整周未知数 $N_i^j(t_0)$，其余部分和伪距观测方程完全相同。

式（3-81）或（3-82）式给出的载波相位观测方程是一种近似的简化表达式。在相对定位中，当基线较短时，完全可以采用这种简化式。但是当基线较长时，则应采用较为严密的观测模型。

在（3-81）式或（3-82）式中，由于卫星发射载波信号的时刻一般是未知的，则由

$$\Delta\tau = t_i(\text{GPS}) - t^j(\text{GPS})$$

可得

$$t^j(\text{GPS}) = t_i(\text{GPS}) - \Delta\tau \tag{3-83}$$

即将卫星发射信号的时刻表示成为接收机接收信号时刻的函数。

由于信号传播时间与传播距离之间存在关系 $\Delta\tau = D_i^j(t)/c$，而卫星与测站之间的几何距离，可表示为卫星发射信号时刻 t^j(GPS) 与接收机收到信号时刻 t_i(GPS)的函数，即有

$$\Delta\tau = \frac{1}{c}D_i^j[t_i(\text{GPS}), t^j(\text{GPS})] = \frac{1}{c}D_i^j[t_i(\text{GPS}), t_i(\text{GPS}) - \Delta\tau] \tag{3-84}$$

将上式按泰勒级数展开，并取一次项可得

$$\Delta\tau = \frac{1}{c}D_i^j[t_i(\text{GPS})] - \frac{1}{c}\dot{D}_i^j[t_i(\text{GPS})]\Delta\tau \tag{3-85}$$

考虑到接收机钟面时与GPS标准时间的关系，即成立 $t_i(\text{GPS}) = t_i - \delta t_i$。那么，可进一步将（3-85）式表示成以观测历元 t_i 为引数的形式

$$\Delta\tau = \frac{1}{c}D_i^j(t_i) - \frac{1}{c}\dot{D}_i^j(t_i)\Delta\tau - \frac{1}{c}\dot{D}_i^j(t_i)\delta t_i \tag{3-86}$$

式中 $\Delta\tau$ 需采用迭代法计算。若取 $\Delta\tau = \frac{1}{c}D_i^j(t_i)$，则（3-86）式成为

$$\Delta\tau = \frac{1}{c}D_i^j(t_i)\left(1 - \frac{1}{c}\dot{D}_i^j(t_i)\right) - \frac{1}{c}\dot{D}_i^j(t_i)\delta t_i \tag{3-87}$$

将此式代入（3-80）式，并考虑电离层和对流层的影响，则有较严密的载波相位

观测方程

$$\begin{aligned}\tilde{\varphi}_i^j(t) = &\frac{f}{c}D_i^j(t)\left[1-\frac{1}{c}\dot{D}_i^j(t)\right]+f\left[1-\frac{1}{c}\dot{D}_i^j(t)\right]\delta t_i \\ &- f\delta t^j + \frac{f}{c}\delta I_i^j(t) + \frac{f}{c}\delta T_i^j(t) - N_i^j(t_0)\end{aligned} \tag{3-88}$$

与 (3-82) 式相同，(3-88) 式也可表示为

$$\begin{aligned}\widetilde{D}_i^j(t) = &D_i^j(t)\left[1-\frac{1}{c}\dot{D}_i^j(t)\right]+c\left[1-\frac{1}{c}\dot{D}_i^j(t)\right]\delta t_i \\ &- c\delta t^j + \delta I_i^j(t) + \delta T_i^j(t) - \lambda N_i^j(t_0)\end{aligned} \tag{3-89}$$

与伪距观测方程相同，测站与卫星之间的几何距离也是坐标的非线性函数，即有 (3-44) 式

$$D_i^j(t) = \left[(X^j(t)-X_i)^2 + (Y^j(t)-Y_i)^2 + (Z^j(t)-Z_i)^2\right]^{1/2}$$

同样，可取测站坐标近似值 (X_i^0, Y_i^0, Z_i^0) 为泰勒级数展开中心，将其线性化后有

$$D_i^j(t) = (D_i^j(t))_0 - k_i^j(t)\delta X_i - l_i^j(t)\delta Y_i - m_i^j(t)\delta Z_i \tag{3-90}$$

式中各符号的意义同 3.2 中的说明。

将 (3-90) 式代入 (3-81) 式有线性化的载波相位观测方程

$$\begin{aligned}\tilde{\varphi}_i^j(t) = &\frac{f}{c}(D_i^j(t))_0 - \frac{f}{c}[k_i^j(t)\delta X_i + l_i^j(t)\delta Y_i + m_i^j(t)\delta Z_i] \\ &+ \frac{f}{c}\delta I_i^j(t) + \frac{f}{c}\delta T_i^j(t) + f\delta t_i - f\delta t^j - N_i^j(t_0)\end{aligned} \tag{3-91}$$

同理，测相伪距观测方程的线性化形式为

$$\begin{aligned}\widetilde{D}_i^j(t) = &(D_i^j(t))_0 - [k_i^j(t)\delta X_i + l_i^j(t)\delta Y_i + m_i^j(t)\delta Z_i] \\ &+ \delta I_i^j(t) + \delta T_i^j(t) + c\delta t_i - c\delta t^j - \lambda N_i^j(t_0)\end{aligned} \tag{3-92}$$

以上两式为载波相位观测的简化线性方程式。同理，可以很方便得出其较为严密方程的线性化形式，这里不再一一列出。

3.3.3 基线向量的单差模型及其解算

利用载波相位进行测量，就其本身来讲，测量精度可达 0.5～2.0mm，但是，由 3.1 知 GPS 测量受到多种误差的影响，如卫星轨道误差、卫星钟差、接收机钟差以及电离层和对流层的折射误差的影响，造成 GPS 测量精度的降低。为了提高定位精度，人们研究各种误差规律，建立改正模型对其进行改正。但是，由于这种改正往往难以完全正确地反映误差的分布，所以经过改正的观测值中仍保存有残余误差的影响。这时可在观测方程中加入相应的附加参数来消除残余误差影响，例如对接收机钟差，可按每一个观测历元设立一个钟差未知参数。

对其他误差也可采用同样的办法。然而，这样做又给观测方程中增加了大量与定位无直接关系的多余未知参数，仅钟差未知数而言，当观测 90min，每隔 15s 记录一次数据（采样间隔为 15s），那么观测方程中将有 360 个独立的钟差未知参数。大量的多余未知参数不但大大增加了平差计算工作量，而且还影响定位未知参数的可靠性。

在实际工作中，根据 GPS 观测误差对两个观测站或多个观测站同步观测相同卫星具有很强的相关性，采用一种简单有效的消除或减弱误差影响的方法是对 GPS 的同步观测量求差（线性组合），通过多种方式的同步观测量求差，可以达到消除或减弱误差影响的目的。

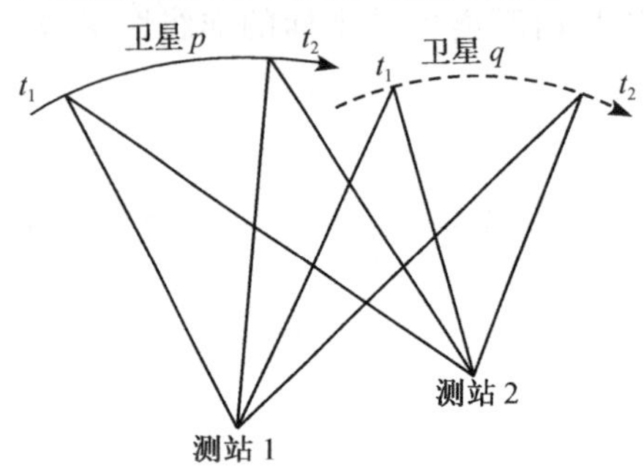

图 3-11　GPS 相对观测示

假设测站（接收机）1 和 2 分别在 t_1 和 t_2 时刻（历元）对卫星 p 和 q 进行了同步观测，如图 3-11，则可得如下载波相位观测量

$$\varphi_1^p(t_1),\varphi_1^p(t_2),\varphi_1^q(t_1),\varphi_1^q(t_2),$$
$$\varphi_2^p(t_1),\varphi_2^p(t_2),\varphi_2^q(t_1),\varphi_2^q(t_2)$$

那么，同步观测量求差的方式就有三种，即可以在卫星间求差，也可以在接收机（测站）间求差，还可以在历元（时刻）间求差，则有

$$\left.\begin{aligned}\Delta\varphi_i^{pq}(t_j) &= \varphi_i^q(t_j)-\varphi_i^p(t_j), \quad & i=1,2;\quad j=1,2\\ \Delta\varphi_{1,2}^k(t_j) &= \varphi_2^k(t_j)-\varphi_1^k(t_j), \quad & k=p,q;\quad j=1,2\\ \Delta\varphi_i^k(t_{1,2}) &= \varphi_i^k(t_2)-\varphi_i^k(t_1), \quad & i=1,2;\quad k=p,q\end{aligned}\right\} \tag{3-93}$$

式（3-93）是按上述三种求差方式获得的单差观测量（或称一次差观测量），单差观测量是载波相位观测量的线性组合，它被当作虚拟观测值，并以此构成解算 GPS 基线向量的数学模型。

以下按测站间求差为例，给出求差后虚拟观测值的线性模型及其解算，类似地还可得出卫星间求差、历元间求差后的数学模型与基线解。

如图 3-11 所示，若在 t_1 时刻在测站 1、2 同时对卫星 P 进行了载波相位测量，由（3-81）有观测方程

$$\varphi_1^p(t_1)=\frac{f}{c}[D_1^p(t_1)+\delta I_1^p(t_1)+\delta T_1^p(t_1)]+f\delta t_1-f\delta t^p-N_1^p(t_0)$$

$$\varphi_2^p(t_1)=\frac{f}{c}[D_2^p(t_1)+\delta I_2^p(t_1)+\delta T_2^p(t_1)]+f\delta t_2-f\delta t^p-N_2^p(t_0)$$

将以上两式代入（3-93）中的第二式得

$$\Delta\varphi_{1,2}^p(t_1)=\varphi_2^p(t_1)-\varphi_1^p(t_1)$$

$$= \frac{f}{c}[D_2^p(t_1) - D_1^p(t_1)] + \frac{f}{c}[\delta I_2^p(t_1) - \delta I_1^p(t_1)]$$
$$+ \frac{f}{c}[\delta T_2^p(t_1) - \delta T_1^p(t_1)] + f[\delta t_2 - \delta t_1]$$
$$- f[\delta t^p - \delta t^p] - [N_2^p(t_0) - N_1^p(t_0)] \quad (3\text{-}94)$$

设

$$D_{1,2}^p(t_1) = D_2^p(t_1) - D_1^p(t_1); \quad \delta I_{1,2}^p(t_1) = \delta I_2^p(t_1) - \delta I_1^p(t_1); \quad \delta t_{1,2} = \delta t_2 - \delta t_1$$
$$\delta T_{1,2}^p(t_1) = \delta T_2^p(t_2) - \delta T_1^p(t_1); \quad \delta N_{1,2}^p(t_0) = N_2^p(t_0) - N_1^p(t_0)$$

则可得单差虚拟观测方程

$$\Delta\varphi_{1,2}^p(t_1) = \frac{f}{c}D_{1,2}^p(t_1) + f\delta t_{1,2} - N_{1,2}^p(t_0) + \frac{f}{c}\delta I_{1,2}^p(t_1) + \frac{f}{c}\delta T_{1,2}^p(t_1) \quad (3\text{-}95)$$

由上式可知，卫星钟差影响已消除。当两测站相距不太远（例如在 20km 以内）时，由于对流层和电离层折射的影响具有很强的相关性，故在测站间求一次差可几乎消除大气折射误差。

另外可由图 3-12 研究卫星星历误差对定位的影响。在图 3-12 中 1，2 为测站的近似位置，S 为卫星的正确位置，设卫星的星历存在误差 ds，则由星历求出卫星的位置在 S'。若在测站 1 上进行单点定位时，ds 对测距的影响为 $dD_1 = ds \cdot \cos\alpha_1$。当在测站间求差后，d$s$ 对测距的影响为

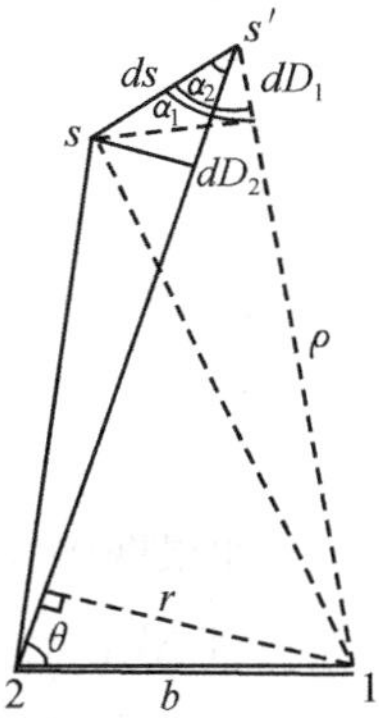

图 3-12 卫星星历误差

$$\begin{aligned} dD_2 - dD_1 &= ds \cdot (\cos\alpha_2 - \cos\alpha_1) \\ &= -2ds \cdot \sin\frac{\alpha_2 + \alpha_1}{2} \cdot \sin\frac{\alpha_2 - \alpha_1}{2} \\ &= -ds \cdot \sin\frac{\alpha_2 + \alpha_1}{2} \cdot (\alpha_2 - \alpha_1) \end{aligned} \quad (3\text{-}96)$$

而：$r = b \cdot \sin\theta$，由角度与弦长关系可得

$$\alpha_2 - \alpha_1 = \frac{r}{\rho} = \frac{b \cdot \sin\theta}{\rho}$$

由于 $b \cdot \sin\theta = 20\text{km}$，$\rho = 20\,000\text{km}$，则 $b \cdot \sin\theta / \rho \leqslant 0.001$，这表明在测站间求差后，星历误差对测距的影响只有原来的千分之一。

由以上的讨论可以得知，测站间求单差的虚拟观测模型具有下列优点。

1）消除了卫星钟误差的影响；

2）大大削弱了卫星星历误差的影响；

3）大大削弱了对流层折射和电离层折射的影响（在短距离内几乎可以完全消除其影响）。

在 n_i 个测站间求单差，通常以某点为已知参考点。例如在两个测站中，测

站1作为已知参考点，坐标已知，测站2为待定点，应用（3-91）式和（3-95）式，且考虑电离层、对流层折射影响已基本消除，可得单差观测方程的线性化形式

$$\Delta\varphi_{1,2}^{p}(t_1)=-\frac{f}{c}\left[k_2^p(t_1)\quad l_2^p(t_1)\quad m_2^p(t_1)\right]\begin{bmatrix}\delta X_2\\ \delta Y_2\\ \delta Z_2\end{bmatrix}+f\delta t_{1,2}$$

$$-N_{1,2}^{p}(t_0)+\frac{f}{c}\{[D_2^p(t_1)]_0-D_1^p(t_1)\} \tag{3-97}$$

式中，$D_1^p(t_1)$ 为 t_1 时刻测站1至卫星 P 的距离。

对单差观测方程可写出相应的误差方程

$$\Delta V_{1,2}^{p}(t_1)=-\frac{f}{c}\left[k_2^p(t_1)\quad l_2^p(t_1)\quad m_2^p(t_1)\right]\begin{bmatrix}\delta X_2\\ \delta Y_2\\ \delta Z_2\end{bmatrix}+f\delta t_{1,2}-N_{1,2}^{p}(t_0)+\Delta L_{1,2}^{p}(t_1)] \tag{3-98}$$

式中，

$$\Delta L_{1,2}^{p}(t_1)=\frac{f}{c}[(D_2^p(t_1))_0-D_1^p(t_1)]-\Delta\varphi_{1,2}^{p}(t_1)$$

如果两测站，同步观测 n_p 颗卫星，则应相应列出 n_p 个误差方程。

$$\begin{bmatrix}\Delta V_{1,2}^{1}(t_1)\\ \Delta V_{1,2}^{2}(t_1)\\ \vdots\\ \Delta V_{1,2}^{p}(t_1)\end{bmatrix}=-\frac{f}{c}\begin{bmatrix}k_{1,2}^{1}(t_1) & l_{1,2}^{1}(t_1) & m_{1,2}^{1}(t_1)\\ k_{1,2}^{2}(t_1) & l_{1,2}^{2}(t_1) & m_{1,2}^{2}(t_1)\\ \vdots & \vdots & \vdots\\ k_{1,2}^{p}(t_1) & l_{1,2}^{p}(t_1) & m_{1,2}^{p}(t_1)\end{bmatrix}\begin{bmatrix}\delta X_2\\ \delta Y_2\\ \delta Z_2\end{bmatrix}+f\begin{bmatrix}1\\ 1\\ \vdots\\ 1\end{bmatrix}\delta t_{1,2}$$

$$-\begin{bmatrix}1 & 0 & 0 & \cdots & 0\\ 0 & 1 & 0 & \cdots & 0\\ \vdots & \vdots & \vdots & \vdots & \vdots\\ 0 & 0 & 0 & \cdots & 1\end{bmatrix}\begin{bmatrix}N_{1,2}^{1}(t_0)\\ N_{1,2}^{2}(t_0)\\ \vdots\\ N_{1,2}^{p}(t_0)\end{bmatrix}+\begin{bmatrix}\Delta L_{1,2}^{1}(t_1)\\ \Delta L_{1,2}^{2}(t_1)\\ \vdots\\ \Delta L_{1,2}^{p}(t_1)\end{bmatrix} \tag{3-99}$$

或用矩阵符号形式写为

$$\underset{n^p\times1}{V(t_1)}=\underset{n^p\times3}{a(t_1)}\cdot\underset{3\times1}{\Delta X_2}+\underset{n^p\times1}{b(t_1)}\delta t_{1,2}+\underset{n^p\times n^p}{C(t_1)}\cdot\underset{n^p\times1}{N^p}+\underset{n^p\times1}{L(t_1)},\Delta X_2=[\delta X_2,\delta Y_2,\delta Z_2]^T$$

若设同步观测该组卫星的历元数为 n_t，则可列出 n_t 组误差方程式

$$V=[V(t_1)\quad V(t_2)\quad\cdots\quad V(t_{n_t})]^T$$

即

$$V=A\Delta X_2+B\delta t+CN^p+L \tag{3-100}$$

其中

$$A=[a(t_1)\quad a(t_2)\quad\cdots\quad a(t_{n_t})]^T$$

$$B = \begin{bmatrix} b(t_1) & 0 & 0 & \cdots & 0 \\ 0 & b(t_2) & 0 & \cdots & 0 \\ 0 & 0 & b(t_3) & \cdots & 0 \\ \vdots & \vdots & \vdots & \vdots & \vdots \\ 0 & 0 & 0 & \cdots & b(t_{n_t}) \end{bmatrix}$$

$$C = [C(t_1) \quad C(t_2) \quad \cdots \quad C(t_{n_t})]^T$$

$$V = [V(t_1) \quad V(t_2) \quad \cdots \quad V(t_{n_t})]^T$$

$$L = [L(t_1) \quad L(t_2) \quad \cdots \quad L(t_{n_t})]^T$$

按最小二乘原理对观测方程求解，有法方程

$$NY + U = 0 \tag{3-101}$$

式中，法方程系数阵

$$N = [A \quad B \quad C]^T P [A \quad B \quad C]$$

法方程常数阵

$$U = [A \quad B \quad C]^T PL$$

未知参数阵 $Y = [\Delta X_2 \quad V \quad N^P]^T$，在组成法方程组后按最小二乘法求解即有

$$Y = -N^{-1}U \tag{3-102}$$

解的精度评定可按以下方式进行，由观测方程改正数可得单位权方差

$$\sigma_0^2 = \frac{V^T PV}{f} \tag{3-103}$$

式中，f 为自由度，即多余观测数，而单差观测方程个数为

$$n = (n_i - 1) \cdot n^p \cdot n_t \tag{3-104}$$

式中，n_i 为测站数；n_p 为观测的卫星数；n_t 为观测历元数，而模型中的未知参数的总数为

$$u = (n_i - 1)(3 + n^p + n_t) \tag{3-105}$$

$$f = n - u$$

未知数的协因阵 $Q_Y = N^{-1}$，而未知数向量 Y 中任一分量的精度估值为

$$\sigma_{Y_i} = \sigma_0 \sqrt{1/P_{Y_i}} \tag{3-106}$$

按类似的方法，可以得到在卫星间求单差、在观测历元间求单差的数学模型及其求解，在此不再详细介绍。

3.3.4 基线向量的双差和三差模型及其解算

1. 基线向量的双差模型及其解算

对测站间、卫星间或历元间求过一次差后的虚拟观测方程，仍可再次求差，获得双差模型。由于求差与先后顺序无关，因此，GPS 观测量之间的双差模型

仍可有如下 3 种构成方法：

1）在测站间求单差，卫星间求双差；

2）在卫星间求单差，历元间求双差；

3）在历元间求单差，测站间求双差。

以下按测站间求单差，卫星间求双差为例，给出双差模型。

设在 1、2 测站 t_1 时刻同时观测了 p、q 两个卫星，那么对 p、q 两颗卫星分别有单差模型（3-95），如果忽略大气折射残差，可得在卫星间求双差的虚拟观测方程：

$$\begin{aligned}\Delta\varphi_{1,2}^{p,q}(t_1) &= \Delta\varphi_{1,2}^{q}(t_1) - \Delta\varphi_{1,2}^{p}(t_1)\\ &= \frac{f}{c}(D_{1,2}^{q}(t_1) - D_{1,2}^{p}(t_1)) + f(\delta t_{1,2} - \delta t_{1,2}) - (N_{1,2}^{q}(t_0) - N_{1,2}^{p}(t_0))\\ &= \frac{f}{c}D_{1,2}^{p,q}(t_1) - N_{1,2}^{p,q}(t_0)\end{aligned} \tag{3-107}$$

由（3-107）可以看出，两卫星观测方程在 t_1 时刻均含有相同的接收机钟差 $\delta t_{1,2}$，卫星间求差后，钟差被抵消。也就是说在双差模型中消除了钟差影响。

将 $D_{1,2}^{p,q}(t_1)$ 的线性化形式代入（3-107）式，可得线性化后的双差模型

$$\begin{aligned}\Delta\varphi_{1,2}^{p,q}(t_1) =& -\frac{f}{c}[\Delta k_{1,2}^{p,q}(t_1) \quad \Delta l_{1,2}^{p,q}(t_1) \quad \Delta m_{1,2}^{p,q}(t_1)]\cdot\begin{bmatrix}\delta X_2\\ \delta Y_2\\ \delta Z_2\end{bmatrix} - N_{1,2}^{p,q}(t_0)\\ &+\frac{f}{c}[(D_2^{q}(t_1))_0 - D_1^{q}(t_1) - (D_2^{p}(t_1))_0 + D_1^{p}(t_1)]\end{aligned} \tag{3-108}$$

设

$$\Delta L_{1,2}^{p,q}(t_1) = \frac{f}{c}[(D_2^{q}(t_1))_0 - D_1^{q}(t_1) - (D_2^{p}(t_1))_0 + D_1^{q}(t_1)] - \Delta\varphi_{1,2}^{p,q}(t_1)$$

则有双差观测值的误差方程式

$$V_{1,2}^{p,q}(t_1) = -\frac{f}{c}[\Delta k_{1,2}^{p,q}(t_1) \quad \Delta l_{1,2}^{p,q}(t_1) \quad \Delta m_{1,2}^{p,q}(t_1)]\cdot\begin{bmatrix}\delta X_2\\ \delta Y_2\\ \delta Z_2\end{bmatrix} - N_{1,2}^{p,q}(t_0) + \Delta L_{1,2}^{p,q}(t_1) \tag{3-109}$$

如果当两测站同步观测了 n^p 颗卫星时，可得（n^p-1）个误差方程组：

$$\underset{(n^p-1)\times 1}{V(t_1)} = \underset{(n^p-1)\times 3}{a(t_1)}\ \underset{3\times 1}{\Delta x_2} + \underset{(n^p-1)\times(n^p-1)}{c(t_1)} \cdot \underset{(n^p-1)\times 1}{N} + \underset{(n^p-1)\times 1}{\Delta L(t_1)} \tag{3-110}$$

式中，

$$V(t_1) = [V^{1,p}(t_1) \quad V^{2,p}(t_2) \quad \cdots \quad V^{(p-1)p}(t_1)]^T, \Delta X_2 = [\delta X_2, \delta Y_2, \delta Z_2]^T$$

如果在两测站上对 n^p 组卫星同步观测了 n_t 个历元，那么相应的误差方程为

$$V = A\Delta X_2 + CN + L \tag{3-111}$$

式中各符号的意义，类似于（3-100）式，并由此得法方程：

$$NY + U = 0;\quad Y = -N^{-1}U;\quad Y = [\Delta X_2 \quad N]^T$$

同样，精度评定可按与单差类似的方式进行。

双差观测模型的总个数为

$$(n_i - 1)(n^p - 1)n_t$$

方程中待定总未知数的个数为

$$3(n_i - 1) + (n^p - 1)(n_i - 1)$$

2. 基线向量的三差模型

在建立 GPS 载波相位观测量之间的双差模型后，还可进一步建立观测量之间的三差模型。由于求差与求差（相减）次序无关，所以建立三差模型只有一种方法，即在测站、卫星和观测历元之间求三次差。

设测站 1、2 分别在 t_1、t_2 历元同时观测了 p、q 卫星，则根据（3-107）式，有双差观测方程：

$$\Delta\varphi_{1,2}^{p,q}(t_1) = \frac{f}{c}D_{1,2}^{p,q}(t_1) - N_{1,2}^{p,q}(t_0)$$

$$\Delta\varphi_{1,2}^{p,q}(t_2) = \frac{f}{c}D_{1,2}^{p,q}(t_2) - N_{1,2}^{p,q}(t_0)$$

现对以上两双差观测方程再次求差，即得三次差观测方程：

$$\begin{aligned}\Delta\varphi_{1,2}^{p,q}(t_1,t_2) &= \frac{f}{c}[D_{1,2}^{p,q}(t_2) - D_{1,2}^{p,q}(t_1)] - [N_{1,2}^{p,q}(t_0) - N_{1,2}^{p,q}(t_0)] \\ &= \frac{f}{c}D_{1,2}^{p,q}(t_1,t_2)\end{aligned} \tag{3-112}$$

由于整周未知数 $N_{1,2}^{p,q}$（t_0）与观测历元无关，因而在求差时被消去，所以三差观测方程中已不存在整周未知数。

对三差模型（3-112）进行线性化，则有

$$\begin{aligned}\Delta\varphi_{1,2}^{p,q}(t_1,t_2) =& -\frac{f}{c}[\Delta k_{1,2}^{p,q}(t_1,t_2) \quad \Delta l_{1,2}^{p,q}(t_1,t_2) \quad \Delta m_{1,2}^{p,q}(t_1,t_2)]\begin{bmatrix}\delta X_2\\ \delta Y_2\\ \delta Z_2\end{bmatrix} \\ &+ \frac{f}{c}[(D_2^q(t_2))_0 - D_1^q(t_2) - (D_2^p(t_2))_0 + D_1^p(t_2) \\ &- (D_2^q(t_1))_0 + D_1^q(t_1) + (D_2^p(t_1))_0 - D_1^p(t_1)] \\ =& -\frac{f}{c}[\Delta k_{1,2}^{p,q}(t_1,t_2) \quad \Delta l_{1,2}^{p,q}(t_1,t_2) \\ &\Delta m_{1,2}^{p,q}(t_1,t_2)]\begin{bmatrix}\delta X_2\\ \delta Y_2\\ \delta Z_2\end{bmatrix} + \frac{f}{c}[\Delta D_{1,2}^{p,q}(t_1,t_2)]_0\end{aligned} \tag{3-113}$$

式中，

$$\Delta k_{1,2}^{p,q}(t_1,t_2)=\Delta k_{1,2}^{p,q}(t_2)-\Delta k_{1,2}^{p,q}(t_1)$$

$$\Delta l_{1,2}^{p,q}(t_1,t_2)=\Delta l_{1,2}^{p,q}(t_2)-\Delta l_{1,2}^{p,q}(t_1)$$

$$\Delta m_{1,2}^{p,q}(t_1,t_2)=\Delta m_{1,2}^{p,q}(t_2)-\Delta m_{1,2}^{p,q}(t_1)$$

$$\begin{aligned}[\Delta D_{1,2}^{p,q}(t_1,t_2)]_0=&[D_2^q(t_2)]_0-D_1^q(t_2)-[D_2^p(t_2)]_0+D_1^p(t_2)\\&-[(D_2^q(t_1)]_0+D_1^q(t_1)+[D_2^p(t_1)]_0-D_1^p(t_1)\end{aligned}$$

同样，对于（3-113）式可得相应的误差方程

$$V_{1,2}^{p,q}(t_1,t_2)=-\frac{f}{c}[\Delta k_{1,2}^{p,q}(t_1,t_2)\quad \Delta l_{1,2}^{p,q}(t_1,t_2)\quad \Delta m_{1,2}^{p,q}(t_1,t_2)]\begin{bmatrix}\delta X_2\\ \delta Y_2\\ \delta Z_2\end{bmatrix}+\Delta L_{1,2}^{p,q}(t_1,t_2)$$

$$\Delta L_{1,2}^{p,q}(t_1,t_2)=[\Delta D_{1,2}^{p,q}(t_1,t_2)]_0-\Delta\varphi_{1,2}^{p,q}(t_1,t_2) \tag{3-114}$$

当对 n^p 颗卫星同步观测 n_t 个历元时，与单差、双差模型的求解类似，可用最小二乘法列立法方程组求解三差模型，在此不再赘述。但需指出，此时未知参数中仅包含待定点的坐标。

3.3.5 相位观测量线性组合的相关性

由前面的讲述可以看到，通过对相位观测量求差获得的线性组合方程，可以消除或减弱 GPS 卫星定位中的多项误差，极大地提高定位精度。同时还具有消去多余未知参数，使求解简单易行的优点。

但是，任何事物总有两面性，求差法也带来一些缺点：一是由于求差使观测方程数大大减少，使许多有效的观测数据不能得以利用，导致观测数据利用率低；二是由求差产生的虚拟观测值之间产生相关性，随着求差次数的增加，其相关性也显著地增强，从而导致解的精度和可靠性降低。观测值的相关性可由其协方差阵说明，这里我们重点讨论单差、双差虚拟观测量的相关性。

1. 单差观测量的相关性

假设我们不考虑观测中的物理相关性，则可认为载波相位观测值是独立、等精度、服从正态分布的，那么观测值的协方差阵为

$$D_\varphi=\sigma^2E \tag{3-115}$$

式中，σ^2 为单位权方差；E 为单位阵。

假设在 t 时刻，由测站 1、2 对卫星 p、q 进行观测，则有单差观测方程

$$\Delta\varphi_{1,2}^p(t)=\varphi_2^p(t)-\varphi_1^p(t)$$

$$\Delta\varphi_{1,2}^q(t)=\varphi_2^q(t)-\varphi_1^q(t)$$

以上两式表示为矩阵形式：

$$\begin{bmatrix} \Delta\varphi_{1,2}^{p}(t) \\ \Delta\varphi_{1,2}^{q}(t) \end{bmatrix} = \begin{bmatrix} -1 & 1 & 0 & 0 \\ 0 & 0 & -1 & 1 \end{bmatrix} \begin{bmatrix} \varphi_1^p(t) \\ \varphi_2^p(t) \\ \varphi_1^q(t) \\ \varphi_2^q(t) \end{bmatrix} = K\varphi \tag{3-116}$$

由方差与协方差传播定律，可得这两个单差的协方差阵为

$$D_{\Delta\varphi} = KD_{\varphi}K^T = \sigma^2 \cdot \begin{bmatrix} -1 & 1 & 0 & 0 \\ 0 & 0 & -1 & 1 \end{bmatrix} E \begin{bmatrix} -1 & 0 \\ 1 & 0 \\ 0 & -1 \\ 0 & 1 \end{bmatrix} = 2\sigma^2 \begin{bmatrix} 1 & 0 \\ 0 & 1 \end{bmatrix} \tag{3-117}$$

由上式可见，在两测站上同步观测两颗不同的卫星，由载波相位观测量所组成的单差虚拟观测方程之间是不相关的。由此不难推广得出，两测站同步观测 n^p 颗卫星、观测 n_t 个历元获得的单差基线是不相关的，即在两个测站的情况下各单差观测量相互独立。

但是，当有 3 台或 3 台以上的接收机进行同步观测时，同一观测时刻的单差观测值之间具有相关性。例如有 3 台接收机，同时在 1、2、3 三个测站上 t 时刻同步观测了 p 和 q 两颗卫星，则其站间一次差为

$$\begin{bmatrix} \Delta\varphi_{1,2}^{p}(t) \\ \Delta\varphi_{1,3}^{p}(t) \\ \Delta\varphi_{1,2}^{q}(t) \\ \Delta\varphi_{1,3}^{q}(t) \end{bmatrix} = \begin{bmatrix} -1 & 1 & 0 & 0 & 0 & 0 \\ -1 & 0 & 1 & 0 & 0 & 0 \\ 0 & 0 & 0 & -1 & 1 & 0 \\ 0 & 0 & 0 & -1 & 0 & 1 \end{bmatrix} \begin{bmatrix} \varphi_1^p(t) \\ \varphi_2^p(t) \\ \varphi_3^p(t) \\ \varphi_1^q(t) \\ \varphi_2^q(t) \\ \varphi_3^q(t) \end{bmatrix} = K\varphi \tag{3-118}$$

由协方差传播律得上述 4 个单差观测值的协方差阵为

$$D_{\Delta\varphi}(t) = KD_{\varphi}K^T = \sigma^2 \begin{bmatrix} 2 & 1 & 0 & 0 \\ 1 & 2 & 0 & 0 \\ 0 & 0 & 2 & 1 \\ 0 & 0 & 1 & 2 \end{bmatrix} \tag{3-119}$$

2. 双差观测值的相关性

设在 t 时刻，由测站 1、2 同步观测了 p_1、p_2、p_3、p_4 4 颗卫星，现以 p_1 为基准卫星组成双差求差模型，即有

$$\Delta\varphi_{1,2}^{p_1,p_i}(t) = \Delta\varphi_{1,2}^{p_i}(t) - \Delta\varphi_{1,2}^{p_1}(t) \quad i = 2,3,4$$

用矩阵形式表示有

$$\begin{bmatrix} \Delta\varphi_{1,2}^{p_1p_2}(t) \\ \Delta\varphi_{1,2}^{p_1p_3}(t) \\ \Delta\varphi_{1,2}^{p_1p_4}(t) \end{bmatrix} = \begin{bmatrix} -1 & 1 & 0 & 0 \\ -1 & 0 & 1 & 0 \\ -1 & 0 & 0 & 1 \end{bmatrix} \begin{bmatrix} \Delta\varphi_{1,2}^{p_1}(t) \\ \Delta\varphi_{1,2}^{p_2}(t) \\ \Delta\varphi_{1,2}^{p_3}(t) \\ \Delta\varphi_{1,2}^{p_4}(t) \end{bmatrix} = K\Delta\varphi \tag{3-120}$$

由协方差传播律得出双差观测量的协方差阵

$$D'_{\Delta\varphi} = KD_{\Delta\varphi}K^T = 2\sigma^2 \begin{bmatrix} 2 & 1 & 1 \\ 1 & 2 & 1 \\ 1 & 1 & 2 \end{bmatrix} \tag{3-121}$$

可见，根据不同卫星的同步观测量组成的双差虚拟观测量间是相关的。

当两个观测站同步观测 n^p 颗星时，其协方差阵

$$\underset{(n^p-1)\times(n^p-1)}{D_{\Delta\Delta\varphi}} = 2\sigma^2 \begin{bmatrix} 2 & 1 & \cdots & 1 \\ 1 & 2 & \cdots & 1 \\ \vdots & \vdots & \vdots & \vdots \\ 1 & 1 & \cdots & 2 \end{bmatrix}$$

相应的权阵为

$$P_{\Delta\Delta\varphi} = \frac{1}{2\sigma^2} \cdot \frac{1}{n^p} \begin{bmatrix} n^p-1 & -1 & \cdots & -1 \\ -1 & n^p-1 & \cdots & 1 \\ \vdots & \vdots & \vdots & \vdots \\ -1 & -1 & \cdots & n^p-1 \end{bmatrix} \tag{3-122}$$

如果同步观测的历元数为 n_t，则相应双差的权矩阵可表示为

$$P_{\Delta\Delta\varphi} = \begin{bmatrix} P_{\Delta\Delta\varphi}(t_1) & 0 & \cdots & 0 \\ 0 & P_{\Delta\Delta\varphi}(t_2) & \cdots & 0 \\ \vdots & \vdots & \vdots & \vdots \\ 0 & 0 & \cdots & P_{\Delta\Delta\varphi}(t_n) \end{bmatrix} \tag{3-123}$$

对于三差观测方程，不仅因使用同一个卫星求双差而引起相关，而且还因为使用同一个历元求三差而引起相关。可采用与双差观测相类似的方法推导，只是更为复杂，这里就不再详细介绍。

3.4 整周未知数的确定方法与周跳分析

载波相位测量，特别是利用将载波相位观测值求差，消除各种定位误差后进行的相对定位测量具有很高的精度，是目前最精确的 GPS 定位方法。但是，这种高精度是以正确求定整周未知数 N_0 和彻底消除周跳为前提的。因为，无论是整周未知数确定得不正确，还是周跳没有消除干净，一个整周数值的错误，就将

产生 0.2m 的误差。所以，整周未知数的确定、整周跳变的探测与消除，在利用 GPS 载波相位进行精密定位中，具有非常重要的意义。

整周未知数的确定、整周跳变的消除，只能根据一定的数学理论及方法，通过数据处理手段来进行，因此也使数据处理变得复杂且有相当的难度。国内外学者对此进行了大量的研究，取得了丰硕的成果，较好地解决了如何快速准确可靠地确定整周未知数，及时有效地发现和修复整周跳变。

3.4.1　整周未知数的确定方法

当以载波相位测量进行精密定位时，连续跟踪的某颗卫星 p 的所有载波相位观测值中，均含有相同的整周未知数 N_0^p，而正确确定 N_0^p 是获取高精度定位结果的关键。同时，在静态相对定位中，由于整周未知数解的精度与卫星图形的构形变化、卫星数目密切相关，因此往往需要 1～2h 甚至更长的观测时间，其目的就是正确确定整周未知数。因此，如何准确并尽量快速地确定整周未知数，是载波相位测量的重要问题。目前，确定整周未知数的方法有多种，以下介绍几种常用的方法。

1. 整周未知数的平差待定参数法

把整周未知数作为基线向量平差计算中的待定参数，在平差过程中与其他参数一起求解确定。静态相对定位中常采用这种方法，即可采用（3-98）或（3-109）模型，根据最小二乘原理，通过平差求解相应的整周未知数，而整周未知数有两种取值方法。

（1）整数解（固定解）

整周未知数从理论上讲应该是一个整数，但是，由于各种误差的影响，平差求得的整周未知数往往不是一个整数，而是一个实数。

对于短基线，当进行 1h 以上的静态相对定位，由于测站间星历误差、大气折射等误差具有强相关性，相对定位可以使这些误差大大削弱；同时也由于较长的观测时间，观测卫星的几何分布会产生较大的变化，因此能以较高的精度来求定整周未知数。此时，平差求出的整周未知数一般为较接近于邻近整数的实数，且如果整周未知数估值的中误差甚小，则可直接取相邻近的整数为整周未知数；或者从统计检验的角度，取整周未知数估值加上 3 倍的中误差（即 $N_r \pm 3\sigma_{N_r}$）为整周未知数的整数取值范围，该范围内包含的所有整数均作为整周未知数的候选值。

当所有的整周未知数都取了整数后，可作为已知值代入观测方程，再进行最小二乘平差求基线解。如果整周未知数的整数候选值不止一个，则应将所有卫星的候选值构成不同组合，逐一代入进行平差计算，最后取能使基线解方差最小的那一组整数作为整周未知数。

由整周未知数的整数解获得的基线解也称为固定解。对于短基线，由于这种方法顾及了整周未知数的整数特性，因此能够改善相对定位的精度。

(2) 实数解（浮动解）

对于长基线，误差的相关性降低，因此卫星星历、大气折射等误差的影响难以有效消除，求解的整周未知数精度较低。事实上，整周未知数的实数解中往往包含了一些系统误差，此时，再将其取为某一整数，实际上对于相对定位精度只会有损而无益。所以通常对于 20km 以上的长基线通常不再考虑整周未知数的整数性质，直接将实数作为整周未知数的解。由实数整周未知数获得的基线解也称为浮动解。

2. 三差法

由载波相位观测值的线性组合可知，当连续跟踪载波相位观测值在历元之间求差时，由于其含有相同的整周未知数，求差后方程中不再含有整周未知参数，因此可直接解出坐标参数。但是，在两个历元之间，由于几何图形结构相近，观测方程相关性强，所以求差后的方程性态不好，导致求出的坐标参数精度不高。实际应用时，一般采用在测站、卫星、历元间求三差后的方程求解坐标未知数并将其作为未知参数的初始值，代入双差模型再求解整周未知数。由于利用三差法求出的坐标估值是具有较好近似度的初始值，因此有益于提高双差求解整周未知数的精度。

由于三差法利用了连续跟踪卫星的两个历元间的相位差等于多普勒积分值这一性质，所以也称该方法为多普勒法。

3. 伪距双频法

由于伪距测量中的码相位不受整周未知数的影响，那么可以将伪距观测值 S 减去载波相位实际观测值与波长的乘积，则有

$$\lambda \cdot N_0 = S - S' = S - \lambda[N(t - t_0) + \delta\varphi] \tag{3-124}$$

$$N_0 = \frac{S - S'}{\lambda} \tag{3-125}$$

但是，由于伪距测量精度较低，使取多次观测 $\lambda \cdot N_0$ 的平均值也难以达到载波相位中测定整周未知数的精度要求。另外，电离层折射误差对码信号与载波相位的影响大小相同，符号相反，两者相减，电离层折射误差对整周未知数确定的影响扩大成 2 倍。

针对用伪距求整周未知数的两个弱点，Hatch 于 1989 年提出一个确定整周未知数的扩波技术，也就是通过 L_1 和 L_2 双频载波相位观测量的线性组合，产生一种波长较大的宽波。再由宽波相位观测量与 P 码相位观测量的综合处理求得

整周未知数。该方法的基本思路为：

将 L_1、L_2 载波相位观测量进行线性组合，若取组合后的频率

$$f_m = f_1 - f_2\text{；}\quad f_n = f_1 + f_2$$

则相应的波长及整周未知数成为

$$\lambda_m = \frac{c}{f_m}\text{；}\qquad \lambda_n = \frac{c}{f_n}$$

$$N_m = N_{L_1} - N_{L_2}\text{；}\quad N_n = N_{L_1} + N_{L_2}$$

而对应的电离层折射引起的延迟量：

相位延迟　$$\delta\varphi_{I,m} = + \frac{C_I}{f_1 \times f_2} f_m\text{；}\quad \delta\varphi_{I,n} = - \frac{C_I}{f_1 \times f_2} f_n$$

其中，$C_I = 1.3436 \times 10^{-7} \cdot N_\Sigma$，$N_\Sigma$ 为电磁波传播路径上的电子总量。

时间延迟　$$\delta t_{I,m} = + \frac{C_I}{f_1 \times f_2}\text{；}\qquad \delta t_{I,n} = - \frac{C_I}{f_1 \times f_2}$$

而将 P 码对应于载波相位进行相应的线性组合，得到虚拟的 P 码相位组合值，其对应的电离层折射的影响，大小与对载波相位组合的影响相等，符号相反，那么由载波相位组合方程有

$$\lambda_m \cdot \varphi_{i,m}^j(t) = D_i^j(t) + C[\delta t_i(t) - \delta t^j(t)] - \lambda_m \cdot N_{im}^j + c\frac{C_I}{f_1 \times f_2} + \delta T_i^j(t) \tag{3-126}$$

虚拟 P 码相位观测量的组合方程为

$$\lambda_n \cdot \varphi_{in}^j(t) = D_i^j(t) + C[\delta t_i(t) - \delta t^j(t)] + c \cdot \frac{C_I}{f_1 \times f_2} + \delta T_i^j(t) \tag{3-127}$$

方程（3-126）与（3-127）相减后，有

$$-\lambda_m N_{im}^j = \lambda_m \cdot \varphi_{im}^j(t) - \lambda_n \cdot \varphi_{in}^j(t)$$

$$N_{im}^j = -\left[\varphi_{im}^j(t) - \frac{\lambda_n}{\lambda_m}\varphi_{in}^j(t)\right] \tag{3-128}$$

对于 GPS 卫星 L_1、L_2 载波相位有

$$N_{im}^j = -\left[\varphi_{im}^j(t) - \frac{17}{137}\varphi_{in}^j(t)\right] \tag{3-129}$$

由（3-128）可以看到，采用伪距双频法，仅观测一个历元，就可求出整周未知数。但是，采用此方法必须要已知 P 码，且有双频接收机。另外，由于多路径反射误差与波长成正比，所以还应注意多路径误差的消除。

4. 交换天线法

在某待定点上安置接收机天线作为固定点（T_1），并在其附近（5～10m）处选择一个天线交换点（T_2），两点各安置一个天线后，同步观测若干历元（1～

2min)，在保持对 GPS 卫星连续观测且天线高度不变的条件下，将两天线相互交换，并继续同步观测若干历元（1～2min)。最后再把两天线恢复到原来位置，此时，假设在固定站 T_1 上的天线 A 和在交换点 T_2 上的天线 B，在历元 t_1 时刻同步观测了卫星 p 和 q（见图 3-13)，则可得单差观测方程

$$\begin{aligned}\Delta\varphi_{1,2}^{p}(t_1) &= \frac{1}{\lambda}[D_2^p(t_1)-D_1^p(t_1)]-\Delta N^p+f\delta t_{1,2}(t_1)\\ \Delta\varphi_{1,2}^{q}(t_1) &= \frac{1}{\lambda}[D_2^q(t_1)-D_1^q(t_1)]-\Delta N^q+f\delta t_{1,2}(t_1)\end{aligned} \tag{3-130}$$

同时进一步求差，可得相应的双差观测方程

$$\Delta\varphi_{1,2}^{p,q}(t_1)=\frac{1}{\lambda}[D_{1,2}^q(t_1)-D_{1,2}^p(t_1)]-\Delta N^q+\Delta N^p \tag{3-131}$$

式中，$\Delta N^p=N_B^p(t_0)-N_A^p(t_0)$；$\Delta N^q=N_B^q(t_0)-N_A^q(t_0)$。

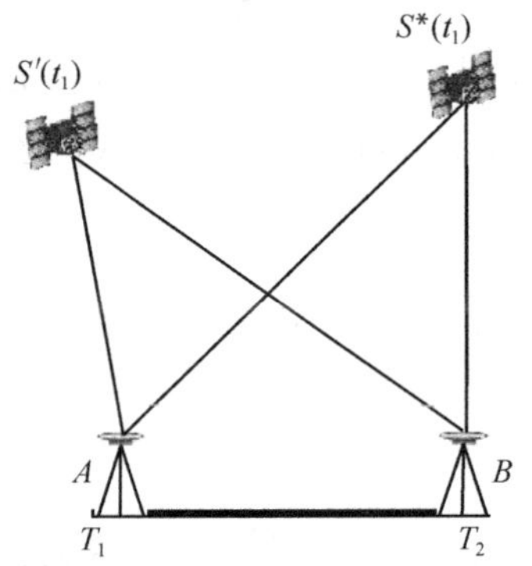

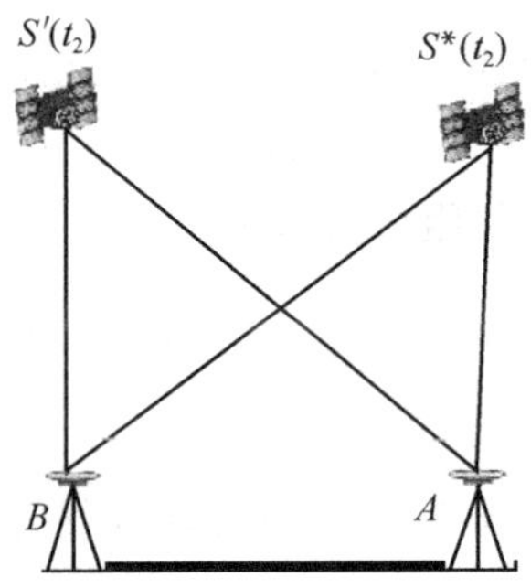

图 3-13　交换天线法

天线交换后，对应于 t_2 历元的单差观测方程：

$$\left.\begin{aligned}\Delta\varphi_{1,2}^{p}(t_2) &= \frac{1}{\lambda}D_{1,2}^p(t_2)+\Delta N^p+f\delta t_{1,2}(t_2)\\ \Delta\varphi_{1,2}^{q}(t_2) &= \frac{1}{\lambda}D_{1,2}^q(t_2)+\Delta N^q+f\delta t_{1,2}(t_2)\end{aligned}\right\} \tag{3-132}$$

相应的双差观测方程为

$$\Delta\varphi_{1,2}^{p,q}(t_2)=\frac{1}{\lambda}[D_{1,2}^q(t_2)-D_{1,2}^p(t_2)]+\Delta N^q-\Delta N^p \tag{3-133}$$

若将 t_1 和 t_2 历元的双差观测方程求和，则有

$$\sum\Delta\varphi_{1,2}^{p,q}=\frac{1}{\lambda}[D_{1,2}^q(t_2)-D_{1,2}^p(t_2)+D_{1,2}^q(t_1)-D_{1,2}^p(t_1)] \tag{3-134}$$

按此方法可对基线向量求解，进而求定整周未知数。该方法与三差法有相类似之处，但本方法是由同步观测的双差之和消除整周未知数，方程性态良好，因而求解基线向量精度较高，且由于基线很短，求差后较好地消除了卫星星历误

差、大气折射误差，因此解算的整周未知数精度较高，且观测时间短、操作方便，在准动态定位中常采用此方法。

3.4.2　周跳的探测与修复

由前面内容我们知道，只要接收机连续不断地跟踪卫星，接收机由积分多普勒计数可连续不断地记录跟踪期间载波相位的整周数的变化。但是，如果由于仪器线路的瞬间故障、卫星信号被障碍物暂时阻断、载波锁相环路的短暂失锁等因素的影响，引起计数器在某一个时间无法连续计数，这就是所谓的整周跳变现象(简称周跳)。周跳一旦发生，不仅这一次观测整周数是错误的，而且此后的所有观测均会含有这一错误。因此周跳对测量成果的精度将产生显著影响，必须在数据预处理阶段探测出周跳发生的位置，并对其进行修正。事实上，在一个观测时间段中，往往难以避免会产生周跳，而且有时还不止一处。所以，发现并修复周跳是处理载波相位测量数据必然会碰到的问题。目前已有很多种方法可以探测和修复周跳，这里仅介绍几种常用的方法。

1. 三差探测周跳法

一种有效地探测周跳的方法是利用载波相位观测值，在测站间、卫星间、历元间求三差来发现周跳。由于当测站 A 所接收的 P 卫星的信号在 $i-1$ 与 i 历元之间发生了周跳 δN，则从第 i 历元起，与 P 卫星有关的双差观测值的整周数均改变了 δN，然而对于在历元间求三差后，仅第 $i-1$ 与 i 历元间的观测值改变了 δN，其余均不受影响。同时，由于三差观测值不仅消去了整周未知数，而且接收机钟差、卫星星历误差、大气折射误差等影响或是消除或是大大减弱，因而当不存在周跳时，误差方程式的常数项较小（一般小于 0.1 周)，若某一常数的绝对值大于 1 周，则可以断定该观测值含有周跳，并可取常数项中的整数作为周跳修正值。

另外对于仅 1 至 2 周的小周跳，可以利用最小二乘平差的改正数发现。将周跳看作三差观测值中的粗差，用选权迭代法平差，在平差中对改正数大的观测值赋以较小的权，直至平差收敛，此时改正数大于 1 周的观测值即是周跳所在的位置及其量值。

由于三差观测值并非实际的观测值，还应判断周跳究竟发生在哪个测站、卫星、历元的观测值上。对于历元，由于是按历元顺序依次求差的，若发现由第 $i-1$、i 两历元求差的观测值含有周跳，而上一个三差是正常的，则可知周跳是发生在第 i 历元的双差观测值上。而对于在卫星间求差的双差观测值，可检查该历元求差的基星与其他卫星所组成的三差，若其是正常的，则可认为周跳发生在非基星的那颗卫星的单差观测值上。反之，若该基星与其他卫星所组成的三差不正确，则周跳发生在基星上。采用与双差类似的比较法，即可发现周跳在哪个测站上，并将三差法发现的周跳量改正到 A 测站、P 卫星、t 历元的观测值上，获得正确的观测值。

2. 用高次差及多项式探测周跳法

本方法利用在不发生周跳的情况下，载波相位的变化随卫星接收机的变化而变化，且是平缓而有规律的，周跳将破坏这一规律的特点，对卫星与接收机之间的相位观测值求高次差。一般而言，当在相位观测值之间求 4～5 次差时，距离变化对整周数的影响已趋于零，这时的差值主要是接收机振荡器的随机误差引起的，因而具有随机特性（见表 3-2）。

表 3-2　相位观测值高次差

历元序号	$\varphi f(t)$	1 次差	2 次差	3 次差	4 次差
t_{30}	475 833.2251				
		11 608.7533			
t_{31}	487 441.9784		399.8138		
		12 008.5671		2.5074	
t_{32}	499 450.5455		402.3212		−0.5795
		12 410.8883		1.9277	
t_{33}	511 861.4338		404.2489		0.9639
		12 815.1372		2.8916	
t_{34}	524 676.5710		407.1405		−0.2721
		13 222.2777		2.6195	
t_{35}	537 898.8487		409.7600		−0.4219
		13 632.0377		2.1976	
t_{36}	551 530.8864		411.9576		
		14 043.9953			
t_{37}	565 574.8817				

表 3-3　含有周跳的观测值高次差

历元序号	$\varphi f(t)$	1 次差	2 次差	3 次差	4 次差	5 次差
t_{30}	475 833.2251					
		11 608.7533				
t_{31}	487 441.9784		399.8138			
		12 008.5671		2.5074		(−100)*
t_{32}	499 450.5455		402.3212		−100.5797*	
		12 410.8883		−98.0723*		401.5436*
t_{33}	511 861.4338		304.2489*		300.9639*	
		12 715.1372*		202.8916*		−601.236*
t_{34}	524 576.5710*		507.1405*		−300.2721*	
		13 222.2777		−97.3805*		399.8502*
t_{35}	537 798.8487*		409.7600		99.5781*	
		13 632.0377		2.1976		(−100*)
t_{36}	551 430.8864*		411.9576			
		14 043.9953				
t_{37}	565 474.8817*					

如果在观测过程中发生了周跳，则上述的规律被破坏，且高次差还具有“误差放大”现象，利用这一性质，便可发现周跳。例如在表 3-2 中的第 t_{34} 个历元的观测值发生了 100 周的周跳，那么在求 4 次差值时，相邻观测值的差值成为 400 周（见表 3-3，表中有 * 号的数据为有周跳的数据），而由表 3-3 中的 5 次差的数

值可以判断周跳的位置与数值。一般，一旦在 4 次差或 5 次差中出现数 10 周的值，就可断定观测值中出现了周跳。

观测值的周跳也可多项式拟合发现并修复周跳。可以根据若干个相位观测值拟合一个 n 阶多项式，并根据此多项式来预估下一个观测值且与实测值比较，从而发现周跳并修正周跳。由于观测值 4 次差或 5 次差已呈偶然误差特征，无法用函数加以拟合，所以多项式的阶数通常也只取 4 至 5 阶。本方法的实质与高次差法是相同的，只是采用的计算形式不同。

采用本方法时，由于受到接收机振荡器的随机误差影响，只能用于发现较大周跳，对于小于 5 周的小周跳则不能发现。

3. 卫星间求差法

表 3-4 给出了载波相位观测值求 4 次差后的结果，其中卫星 6 从第 46 个观测值起均包含 1 周的周跳，但是，由于接收机振荡器的随机误差的影响也达几周，因而难以发现小周跳。而在同一测站同一时刻观测的若干卫星的载波相位观测值中，均包含相同的振荡器随机误差影响，因而对观测值的高次差再在卫星间求差则可消除接收机振荡器的随机误差的影响，因而有可能发现小的周跳。由表 3-4 可以看到，在卫星间求差后的残差均很小，但凡与含有周跳的 6 号卫星求差的 45、46 历元的差值均为 3 周，44、47 均为 1 周。

表 3-4　相位观测值高次差同一时刻卫星间求差

历元序号	相位观测 4 次差值					
	6 号卫星	8 号卫星	11 号卫星	6 号卫星～8 号卫星	6 号卫星～11 号卫星	8 号卫星～11 号卫星
40	−2.65	−2.87	−2.54	+0.22	−0.11	−0.23
41	−0.12	+0.08	+0.02	−0.20	−0.14	+0.06
42	+1.13	+1.24	+1.01	−0.09	+0.12	+0.23
43	−1.00	−1.25	−0.92	+0.25	−0.08	−0.33
44	−0.05*	+1.20	+0.79	−1.25*	−0.84*	+0.41
45	+0.54*	−2.31	−2.63	+2.85*	+3.17*	+0.32
46	+0.63*	+3.71	+3.56	−3.08*	−2.93*	+0.15
47	−0.62*	−1.46	−1.71	+0.84*	+1.09*	+0.25
48	+2.14	+1.85	+2.08	+0.29	+0.06	−0.23
49	+0.14	+0.01	−0.05	+0.13	+0.19	+0.06

本方法可以发现与卫星有关的周跳，如卫星信号被短暂中断。但却难以发现与接收机有关的周跳，此时可通过双差相位观测值的高阶差来发现周跳。

探测和修复周跳的方法还有很多种，在此就不再一一列举了，究竟采用何种方法应根据具体情况而定。

3.5 GPS快速静态相对定位

载波相位静态相对定位测量，之所以需要较长的观测时间（例如1～2h），其主要目的是为了可靠地确定载波相位的整周未知数，且通过研究发现，一旦能正确地确定整周未知数，就可以厘米级的精度实现相对定位。因此，如何快速准确地确定整周未知数并保证达到一定的精度和可靠性，是缩短GPS定位观测时间、提高作业效率的关键问题。从人们开始利用GPS进行测量以来，就一直试图解决这个问题，并提出了一系列的方法，如上节所介绍的伪距双频法、交换天线法等整周未知数快速解算法。但是由于这些方法都存在一定的缺陷，故一直未能在实际测量工作中得到广泛的应用。

1985年美国Remondi B. W提出了一种快速相对定位模式，其基本思想为：利用已确定的整周未知数，在整个测量期间，保持对卫星的连续不断跟踪，这样在新点上只需要进行1～5min的观测便可精确定位。由于这一定位方法在形式上与动态相对定位相似，但实际上在每一新点上仍需静止观测，只是停留时间很短，因此人们将此快速相对定位法称为准动态相对定位法。

准动态相对定位法的主要缺点是：在接收机迁移过程中，必须保持对观测卫星的连续跟踪。一旦失锁，需重新确定整周未知数，因此作业效率难以保证。对此，E. Frei和G. Beutler提出了"基于快速整周未知数解算（FARA）的快速静态定位"的方法。该方法实际上是一种快速确定载波相位的整周未知数的解算方法，因此当接收机在测站间迁移时，无需保持对所测卫星的连续跟踪。利用该方法只需要少量的GPS同步观测数据（数分钟的数据）即可实现定位，且定位精度与常规静态相对定位（90min，甚至数小时）精度相当。FARA法以其定位速度快、精度高且对接收机无特殊要求等特点，受到GPS用户的广泛重视，成为提高静态作业效率的一种重要技术手段。

以下将分别介绍准动态定位法和基于FARA算法的快速静态相对定位。

3.5.1 准动态定位法

该方法是基于在保持对卫星连续跟踪的条件下整周未知数不变这一基本事实，在作业过程中，首先采用某种方式快速确定整周未知数，并在随后的迁站过程中继续保持对卫星的连续跟踪，当接收机到达新的测站后就不再需要确定整周未知数，这样在新点上只需进行1～2min的观测即可实现定位。该方法通常采用相对定位的作业模式，可采用交换天线法来确定整周未知数，或者当有已知点时，将两台接收机分别置于已知点上进行短时间观测，利用已知坐标便可正确解出整周未知数。

整周未知数一旦确定，可将一台接收机设置在已知点上进行连续静态观测，另一台接收机按预定计划，在保持对卫星连续跟踪的条件下，依次迁往各待定点（流动站），由于此时整周未知数不变且为已知值，因此在每个待定的流动点上只需要观测 1～2min，就可实现厘米级精度的定位。

准动态定位的关键是迁站过程中必须保持对卫星的连续跟踪，因此该方法只适用于开阔地区，例如草原、沙漠、大平原等开阔地区，而在山区、城区、树林等区域却不适用。因为信号一旦失锁，在附近又找不到两个可用的已知点来重新确定整周未知数，而将两台接收机调到一起，重新交换天线，也将使作业效率大大降低。正是因为如此，该方法作业不够方便，因而也严重地限制了该方法的应用。

然而，近期有的 GPS 生产厂家为准动态定位设计了专用的初始化板（25cm），即利用其作为一段固定的已知距离确定整周未知数，并且一旦流动站信号失锁可在原地重新进行初始化，提高了准动态定位的作业效率，称为 GPS 后处理动态定位。

3.5.2 快速整周未知数解算原理

1990 年 E. Frei 和 G. Beuler 提出了基于 FARA（fast ambiguity resolution approach）的快速静态相对定位法，与确定整周未知数常规方法相比，所需的观测时间大大缩短，当两站相距 10km 以内，则仅需几分钟的观测数据，就可求得的整周未知数，且精度与常规静态相对定位精度大致相当。

FARA 算法的基本思想是：以数理统计理论的假设检验为基础，利用初次平差提供的所有信息，包括解向量、相应的协因数阵和单位权中误差，确定在某一置信区间整周未知数一切可能的整数解的组合，并依次将该整周未知数的组合作为已知值代入方程通过平差进行搜索，寻求平差后方差和最小的一组整周未知数作为最优解。

当两个测站上同步观测的时间较短，则由平差所求的整周未知数的实数解与其整数解偏差较大，而且其对应的中误差也较大，此时可在一定置信水平条件下，取整周未知数的置信区间为

$$N_i - m_{N_i} t(\alpha/2) \leqslant N_{A_i} \leqslant N_i + m_{N_i} t(\alpha/2) \quad i = 1,2,\cdots,r \tag{3-135}$$

式中，N_i 为第 i 个整周未知数的实数解；N_{A_i} 为第 i 个整周未知数整数解的备选值；$t(\alpha/2)$ 为显著水平 α 和自由度的函数，可由 t 分布表中查得。

由于整周未知数实数解的中误差较大，此时落入（3-135）式所确定的置信区间内的整数可能不仅一个，且其真实的整周未知数的整数解，往往包含在其中，因此，应对 r 个整周未知数的一切可能的整数解组成的组合进行搜索，寻找一组最优解。

FARA 有别于一般利用假设检验求解整周未知数的重要一点在于，该方法不仅利用了中误差，而且还充分利用了整周未知数协方差阵所提供的信息来帮助

进行整周未知数的确定。即由

$$N_{i,k} - t(\alpha/2) \cdot m_{N_{i,k}} \leqslant N_{A_{i,k}} \leqslant N_{i,k} + t(\alpha/2) \cdot m_{N_{i,k}} \tag{3-136}$$

协助进行整周未知数整数解的筛选。式中，$N_{i,k} = N_k - N_i$ 为整周未知数的实数解之差；$N_{A_{i,k}}$ 为整周未知数的整数解候选值之差；$m_{N_{ik}} = m_0 \sqrt{g_{N_{ik}}}$ 为整周未知数实数解之差的验后方差；$g_{N_{ik}} = q_{N_{ii}} - 2q_{N_{ik}} + q_{N_{kk}}$。

（3-136）式对于所有可能组合的整数解向量中任两个整数之差，利用整周未知数实数解及其协方差阵的信息进行统计检验，剔除两整数之差不能通过检验的包含这两个整数的整数解组合，只有所有整数差值 $N_{A_{i,k}}$ 均能通过（3-136）检验的组合才保留下来。从而可大大减少需进行最优搜索的整数解候选值的个数，减少计算工作量。

另外，整周未知数最优解，除按上述方法进行检验外，还需通过假设检验，考察能否满足以下 3 个条件：

1）其相应的基线向量解与初始平差结果应一致；

2）其相应的单位权方差与初始解结果的单位权方差应一致；

3）备选整周未知数进行基线解算时，最小单位权方差与次最小单位权方差应有明显差异。

只有能通过所有检验的该组整数组合，方可认为是整周未知数的最优解，如果上述三条检验有一个不能通过，则认为利用所提供的观测数据不能可靠地确定整数未知数。

3.5.3 快速整周未知数求解方法

1）利用基线两端测站上的观测数据，建立相应的误差方程

$$V = (A \quad B)\begin{bmatrix} \delta X \\ N \end{bmatrix} + L \tag{3-137}$$

式中，δX 为测站点坐标未知数平差值改正数；N 为整周未知数；$N = [N_1, N_2, \cdots, N_r]^T$。经初始平差后，有 Q_{NN} 为整周未知数解的协因数阵，m_0^2 为单位权方差，那么可求出整周未知数的协方差阵 $m_N = m_0^2 Q_{NN}$。

2）对于 r 个整周未知数的实数解 N_i，分别构成一个由（3-135）式所决定的置信区间，取区间内所有的整数值 N_A，设对于 N_i 在该区间共有 n_i 个 N_{A_i} 整数值。取 r 个整周未知数的整数值的所有组合，则其组合的总个数为

$$n = \prod_{i=1}^{r} n_i = n_1 \cdot n_2 \cdots n_r \tag{3-138}$$

其后本应将上述的组合分别作为固定值，再由平差寻找最优解，但是上述组合的数目过大，导致计算工作量过大，例如，当观测 6 颗卫星即 $r=6$，而 $\alpha=0.01$，自由度为 40，从 t 分布表中可查出 $t(\alpha/2)=3.55$，这时如果初始平差得 $N_i=$

9.05，$m_{N_i}=0.78$，则由（3-135）式可得

$$6.28 \leqslant N_{A_i} \leqslant 11.8$$

由此可知 N_i 的整数取值为（6～12）。如果假设每颗卫星可能的整数取值均为 7 个，那么共有组合数 $n=7^6=117\,649$ 个。

3）由于需要检核的数量过大，则可利用（3-136）式对 n 个组合中每一个组合中的任意两个元素间差值进行检验，以检核该整数向量是否与由协方差 $Q_{NN} \cdot m_0^2$ 所提供的统计信息相容，只要有 1 个差值不能通过上述检验，则不仅舍去该整数解向量，而且还应剔除包含这两个整数的所有向量组合，无须对它们再作检验。因此，可有效地缩小搜索整周未知数最优值的范围。

4）寻求最优估值。将通过（3-136）式检验后的组合 n 中的每一组，作为整周未知数向量的固定值，分别代入（3-137）的误差方程式进行最小二乘平差，可得 n 组坐标未知数的解 δX_j（$j=1$，2，…n）以及相应的 n 个单位权中误差 m_{0j}，其中单位权中误差为最小的 m_{0s} 所对应的即为整周未知数的最优整数解向量，其对应的坐标平差值 δX 为待定点坐标解。

5）通过进一步进行三项检验，确定最优整数整周未知数解是否正确可靠。为检验最优坐标解 X_{CA} 与初次坐标解统计上是否一致，可构成下式所确定的坐标向量三维置信区域对 X_{CA} 进行检验：

$$(X_C - X_{CA})^T \cdot q_{X_C}^{-1} \cdot (X_C - X_{CA}) \leqslant 3m_0^2 \cdot F(3, f, 1-\alpha) \tag{3-139}$$

式中，X_C 为初次坐标解；q_{X_C} 为坐标解的协因数阵；m_0 为单位权中误差；F 表示以 $1-\alpha$ 为置信水平，以 3 及 f 为自由度的 F 分布密度函数的单尾分位值。

为检验最优解单位权方差 m_{0s}^2 和初次解中的 m_0^2 在统计观点上是否一致，可作原假设

$$H_0: m_{0s}^2 = m_0^2 \tag{3-140}$$

并构造相应统计量

$$T_s = \frac{m_{0s}^2}{m_0^2} \tag{3-141}$$

若原假设成立，T_s 即为其自由度为 f 的 χ_f^2 分布的概率密度，如果 T_s 满足

$$\chi_{\alpha/2}^2(f) \leqslant T_s \leqslant \chi_{1-\frac{\alpha}{2}}^2(f) \tag{3-142}$$

则可认为 m_{0s}^2 和 m_0^2 在统计上相容。

为检验最优解的单位权中误差 m_{0s} 与次最优解的单位权 $m_{0s'}$ 在统计上是否有显著的差异，设原假设

$$H_0: m_{0s}^2 = m_{0s'}^2 \tag{3-143}$$

备选假设为

$$m_{0s}^2 \neq m_{0s'}^2 \tag{3-144}$$

构成相应的检验统计量

$$T_{s'}=\frac{m_{0s}^{2}}{m_{0s'}^{2}} \tag{3-145}$$

$T_{s'}$为两个自由度均为f的F分布的密度函数，如果$T_{s'}$满足：

$$T_{s'}\leqslant F_{1-\frac{\alpha}{2}}(f,f) \tag{3-146}$$

则接受原假设，认为两者方差差异不显著，且最优解可能不止一个，因而，获得解不可靠。

在此三项检验中，只要有一个不能满足，则可认为通过探索所得的整周未知数整数最优解不可靠，不可采用，仍需对提供的数据进一步探测。

6）对于双频接收机，在快速整周未知数确定过程中，可利用双频观测值增加一项检验，若令N_{L_1}、N_{L_2}分别表示载波L_1和L_2的整周未知数的实数解向量，而$N_{A_{L_1}}$、$N_{A_{L_2}}$为相应的整周未知数的整数向量，并令：

$$\Delta N_R=N_{L_1}-\frac{\lambda_2}{\lambda_1}N_{L_2}$$

$$\Delta N_A=N_{A_{L_1}}-\frac{\lambda_2}{\lambda_1}N_{A_{L_2}}$$

则在置信水平（$1-\alpha$）的情况下，存在置信区间

$$\Delta N_R-t(\alpha/2)\cdot m_{N_R}\leqslant\Delta N_A\leqslant\Delta N_R+t(\alpha/2)\cdot m_{N_R} \tag{3-147}$$

若ΔN_A不在置信区间，那么凡包含$N_{A_{L_1}}$、$N_{A_{L_1}}$的整数组合均可被剔除，使搜索整周未知数最优估值的范围进一步缩小，从而加快搜索进度。

3.5.4　快速静态定位作业方式

由于采用FARA技术，静态相对定位观测的时间大大地缩短了，一般当两测站间距离小于10km时，观测时间由原来的1小时缩短到数分钟，这种作业常称为快速静态定位。此时，若仍采用通常的同步环扩展作业方式，将大大影响作业效率。目前较为常用的快速定位作业方式有单基准站法（图3-14）、双基准站法（图3-15）。

1. 单基准站法（星形网）

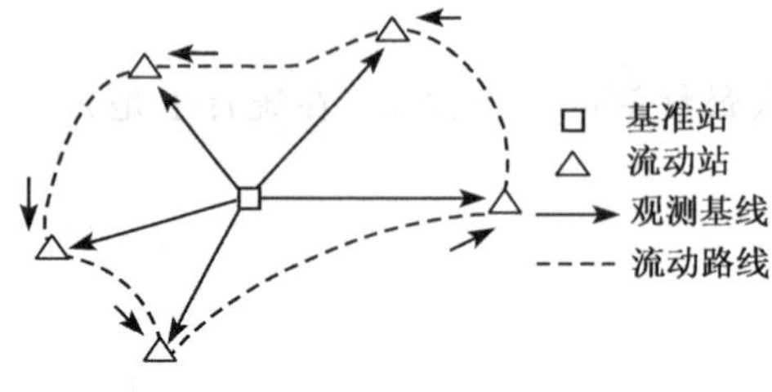

图3-14　单基准站作业方式

在一段观测时间内，将一台接收机固定在某一测站上作为基准站，并一直保持对卫星的连续跟踪观测。同时，其他接收机在以基准站为中心的一定范围内流动设站进行观测，求定该点与基准点间的基线向量（如图3-14）。该方式具有较高的作业效率，但可靠性不高。

可采用两次设站的方式提供检核条件。但是，同一点两次设站，又大大地降低了作业效率。

2. 双基准站法

在一段观测时间内，将两台接收机固定在某两测站上作为基准站，并一直保持对卫星的连续跟踪。同时，其余接收机在一定范围内流动设站观测，以求定该测站与两基准站间的基线向量（如图 3-15）。该作业方式一般只需设站一次，具有较高的作业效率和较好的可靠性。

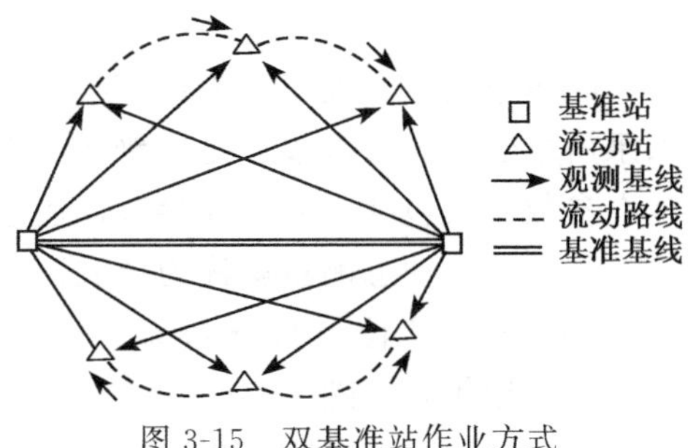

图 3-15 双基准站作业方式

思 考 题

1. 名词解释

   绝对定位；相对定位；静态定位；动态定位；静态绝对定位；静态相对定位；整周未知数；整周跳变（周跳）。
2. 说明完整的载波相位观测值都有哪些部分组成。
3. 试写出伪距观测量的表达式（顾及大气折射影响），并说明各项符号的意义。
4. 设在某测站上做单点定位，静态观测了 1 小时，若历元间隔为 15 秒，观测卫星数为 4 颗，可组成多少伪距观测方程？列出其中 1 个。
5. 试写出 *TDOP*、*PDOP*、*GDOP*、*VDOP*、*HDOP* 的定义。
6. 简单论述卫星空间几何分布对三维定位精度的影响。
7. 试写出当基线长度小于 10km 时载波相位观测方程的表达式，并说明其中各项符号的意义。
8. 如何由载波相位观测方程转化为测相伪距观测方程？
9. 试写出单差、双差、三差观测方程，并说明它们各自有哪些特点。
10. 试述整周未知数的确定有哪几种方法，并说明各种方法的含义。
11. 试总结应用载波相位观测量的高次差分析周跳的方法。
12. 如果在两个测站上同步观测 5 颗卫星，共观测 240 个历元，可组成多少单差、双差和三差观测方程？它们又各含多少个未知参数？

第 4 章　GPS 动态定位原理

GPS 动态测量是利用 GPS 卫星定位系统实时测量物体的连续运动状态参数。如果所求的状态参数仅仅是三维坐标参数，就称为 GPS 动态定位。如果所求的状态参数不仅包括三维坐标参数，还包含物体运动的三维速度，以及时间和方位等参数，这样动态测量就称为导航。

GPS 动态定位与 GPS 静态定位相类似，在方法上也有绝对定位和相对定位的区分。近年来，随着 GPS 系统与定位技术（包括仪器设备和数据处理）的不断完善，GPS 动态相对定位技术有了很大的发展，从早期精度为米级的位置差分和伪距差分，发展到具有亚米级精度，可以在广大区域范围内实现实时差分动态定位的广域差分系统、增强广域差分系统。随着相位差分动态定位技术的日臻成熟，具有厘米级精度的 RTK 实时定位技术正在普及。从 GPS 技术的发展态势看，GPS 动态定位的应用前景不可限量，本章介绍 GPS 动态定位原理，以及差分 GPS 与相位差分 GPS 原理。

4.1　GPS 动态绝对定位原理

GPS 静态绝对定位是以 GPS 卫星和用户接收机天线之间的距离为基本观测量，并利用已知的卫星瞬时坐标来确定接收机天线相位中心在协议地球坐标系中的位置。在 GPS 动态绝对定位中，则是要确定处于运动载体上的接收机天线相位中心的瞬间位置。由于接收机天线处于运动状态，故天线相位中心的坐标是一个连续变化的量，因此确定每一瞬间坐标的观测方程只有较少的多余观测（甚至没有多余观测），且绝对定位一般利用 C/A 码伪距作为观测量，因此其定位精度较低，往往仅有十几到几十米的精度，在 SA 政策执行期间，其定位精度甚至低于百米。通常这种定位方法只用于精度要求不高的飞机、船舶以及陆地车辆等运动载体的导航。

如 3.2 所述，如果在历元 t 时刻，观测了测站到卫星之间的伪距，则有

$$\widetilde{D}_i^j(t) = D_i^j(t) + \delta I_i^j + \delta T_i^j + c \cdot \delta t_i - c \cdot \delta t^j \tag{4-1}$$

如果利用导航电文提供的改正量以及改正模型，对伪距观测量 $\widetilde{D}_i^j(t)$ 进行修正，并取

$$D_i^{j'}(t) = \widetilde{D}_i^j(t) - \delta I_i^j - \delta T_i^j + c \cdot \delta t^j \tag{4-2}$$

则式（4-1）观测方程可写为

$$D_i^{j'}(t) = D_i^j(t) + c \cdot \delta t_i \tag{4-3}$$

而 $D_i^j(t)$ 是测站与卫星间的几何距离，其表达式为

$$D_i^j(t) = \sqrt{(x^j - x_i)^2 + (y^j - y_i)^2 + (z^j - z_i)^2}$$

应用式（3-46）线性化后可得

$$D_i^{j'}(t) = D_{i_0}^j(t) - l_i^j(t)\delta X_i - m_i^j(t)\delta Y_i - n_i^j(t)\delta Z_i + c \cdot \delta t_i \tag{4-4}$$

假设在历元 t，由测站 i 同步观测 j 颗卫星（$j=1, 2, \cdots, n$），则可得由 n 个方程组成的伪距观测方程组：

$$\left.\begin{aligned} D_i^{1'}(t) &= D_{i_0}^1(t) - l_i^1(t)\delta X_i - m_i^1(t)\delta Y_i - n_i^1(t)\delta Z_i + c \cdot \delta t_i \\ D_i^{2'}(t) &= D_{i_0}^2(t) - l_i^2(t)\delta X_i - m_i^2(t)\delta Y_i - n_i^2(t)\delta Z_i + c \cdot \delta t_i \\ &\vdots \\ D_i^{n'}(t) &= D_{i_0}^n(t) - l_i^n(t)\delta X_i - m_i^n(t)\delta Y_i - n_i^n(t)\delta Z_i + c \cdot \delta t_i \end{aligned}\right\} \tag{4-5}$$

当方程的个数（即观测的卫星数）大于 4 时，可列出误差方程组，并按最小二乘原理求解点位的三维地心坐标，即

$$\begin{bmatrix} V_i^1(t) \\ V_i^1(t) \\ \vdots \\ V_i^n(t) \end{bmatrix} = -\begin{bmatrix} l_i^1(t) & m_i^1(t) & n_i^1(t) & -c \\ l_i^2(t) & m_i^2(t) & n_i^2(t) & -c \\ \vdots & \vdots & \vdots & \vdots \\ l_i^n(t) & m_i^n(t) & n_i^n(t) & -c \end{bmatrix} \begin{bmatrix} \delta X_i \\ \delta Y_i \\ \delta Z_i \\ \delta t_i \end{bmatrix} + \begin{bmatrix} D_{i_0}^1(t) - D_i^{1'}(t) \\ D_{i_0}^2(t) - D_i^{2'}(t) \\ \vdots \\ D_{i_0}^n(t) - D_i^{n'}(t) \end{bmatrix} \tag{4-6}$$

用矩阵符号可表示为

$$V_i(t) = A(t)\delta X + L(t) \tag{4-7}$$

由最小二乘法，可求得

$$\delta X = -\left[(A(t))^T \cdot A(t)\right]^{-1} \cdot A(t)^T \cdot L(t) \tag{4-8}$$

由此可得待定点的三维坐标：

$$\begin{bmatrix} X_i \\ Y_i \\ Z_i \end{bmatrix} = \begin{bmatrix} X_{i_0} \\ Y_{i_0} \\ Z_{i_0} \end{bmatrix} + \begin{bmatrix} \delta X_i \\ \delta Y_i \\ \delta Z_i \end{bmatrix} \tag{4-9}$$

式中 $[X_{i_0}, Y_{i_0}, Z_{i_0}]$ 为待定点的初始（近似）坐标，平差前需获得。在动态定位中，一般可将前一时刻的点位坐标作为当前时刻点位的初始坐标。因此，关键是确定第 1 个点位坐标的精确值。由于该点的坐标的初始值难以较精确地求得，因此需要通过一定的算法，经过多次迭代求得第一点精确的三维坐标，并为后续点位的解算提供初始坐标值，这个迭代计算第 1 点位坐标值的过程也称为动态定位的初始化过程。GPS 动态绝对定位一般常采用测距码伪距定位方法。主要是该方法无论是在作业上，还是在计算上均简单易行。当然动态绝对定位也可采用载波相位伪距定位方法。由（3-92）式知，载波相位观测方程为

$$\lambda\varphi_i^j(t) = D_{i_0}^j(t) - \begin{bmatrix} l_i^j(t) & m_i^j(t) & n_i^j(t) \end{bmatrix} \begin{bmatrix} \delta X_i \\ \delta Y_i \\ \delta Z_i \end{bmatrix} - \lambda N_i^j(t_0) + c(\delta t_i - \delta t^j) + \delta I_i^j(t) + \delta T_i^j(t) \tag{4-10}$$

如果设 $\widetilde{D}_i^{j'}(t)$ 为经过电离层、对流层和卫星钟差改正后的观测值，即

$$\widetilde{D}_i^{j'}(t) = \lambda\varphi_i^j(t) - \delta I_i^j(t) - \delta T_i^j(t) + c \cdot \delta t^j \tag{4-11}$$

则方程（4-10）可写为

$$\widetilde{D}_i^{j'}(t) = D_{i_0}^j(t) - l_i^j(t)\delta X_i - m_i^j(t)\delta Y_i - n_i^j(t)\delta Z_i + c \cdot \delta t_i - \lambda N_i^j(t_0) \tag{4-12}$$

相应的误差方程为

$$V_i^j(t) = -\begin{bmatrix} l_i^j(t) & m_i^j(t) & n_i^j(t) & -c \end{bmatrix} \begin{bmatrix} \delta X_i \\ \delta Y_i \\ \delta Z_i \\ \delta t_i \end{bmatrix} - \lambda N_i^j(t_0) + L_i^j(t) \tag{4-13}$$

其中 $L_i^j(t) = D_{i_0}^j(t) - \widetilde{D}_i^{j'}(t)$，与测距码伪距观测方程相比，载波相位观测方程仅多了一个整周未知数，其余各项均完全相同。但是，正是由于观测方程中存在整周未知数，所以若 t 时刻，在 i 个测站同步观测 n^j 颗卫星，则可列 n^j 个观测方程，方程存在 $4+n^j$ 个未知数，因而难以利用载波相位进行实时定位。不过只要接收机保持对卫星的连续跟踪，则整周未知数 $N_i^j(t_0)$是一个不变的值。因此，只要通过一个初始化过程求出整周未知数 $N_i^j(t_0)$，且 GPS 接收机在载体运动过程中保持对卫星信号的连续跟踪，则仍可用于 GPS 动态绝对定位，且精度优于测距码伪距动态定位。但是，要在载体运动过程中保持对卫星的连续跟踪是较为困难的，所以，动态绝对定位中主要采用测距码伪距定位法。

4.2　GPS 动态相对定位与差分 GPS

虽然动态绝对定位作业简单，易于快速地实现实时定位，但是，由于定位过程中受到卫星星历误差、钟差及信号传播误差等诸多因素的影响，其定位精度不高，难以满足高精度动态定位的要求，因此限制了其应用范围。

由于 GPS 测量误差具有较强的相关性，因此，可以在 GPS 动态定位中引入相对定位作业方法，即 GPS 动态相对定位。该作业方法实际上是用两台 GPS 接收机，将一台接收机安置在基准站上固定不动，另一台接收机安置在运动的载体上，两台接收机同步观测相同的卫星，通过在观测值之间求差，以消除具有相关性的误差，提高定位精度。而运动点位置是通过确定该点相对基准站的位置实现

的，如图 4-1 所示。这种定位方法也叫差分 GPS 定位。

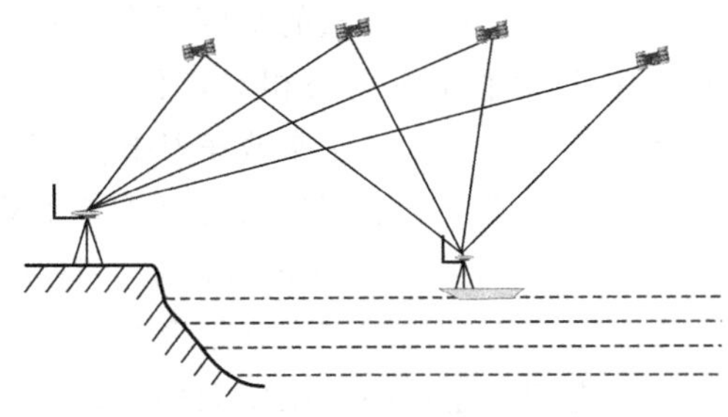

图 4-1　差分 GPS 定位

动态相对定位分为以测距码伪距为观测量的动态相对定位和以载波相位伪距为观测量的动态相对定位。

测距码伪距相对动态定位，由安置在点位坐标精确已知的基准站接收机测量出该点到 GPS 卫星的伪距 $\widetilde{D}_i^j$，该伪距中包含了卫星星历误差、钟差、大气折射误差等各种误差的影响。此时，由于基准接收机位置已知，利用卫星星历数据可计算出基准站到卫星的距离 D_i^j，D_i^j 中仍包含有相同的卫星星历误差。如果将两个距离求差，即

$$\delta D_i^j = \widetilde{D}_i^j - D_i^j \tag{4-14}$$

则 δD_i^j 中包含钟差、大气折射误差，当运动的用户接收机与基准站相距不太远（例如≤100km），两站的误差具有较强的相关性，因而，如果将距离差值作为距离改正数传送给用户接收机，那么用户就得到了一个伪距改正值，可有效地消除或削弱一些公共误差的影响。运动用户接收机所在点的三维坐标与卫星之间的距离存在关系：

$$\widetilde{D}_k^j - \delta D_i^j = \sqrt{(X^j - X_k)^2 + (Y^j - Y_k)^2 + (Z^j - Z_k)^2} + c \cdot (\delta t_k - \delta t_i) \tag{4-15}$$

在（4-15）式中包含 4 个未知数，即运动接收机在 t 时刻的三维坐标 X_k，Y_k，Z_k 及基准站接收机 i 与运动站接收机 k 的钟差之差，当同步观测卫星数等于或多于 4 颗时，即可求出唯一解，实现动态定位，有关测距码伪距差分 GPS 的原理及方法将在下一节中详细介绍。由于伪距差分可以消除大部分系统性误差，因而可以大大提高定位精度，当基准站与运动用户站之间距离小于 100km 时，定位精度可达米级或亚米级。表 4-1 列出了 GPS 动态绝对定位与差分 GPS 定位的误差估计。

表 4-1　GPS 定位和差分 GPS 定位的误差估计

定位误差	GPS	DGPS
卫星星历误差/m	100.00	0.00
卫星钟误差/m	5.00	0.00
电离层/对流层延迟误差/m	6.41/0.40	0.15
接收机噪声/量化误差/m	2.44	0.61
接收机通道误差/m	0.61	0.61
多路径效应/m	3.05	3.05
UERE(rms)/m	100.40	3.97
水平位置误差(*HDOP*=1.5)/m	150.60	5.95
垂直位置误差(*VDOP*=2.5)/m	251.00	9.91

鉴于载波相位测量的精度要高于测距码伪距测量的精度，因此可将载波相位测量用于实时 GPS 动态相对定位。载波相位动态相对定位法，是通过将载波相位修正值发送给用户站来改正其载波相位实现定位，或是通过将基准站采集的载波相位观测值发送给用户站进行求差解算坐标实现定位。其定位精度在小区域范围内（<20km）可达厘米级，是一种快速且高精度的定位法。该动态相对定位原理及方法将在 4.4 节中详细介绍。

动态相对定位中，根据数据处理方式不同，又分为实时处理和测后处理。数据的实时处理可实现实时动态定位，但是，需在基准站和用户站之间建立数据的实时传输系统，以便将观测数据或观测量的修正值及时传输给用户站。数据的测后处理，是在测后一并进行有关的数据处理，求得定位结果。这种处理数据的方法，不需实时传输数据，也无法实时求出定位结果，由于可以在测后对观测数据进行详细的分析，易于发现粗差。

4.3 差分 GPS 定位原理

差分 GPS 根据其组成系统的基准站的个数分为单基准站差分 GPS，具有多个基准站的局部区域差分 GPS 和广域差分 GPS 3 种不同的类型。而根据其发送的信息方式可分为位置差分、伪距差分、相位平滑伪距差分和相位差分，以及直接发送定位中各种误差源改正数的差分。无论哪种差分，其基本工作原理均是由基准站发送改正数，用户站接收改正数，并用以对其测量结果进行改正，以获得精确的定位结果。发送改正数的具体内容不一样，其定位精度也不一样，差分方式的工作原理略有不同。本节主要叙述测距码动态相对定位的各类差分方式的工作原理。

4.3.1 位置差分原理

位置差分 GPS 是一种最简单的差分方法。安置在已知点上的基准站 GPS 接收机，经过对 4 颗及 4 颗以上的卫星观测便可实现定位，求出基准站的坐标（X'，Y'，Z'）。由于存在着卫星星历误差、时钟误差、大气折射等误差的影响，该坐标与已知坐标（X，Y，Z）不一样，存在误差。即

$$\left.\begin{aligned}\Delta X &= X - X' \\ \Delta Y &= Y - Y' \\ \Delta Z &= Z - Z'\end{aligned}\right\} \tag{4-16}$$

式中，ΔX，ΔY，ΔZ 为坐标改正数。基准站利用数据链将坐标改正数发送给用户站，用户站用接收到的坐标改正数对其坐标进行改正：

$$\left.\begin{aligned} X_k &= X'_k + \Delta X \\ Y_k &= Y'_k + \Delta Y \\ Z_k &= Z'_k + \Delta Z \end{aligned}\right\} \tag{4-17}$$

如果考虑数据传送的时间差而引起用户站位置的瞬间变化，则可写为

$$\left.\begin{aligned} X_k &= X'_k + \Delta X + \frac{\mathrm{d}(\Delta X + X'_k)}{\mathrm{d}t}(t - t_0) \\ Y_k &= Y'_k + \Delta Y + \frac{\mathrm{d}(\Delta Y + Y'_k)}{\mathrm{d}t}(t - t_0) \\ Z_k &= Z'_k + \Delta Z + \frac{\mathrm{d}(\Delta Z + Z'_k)}{\mathrm{d}t}(t - t_0) \end{aligned}\right\} \tag{4-18}$$

式中，t 为用户站定位时刻；t_0 为基准站校正时刻。

经过坐标改正后的用户坐标已消去了基准站与用户站的共同误差，如卫星星历误差、大气折射误差、卫星钟差、SA 政策影响等，提高了定位精度。

坐标差分的优点是需要传输的差分改正数较少，计算方法较简单，任何一种 GPS 接收机均可改装成这种差分系统。而其缺点主要是：

1）要求基准站与用户站必须保持观测同一组卫星，由于基准站与用户站接收机的配备可能不完全相同，且两站观测环境也不完全相同，因此难以保证两站观测同一组卫星，产生的误差可能会不很匹配，从而影响定位精度。

2）坐标差分定位效果不如以下介绍的伪距差分好。

4.3.2　伪距差分原理

伪距差分是目前应用最广泛的差分定位技术之一。其基本原理是：在基准站上利用已知坐标求出测站至卫星的距离，然后将其与接收机测定的含有各种误差的伪距进行比较，并利用一个滤波器对所获得的差值进行滤波求出其偏差（伪距改正数），最后将所有卫星的伪距改正数传输给用户站，用户站利用此伪距改正数改正所测量的伪距，求出用户站自身的坐标。

由式（3-43）知，测站 i 与卫星 j 之间在 t 时刻的伪距为

$$\widetilde{D}_i^j = D_i^j + c(\delta t_i - \delta t^j) + \delta I_i^j + \delta T_i^j + \mathrm{d}D_i^j \tag{4-19}$$

式中符号意义与（3-43）式相同，$\mathrm{d}D_i^j$ 为 GPS 卫星星历误差引起的距离偏差。

根据基准站的已知三维坐标和 GPS 卫星星历，可以算得 t 时刻测站与卫星两者之间的几何距离：

$$D_i^j = \sqrt{(X^j - X_i)^2 + (Y^j - Y_i)^2 + (Z^j - Z_i)^2}$$

显然，基准站接收机测得的包含各种误差的伪距与上述站星几何距离之间存在差值：

$$\delta D_i^j = \widetilde{D}_i^j - D_i^j \tag{4-20}$$

上式中的 δD_i^j 即为伪距改正数，如果将此改正数发送给用户站接收机，则用户站接收机将测量所获得的伪距 $\widetilde{D}_k^j$ 加上此项距离改正数，即可求得经过改正的伪距：

$$\widetilde{D}_i'^j = \widetilde{D}_k^j - \delta D_i^j \tag{4-21}$$

如果考虑信号传送的伪距改正数的时间变化率则有

$$\widetilde{D}_k'^j = \widetilde{D}_k^j - \delta D_i^j - \frac{\mathrm{d}\delta D_i^j}{\mathrm{d}t}(t - t_0) \tag{4-22}$$

当用户站与基准站之间的距离小于 100km 时，则有

$$\mathrm{d}D_k^j = \mathrm{d}D_i^j \quad \delta I_k^j = \delta I_i^j \quad \delta T_k^j = \delta T_i^j$$

且 $\delta t^j = \delta t^j$，因此改正后的伪距 $\widetilde{D}_k'^j$ 为

$$\widetilde{D}_i'^j = \sqrt{(X^j - X_k)^2 + (Y^j - Y_k)^2 + (Z^j - Z_k)^2} + c \cdot \delta V_t \tag{4-23}$$

式中 V_t 为两测站接收机钟差之差。

如果基准站、用户站均观测了相同的 4 颗或 4 颗以上的卫星，即可实现用户站的定位。

由于伪距差分可提供单颗卫星的距离改正数 δD_i^j，因此用户站可选其中任意 4 颗相同卫星的伪距改正数进行改正，而不必要求两站观测的卫星完全相同，且伪距改正数是直接在 WGS-84 坐标系上进行的，是一种直接改正数，不必先变换为当地坐标，定位精度更高，且使用更方便。

由于差分定位依赖于两站公共误差的抵消来提高定位精度，误差抵消的程度决定了定位精度的高低。而误差的公共性在很大程度上依赖于两站距离，随着两站距离的增加，其误差公共性逐渐减弱，例如对流层、电离层误差。因此用户站和基准站之间的距离对精度有着决定性的影响。下面讨论星历误差对距离测量的影响与两站之间距离的关系。

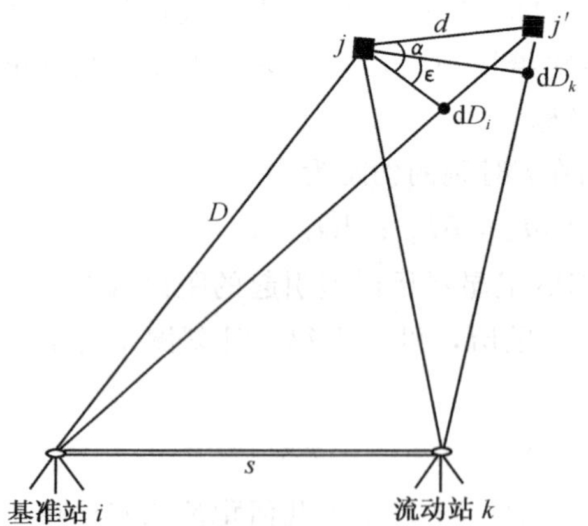

图 4-2　星历误差对距离测量的影响与两站之间距离的关系

如图 4-2 所示，设用户站与基准站相距 s km，在不考虑其他误差影响的条件下，用户站测出该点至卫星的伪距为 $\widetilde{D}_k^j$，基准站到卫星的几何距离为 D_i^j，由于星历误差的影响，基准站包含误差 $\mathrm{d}D_i$，用户的伪距测量误差为 $\mathrm{d}D_k$，一般 $\mathrm{d}D_i \neq \mathrm{d}D_k$，因而伪距改正后仍存在剩余误差：

$$|e_{ik}| = |\mathrm{d}D_i - \mathrm{d}D_k| \tag{4-24}$$

而 $\mathrm{d}D_i = d \cdot \sin\alpha$；$\mathrm{d}D_k = d \cdot \sin(\alpha - \varepsilon)$ 代入（4-24）式有

$$|e_{i,k}| = d \cdot |\sin\alpha - \sin(\alpha - \varepsilon)| = d \cdot |\sin\alpha - (\sin\alpha \cdot \cos\varepsilon - \sin\varepsilon \cdot \cos\alpha)|$$

通常 ε 较小，可令

$$\sin\varepsilon \approx \varepsilon \approx \frac{s}{D}, \quad \cos\varepsilon \approx 1$$

因而有

$$|e_{i,k}| = d \cdot |\sin\alpha - \sin\alpha + \varepsilon \cdot \cos\alpha| = d \cdot \varepsilon \cdot \cos\alpha = \frac{s \cdot d}{D} \cdot \cos\alpha$$

即

$$|e_{ik}| \leqslant \frac{s \cdot d}{D}\cos\alpha \tag{4-25}$$

由（4-25）式可以看出：用户站离开基准站的距离 s 越大，伪距差分的剩余误差也越大，相应的定位精度也就越低。

4.3.3 相位平滑伪距差分

伪距差分实际上是在测站之间求伪距观测值的一次差，因而消除了两伪距观测值中所含有的共同的系统误差，但是却无法消除伪距观测值中所含有的随机误差，从而限制了伪距差分定位的精度。载波相位测量的精度较测距码伪距测量的精度高 2 个数量级，如果能用载波相位观测值对伪距观测值进行修正，就可提高伪距定位的精度，但是载波相位整周数无法直接测得，因而难以直接利用载波观测值。虽然整周数无法获得，但可由多普勒频率计数获得载波相位的变化信息，即可获得伪距变化率的信息，可利用这一信息来辅助伪距差分定位，称为载波多普勒计数平滑伪距；另外，在两历元间求差，可消除整周未知数，可利用历元间的相位差观测值对伪距进行修正，即所谓的相位平滑伪距。下面分别介绍这两种平滑伪距的基本思想。

1. 载波多普勒计数平滑伪距

由多普勒计数可得载波相位在一段时间内的整周数的变化值 $N(t-t_0)$，由此可计算伪距变化率 $\Delta D(i)$，利用伪距变化率可以平滑伪距改正数。设平滑区间为［1，N］，区间中的距离变化量为

$$\Delta D(i) = D(i+1) - D(i) \tag{4-26}$$

由基准站已知坐标求出的距离与实测距离可求出测距误差，即

$$\delta D(i) = \widetilde{D}(i) - D(i) = \delta I(i) + \delta e(i) + V_r(i) \tag{4-27}$$

式中，$\delta I(i)$表示电离层误差，$\delta e(i)$表示除电离层误差以外的其他误差，包括对流层、星历和星钟差等误差，$V_r(i)$表示测距码高频随机误差。相应地由整周变化求出的距离变化所包括的误差为

$$\delta\Delta D(i) = \Delta\widetilde{D}(i) - \Delta D(i) = -\Delta\delta I(i) + \Delta\delta e(i) + V_\varphi(i) \tag{4-28}$$

式中，　$\Delta\delta I(i) = \delta I(i+1) - \delta I(i)$，　$\Delta\delta e(i) = \delta e(i+1) - \delta e(i)$

由于电离层对载波相位的延迟与对测距码的影响大小相等而符号相反，因此用$-\Delta\delta I(i)$来表示。$V_\varphi(i)$表示载波相位测量噪声，由于载波相位测量比测距码伪距测量的精度高 2 个数量级，所以$V_\varphi(i)$很小，可以利用$\delta\Delta D(i)$来改善$\delta D(i)$的测量精度。设将从 i 历元时刻至 t 历元时刻的距离变化分成［1，N］个平滑区间，则 t 时刻的距离差为

$$\delta D(t)=\delta D(i)+\sum_{j=i+1}^{i+N}\delta\Delta D(j) \tag{4-29}$$

则

$$\overline{\delta D(t)}=\frac{1}{N}\sum_{i=1}^{N}\delta D(t) \tag{4-30}$$

那么由（4-27）和（4-28）可得

$$\begin{aligned}\delta D(t)&=\delta I(i)+\delta e(i)+V_r(i)-\sum_{j=i+1}^{i+N}\Delta\delta I(j)+\sum_{j=i+1}^{i+N}\Delta\delta e(j)+\sum_{j=i+1}^{i+N}V_\varphi(j)\\&=[2\delta I(i)-\delta I(i+N)]+\delta e(i+N)+V_r(i)+V_\varphi(i)\end{aligned} \tag{4-31}$$

而（4-30）为

$$\begin{aligned}\overline{\delta D(t)}=&\frac{1}{N}\sum_{i=1}^{N}[2\delta I(i)-\delta I(i+N)]+\frac{1}{N}\sum_{i=1}^{N}[\delta e(i+N)]\\&+\frac{1}{N}\sum_{i=1}^{N}V_r(i)+\frac{1}{N}\sum_{i=1}^{N}V_\varphi(i)\end{aligned} \tag{4-32}$$

若各次测量噪声相互独立，且各次测量噪声方差为$\sigma^2(V_r)$，则$\frac{1}{N}\sum_{j=i+1}^{i+N}V_r(i)$的方差为$\left[\frac{\sigma(V_r)}{\sqrt{N}}\right]^2$，这表明平滑伪距使测距码伪距测量噪声下降了$\sqrt{N}$倍。同理，载波测量噪声也下降了$\sqrt{N}$倍，由于载波测量噪声远小于测距码测量噪声，因此可以忽略。

另外，如果在平滑区间内，电子浓度变化不大，可以假设$\delta I(i)=\delta I(i+N)$，并令$t=i+N$，则（4-32）可近似地表示为

$$\overline{\delta D(t)}=\delta I(i+N)+\delta e(i+N)+\frac{1}{N}\sum_{i=1}^{N}V_r(i)=\delta I(t)+\delta e(t)+\frac{1}{N}\sum_{i=1}^{N}V_r(i) \tag{4-33}$$

由上式可知相位平滑可以大大降低测距码伪距测量噪声，提高差分 GPS 的定位精度。

2. 载波相位平滑伪距

根据载波相位测量原理知，流动用户测站 t 时刻的相位观测方程为

$$\widetilde{D}_k^j(t) = \lambda(N(t_0) + N(t - t_0) + \delta\varphi_k^j(t)) = D_k^j(t) + c\delta t_k^j(t) + V_\varphi \tag{4-34}$$

式中，$\widetilde{D}_k^j(t)$为 t 时刻用户站至卫星 j 的伪距，δt_k^j 为钟差，V_φ 为相位测量噪声，$N(t_0)$为整周未知数，$N(t-t_0)$为由 t_0 至 t 时刻相位整周变化值，$\delta\varphi_k^j(t)$为相位小数，在此令 $\varphi_k^j(t)=N(t-t_0)+\delta\varphi_k^j(t)$。

尽管（4-34）式中的整周未知数很难在短时间内直接求解，但是只要连续跟踪卫星，其为不变量。因此，取 t_1、t_2 两历元时刻的相位观测量之差，可消除整周未知数，即

$$\begin{aligned}\delta D_k^j(t_1,t_2) &= \lambda[\varphi_k^j(t_2) - \varphi_k^j(t_1)] \\ &= D_k^j(t_2) - D_k^j(t_1) + c \cdot \delta t_k^j(t_2) - c \cdot \delta t_k^j(t_1) + \lambda \cdot \delta\varphi_{12}\end{aligned} \tag{4-35}$$

式中已消除了整周未知数，且相位测量噪声之差为毫米量级的误差，相对伪距观测值而言，可视 $\delta\varphi_{12}=0$。因此，可采用历元间的相位差来平滑伪距。

在 t_2 时刻的伪距观测方程为

$$\widetilde{D}_k^j(t_2) = D_k^j(t_2) + c \cdot \delta t_k^j(t_2) + V_r \tag{4-36}$$

由（4-35）式可得

$$D_k^j(t_2) = D_k^j(t_1) + \delta D_k^j(t_1,t_2) - c\delta t_k^j(t_2) + c\delta t_k^j(t_1)$$

将上式代入（4-36）式可得

$$\widetilde{D}_k^j(t_2) = D_k^j(t_1) + \delta D_k^j(t_1,t_2) + c \cdot \delta t_k^j(t_1) + V_r \tag{4-37}$$

进一步可将（4-37）式写为

$$\widetilde{D}_k^j(t_2) = \widetilde{D}_k^j(t_1) + \delta D_k^j(t_1,t_2) \tag{4-38}$$

那么，可利用 t_2 时刻差分伪距观测量经载波相位变化量回推 t_1 时刻的差分伪距观测量：

$$\widetilde{D}_k^j(t_1) = \widetilde{D}_k^j(t_2) - \delta D_k^j(t_1,t_2) \tag{4-39}$$

同样，假定有几个历元的观测值 $\widetilde{D}_k^j(t_1)$，$\widetilde{D}_k^j(t_2)$，…，$\widetilde{D}_k^j(t_n)$，并利用载波相位观测值可求出从 t_1 到 t_n 的相位差值：$\delta D_k^j(t_1, t_2)$，$\delta D_k^j(t_1, t_3)$，…，$\delta D_k^j(t_1, t_n)$，则可由以上两组观测值回推求出 t_1 时刻的伪距值：

$$\begin{cases}\widetilde{D}_k^j(t_1) = \widetilde{D}_k^j(t_1) \\ \widetilde{D}_k^j(t_1) = \widetilde{D}_k^j(t_2) - \delta D_k^j(t_1,t_2) \\ \cdots\cdots \\ \widetilde{D}_k^j(t_1) = \widetilde{D}_k^j(t_n) - \delta D_k^j(t_1,t_n)\end{cases} \tag{4-40}$$

将所有推求值取平均，得到 t_1 时刻的伪距平滑值：

$$\overline{D_k^j(t_1)} = \frac{1}{n}\sum \widetilde{D}_k^j(t_1) \tag{4-41}$$

t_1 时刻的伪距平滑值误差的方差为单历元观测值的 $1/n$，即

$$\sigma_{\overline{D}}^2 = \frac{1}{n}\sigma_D^2 \tag{4-42}$$

由 t_1 时刻的伪距平滑值，可推得其他各时刻的平均值：

$$\overline{D_k^j(t_n)} = \overline{D_k^j(t_1)} + \delta D_k^j(t_1, t_n) \quad n = 1, 2, \cdots, n \tag{4-43}$$

为了便于实时定位，可借助于滤波方法，给出另一种平滑形式：

$$\overline{D_k^j(t_n)} = \frac{1}{n} D_k^j(t_n) + \frac{n-1}{n} [D_k^j(t_{n-1}) + \delta D_k^j(t_{n-1}, t_n)] \tag{4-44}$$

4.4　载波相位差分原理

测距码差分GPS，能以米级的精度实时地给出运动载体的位置，满足车辆、舰艇的导航、引航，以及水下测量等方面的动态定位的需要。但是测距码由于自身结构及测量中随机噪声误差的限制，很难达到更高的精度。载波相位测量的噪声误差远远小于测距码测量噪声误差，在静态相对定位中已实现 $10^{-6} \sim 10^{-8}$ 的相对定位精度。但是，整周模糊度（整周未知数）求解需进行长时间的静止观测，以及数据的事后处理，均限制了载波相位测量在动态定位中的应用，因此也限制了载波相位定位的应用范围。

由于快速逼近整周模糊度技术的出现和不断改进，整周未知数可以被迅速确定。而差分GPS的出现，使利用载波相位差分实时求解载体的位置成为可能，这一具有快速高精度定位功能的载波相位差分测量技术，通常简称为RTK技术(real time kinematic)。

4.4.1　载波相位差分GPS定位原理

载波相位差分GPS定位与伪距差分GPS原理相类似，其基本思想是：在基准站上安置一台GPS接收机，对卫星进行连续观测，并通过无线电传输设备实时地将观测数据及站坐标信息传送给用户站；用户站一方面通过接收机接收GPS卫星信号，同时还通过无线电接收设备接收基准站传送的观测数据，然后根据相对定位原理，实时地处理数据，并实时地以厘米级的精度给出用户站的三维坐标。

载波相位差分GPS有两种定位方法，一种与伪距差分相同，基准站将载波相位的修正量发送给用户站，以对用户站的载波相位进行改正实现定位，该方法称为修正法。另一种是将基准站的载波相位发送给用户站，并由用户站将观测值求差进行坐标解算，这种方法称为求差法。下面分别介绍这两种载波相位差分GPS定位的基本原理和基本思想。

1. 修正法

在载波相位测量中，卫星到测站点之间的相位差值主要由三部分组成：

$$\Phi_i^j = N_i^j(t_0) + N_i^j(t-t_0) + \delta\varphi_i^j \tag{4-45}$$

式中，$N_i^j(t_0)$为起始整周模糊度；$N_i^j(t-t_0)$为从起始时刻至观测时刻的整周变化值；$\delta\varphi_i^j$ 为测量相位的小数部分。

对（4-25）式乘以载波波长 λ，则可得卫星至测站点间的距离：

$$\widetilde{D}_i^j = \lambda(N_i^j(t_0) + N_i^j(t-t_0) + \delta\varphi_i^j) \tag{4-46}$$

在基准站利用已知坐标和卫星星历可求得基准站到卫星之间的真实距离 D_i^j，则测量得到的伪距可表示为

$$\widetilde{D}_i^j = D_i^j + c(\delta t_i - \delta t_j) + \delta I_i^j + \delta T_i^j + \delta M_i + V_i \tag{4-47}$$

式中，δt_i 为接收机钟差，δt^j 为卫星钟差，δI_i^j 为电离层误差，δT_i^j 为对流层误差，δM_i 为多路径效应，V_i 为 GPS 接收机噪声。

在基准站可求出的伪距改正数：

$$\delta D_i^j = \widetilde{D}_i^j - D_i^j = c(\delta t_i - \delta t_j) + \delta I_i^j + \delta T_i^j + \delta M_i + V_i \tag{4-48}$$

如果用 δD_i^j 对用户站伪距观测值进行修正，则

$$\begin{aligned}\widetilde{D}_k^j - \delta D_i^j = {} & D_k^j + c(\delta t_k - \delta t_i) + (\delta I_k^j - \delta I_i^j) + (\delta T_k^j - \delta T_i^j) \\ & + (\delta M_k - \delta M_i) + (V_k - V_i)\end{aligned} \tag{4-49}$$

当基准站与用户站之间的距离小于 30km 时，则有

$$\delta I_k^j = \delta I_i^j;\quad \delta T_k^j = \delta T_i^j$$

因此式（4-49）为

$$\begin{aligned}\widetilde{D}_k^j - \delta D_i^j &= D_k^j + c(\delta t_k - \delta t_i) + (\delta M_k - \delta M_i) + (V_k - V_i) \\ &= \sqrt{(x^j - x_k)^2 + (y^j - y_k)^2 + (z^j - z_k)^2} + \Delta\delta D\end{aligned} \tag{4-50}$$

式中，　$\Delta\delta D = c(\delta t_k - \delta t_i) + (\delta M_k - \delta M_i) + (V_k - V_i)$

将载波相位伪距测量值式（4-46）代入观测方程（4-50），则可得

$$\begin{aligned}\widetilde{D}_k^j - \delta D_i^j &= \widetilde{D}_k^j - \widetilde{D}_i^j + D_i^j \\ &= D_i^j + \lambda[N_k^j(t_0) - N_i^j(t_0)] + \lambda[N_k^j(t-t_0) - N_i^j(t-t_0)] + \lambda(\delta\varphi_k^j - \delta\varphi_i^j) \\ &= \sqrt{(x^j - x_k)^2 + (y^j - y_k)^2 + (z^j - z_k)^2} + \Delta\delta D\end{aligned} \tag{4-51}$$

令　$N^j(t_0) = N_k^j(t_0) - N_i^j(t_0)$为起始整周数之差。在整个测量过程中只要保持卫星跟踪不失锁，则 $N^j(t_0)$为常数。并令：$\Delta\varphi = \lambda[N_k^j(t-t_0) - N_i^j(t-t_0)] + \lambda(\delta\varphi_k^j - \delta\varphi_i^j)$为载波相位测量差值。那么，(4-51）式可表示为

$$D_i^j + \lambda N^j(t_0) + \Delta\varphi = \sqrt{(x^j - x_k)^2 + (y^j - y_k)^2 + (z^j - z_k)^2} + \Delta\delta D$$

或 $D_i^j + \Delta\varphi = \sqrt{(x^j - x_k)^2 + (y^j - y_k)^2 + (z^j - z_k)^2} - \lambda N^j(t_0) + \Delta\delta D$　(4-52)

式中，$N^j(t_0)$，x_k，y_k，z_k 及 $\Delta\delta D$ 为未知数，其中 $N^j(t_0)$为起始整周数之差，只要不失锁即为常数，而用户坐标值为变化量，$\Delta\delta D$ 也为一个变化量。但是，无论接收机钟差之差、两站间多路径效应之差，还是两 GPS 接收机的噪声之差

在两历元之间的变化量均小于厘米级动态定位允许的误差，因此在求解过程中可以视为常数。

由式（4-52）可知，起始整周未知数一旦被确定，就可通过在基准站和用户站同时观测相同的 4 颗卫星，求解出用户站的坐标（x_k，y_k，z_k）和 $\Delta\delta D$，实现定位。因此，如何快速求解起始整周未知数是实现载波相位差分动态定位的关键。

起始整周未知数的求解，不能靠增加观测卫星数求解，因为每增加一个观测卫星就会相应增加一个整周未知数，而只能通过增加观测历元数来实现求解。例如，在第 1 个历元观测了 4 颗卫星，可以得到 4 个观测方程，其中包括了 8 个未知数：x_k，y_k，z_k，$\Delta\delta D$，$N^j(t_0)$（$j=1$，2，3，4）。在第 2 历元又得到 4 个观测方程，共有 8 个观测方程。但此时又增加了 3 个坐标未知数，即共有 11 个未知数。当观测到 5 个历元后，可得 20 个形如（4-52）式的观测方程，包含 20 个未知数：x_k，y_k，z_k（$k=1$，2，…，5），$N^j(t_0)$（$j=1$，2，3，4），$\Delta\delta D$。这样就可以对方程进行求解。如果采用快速确定整周未知数的方程求出 $N^j(t_0)$，就能以厘米级的精度确定用户站的坐标，实现定位。

2. 求差法

所谓求差法就是将基准站观测的载波相位观测值实时地发送给用户观测站，在用户站对载波相位观测值求差，获得诸如静态相对定位的式（3-97）、（3-108）和（3-113）的单差、双差、三差求解模型，并采用与静态相对定位类似的求解方法进行求解。两者不同的是，静态相对定位的主要任务是求解基线向量，它的计算程序是：利用三差求解出近似的基线长度，再利用浮动双差法求解出整周未知数和基线向量，而且对于短基线，通常还将整周未知数凑整后，再由双差求解出更精密的基线向量。而在动态相对定位中，主要要求的不是基线向量，而是用户所在的实时位置，因此其定位程序为：

1）用户站在保持不动的情况下，静态观测若干历元，并将基准站上的观测数据通过数据链传送给用户站，按静态相对定位法求出整周未知数，这一过程即为初始化阶段。

2）将求出的整周未知数代入（3-108）的双差模型，此时双差方程中只包括 ΔX，ΔY，ΔZ 3 个位置分量，只要 4～6 颗卫星的 1 个历元的观测值，就可实时地求解出 3 个位置分量。

3）将求出的 ΔX，ΔY，ΔZ 坐标增量加上已输入的基准站的 WGS-84 地心坐标 X_i，Y_i，Z_i 就可求得此时用户站的地心坐标，即

$$\begin{bmatrix} X_k \\ Y_k \\ Z_k \end{bmatrix}_{\text{WGS-84}} = \begin{bmatrix} X_i \\ Y_i \\ Z_i \end{bmatrix}_{\text{WGS-84}} + \begin{bmatrix} \Delta X \\ \Delta Y \\ \Delta Z \end{bmatrix} \tag{4-53}$$

4）利用已经获得的坐标转换参数，将用户站的坐标转换到当地的空间直角坐标系，并换算成实用的定位坐标成果。

由于求差模型可以消除或削弱多项 GPS 卫星观测误差，例如双差模型消除了卫星钟差、接收机钟差，大大削弱了卫星星历误差，大气折射误差，因此可以大大提高实时定位的精度。而在实时动态相位定位（RTK）中，关键是整周未知数的快速准确的求定，它决定着定位成果的准确可靠性，决定了动态定位速度及效率，而且决定了动态定位的方式，对此必须给予高度的重视。

4.4.2　整周未知数的动态求解

在 GPS 动态定位中，快速准确求定“整周未知数”的整数解较 GPS 静态定位具有更为重要的意义。由于在动态定位的短时间观测中，卫星位置相对接收机变化非常小（因为卫星轨道很高，约 2×10^4 km），此时，准确求定整周未知数具有相当难度。如整周未知数为实数，则由载波相位观测值求得的 GPS 伪距观测值不准确，从而导致 GPS 基线解的精度不高，难以实现快速准确定位。反之，当整周未知数以整数正确确定，则高精度的载波相位观测值就可以作为高精度的伪距观测值，极大地提高基线解的精度，从而达到大大缩短观测时间的目的。因此整周未知数的快速准确确定，是 GPS 动态定位的瓶颈问题，成为目前 GPS 研究的热点领域之一。

各国学者已提出许多成功而有效地确定整周未知数的方法，如在 3.4 和 3.5 中已介绍的交换天线法、已知基线法、快速静态整周未知数解算法（FARA）等，这些方法均为静态整周未知数确定方法，因此在作业过程中均需初始化，且需保持对卫星的连续跟踪，造成作业的不便，并且影响到作业效率。因此，需要一种在运动过程中，以较少的观测值、较少的计算时间、迅速正确地解出整周未知数的方法。近年来，研究并提出了这种在运动过程中求解整周未知数的方法亦称 OTF（on the fly ambiguity resolution），在此介绍几种具有代表性的 OTF 法。

1. 最小二乘搜索法

此法是由 Hatch 提出的，其基本思想是首先确定未知点的初始坐标，进而得到整周未知数的初值，然后以此值为中心，建立搜索区域，最后按最小二乘原理在此区域内搜索出正确的整周未知数。即所求的整周未知数的整数解应满足条件：

$$\min(\hat{N}-N)^T Q_N^{-1}(\hat{N}-N)\quad N\in Z^m \tag{4-54}$$

为了提高搜索速度，可将观测卫星分为两组，选择 4 颗图形条件较好的一组卫星求解，提供整周未知数的初始值及搜索范围，即需作进一步检验的整周未知数组，并利用余下的另一组卫星中每颗卫星的观测值，在搜索范围内对待检验的整周未知数组进行筛选，凡是不满足该颗卫星观测条件的一组整周未知数解，可立即剔除。因此该方法也称为删除法。

实验表明，这种方法在小于10km的基线上，采用双频观测数据，观测7颗或7颗以上卫星时，可实时解得整周未知数；而若观测的卫星数小于6颗时，搜索时间将显著增加。

2. 最小二乘模糊度不相关法

在满足式（4-54）的最小二乘条件下搜索整周未知数的整数解，是一项复杂耗时的工作，如果整周未知数相互独立，则 Q_N^{-1} 成为对角阵，式（4-54）可表示为

$$\min\sum_{i=1}^{m}(\hat{N}_i - N)/\sigma_{N_i}^2 \tag{4-55}$$

那么整周数估值 $\hat{N}_i$ 可简单地取距整周未知数实数解 $\hat{N}_i$ 最近的整数值。正是基于这种思想，Teunissen（1993）提出了基于整数参数转换的最小二乘模糊度不相关法，引入了参数 z，满足：

$$z = Z^T N \quad \hat{z} = Z^T \hat{N} \quad Q_{\hat{z}} = Z^T Q_{\hat{N}_i} Z \tag{4-56}$$

其中 Z 为相应的整周未知数（模糊度）转换矩阵，对转换后的 z 可得到与式（4-54）等价的整数最小二乘问题：

$$\min(\hat{z} - Z)^T Q_{\hat{z}}^{-1}(\hat{z} - Z) \quad z \in Z^m \tag{4-57}$$

其中 $Q_{\hat{z}}^{-1}$ 为对角阵。相应的整数最小二乘模糊度相量 $\hat{z}$ 可在由序贯条件最小二乘整周未知数所确定的空间范围内求解，即

$$\begin{cases} (\hat{z}_1 - z_1)^2 \leqslant \sigma_{z_1}^2 \chi^2 \\ (\hat{z}_{2/1} - z_2) \leqslant \sigma_{z_{2/1}}^2 \chi^2 [1 - (\hat{z}_1 - z_1)^2 / \sigma_{z1}^2 \chi^2] \\ \cdots\cdots \\ (\hat{z}_{m/m-1} - z_m) \leqslant \sigma_{z_{m/(m-1)}}^2 \chi^2 \left[1 - \sum_{j=1}^{m-1} (\hat{z}_{j/J} - z_j)^2 / \sigma^2 z_{i/j} \chi^2\right] \end{cases} \tag{4-58}$$

一旦式（4-58）中求出 $\hat{z}_1$，$\hat{z}_2$，…，$\hat{z}_m$ 则相应的整数最小二乘模糊度向量可由下式求出：

$$\hat{N} = Z^T \hat{z} \tag{4-59}$$

3. 模糊度函数法

此法的基本思想最早由Counselman等人提出，也是基于搜索原理，但不像最小二乘搜索法是基于对整周未知数解空间的搜索，而是基于点位空间的搜索。采用该方法的前提是具有较高精度的初始值，通过对几分钟观测数据采取函数加密的搜索策略，直接确定点位的精确解。并利用位置精确解，可反算出一组整周

未知数。模糊度函数法最大的优点是对周跳不敏感，它只用到相位观测量的小数部分，因此与初始整周未知数无关，但与最小二乘搜索法相比，需要的搜索时间较长。

4. 综合法

近年来许多学者致力于研究整周未知数的综合解算法（AOTF）。该方法与一般的OTF法相类似，亦采用搜索的原理对整周未知数进行搜索，但是在搜索中综合利用各种观测信息和算法，以提高搜索的准确度和减少搜索的时间，通常采用如下步骤求解：

1）确定整周未知数的初值；

2）以初值为中心建立搜索区域；

3）给定整周未知数的某种搜索准则；

4）采用某种计算模型及方法对整周未知数进行搜索，一旦整周未知数满足所给定的准则即为所求的解。

与一般的OTF算法相比，AOTF法对以下几个方面进行了改进：

1）尽可能地提高求解整周未知数的效率，AOTF充分利用GPS的定位信息。根据基线长短和电离层及观测噪声的特点选择合适的扩频工作信号（双宽巷、宽巷、半宽巷、窄巷以及无电离层影响的组合等）。对于单频接收机，一般考虑采用相位平滑伪距的算法。

2）在保留整周未知数具有的整数特性的同时，尽可能地消去各项误差的影响，因此，AOTF一般均采用双差观测方程。

3）观测尽可能多的卫星。因为观测的卫星越多，多余的观测条件越多，可以达到对不符合要求的整周未知数快速剔除。AOTF至少需同步观测5颗以上卫星，选择其中几何结构较好的4颗卫星作为基本卫星组。

4）尽可能减少整周未知数的搜索区域，以减少计算时间。AOTF采用了两项措施：一是提高初始基本整周未知数解的精度；二是减少整周未知数的搜索区域。

5）选择合适的检验项目和相应的检验阈值。AOTF算法在搜索过程中前后共设定了8项检验，一项比一项严格，逐步地将搜索域内不正确的整周未知数组剔除。

6）算法优化。AOTF充分利用已有诸多算法的优点，如对于双频接收机观测数据，AOTF先利用扩频和相位平滑伪距计算出较精确的初始基本整周未知数值，利用最小二乘搜索法确定出整周未知数的变化范围后，用每组可能的整周未知数的组合，计算出对应的坐标值，采用模糊度函数法进行检验。对于仍不可区分的点，根据其坐标求出模糊度（整周未知数），以此值按固定差法重新求坐标值，选择其中具有最小验后方差的一组作为最终解，还可运用统计检验的方法判别该解的合理性。采用这种综合的搜索算法比单纯采用最小二乘搜索法或模糊度函数法快得多。

无论哪种方法求得的整周未知数解，都还应进行解的正确性和可靠性检验，即解的有效性。通常可采用对具有最小方差的一组整周未知数的方差与具有次小方差的一组整周未知数的方差之比进行 F 检验来确定解的有效性。

另外卡尔曼滤波法和3.4中介绍的伪距双频法也均可以在运动中求解整周未知数。卡尔曼滤波法是将初始整周模糊度作为状态向量，在滤波过程中使其逐渐收敛，但该方法需较长的收敛时间，有时还容易发散。而伪距双频法仅需一个历元的观测数据就可解算出整周未知数，但是需要P码双频观测量，普通GPS接收机难以应用此技术。

4.4.3 RTK GPS定位设备

实时动态（RTK）测量系统的构成，主要包括GPS接收设备、数据传输系统、软件系统3部分。

1. GPS接收设备

该系统中至少应包含两台GPS接收机，其中一台安置在基准站上，另一台或若干台分别安置在不同的流动用户站上。基准站应设在坐标已知的点上，且观测条件较好。作业期间，基准站的接收机应连续跟踪全部可见GPS卫星，并将观测数据通过数据传输系统，实时地发送给用户站。GPS接收机可以是单频或双频，当系统中包含多个用户接收机时，基准站上的接收机宜采用双频接收机。

2. 数据传输系统

基准站与用户站之间的联系是由数据传输系统（数据链）完成的，数据传输设备是实现实时动态测量的关键设备之一，由调制解调器和无线电台组成。在基准站上，调制解调器将有关的数据进行编码和调制，然后由无线电发射台发射出去。用户站上的无线电接收台将其接收下来，并由解调器将数据解调还原，送入用户站上的GPS接收机中。

3. 实时动态测量的软件系统

软件系统的质量与功能，对于保障实时动态测量的可行性、测量结果的精确性与可靠性，具有决定性的意义。实时动态测量的软件系统应具有如下主要功能：

1）整周未知数的动态快速解算；

2）实时解算用户站在 WGS-84 地心坐标系下的三维坐标；

3）求解坐标系之间的转换参数；

4）根据转换参数，进行坐标系统的转换；

5）解算结果质量分析与精度评定；

6）测量结果的显示与绘图。

4.5 动态相对定位中的坐标转换

差分 GPS 测量是在 WGS-84 地心坐标系中进行，而各种测量工作和定位工作是在当地坐标系中进行的，因此必须进行坐标转换。差分 GPS 在实时定位中，要求立即给出在当地坐标系的定位坐标，因此坐标转换对于实现实时动态相对定位的实际应用具有十分重要的作用。

GPS 定位获得的是在 WGS-84 坐标系中的空间三维直角坐标值。如果已知转换参数，可直接利用坐标转换模型实现坐标转换。当转换参数未知时，在局部区域，应利用区域内同时已知 WGS-84 坐标系和地方坐标系坐标的若干公共点，求出转换参数，再实现坐标转换。

在实际应用中，通常平面和高程是分开的，因此坐标转换前，需将 GPS 成果投影到平面上（坐标投影方法见 6.3），再进行坐标转换，获得地方平面坐标系下的实用坐标。

4.5.1 三维空间直角坐标系下的坐标转换

空间直角坐标系的坐标转换，通常包括 7 个转换参数，即 3 个平移参数（X_0，Y_0，Z_0），3 个旋转参数（ε_x，ε_y，ε_z），1 个尺度参数（m）。这就是著名的布尔莎（Bursa）模型：

$$\begin{bmatrix} X \\ Y \\ Z \end{bmatrix}_T = \begin{bmatrix} X \\ Y \\ Z \end{bmatrix}_{\text{WGS-84}} + \begin{bmatrix} X_0 \\ Y_0 \\ Z_0 \end{bmatrix} + m \cdot \begin{bmatrix} X \\ Y \\ Z \end{bmatrix}_{\text{WGS-84}} + \begin{bmatrix} 0 & \varepsilon_Z & -\varepsilon_Y \\ -\varepsilon_Z & 0 & \varepsilon_X \\ \varepsilon_Y & -\varepsilon_X & 0 \end{bmatrix} \begin{bmatrix} X \\ Y \\ Z \end{bmatrix}_{\text{WGS-84}} \tag{4-60}$$

如果已知 7 个转换参数，就可把转换参数输入坐标转换模型（4-60），得地方坐标系下的空间直角坐标。而当转换参数未知时，则应用同时已知 3 个或 3 个以上点的地方坐标和 WGS-84 坐标来求解转换参数，其中 WGS-84 坐标可由静态相对定位获得。利用这些点（称为公共点）的两套坐标，代入式（4-60）反求出坐标转换参数，即

$$\begin{bmatrix}X\\Y\\Z\end{bmatrix}_T-\begin{bmatrix}X\\Y\\Z\end{bmatrix}_{\text{WGS-84}}=\begin{bmatrix}1&0&0&X&0&-Z&Y\\0&1&0&Y&Z&0&-X\\0&0&1&Z&-Y&X&0\end{bmatrix}_{\text{WGS-84}}\begin{bmatrix}X_0\\Y_0\\Z_0\\m\\\varepsilon_X\\\varepsilon_Y\\\varepsilon_Z\end{bmatrix}\tag{4-61}$$

另外对于米级精度的码相位伪距差分，且差分区域范围不大于 $100\times100\text{km}^2$，可以不考虑旋转和尺度转换参数，因而仅需一个点的两套坐标，求出平移参数即可实现坐标转换。平移参数为

$$\left.\begin{aligned}X_0&=X_T-X_{\text{WGS-84}}\\Y_0&=Y_T-Y_{\text{WGS-84}}\\Z_0&=Z_T-Z_{\text{WGS-84}}\end{aligned}\right\}\tag{4-62}$$

4.5.2 平面坐标转换

无论是WGS-84坐标，还是地方坐标，均对应着各自的几何椭球体，可按照一定的椭球关系将WGS-84空间直角坐标的成果投影到高斯或UTM平面坐标系，再利用平面坐标转换模型代入转换参数实现平面坐标转换。平面坐标转换一般包括4个转换参数，即2个平移参数 X_0、Y_0，1个旋转参数 α，1个尺度参数 m。

(1) 转换参数已知

当转换参数已知时，可由二维坐标转换模型将坐标转换到实用的地方坐标系中：

$$\begin{bmatrix}X\\Y\end{bmatrix}_T=\begin{bmatrix}X\\Y\end{bmatrix}_g+\begin{bmatrix}X_0\\Y_0\end{bmatrix}+\begin{bmatrix}X\\Y\end{bmatrix}_g m+\begin{bmatrix}\cos\alpha&\sin\alpha\\-\sin\alpha&\cos\alpha\end{bmatrix}\begin{bmatrix}X\\Y\end{bmatrix}_g\tag{4-63}$$

(2) 已知若干公共点，转换参数未知

当两坐标系之间的转换参数未知，但已知区域中若干点上的WGS-84坐标系和地方坐标系的两套坐标，则可利用这些公共点，代入（4-63）式反求出平移、旋转和尺度参数。

当精度要求不是很高时，可采用近似的方法求转换参数，即利用区域中某点的两套高斯坐标之差求得平移参数：

$$\left.\begin{aligned}\Delta x_0&=x_{(i)T}-x_{(i)g}\\\Delta y_0&=y_{(i)T}-y_{(i)g}\end{aligned}\right\}\tag{4-64}$$

并利用某边长上方位角之差求得旋转参数：

$$\alpha = T_{(ij)T} - T_{(ij)g} \tag{4-65}$$

且由某边长之比获得尺度参数：

$$m = S_{(ik)T}/S_{(ik)g} \tag{4-66}$$

将这些近似的转换参数代入到（4-63）式，可求得转换到地方坐标系的坐标值。

如果某个转换参数过小，则在转换模型中不再考虑此参数。例如当不考虑尺度参数时（4-63）式的转换模型变为

$$\left.\begin{aligned} X_T &= X_g + X_0 + X_g\cos\alpha + Y_g\sin\alpha \\ Y_T &= Y_g + Y_0 + Y_g\cos\alpha - X_g\sin\alpha \end{aligned}\right\} \tag{4-67}$$

如果仅考虑平移参数，则转换模型成为

$$\left.\begin{aligned} X_T &= X_g + X_0 \\ Y_T &= Y_g + Y_0 \end{aligned}\right\} \tag{4-68}$$

当然还有一种仅考虑平移和尺度参数，不考虑旋转参数的转换模型。

(3) 仅已知地方坐标，转换参数与 WGS-84 坐标均未知

当在某区域范围内，仅已知某些控制点的地方坐标，而对应的 WGS-84 坐标系和转换参数均未知时，可采用静态相对定位的方法，观测获得这些点的 WGS-84 坐标系下的坐标。对其中某一点应进行较长时间的观测，以求得该点的 WGS-84 坐标系下的绝对坐标，并由相对定位中的基线向量求得各点的 WGS-84 坐标。再由地方坐标和 WGS-84 坐标求转换参数。

在计算坐标转换参数时，应注意以下几个方面：

1）公共点最好选在区域的四周及中心，均匀分布。应防止将点均选在测区的一端，而求另一端转换后的坐标。

2）为了保证转换参数的精度及可靠性，最好选用 3 个以上的公共点求转换参数，且留下一两个公共点作为检核点。

3）当精度要求较低时（米级），利用 1 个公共点仅求平移转换参数，仍可满足要求。

4.6　广域差分 GPS

4.6.1　单站差分 GPS

差分 GPS 按照用户站所接收的改正信息的形式，可分为单基准站差分 GPS 和具有多个基准站的区域差分 GPS 和广域差分 GPS。

单基准站差分 GPS，是仅仅根据一个基准站所提供的差分改正信息，对用户站进行改正的差分 GPS 系统。因此在差分定位中，即使在某区域中设立有多个基准站，只要用户站仅接收一个基准站发送的改正信息，仍是单基准站差分

GPS。

单基准站（简称单站）差分 GPS 系统由基准站、无线电数据通信链和用户站 3 部分组成。

1. 基准站

基准站的站坐标是已知的，站上一般需配备能同时跟踪视场中所有 GPS 卫星的接收机以及能计算差分改正数和编码的软件。单站差分 GPS 接收机大多是单频，也有部分基准站使用的是双频接收机和高精度的外接原子钟。

2. 无线电数据通讯链

编码后的差分改正信息是通过无线电通讯设备传送给用户的，将这种无线电通讯设备称为数据通讯链，它由基准站上的信号调制器、无线电发射机和发射天线以及用户站的差分信号接收机和信号解调器组成。

3. 用户站

用户站 GPS 接收机，可根据各用户站不同的定位精度及要求选择接收机。另外，用户站还应配有用于接收差分改正数的无线电接收机、信号解调器、计算软件及相应的接口设备等。

由于单站差分 GPS 系统中，用户站只接收一个基准站的改正信息来进行定位，因而系统的可靠性较差。如果基准站出现故障，用户站便无法进行差分定位，而如果基准站给出的改正信号出错时，则用户站的定位结果就可能会不正确。目前一般采用设置监控站的方法对改正信号进行检核，或用其他基准站提供的改正信息对某基准站提供的改正信息进行检核，以提高系统的可靠性。

单站差分 GPS 系统的优点是结构和算法都较为简单，技术上也较为成熟。但是该方法的前提是要求用户站误差和基准站误差具有强相关性，因此，定位精度将随着用户站与基准站之间的距离增加而迅速降低。此外，由于用户站只是根据单个基准站所提供的改正信息来进行定位改正，所以精度和可靠性均较差。

4.6.2 局部区域差分 GPS

在一个较大的区域布设多个基准站，以构成基准站网，其中常包含一个或数个监控站，位于该区域中的用户根据多个基准站所提供的改正信息经平差计算后求得用户站定位改正数，这种差分 GPS 定位系统称为具有多个基准站的局部区域差分 GPS 系统（LADGPS）。

区域差分 GPS 提供的改正量主要有以下两种方式：

1）各基准站均以标准化的格式发射各自改正信息，而用户接收机根据接收到的各基准站的改正量，取其加权平均作为用户站的改正数。其中改正数的权，可根据用户站与基准站的相对位置来确定。这种方式，由于应用了多个高速的差分 GPS 数据流，所以要求多倍的通信带宽，效率较低。

2）根据各基准站的分布，预先在网中构成以用户站与基准站的相对位置为函数的改正数的加权平均值模型，并将其统一发送给用户。这种方式不需要增加通信带宽，是一种较为有效的方法。

区域差分 GPS 系统较单站差分 GPS 系统的可靠性和精度均有所提高。但是由于数据处理是把各种误差的影响综合在一起进行改正的。而实际上不同误差对定位的影响特征是不同的，如星历误差对定位的影响是与用户站至基准站间的距离成正比的；而对流层延迟误差则主要取决于用户站和基准站的气象元素间的差别，并不一定与距离成正比。因此将各种误差综合在一起，用一个统一的模式进行改正，就必然存在不合理的因素影响定位精度，且这种影响会随着用户站离基准站的距离增加而变大，导致差分定位的精度迅速下降。所以在区域差分 GPS 系统中，用户站不能距基准站太远，才能获得较好的精度。因而基准站必须保持一定的密度（间距小于 300km）和均匀度。当区域覆盖的面积很大时，所需的基准站的数量将是十分惊人的。另外，在某些区域，例如海洋、我国西部的高山区和沙漠区中，由于难以建立永久性的基准站而导致形成一些区域差分 GPS 的空白区。

4.6.3　广域差分 GPS 系统

针对单站差分和区域差分 GPS 存在的问题，Chang Clongkee 博士提出了广域差分 GPS（WADGPS）的思想，将观测误差按误差的不同来源分解成星历误差、卫星钟差及大气折射误差，以提高定位的精度、可靠性以及完备性。

1. 广域差分 GPS 的基本思想

在一个相当大的区域中用相对较少的基准站组成差分 GPS 网，各基准站将求得的距离改正数发送给数据处理中心，由数据处理中心统一处理，将各种 GPS 观测误差源加以区分，然后再传送给用户。这样一种系统称为广域差分 GPS 系统。

广域差分 GPS 通过对用户站的误差源直接改正，达到削弱误差，改善用户 GPS 定位精度的目的。广域差分 GPS 系统主要对 3 种误差源加以分离，并单独对每一种误差源分别进行“模型化”。

1）星历误差：广播星历是一种外推星历，精度不高，且其影响与基准站和用户站之间的距离成正比，是 GPS 定位的主要误差来源之一。广域差分 GPS 依赖区域中基准站对卫星的连续跟踪，对卫星进行区域精密定轨，确定精密星历，取代广播星历。

2）大气延时误差（包括电离层和对流层延时）：普通差分GPS提供的综合改正值，包含基准站处的大气延时改正，当用户站的大气电子密度和水汽密度与基准站不同时，对GPS信号的延时也不一样，使用基准站的大气延时量来代替用户站的大气延时必然会引起误差。广域差分GPS技术通过建立精确的区域大气延时模型，能够精确地计算出其对区域内不同地方的大气延时量。

3）卫星钟差误差：普通差分GPS利用广播星历提供的卫星钟差改正数，这种改正数仅近似反映了卫星钟与标准GPS时间的物理差异，残留的随机钟误差约有±30ns，等效伪距为±9m，如果考虑SA政策中的δ抖动，其对伪距的影响达近百米。广域差分GPS可以计算出卫星钟各时刻的精确钟差值。

2. 广域差分GPS系统的构成

该系统主要由主站、监测站、数据通信链和用户设备组成（图4-3）。

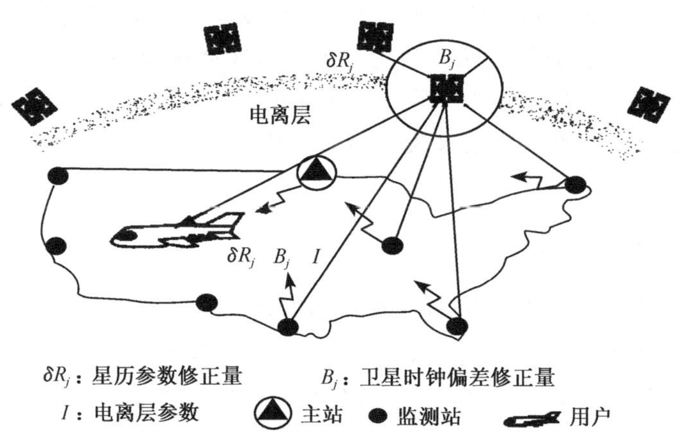

图4-3　广域差分GPS的组成

1）主站：根据各监测站的GPS观测量，以及各监测站的已知坐标，计算出GPS卫星星历并外推12h星历，建立区域电离层延时改正模型，拟合出改正模型中的8个参数；计算出卫星钟差改正值及其外推值，并将这些改正信息和参数传送到各发射台站。

2）监测站：一般设有一台铯钟和一台双频GPS接收机。各监测站将伪距观测值、相位观测值、气象数据等，均通过数据链实时地发射到主站。监测站的三维地心坐标应精确已知，监测站的数量一般不应少于4个。

3）数据链：数据通信包括两部分：监测站与主站之间的数据传递，广域差分GPS网与用户之间进行的数据通信。可采用数据通信网，如Internet网或其他数据通信专用网，或选用通信卫星。广域差分GPS网与用户之间的通信，由于系统覆盖面广，作用范围大，故小型发射机难于满足需要，一般应选用短波或长波通信、调频副载波、卫星通信等方式。

4）用户设备：一般包括单频 GPS 接收机和数据链的用户端，以便用户在接收 GPS 卫星信号的同时，还能接收主站发射的差分改正数，并据之修正原始 GPS 观测数据，最后解出用户站的位置。

由以上 4 部分组成的广域差分 GPS 系统，其系统的工作流程为：

1）在已知坐标的若干监测站上，跟踪观测 GPS 卫星的伪距、相位等信息。

2）将监测站上测得的伪距、相位和电离层延时的双频量测结果全部传送到主站。

3）主站在区域精密定轨计算的基础上，计算出卫星星历误差改正，卫星钟差改正及电离层时间延迟改正模型。

4）将这误差改正用数据通信链传送到用户站。

5）用户站利用这些误差改正来修正自己观测的伪距、相位和星历等，计算出具有较高精度的 GPS 定位结果。

3. 广域差分 GPS 系统的特点

广域差分 GPS 提供给用户的改正量，是每颗可见 GPS 卫星星历的改正量，时钟偏差修正量和电离层时延改正模型，其目的是最大限度地降低监测站与用户站间定位误差的时空相关性和对时空的强依赖性，改善和提高实时差分定位的精度。

与一般的差分 GPS 相比，广域差分 GPS 具有如下特点：

1）主站、监测站与用户站的站间距离从 100km 增加到 200km，定位精度不会出现明显的下降，即定位精度与用户和基准站（监测站）之间的距离无关。

2）在大区域内建立广域差分 GPS 网比区域 GPS 网需要的监测站数量少，投资小。例如，在美国大陆的任意地方要达到 5m 的差分定位精度，使用区域差分 GPS 方式需要建立 500 个基准站，而使用广域差分 GPS 方式的监测站个数将不超过 15 个，其经济效益可见一斑。

3）广域差分 GPS 具有较均匀的精度分布，在其覆盖范围内任意地区定位精度大致相当，而且定位精度较区域差分 GPS 系统高。

4）广域差分 GPS 的覆盖区域可以扩展到区域差分 GPS 不易作用的地域，如海洋、沙漠、森林等。

5）广域差分 GPS 系统使用的硬件设备及通信工具昂贵，软件技术复杂，运行和维持费用较区域差分 GPS 高得多。

近年来，美国联邦航空局（FAA）在广域差分 GPS 的基础上，提出利用地球同步卫星（GEO），采用 L1 波段转发广域差分 GPS 修正信号，同时发射调制

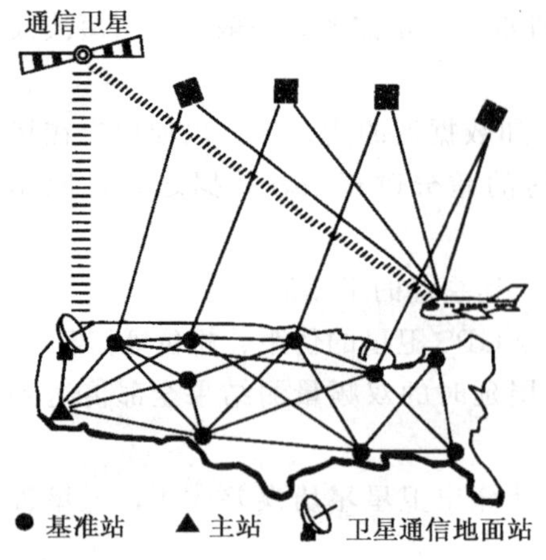

图 4-4　广域增强 GPS 系统

在 L1 上的 C/A 码伪距的思想，称之为广域增强 GPS 系统（WAAS）（图 4-4）。这一系统完全抛弃了附加的差分数据通信链系统，直接利用 GPS 接收天线识别、接收、解调由地球同步卫星发送的差分数据链。同时，该系统利用地球同步卫星发射 C/A 码测距信号，增加测距卫星源，从而大大提高了系统的导航精度、可靠性和完备性。与此同时，为补充广域差分技术的不足，一种地基伪卫星技术（pseuolite）也迅速发展起来，它是在机场或重要地区附近建立少数具有精确地心坐标的固定站，模拟 GPS 卫星发射 L1 波段 C/A 码伪距信号，用于引导飞机进场、着陆或附近地面及空中运动载体的精确导航。

GPS 定位技术在导航方面有广阔的应用领域，特别是当其与数据传输和通信技术相结合时，充分地显示了这一导航技术的巨大潜力和广泛的应用前景。

思　考　题

1. 名词解释：GPS 动态定位；导航；差分动态定位；LADGPS；WADGPS；WAAS。
2. 简述 GPS 动态定位的特点。
3. 试写出 GPS 动态定位的几种方法。
4. 试述实时单点动态定位的原理，并写出相应的观测方程和误差方程。
5. 实时差分动态定位有哪几种方法？这些方法各有什么特点？
6. 试述位置差分和伪距差分的基本原理，并写出相应的观测方程。
7. 试述 RTK 的定位原理及 RTK 系统的组成。
8. RTK 定位中修正法的原理是什么？写出 RTK 定位中求差法的计算过程。
9. 试述 WADGPS 的组成部分及各部分的作用。
10. LADGPS 的基本原理是什么？
11. WADGPS 有哪些特点？

第 5 章　GPS 控制网的设计与外业工作

GPS 定位测量的高精度、高效率和低成本是以测前科学的技术设计和测后精确可靠的数据处理为基础的。GPS 测量的技术设计是按照 GPS 测量规范要求，兼顾精度、可靠性、经济性等指标，在测量前制定严格、科学、切实可行的布网及观测方案。

GPS 设计与施测的依据主要是测量任务书和 GPS 测量规范。由于 GPS 测量属于一门新型的正在发展的技术方法，因此规范中某些条款在执行过程中可以商榷。但是，GPS 测量规范仍旧是我们进行 GPS 测量的主要技术标准，应按照 GPS 测量规范的统一标准，进行 GPS 网的设计和制定外业工作方案。

5.1　GPS 网的构网特点与网形设计一般原则

5.1.1　GPS 网的构网特点

GPS 网的设计需要考虑诸多因素，其核心是如何高质量低成本完成既定的测量任务。GPS 网的设计包括网形构造、精度、基准等方面的设计，此外，对于外业工作具体实施，还应考虑观测时段、时间、测站位置的选择，接收机的类型及数量，交通后勤等因素。

目前的 GPS 控制测量，基本上都是采用相对定位的测量方法。这就需要两台以及两台以上的 GPS 接收机在相同的时间段内同时连续跟踪相同的卫星组，即实施所谓同步观测。同步观测时各 GPS 点组成的图形称为同步图形。

不同台数 GPS 接收机同步观测一个时段，便组成以下各种同步图形结构，如图 5-1 所示。总之，当 T 台接收机同步观测获得的同步图形由 n 条基线构成，其中 n 为

$$n = T(T-1)/2 \tag{5-1}$$

同步图形是构成 GPS 网的基本图形。而在组成同步图形的 n 条基线中，只有（$T-1$）条是独立基线，其余基线均为非独立基线，可由独立基线推算得到。由此，也就在同步图形中形成了若干坐标闭合差条件，称为同步图形闭合差。由于同步图形是在相同的时间观测相同的卫星所获得的基线解构成的，基线之间是相关的观测量。因此，同步图形闭合差不能作为衡量精度的指标，但它可以反映野外观测质量和条件的好坏。

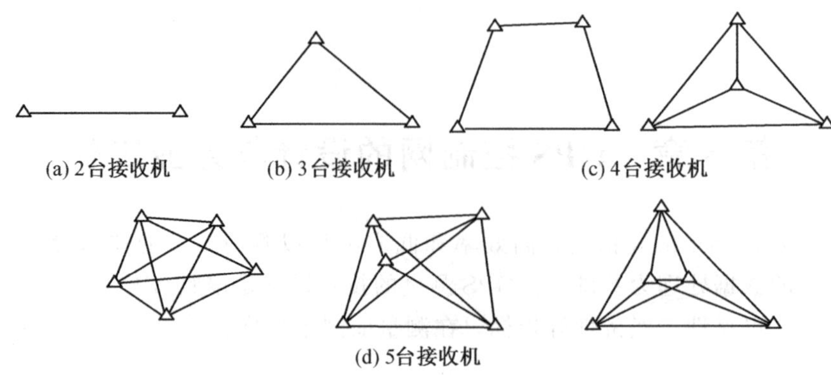

图 5-1 同步图形示例

在GPS测量中，与同步图形相对应的，还有非同步图形或称为异步图形，即由不同时段的基线构成的图形。由异步图形形成的坐标闭合差条件称为异步图形闭合差。当某条基线被两个或多个时段观测时，就形成了重复基线坐标闭合差条件。异步图形闭合条件和重复基线坐标闭合条件是衡量精度、检验粗差和系统差的重要指标。

5.1.2 GPS控制网的构网方式

GPS网是由同步图形作为基本图形扩展延伸得到的，当采用不同的连接方式时，网形结构随之会有不同形状。GPS网的布设就是如何将各同步图形合理地衔接成一个有机的整体，使之达到精度高，可靠性强，且作业量和作业经费少的要求。GPS网的布设按网的构成形式分为：星形网、点连式网、边连式网、网连式网。按其作业方式可分为：同步作业方式网、基准站同步作业方式网（作业时始终保持静止的仪器站称为基准站）、快速定位作业方式。下面我们按照布网的形状，逐一讨论各种构网方式的优劣，由此获得GPS网形设计的一般原则。

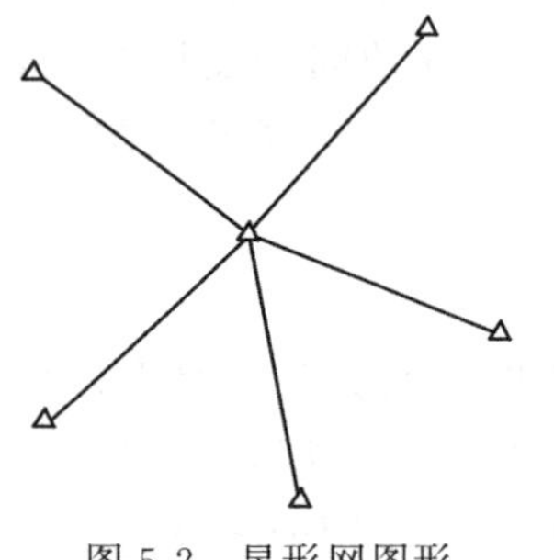

图 5-2 星形网图形

1. 星形网

星形网的图形如图5-2所示。这种网形在作业中只需要两台GPS接收机，作业简单，是一种快速定位作业方式，常用在快速静态定位和准动态定位中。但由于各基线之间不构成任何闭合图形，所以其抗粗差的能力非常差。一般只用在工程测量、边界测量、地籍测量和碎部测量等一些精度要求较低的测量中。

2. 点连式网

所谓点连式网，就是相邻同步图形间仅由一个公共点连接成的网，其网形如

图 5-3 所示。

任一个由 m 个点组成的网，由 T 台接收机观测，则完成该网至少要 n 个同步图形：

$$n = 1 + INT[(m - T)/(T - 1)] \quad (5\text{-}2)$$

例如，当 $m=30$ 时，采用 3、4、5 台接收机最少同步图形分别为 15、10、8。网的必要观测基线数为 $m-1$，而网中 n 个同步图形总共有 $n \times (T-1)$ 条独立基线。

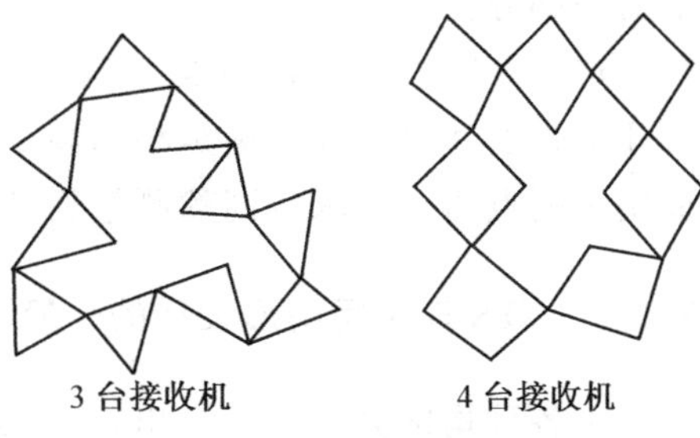

图 5-3　点连式 GPS 网

显然，以这种方式布网，没有或仅有少量的异步图形闭合条件。因此，所构成的网形抗粗差能力仍不强，特别是粗差定位能力差，网的几何强度也较弱。在这种网的布设中，可以在 n 个同步图形的基础上，再加测几个时段，增加网的异步图形闭合条件的个数，从而提高网的几何强度，使网的可靠性得到改善。

3. 边连式网

边连式布网方法是指相邻同步图形之间通过 2 个公共点相连，即同步图形由 1 条公共基线连接。

任一个由 m 个点构成的网，若用 T 台（$T \geqslant 3$）接收机采用边连式布网方法进行观测，则完成该测量任务的最少同步图形个数 n 为

$$n = 1 + INT[(m - T)/(T - 2)] \quad (T \geqslant 3) \tag{5-3}$$

相应观测获得的总基线数为

$$n \times (T - 1) \cdot T/2 \tag{5-4}$$

其中独立基线数为 $n \times (T-1)$，而网的多余观测基线数为 $n \times (T-1) - (m-1)$。边连式构网图形如图 5-4 所示。

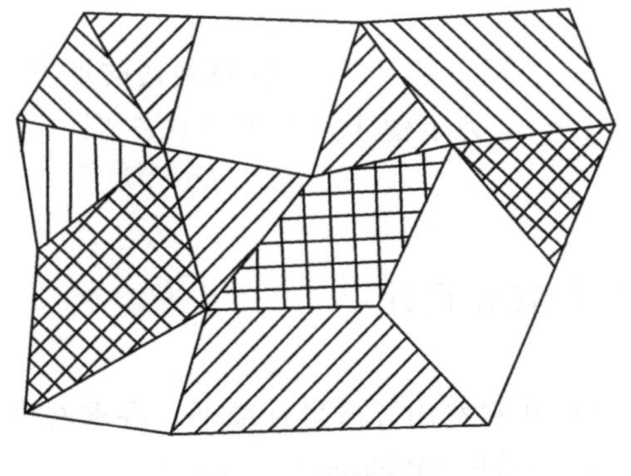

图 5-4　边连式网

比较边连式与点连式布网方法，可以看出，采用边连式布网方法有较多的非同步图形闭合条件，以及大量的重复基线边，因此，用边连式布网方式布设的 GPS 网的几何强度较高，具有良好的自检能力，能够有效发现测量中的粗差，具有较高的可靠性。

4. 网连式网

所谓网连式布网方法，是指相邻同步图形之间有两个以上公共点相连接，相邻同步图形之间存在互相重迭的部分，即某一同步图形的一部分是另一同步图形

中的一部分。

这种布网方式通常需要 4 台或更多的 GPS 接收机，这样密集的布网方法，其几何强度和可靠性指标是相当高的，但其观测工作量以及作业经费均较高，仅适用于网点精度要求较高的测量任务。

5.1.3 GPS 控制网网形设计的一般原则

由各种构网方式可以看出，在 GPS 作业前，应设计出一种比较实用的既能满足一定精度和可靠性要求、又有较高经济指标的布网作业计划，这就是 GPS 网的优化设计问题，本章将就此问题给予专门讨论，在此仅给出网形设计的一般原则：

1）GPS 网中不应存在自由基线。所谓自由基线是指不构成闭合图形的基线，由于自由基线不具备发现粗差的能力，因而必须避免出现，也就是 GPS 网一般应通过独立基线构成闭合图形。

2）GPS 网中的闭合条件中基线数不可过多。网中各点最好有 3 条或更多基线分支，以保证检核条件，提高网的可靠性，使网的精度、可靠性较均匀。

3）GPS 网应以“每个点至少独立设站观测两次”的原则布网。这样不同接收机数测量构成的网之精度和可靠性指标比较接近。

4）为了实现 GPS 网与地面网之间的坐标转换，GPS 网至少应与地面网有 2 个重合点。研究和实践表明，应有 3～5 个精度较高、分布均匀的地面点作为 GPS 网的一部分，以便 GPS 成果较好地转换至地面网中。同时，还应与相当数量的地面水准点重合，以提供大地水准面的研究资料，实现 GPS 大地高向正常高的转换。

5）为了便于观测，GPS 点应选择在交通便利、视野开阔、容易到达的地方。尽管 GPS 网的观测不需要考虑通视的问题，但是为了便于用经典方法扩展，至少应与网中另一点通视。

5.2 GPS 控制网的优化设计

控制网的优化设计，是在限定精度、可靠性和费用等质量标准下，寻求网设计的最佳极值。经典控制网优化设计包括零类设计（基准问题）、一类设计（图形问题）、二类设计（观测权问题）、三类设计（加密问题）。

与经典控制网相似，GPS 网的设计也存在优化的问题。但是，由于 GPS 测量无论是在测量方式上，还是在构网方式上均完全不同于经典控制测量，因而其优化设计的内容也不同于经典优化设计。

5.2.1 GPS 测量的特点以及优化设计的内容

1. GPS 测量的特点

GPS 相对定位测量是若干台 GPS 接收机同时对天空卫星进行观测，从而获得接收机间的基线向量。因此，各点之间不需通视。另外，在 GPS 测量中，当整周模糊度确定之后，观测量的权不再随观测时间增长而显著提高，所以，经典控制网观测权的优化设计在 GPS 测量中已不再具有显著的意义。

GPS 网是一种非层次结构，可一次扩展到所需的密度。网的精度不受网点所构成的几何图形的影响，即其精度与网中各点的坐标及边与边之间的角度无关，而只与网中各点所发出的基线数目及基线的权阵有关，这可以从 GPS 网的平差数学模型中看出。因此，经典控制网的一类优化设计（网的几何图形设计）在 GPS 网中成为网形结构设计。

经典控制网的必要起算数据包括：一点的坐标（用于网的定位），一条边的方位（用于网的定向），一条边的长度（用于确定网的尺度）。GPS 网的观测量——基线向量本身已包含尺度和方位信息，因此，理论上只需要一个点的坐标对网进行定位。但是考虑到 GPS 观测量的尺度因子受卫星轨道误差影响较大，而且与地面网的尺度因子之间存在匹配问题，往往需提供一些边长基准，但是这并不是必要基准，而是削弱系统误差所采用的措施。

经典控制网中，误差具有累积性，网中各边的相对精度和方位精度不均匀。而 GPS 网中的基线向量均含有长度和方位观测量，不存在误差传递与积累问题。因而，网的精度比较均匀，各边的方位和边长的相对精度基本上在同一数量级。

2. GPS 网优化设计的内容

GPS 网不同于经典控制网的所有种种特点，决定了 GPS 网的优化设计不同于经典控制网的优化设计。

从 GPS 测量的特点分析可以看出，GPS 网需要一个点的坐标为定位基准，而此点的精度高低直接影响到网中各基线向量的精度和网的最终精度。同时由于 GPS 网的尺度含有系统误差以及与地面网的尺度匹配问题，所以有必要提供精度较高的外部尺度基准。

由于 GPS 网的精度与网的几何图形结构无关，且与观测权相关甚小，而影响精度的主要是网中各点发出基线的数目及基线的权阵。单国政（1993）提出了 GPS 网形结构强度优化设计的概念，讨论增加的基线数目、时段数、点数对 GPS 网的精度、可靠性、经济效益的影响。同时，经典控制网中的三类优化设计，即网的加密和改进问题，对于 GPS 网来说，也就意味着网中增加一些点和观测基线，故仍可将其归结为对图形结构强度的优化设计。

综上所述，GPS网的优化设计主要归结为二类内容的设计：

1）GPS网基准的优化设计。

2）GPS网图形结构强度的优化设计，包括：网的精度设计，网的抗粗差能力的可靠性设计，网发现系统差能力的强度设计。

5.2.2 GPS网基准的优化设计

经典控制网的基准优化设计是选择一个外部配置，使得 Q_{XX} 达到一定的要求，而GPS网的基准优化设计主要是对坐标未知参数 X 进行设计。基准选取得不同将会对网的精度产生直接影响，其中包括GPS网基线向量解中位置基准的选择，以及GPS网转换到地方坐标系所需的基准设计。另外，由于GPS尺度往往存在系统误差，也应提出对GPS网尺度基准的优化设计。

1. GPS网位置基准的优化设计

研究表明，GPS基线向量解算中作为位置基准的固定点误差是引起基线误差的一个重要因素，使用测量时获得的单点定位值作为起算坐标，由于其误差可达数十米以上，所以选用不同点的单点定位坐标值作为固定点时，引起的基线向量差可达数厘米。因此，必须对网的位置基准进行优选设计。

对位置基准的优化可以采用如下方案：

1）若网中点具有较准确的国家坐标系或地方坐标系坐标，可以通过它们所属坐标系与WGS-84坐标系的转换参数求得该点的WGS-84系坐标，把它作为GPS网的固定位置基准。

2）若网中某点是Doppler点或SLR站，由于其定位精度较GPS伪距单点定位高得多，可将其联至GPS网中作为一点或多点基准。

3）若网中无任何其他类已知起算数据时，可将网中一点多次GPS观测的伪距坐标作为网的位置基准。

2. GPS网的尺度基准优化设计

尽管GPS观测量本身已含有尺度信息，但由于GPS网的尺度含有系统误差，所以，还需要提供外部尺度基准。

GPS网的尺度系统误差有两个特点：一是随时间变化，由于美国政府的SA政策，使广播星历误差大大增加，从而对基线带来较大的尺度误差；二是随区域变化，由区域重力场模型不准确引起的重力摄动所造成。因此，如何有效地降低或消除这种尺度误差，提供可靠的尺度基准就是尺度基准优化问题。其优化有以下几种方案：

1）提供外部尺度基准。对于边长小于 50 km 的 GPS 网，可用较高精度的测距仪（10^{-6}或更高）施测 2～3 条基线边，作为整网的尺度基准，对于大型长基线网，可采用 SLR 站的相对定位观测值和 VLBI 基线作为 GPS 网的尺度基准。

2）提供内部尺度基准。在无法提供外部尺度基准的情况下，仍可采用 GPS 观测值作为 GPS 网的尺度基准，只是对于作为尺度基准的观测量提出一些不同要求，其尺度基准设计如下（见图 5-5）。

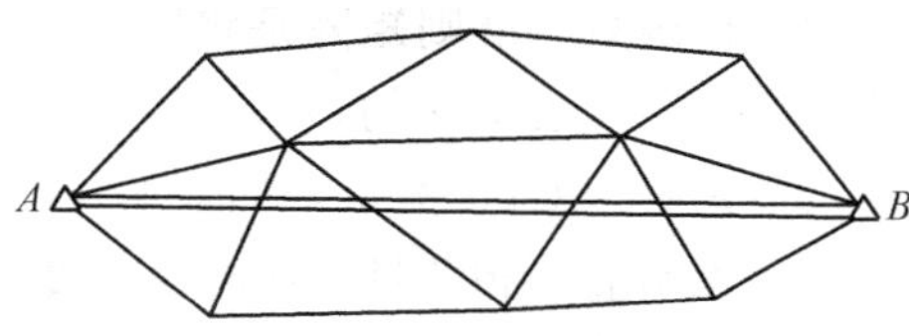

图 5-5　GPS 网尺度基准设计

在网中选一条长基线，对该基线尽可能多地长时间、多次观测，最后取多次观测段所得的基线的平均值，以其边长作为网的尺度基准。由于它是不同时期的平均值，尺度误差可以抵消，其精度要比网中其他短基线高得多。所以，可以作为尺度基准。

以上讨论了 GPS 基线向量解算中位置基准及 GPS 尺度基准的选择与优化问题。此外，将 GPS 成果转换到地面实用坐标系中，还存在一个转换基准的选择问题，将在下一章详细讨论。

5.2.3　GPS 网的精度设计

精度是用来衡量网的坐标参数估值受观测偶然误差影响程度的指标。网的精度设计是根据偶然误差传播规律，按照一定的精度设计方法，分析网中各未知点平差后预期能达到的精度。这也常被称为网的统计强度设计与分析。一般常用坐标的方差—协方差阵来分析，也常用误差椭圆（球）和相对误差椭圆（球）来描述坐标点的精度情况，或用点之间方位、距离和角度的标准差来定义。

对于 GPS 网的精度要求，较为通行的方法是用网中点之间的距离误差来表示，其形式为

$$\sigma = \sqrt{a^2 + (b \cdot d)^2} \tag{5-5}$$

式中，σ 为网中点之间距离的标准差（mm）；a 为固定误差（mm）；b 为比例误差系数（10^{-6}）；d 为两点之间的距离（km）。

我国颁发的《全球定位系统（GPS）测量规范》，根据网的不同用途，将 GPS 网划分成 5 个等级，其相应的精度列于表 5-1。

表 5-1　GPS 网的等级划分

级　别	固定误差 a/mm	比例误差 $b/10^{-6}$
A	≤5	≤0.1
B	≤8	≤1
C	≤10	≤5
D	≤10	≤10
E	≤10	≤20

对于许多大地网、工程控制网仅有点之间距离的相对精度要求还不够，通常以网中各点点位精度，或网的平均点位精度作为表征网精度的特

征指标，这种精度指标可由网中点的坐标之方差—协方差阵构成描述精度的纯量精度标准和准则矩阵来实现。纯量精度标准是选择一个描述全网总体精度的一个不变量，作出不同选择，构成了不同的纯量精度标准，并用其来建立优化设计的精度目标函数。准则矩阵是将网中点的坐标方差—协方差阵构造成具有理想结构的矩阵，它代表了网的最佳精度分布，具有更细致描述网的精度结构的控制标准。但是对于 GPS 测量，如前所述，GPS 测量精度与网的点位坐标无关，与观测时间无明显的相关性（整周模糊度一旦被确定后），GPS 网平差的法方程只与点间的基线数目有关，且基线向量的 3 个坐标差分量之间又是相关的，因此，很难从数学和实际应用的角度出发，建立使未知数的协因数阵逼近理想的准则矩阵。

目前较为可行的方法是给出坐标的协因数阵的某种纯量精度标准函数。

设 GPS 网有误差方程：

$$\begin{cases} \underset{3m\times 1}{V} = \underset{3m\times n}{A}\ \underset{n\times 1}{X} + \underset{3m\times 1}{l} \\ D_{ll} = \sigma_0^2 P^{-1} \end{cases} \tag{5-6}$$

式中，l、V 分别为观测向量和改正向量，X 为坐标未知参数向量，P 为观测值权阵，σ_0^2 为先验方差因子（在设计阶段取 $\sigma_0^2=1$）。

由最小二乘可得参数估值及其协因数阵为

$$\begin{cases} \hat{X} = (A^T PA)^{-1} A^T Pl \\ Q_{\hat{X}} = (A^T PA)^{-1} \end{cases} \tag{5-7}$$

优化设计中常用的纯量精度标准，根据其由 $Q_{\hat{X}}$ 构成的函数形式的不同分为 4 类不同的最优纯量精度标准函数。

1）A 最优性标准：

$$f = Trace(Q_{\hat{X}}) = \lambda_1 + \lambda_2 + \cdots + \lambda_t \rightarrow \min$$

$Trace$ 表示迹，λ_1，λ_2，…，λ_t 为 $Q_{\hat{X}}$ 的非零特征值。

2）D 最优性标准：

$$f = Det(Q_{\hat{X}}) = \lambda_1 \cdot \lambda_2 \cdot \cdots \cdot \lambda_t \rightarrow \min$$

Det 表示行列式之值。

3）E 最优性标准：

$$f = \lambda_{\max} \rightarrow \min$$

$\lambda_{\max}$ 为 $Q_{\hat{X}}$ 的最大特征值。

4）C 最优性标准：

$$f = \frac{\lambda_{\max}}{\lambda_{\min}} \rightarrow \min$$

在以上四个纯量精度最优性函数标准中，C、D、E 三个标准需要求行列式和特征值，而对于高阶矩阵这些值的计算都是比较困难的，因此，在实际中较少应用，多用于理论研究。相反，A最优性标准函数求的是 Q_X 的迹，计算简便，避免了特征值的计算，因此在实际中应用较多。

实际应用中还可以根据工程对网的具体要求，将A最优性标准变形为

$$f = Trace(Q_X) \leqslant C \tag{5-8}$$

5.2.4 GPS网精度设计实例

对GPS进行网形设计，必须考虑精度要求，GPS网精度设计可按如下步骤进行：

1）首先根据布网目的，在图上进行选点，然后到野外踏勘选点，以保证所选点满足本次控制测量任务要求和野外观测应具备的条件，进而在图上获得要施测点位的概略坐标。

2）根据本次GPS控制测量使用的接收机台数 m，按照5.2.3中所述布网原则，选取（$m-1$）条独立基线设计网的观测图形，并选定网中可能追加施测的基线。

3）根据本次控制测量的精度要求，采用解析—模拟方法，依据精度设计模型，计算网可达到的精度数值。

4）逐步增减网中独立观测基线，直至精度数值达到网的精度指标，并获得最终网形及施测方案。

例5.1　对一个由8个点组成的GPS模拟网，进行网的精度设计。该8个点的概略大地坐标由图上量出列于表5-2，点位及网形如图5-6所示。

表5-2　GPS模拟网坐标值

点　号	纬度/°	经度/°	大地高/m
1	36.16	112.30	100.00
2	36.11	112.30	80.00
3	36.16	112.34	120.00
4	36.14	112.32	150.00
5	36.14	112.36	120.00
6	36.11	112.34	100.00
7	36.16	112.38	200.00
8	36.11	112.38	110.00

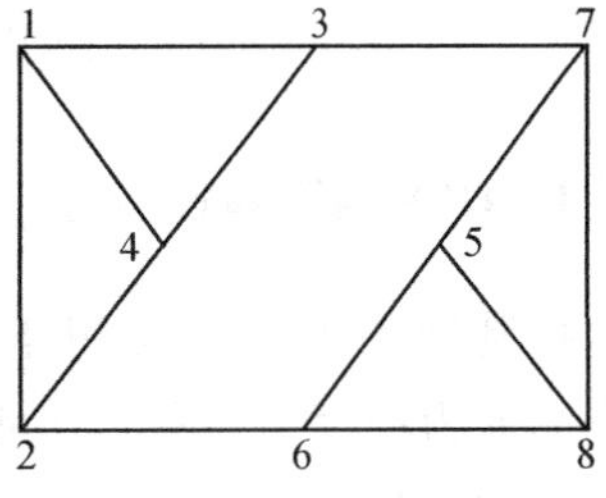

图5-6　GPS模拟网

解　在图5-6中，独立基线为1～2，1～3，1～4，2～4，2～6，3～4，3～7，5～6，5～7，5～8，6～8，7～8，共12条GPS基线。

假定单位权方差因子 $\sigma_0^2=1$，以1号点作为基准点，设计后的平均点位误差要求为2.2cm（即 $C=2.2$cm）。

设GPS接收机测量基线边长、方位和高差的精度为

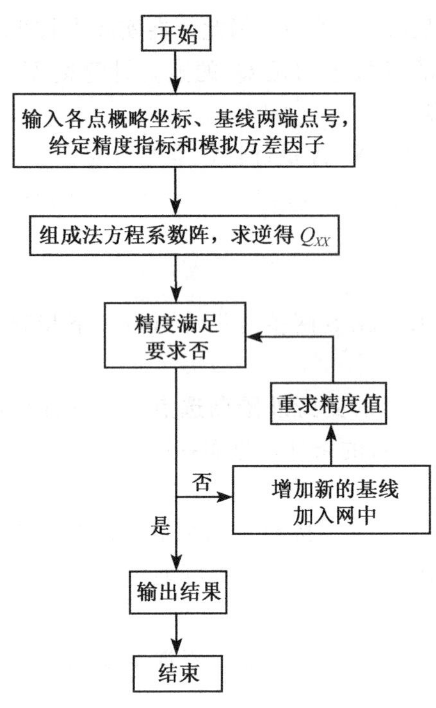

图 5-8 GPS 网的精度设计程序框图

	固定误差	比例误差
D（边长）	5mm	1×10^{-6}
A（方位）	$3''$	$1''$
H（高差）	10mm	2×10^{-6}

根据图 5-6 独立基线构成的 GPS 网形结构，由式（5-7）可求出网的协因数阵 Q_{XX}，再由式（5-8）可求出网的平均协因数值 $Trace(Q_{XX})$，进而求出网的平均点位误差 $\overline{m}^2=\sigma_0^2\cdot\sqrt{Trace(Q_{XX})}$，为 2.9cm，未达到设计精度要求。

网中增加新的基线，并重新计算协因数阵及平均点位误差：

增加基线	达到的平均点位误差/cm
4～6	2.5
3～5	2.3
4～5	2.2

由计算结果可看出，只要加测 3～5，4～6和 4～5 等 3 条基线后，即可达到设计精度要求。因此，最终设计图形及需测的独立基线如图 5-7 所示。图 5-8 描述了 GPS 网的精度设计程序流程。

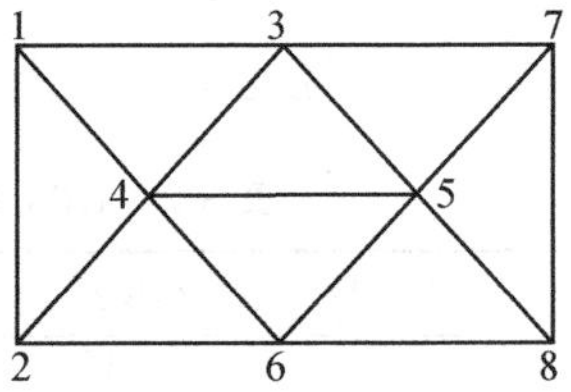

图 5-7 增加新基线后的 GPS 模拟网

5.3 GPS 网的可靠性设计

5.3.1 GPS 网可靠性概念

控制网的可靠性是用于衡量网辨别粗差、抵抗粗差影响能力的度量指标，一般分为内可靠性指标和外可靠性指标。内可靠性是指在一定的置信水平和检验功效下，可以发现网中存在的粗差的最小值，即当粗差为多大时，可以在网中发现并指出。外可靠性是指不可发现的粗差对网的坐标未知参数的影响，即未能发现的粗差对测量成果的影响值。

GPS 控制网观测作业中，由于卫星轨道误差、信号发射和传播误差、周跳及整周未知数的确定均容易导致观测向量带有粗差。因此，在 GPS 控制网设计阶段，应考虑 GPS 网的可靠性，根据一定的可靠性指标标准，进行控制网的设计。GPS 网的可靠性取决于网的图形结构和基线向量的权阵，而不是取决于观测本身。因此，可根据 GPS 网的特点，在网的设计阶段考虑网的可靠性，以发现尽可能小的粗差和减少不可发现的粗差对网的坐标未知参数的影响。

进行控制网的可靠性设计，首先应给出相应的可靠性设计标准，即可靠性指标。由于 GPS 控制网观测与传统控制网大相径庭，所以，GPS 控制网可靠性指标的确定，既有与传统控制网相同的地方，也有许多不同之处。本节中，首先给出传统控制网可靠性设计指标，然后根据 GPS 网的特点，给出 GPS 控制网可靠性指标，最后给出顾及可靠性标准的 GPS 网的优化设计。

5.3.2　传统控制网可靠性设计标准

由于含有粗差的观测值的大小及其出现的位置事先并不知道，所以采用假设检验的方法，对粗差进行估计定位判断。

由式（5-6）和（5-7）知

$$V = A\hat{X} - l \tag{5-9}$$

$$\hat{X} = (A^T PA)^{-1} A^T Pl \tag{5-10}$$

式中

$$l = L - F(X^0) \tag{5-11}$$

则

$$V = [A(A^T PA)^{-1} A^T P - E]l = -R \cdot l \tag{5-11a}$$

按协因数传播律有

$$Q_{VV} = Q - A(A^T PA)^{-1} A^T \tag{5-11b}$$

式中，$R = E - A(A^T PA)^{-1} A^T P = Q_{VV} P$ 为秩亏阵，其秩等于独立未知参数的个数。由（5-11）式可以看出，若以未知数的真值代入函数 $F(X)$，则 $\varepsilon = l = L - F(\widetilde{X})$代表观测值的真误差。则可得观测值改正数和真误差 ε 的关系为

$$\underset{n\times 1}{V} = -\underset{n\times n}{R} \cdot \underset{n\times 1}{\varepsilon} \tag{5-12}$$

不难看出，矩阵 R 包含了观测值真误差作用于改正数上的影响的全部信息。某一观测值的误差不仅对其自身的改正数有影响，还对所有观测值的改正数有不同程度的影响。同样，所有观测的误差也都作用于任一观测值改正数之上。

设观测值 L_i 的误差 ε_i 对其自身改正数的影响为

$$V_i^* = -(R)_{ii} \cdot \varepsilon_i = -r_i \cdot \varepsilon_i \tag{5-13}$$

其中，$0 \leqslant r_i \leqslant 1$，$\sum_{i=1}^{n} r_i = r$，$r$ 为网中总的多余观测数。

通常将 r_i 称为多余观测分量，它代表该观测值在总的多余观测数中所占的分量，当 $r_i = 0$ 时，表示该观测值为必要观测；若 $r_i = 1$，则表示该观测完全为多余，即未参与平差，误差全部反映在改正数中，可靠率为 100%。一般来说，观测值误差只能部分地反映在其改正数中。当没有多余观测（$r_i = 0$）时，所有 r_i 均为零，此时，所有观测值的误差将全部作用到解算的未知数中去，而所有的观测值的改正数为零，任何误差均无法检测发现，可靠率为 0。

如果某一观测量 L_i 含有粗差 $\nabla\hat{l}_i$，则可利用（5-13）式，由平差得到的观测值改正数来估计 $\nabla\hat{l}_i$ 的大小：

$$\nabla\hat{l}_i = -\frac{V_i}{r_i} \tag{5-14}$$

按协方差传播律，由（5-13）式可得

$$\sigma^2_{v_i} = r_i \cdot \sigma^2_{\nabla l_i} \text{ 或 } \sigma_{v_i} = \sqrt{r_i} \cdot \sigma_{\nabla l_i} \tag{5-15}$$

假设观测值 $L_i(i=1, 2, \cdots, n)$ 只存在一个粗差，即 $\nabla l = (0, 0, \cdots, \nabla l_i, 0, \cdots, 0)^T$，且已知观测值的单位权方差 σ_0^2，则可对 V_i 求出标准化值，即

$$\omega_i = \frac{V_i}{\sigma_{V_i}} = \frac{V_i}{\sqrt{r_i} \cdot \sigma_{\nabla l_i}} \tag{5-16}$$

观测值 l_i 的粗差 ∇l_i 引起检验量 ω_i 的分布函数产生相应的平移 $\Delta\omega_i = \delta_i$，该平移量在统计学上称为非中心化参数 δ_i，其可由 $\Delta V_i = -r_i \nabla l_i$ 求出：

$$\delta_i = \Delta\omega_i = \frac{-\Delta V_i}{\sqrt{r_i}\delta_{l_i}} = \frac{\nabla l_i \sqrt{r_i}}{\delta_{l_i}} \tag{5-17}$$

当观测值 l_i 无粗差时，ω_i 服从标准正态分布，$\omega_i \sim N(0, 1)$；当观测值 l_i 含有一个数值为 ∇l_i 的粗差，则 ω_i 的密度函数产生大小为 δ_i 的位移，即有 $\omega_i \sim N(\delta_i, 1)$。因此，可通过对统计量 ω_i 按照标准正态分布的弃真和纳伪概率（显著水平 α 和检验功效 $1-\beta$）进行检验，确定 L_i 中是否含有粗差。

零假设　　H_0：$\nabla l_i = 0$，$\omega_i \sim N(0, 1)$

备选假设　　H_{α_1}：$\nabla l_i \neq 0$，$\omega_i \sim N(\delta, 1)$

给定显著水平 α，查正态分布表得到相应检验临界值 K，若 $\omega_i > K$，则认为观测值 l_i 可能含粗差。

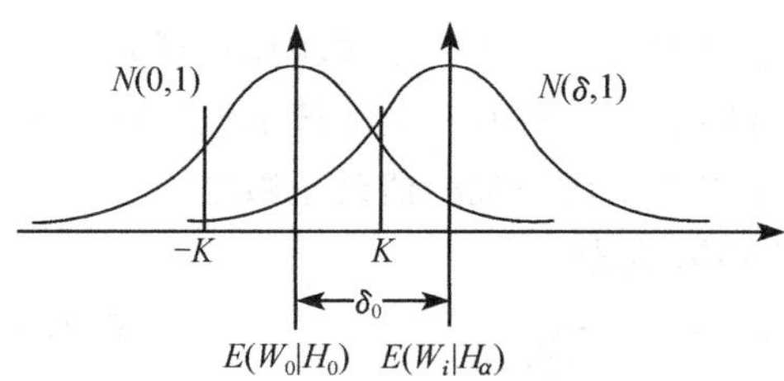

图 5-9　统计量 ω_i 的检验

一个观测值含有多大的粗差 ∇l_i，才能以规定的检验功效 β_0 在显著水平为 α_0 的检验中被发现呢？显然，这取决于备选假设 H_{α_1} 的非中心化参数 $\delta_0 = \delta_0(\alpha_0, \beta_0)$（参见图 5-9）。当给定 δ_0 后，利用式（5-17）便可求出观测值 L_i 可发现粗差的下界值为

$$\nabla l_{0i} = \delta_{l_i} \frac{\delta_0}{\sqrt{r_i}} \tag{5-18}$$

令 $\delta'_{0i} = \delta_0 / \sqrt{r_i}$，$\delta'_{0i}$ 称为可控性数，则上式可写为

$$\nabla l_{0i} = \delta'_{0i} \delta_{l_i}$$

δ'_{0i} 是一个倍数值，它表示观测值 l_i 的粗差至少为其中误差的多少倍时，该粗差才能在显著水平为 α_0 的检验中，以检验功效为 β_0 的概率被发现。可发现粗差的

下界（最小值）∇l_{0i}为观测值的内部可靠性。由式（5-17）知观测值的多余观测分量愈小，所能发现观测值粗差的下界值愈大，即粗差愈难发现，内可靠性愈差。因此，通常把多余观测分量 r_i（或 δ'_{0i}）作为判断内部可靠性的指标。

由式（5-11a）知 r_i 的大小取决于 P 和 A，即观测值的权和控制网设计矩阵。因此，可以在测量控制网优化设计过程中计算出，作为评定可靠性的依据。

在传统控制网中，有两种评定标准。当控制网 r_i 分布比较均匀时，可采用平均可靠率 r_A

$$r_A = \frac{1}{n}\sum_{i=1}^{n} r_i = \frac{r}{n} \tag{5-19}$$

r_A 从平均意义上反映网中全部观测值的可靠率。如果网中有可靠率很小的观测值，说明存在薄弱环节，这是控制网设计中应予避免的，因此，用显著可靠率 r_S：

$$r_S = \frac{n}{\sum_{i=1}^{n} \frac{1}{r_i}} \tag{5-20}$$

r_S 使网中存在的可靠率大小悬殊的情况得到反映。

而网的外部可靠性，即不可发现的粗差对平差结果的影响，由式（5-10）知

$$\nabla_0 X = (A^T PA)^{-1} A^T P \nabla l_0 = Q_x A^T P \nabla l_0 \tag{5-21}$$

由于$\nabla_0 X$ 与所取坐标系有关，并非不变量，而观测值作为参数的函数却与所取坐标无关。因而取标准化长度变量 $\bar{\delta}_0$ 来表示外可靠性。

$$\bar{\delta}_0 = \sqrt{\frac{1}{\sigma_0^2} \nabla_0 X^T Q_X \nabla_0 X} \tag{5-22}$$

根据（5-11a）和（5-18）式不难导出，第 i 个观测值不可发现的粗差对平差未知数的影响为

$$\bar{\delta}_{0i} = \delta_0 \sqrt{\frac{1 - r_i}{r_i}} \tag{5-23}$$

综上所述可以看出，控制网的内、外可靠性是一致的。r_i 愈小，内、外可靠性愈差。

5.3.3 GPS控制网可靠性设计标准

1. GPS基线向量的多余观测分量

由（5-11）式知 $R = Q_{VV}P$，即 $r_i = (Q_{VV}P)_{ii} = R_{ii}$，为第 i 个观测值的多余观测分量，它反映了观测值的误差作用于观测值改正数的程度，而且直接影响着控制网的内可靠性及外可靠性。

由于GPS观测值是基线向量，每条基线包含了3个坐标差向量，该3个向

量之间是相关的。那么GPS控制网中的多余观测分量，应以观测基线向量为基础。假定各GPS基线之间相互独立，则有

$$R = Q_{VV}P = \begin{bmatrix} Q_{v_{11}} & Q_{v_{12}} & \cdots & Q_{v_{1n}} \\ Q_{v_{21}} & Q_{v_{22}} & \cdots & Q_{v_{2n}} \\ \vdots & \vdots & \vdots & \vdots \\ Q_{v_{n1}} & Q_{v_{n2}} & \cdots & Q_{v_{nn}} \end{bmatrix} \begin{bmatrix} P_1 & & & 0 \\ & P_2 & & \\ & & \ddots & \\ 0 & & & P_n \end{bmatrix}$$

$$= \begin{bmatrix} Q_{v_{11}}P_1 & Q_{v_{12}}P_2 & \cdots & Q_{v_{1n}}P_n \\ Q_{v_{21}}P_1 & Q_{v_{22}}P_2 & \cdots & Q_{v_{2n}}P_n \\ \vdots & \vdots & \vdots & \vdots \\ Q_{v_{n1}}P_1 & Q_{v_{n2}}P_2 & \cdots & Q_{v_{nn}}P_n \end{bmatrix} \tag{5-24}$$

其中 $Q_{v_{ij}}P_i(i, j=1, 2, \cdots, n)$ 为3×3阶的子矩阵块。因此，可定义第 i 条基线的多余观测分量为3×3阶矩阵。其形式为

$$R_i = (Q_{v_{ii}}P_i) = \begin{bmatrix} R_{\Delta x_i \Delta x_i} & R_{\Delta x_i \Delta y_i} & R_{\Delta x_i \Delta z_i} \\ R_{\Delta y_i \Delta x_i} & R_{\Delta y_i \Delta y_i} & R_{\Delta y_i \Delta z_i} \\ R_{\Delta z_i \Delta x_i} & R_{\Delta z_i \Delta y_i} & R_{\Delta z_i \Delta z_i} \end{bmatrix} \tag{5-25}$$

若基线向量 $L_i=(\Delta x, \Delta y, \Delta z)^T$ 有误差向量 $(\varepsilon_{\Delta x}, \varepsilon_{\Delta y}, \varepsilon_{\Delta z})^T$，则该误差向量作用于基线的改正数大小为

$$V_i^* = (V_{\Delta x}^* \quad V_{\Delta y}^* \quad V_{\Delta z}^*)^T = R_i \cdot (\varepsilon_{\Delta x_i} \quad \varepsilon_{\Delta y_i} \quad \varepsilon_{\Delta z_i})^T \tag{5-26}$$

由（5-25）和（5-26）式可看出，R_i 的3个主对角线上元素的大小分别反映了基线 i 的3个坐标差分量的误差或粗差作用于各自的坐标差改正数的程度，其值愈大则粗差愈容易被发现。而 R_i 中的非主对角元素的大小则反映基线之中的某一坐标分量的粗差对该基线另一坐标分量改正数的影响大小。其值的大小仍然反映了基线粗差作用于该基线观测值改正数自身的程度。依据GPS基线多余观测分量的这一特性，同时考虑到多余观测分量在内、外可靠性中将起到的作用，也为了研究问题的方便，取 R_i 阵的3个行向量的二范数取平均后定义一条基线的多余观测分量值：

$$r_{L_i} = \frac{1}{3}\left[\left(\sum_{K=\Delta X}^{\Delta Z} R_{\Delta XK}^2\right)^{\frac{1}{2}} + \left(\sum_{K=\Delta X}^{\Delta Z} R_{\Delta YK}^2\right)^{\frac{1}{2}} + \left(\sum_{K=\Delta X}^{\Delta Z} R_{\Delta ZK}^2\right)^{\frac{1}{2}}\right] \tag{5-27}$$

2. GPS控制网的内可靠性指标

由前所述，给出了控制网内可靠性和外可靠性设计标准：

$$\nabla_0 l_i = \sigma_{l_i} \cdot \frac{\delta_0}{\sqrt{r_i}}, \quad \bar{\delta}_{0_i} = \delta_0 \sqrt{\frac{1-r_i}{r_i}}$$

这些标准仅适用于单个粗差且观测值之间不相关的情况，即单个一维备选假设下的可靠性。由于 GPS 控制网中的观测值是基线向量，即由 3 个相关的坐标差组成的向量（ΔX，ΔY，ΔZ）。所以，GPS 控制网内、外可靠性的讨论必须考虑单个多维备选假设下的情况。那么对于不含有粗差的观测值，有零假设

$$\mathrm{H}_0 : E(l/H_0) = A\widetilde{X}$$

而当观测值中含有粗差，则有备选假设

$$\mathrm{H}_a : E(l/H_a) = A\widetilde{X} + H\nabla\widetilde{S}$$

其中 $H\nabla\widetilde{S}$ 表示由 $p\times1$ 阶参数向量 $\nabla\widetilde{S}$ 所决定的粗差，H 为已知的 $n\times p$ 阶系数阵，其秩 $R(H)=p$。

令
$$\nabla\widetilde{S} = \| \nabla\widetilde{S} \| \cdot S \tag{5-28}$$

式中，$\| \nabla\widetilde{S} \|$ 为 $\nabla\widetilde{S}$ 的模，S 为 $\nabla\widetilde{S}$ 的单位向量。

在有多个粗差的情况下，能以一定的检验功效 $\beta_0(S)$，通过显著水平为 α 的统计检验发现的 S 方向的多个粗差的下界域是

$$\nabla_0 S = S \cdot \delta_0[S] / \sqrt{S^T P_{ss} S} \tag{5-29}$$

式中，$P_{ss}=H^TPQ_{vv}PH$，$\delta_0(S)$ 是 $\beta_0(S)$ 和 α 的函数。若设 $\delta_0(S)=\delta_0$ 与方向无关，则对于二维向量 $\nabla_0 S$ 为一个下界值椭圆，三维向量为下界值椭球，而三维以上向量为下界值超椭球。当粗差向量 ∇S 落入此区域内，即小于下界值 $\nabla_0 S$，则不能用统计检验的方法发现。

对于 GPS 基线向量，设基线 L_i 的粗差向量为 $\Delta_0 S_l$，其单位向量部分为

$$\left.\begin{aligned} S_{\Delta x} &= [1 \quad 0 \quad 0]^T \\ S_{\Delta y} &= [0 \quad 1 \quad 0]^T \\ S_{\Delta z} &= [0 \quad 0 \quad 1]^T \end{aligned}\right\} \tag{5-30}$$

这时对应的 $H=(0 \quad \cdots \quad 0 \quad E \quad 00 \quad \cdots \quad 0)_{3\times3n}$

$$P_{ss} = H^T PQ_{VV}PH = P_i Q_{v_i v_i} P_i \tag{5-31}$$

代入（5-25）式可求得基线向量的 3 个坐标分量方向上的下界值为

$$\left.\begin{aligned} \nabla_0 l_{\Delta x} &= \sigma_0 \cdot \delta_0 / \sqrt{S_{\Delta x}^T P_{ss} S_{\Delta x}} \\ \nabla_0 l_{\Delta y} &= \sigma_0 \cdot \delta_0 / \sqrt{S_{\Delta y}^T P_{ss} S_{\Delta y}} \\ \nabla_0 l_{\Delta z} &= \sigma_0 \cdot \delta_0 / \sqrt{S_{\Delta z}^T P_{ss} S_{\Delta z}} \end{aligned}\right\} \tag{5-32}$$

将式（5-30）和（5-31）代入上式，同时又已知 $Q_{v_i v_i}=R_i P_i$，则各分量粗差下界值为

$$\left.\begin{aligned} \nabla_0 l_{\Delta x} &= \sigma_0 \cdot \delta_0 / \sqrt{r'_{\Delta x}} \\ \nabla_0 l_{\Delta y} &= \sigma_0 \cdot \delta_0 / \sqrt{r'_{\Delta y}} \\ \nabla_0 l_{\Delta z} &= \sigma_0 \cdot \delta_0 / \sqrt{r'_{\Delta z}} \end{aligned}\right\} \tag{5-33}$$

式中，

$$r'_{\Delta x}=S_{\Delta x}^{T}P_{ss}S_{\Delta x}=[1\quad 0\quad 0]P_{i}Q_{v_v v_v}P_{i}\begin{bmatrix}1\\0\\0\end{bmatrix}=\sum_{k=\Delta x}^{\Delta z}(P_{\Delta xk})_{i}(R_{k\Delta x})_{i}$$

同理，有

$$\begin{cases}r'_{\Delta y}=S_{\Delta y}^{T}P_{ss}S_{\Delta y}=\sum\limits_{k=\Delta x}^{\Delta z}(P_{\Delta yk})_{i}(R_{k\Delta y})_{i}\\ r'_{\Delta z}=S_{\Delta z}^{T}P_{ss}S_{\Delta z}=\sum\limits_{k=\Delta x}^{\Delta z}(P_{\Delta zk})_{i}(R_{k\Delta z})_{i}\end{cases}\tag{5-34}$$

由于我们研究内可靠性的主要目的是为了研究网中各基线可发现粗差的数值大小，而不在于各基线可发现粗差的最大或最小方向。因此，在不顾及方向的前提下，取由 3 个坐标分量可发现粗差下界值的二范数来定义单个基线向量的内可靠性指标：

$$\nabla_{0}l_{L}=\sqrt{\nabla_{0}^{2}l_{\Delta x}+\nabla_{0}^{2}l_{\Delta y}+\nabla_{0}^{2}l_{\Delta z}}\tag{5-35}$$

该定义式是一种平均意义下的定义，它假设某一基线向量在空间各个方向上可发现的粗差下界值都相等。在此假定下，单个基线向量可发现的粗差下界域为一球形域，其半径为$\nabla_{0}l_{L}$。

3. GPS 控制网的外可靠性指标

对于相关多维观测值，外可靠性指标可用如下公式

$$\bar{\delta}_{0}[S]=\delta_{0}[S]\cdot\sqrt{\frac{S^{T}(H^{T}PH-P_{ss})S}{S^{T}P_{ss}S}}\tag{5-36}$$

同内可靠性一样，对于 GPS 基线向量取

$$S_{\Delta x}=[1\quad 0\quad 0]^{T}\quad S_{\Delta y}=[0\quad 1\quad 0]^{T}\quad S_{\Delta z}=[0\quad 0\quad 1]^{T}$$

表示基线向量 L 的粗差向量 Δx，Δy，Δz 方向的单位向量。

则

$$H^{T}PH=[0\cdots 0\ E\ 0\cdots 0]\begin{bmatrix}P_{1}&&&&\\&\cdot&&&\\&&P_{i}&&\\&&&\cdot&\\&&&&P_{m}\end{bmatrix}\begin{bmatrix}0\\\cdot\\0\\E\\0\\\cdot\\0\end{bmatrix}=P_{i}$$

而

$$[S_{\Delta x}^{T} P_i S_{\Delta x}] = [1 \quad 0 \quad 0] P_i \begin{bmatrix} 1 \\ 0 \\ 0 \end{bmatrix} = [P_{\Delta x \Delta x}]_i ;$$

$$[S_{\Delta y}^{T} P_i S_{\Delta y}] = [P_{\Delta y \Delta y}]_i ; [S_{\Delta z}^{T} P_i S_{\Delta z}] = [P_{\Delta z \Delta z}]_i$$

因此，由上式及式 (5-34)，可得

$$\begin{cases} \bar{\delta}_0(x) = \delta_0 \cdot \sqrt{\dfrac{S_{\Delta X}^{T}(H^{T}PH - P_{ss})S_{\Delta x}}{S_{\Delta x}^{T}P_{ss}S_{\Delta x}}} = \delta_0 \cdot \sqrt{\dfrac{S_{\Delta x}^{T}H^{T}PHS_{\Delta x}}{S_{\Delta x}^{T}P_{ss}S_{\Delta x}} - 1} \\ \qquad\quad = \delta_0 \cdot \sqrt{\dfrac{P_{\Delta x \Delta x}}{r'_{\Delta x}} - 1} \\ \bar{\delta}_0(y) = \delta_0 \cdot \sqrt{\dfrac{P_{\Delta y \Delta y}}{r'_{\Delta y}} - 1} \\ \bar{\delta}_0(z) = \delta_0 \cdot \sqrt{\dfrac{P_{\Delta z \Delta z}}{r'_{\Delta z}} - 1} \end{cases} \tag{5-37}$$

同理，可定义一条基线向量的外可靠性指标为

$$\bar{\delta}_0(L) = \sqrt{\bar{\delta}_0^2(x) + \bar{\delta}_0^2(y) + \bar{\delta}_0^2(z)} \tag{5-38}$$

它同内可靠性一样，也是平均意义下的指标。

5.3.4 顾及可靠性标准的 GPS 网的设计

由前讨论给出了 GPS 网的内、外可靠性指标。在网的优化设计中不但应考虑网应达到的精度指标，还应考虑网的可靠性指标，即在给定一些质量指标的条件下，对网进行结构设计，使其达到所需的指标要求。

在网的设计中，可以根据建立的目标函数（质量指标），借助于计算机，对 GPS 网进行解析——模拟计算，使网的结构最终满足设计指标的要求。对于一个顾及精度和可靠性要求的 GPS 网，可给出其精度指标——$tr(Q_{\hat{x}})$ 和基线观测向量的内可靠性和外可靠性指标，即

$$s \cdot t \qquad \left.\begin{aligned} tr(Q_{\hat{x}}) &\leqslant C \\ \nabla_0 l_L \leqslant R \cdot \delta_0 &= C_1 \\ s \cdot t \qquad \delta_{0L} &\leqslant C \end{aligned}\right\} \tag{5-39}$$

在实用中，往往难以给出每一个网的具体内、外可靠性指标，由前面的内、外可靠性讨论以及研究表明，网中基线的多余观测分量与内、外可靠性有着密切的联系，一般多余观测分量愈大，则网的可靠性愈高。所以，为了便于实用计算，通常可取网基线的平均多余观测分量为可靠性指标，即目标函数为

$$\left.\begin{array}{l} tr(Q_{\hat{x}}) < C \\ s \cdot t \qquad \bar{r} \geqslant C_1 \end{array}\right\} \tag{5-40}$$

例 5.2　对例 5.1 中图 5-6 的 GPS 模拟网按设计指标：

$$\begin{cases} \frac{1}{n} tr(Q_{\hat{x}}) \leqslant 2.2 \text{（网的平均点位误差小于 2.2cm）} \\ s \cdot t \qquad \bar{r}_L \geqslant 0.5 \text{（网中基线的平均多余观测分量大于 0.5）} \end{cases}$$

解　经设计后，满足要求的 GPS 网由 15 条独立基线构成（见图 5-7），表 5-3 给出了设计网中各点的椭球坐标和点位中误差。

表 5-3　GPS 模拟网的坐标及点位误差

点　号	纬度 B	经度 L	大地高 H/m	点位中误差/cm
1	36°16′00″	112°30′00″	100	—
2	36°11′00″	112°30′00″	80	2.22
3	36°16′00″	112°34′00″	120	1.84
4	36°14′00″	112°32′00″	150	1.63
5	36°14′00″	112°36′00″	120	2.20
6	36°11′00″	112°34′00″	100	2.37
7	36°16′00″	112°38′00″	200	2.59
8	36°11′00″	112°38′00″	110	2.81

表 5-4 给出设计网中各基线的长度、多余观测分量以及在 99.0%的置信度和 80%的检验功效下的内、外可靠性指标。由表 5-3 和表 5-4 可以看出，所设计的网在精度指标和可靠性指标上均达到了设计要求，可以利用实际布网。

表 5-4　各基线的边长多余观测分量的内外可靠性

基　线	边长 S/m	多余观测分量 r	内可靠性 ∇l	外可靠性 δ_{0L}
1～2	9247.24	0.63	17.40	6.63
1～3	5990.85	0.53	14.44	9.11
1～4	4760.34	0.56	11.74	8.92
2～4	6306.73	0.58	14.02	7.99
2～6	5997.19	0.53	15.88	11.51
3～4	4760.18	0.59	12.15	9.53
3～7	5991.40	0.54	14.34	9.15
5～6	6306.36	0.60	14.46	8.65
5～7	4760.78	0.54	11.76	9.04
5～8	6306.35	0.59	12.86	8.32
6～8	5997.18	0.53	15.91	11.34
7～8	9247.75	0.63	17.39	6.62
4～5	6306.55	0.62	13.46	9.10
3～5	4760.80	0.60	11.97	9.51
4～5	5993.46	0.62	12.76	7.12

5.4　GPS 测量的外业工作

5.4.1　选点与埋设标志

进行 GPS 控制测量，首先应在野外进行控制点的选点与埋设。由于 GPS 观测是通过接收天空卫星信号实现定位测量，一般不要求观测站之间相互通视。而且，由于 GPS 观测精度主要受观测卫星的几何状况的影响，与地面点构成的几何状况无关。因此，网的图形选择也较灵活。所以，选点工作较常规控制测量简单方便。但由于 GPS 点位的适当选择，对保证整个测绘工作的顺利进行具有重要的影响。所以，应根据本次控制测量服务的目的、精度、密度要求，在充分收集和了解测区范围、地理情况以及原有控制点的精度、分布和保存情况的基础上，进行 GPS 点位的选定与布设。在 GPS 点位的选点工作中，一般应注意：

1）点位应紧扣测量目的布设。例如：测绘地形图，点位应尽量均匀；道路测量点位应为带状对点；隧道控制点应主要分布在洞口；滑坡监测控制点应沿滑坡主滑线布设。

2）应便于其他测量手段联测和扩展，最好能与相邻 1 至 2 个点通视。

3）点应选在交通方便、便于到达的地方，便于安置接收设备。视野开阔，视场内周围障碍物的高度角一般应小于 15°。

4）点位应远离大功率无线电发射源和高压输电线，以避免周围磁场对 GPS 信号的干扰。

5）点位附近不应有对电磁波反射强烈的物体，例如：大面积水域、镜面建筑物等，以减弱多路径效应的影响。

6）点位应选在地面基础坚固的地方，以便于保存。

7）点位选定后，均应按规定绘制点之记，其主要内容应包括：点位及点位略图，点位交通情况以及选点情况等。

全部选点工作结束后，还应绘制 GPS 网选点图，并编写选点工作总结。

为了 GPS 控制测量成果的长期利用，GPS 控制点一般应设置具有中心标志的标石，以精确标示点位，点位标石和标志必须稳定、坚固，以便点位的长期保存。而对于各种变形监测网，则更应该建立便于长期保存的标志。为了提高 GPS 测量的精度，可埋设带有强制归心装置的观测墩。GPS 网点的标石类型及其适用范围，如表 5-5 所示，关于各种标石的

表 5-5　GPS 标石类型

类　别	形　式	适用级别
基岩标石	基岩天线墩 基岩标石	A
基本标石	一般基岩标石 土层天线墩 岩层天线墩 岩层基本标石 冻土基本标石 沙丘基本标石	A 或 B
普通标石	一般标石 岩层标石 建筑物上标石	B～E

构造可参见有关文献和规范。

5.4.2　GPS 接收机的检验

为了保证观测的成果正确可靠，每次观测前应对 GPS 接收机进行一定的检验。而且每隔一段时间，特别是新购置的 GPS 接收机，均应对 GPS 接收机进行全面检定。接收机全面检定的内容主要包括以下部分。

1. 一般性检视

一般性检视主要检查接收机主机和天线外观是否良好，主机和附件是否齐全、完好，紧固部件有否松动与脱落。

2. 通电检视

通电检视主要检查 GPS 接收机与电源正确连通后，信号灯、按键、显示系统和仪器工作是否正常，开机后自检系统工作是否正常。自检完成后，按操作步骤进行卫星的捕获与跟踪，以检验卫星的捕获锁定卫星时间的快慢、接收信号的信噪比及信号失锁情况等。

3. GPS 接收机内部噪声水平测试

接收机的内部噪声，主要是由于接收机硬件不完善（如钟差、信号通道时延、延迟锁相环误差及机内噪声）所引起，测试方法有零基线测试和超短基线测试两种。

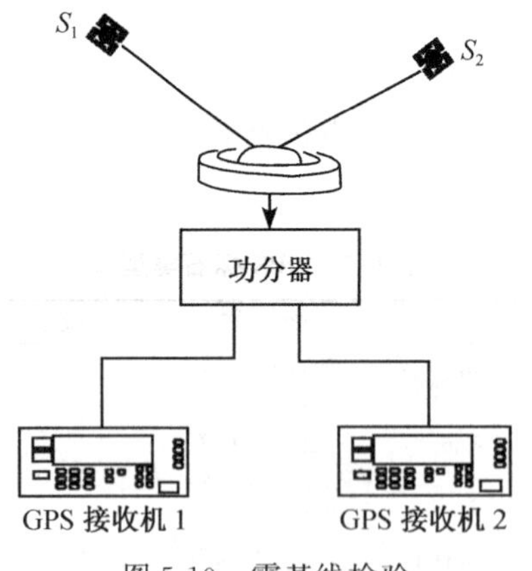

图 5-10　零基线检验

（1）零基线测试法

采用如图 5-10 所示的功率分配器，将同一天线接收的 GPS 卫星信号分成功率、相位相同的两路或多路信号，分别送到不同的 GPS 接收机中，然后利用相对定位原理，根据接收机的观测数据解算相应的基线向量，即三维坐标差。

因为这种方法可以消除卫星几何图形、卫星轨道偏差、大气折射误差、天线相位中心偏差、信号多路径效应误差及仪器对中误差等多项影响。所以是检验接收机内部噪声的一种可靠方法。

理论上，所解算的基线向量的三维坐标差应为零，故称为零基线测试法。

测试时要求两台接收机同步接收 4 颗以上的卫星信号 1.5h，然后交换接收机，再观测一个时段。三维坐标差及其误差应小于 1mm。在这项检验中，功率分配器的质量，对保障接收机内部噪声水平检验的可靠性是极其重要的。

(2) 超短基线检验法

在地势平坦，对空视野开阔，无强电磁波干扰及地面反射较小的地区，布设长度为5～10m的基线，将其长度用其他测量仪器精确测得。检验时，两台接收机天线分别安置在此基线的两端，天线应严格对中、整平，天线定向标志指北，同步观测1.5h，解算求得的基线值与已知基线长度之差应小于仪器的固定误差。

由于检验基线很短，所以观测数据通过差分处理后，可有效消除各项外界因素影响，因而测量基线与已知基线之差主要反应了接收机的内部噪声水平。

4. 天线相位中心稳定性检验

天线相位中心稳定性，是指天线在不同方位下的实际相位中心位置与厂家提供的天线几何中心位置的一致性。通常采用“相对定位法”，在超短基线上进行测试。

这一方法的基本步骤为：将GPS接收机天线分别安置在超短基线端点上，天线定向指北，经精确对中、整平后，观测1.5h。然后固定一个天线不动，将其他天线依次旋转90°、180°、270°，再测3个时段。最后，再将固定不动的天线，相对其他任意一天线，依次旋转90°、180°、270°，再测3个时段。利用相对定位原理，分别求出各时段基线值，其互差值一般不应超过厂家给出的固定误差的2倍。

5. GPS接收机精度指标测试

在精确已知边长的标准检定场上进行此项检验，将需要检定的仪器天线精确安置在已知基线端点，天线对中误差小于1mm，天线指向北，天线高量至1mm。进行观测后测得的基线值与已知标准基线的较差应小于仪器标称中误差σ，即

$$\sigma = \pm(a + b \cdot d) \tag{5-41}$$

式中，a为固定误差，b为比例误差系数（$\times 10^{-6}$），d为两点间距离（km）。

另外，应对接收机有关附件进行检验，如气象仪表（气压表，通风干湿表）的检验，天线底座水准器和光学对中器的检验与校正，电池电容量、电缆及接头是否完好配套，充电器功能的检验，天线高量尺是否完好及尺长精度检验等。

GPS接收机是精密的电子仪器，就要根据有关规定定期对一些主要项目进行检验，确保能获取可靠高精度的观测数据。

5.4.3 GPS卫星预报与观测调度计划

GPS野外观测工作主要是接收GPS卫星信号数据，由于GPS观测精度与所接收信号的卫星几何分布及所观测的卫星数目密切相关。而作业的效率与所选用

的接收机的数目、观测的时间、观测的顺序密切相关。因此在进行 GPS 外业观测之前要拟定观测调度计划，这对于保证观测工作的顺利完成、保障观测成果的精度及提高作业效率是极其重要的。

制定观测计划前，首先进行可见 GPS 卫星预报，该预报可利用厂家提供的商用软件，输入近期的概略星历（不超过 30 天）和测区的概略坐标及其观测时间，可获得如图 5-11 所示的可见 GPS 卫星数和 *PDOP* 变化图。

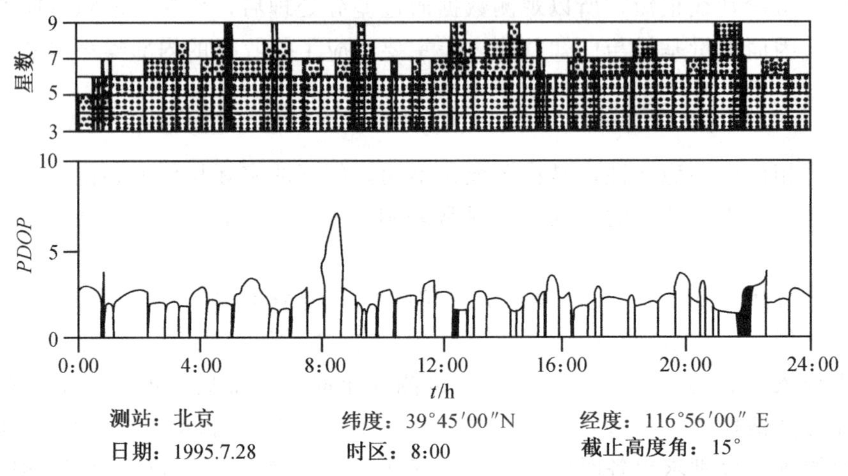

图 5-11 可见卫星数和 *PDOP* 变化图

由图 5-11 可见，全天任何时候，均可至少同时观测到 5 颗卫星，并且高度角均大于 15°。而卫星的几何图形强度 *PDOP*（空间位置精度因子）随时间不同而变化，在8:00～9:00期间，*PDOP* 值接近 8。由于 *PDOP* 的大小直接影响到观测精度，因此无论是绝对定位或相对定位，其值均不应超过一定要求。表 5-6 列出不同精度等级的网观测时 *PDOP* 值的限值。由表中可以看出，当进行 A、B、C 等级网观测时，对应图 5-11的例子而言，应避开 8:00～9:00 这一时间段。可根据卫星预报，选择最佳观测时段。

表 5-6 *PDOP* 的限值

网的精度级别	A	B	C	D	E
PDOP 限值	≤4	≤6	≤8	≤10	≤10

最佳观测时间确定后，还应在观测之前根据 GPS 网的点位、交通条件编制观测调度计划，按计划对各作业组进行调度。

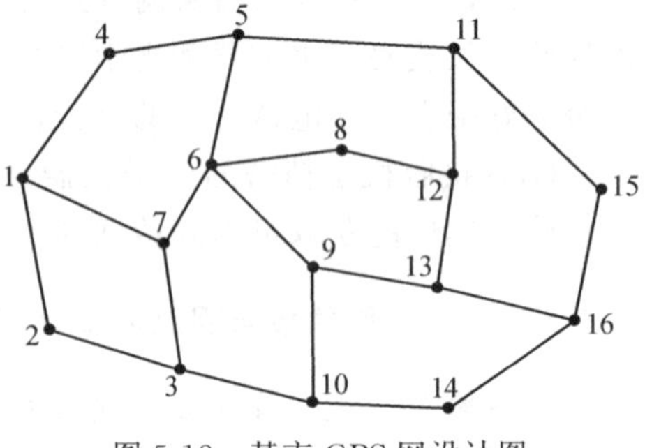

图 5-12 某市 GPS 网设计图

例如，对图 5-12 中某 GPS 网进行观测。采用 3 台 GPS 接收机按静态相对定位模式作业，每天观测 3 个时段，每个时段观测 1.5h。按此计划共观测 4d，11 个时段，共设测站 33 个，除 6 号点设站 3 次外，其余各点都设站 2 次。具体调度计划参见表 5-7。在作业中，还可根据实际情况适当调整调度计划。

表 5-7　某 GPS 网测站作业调度计划

日　期	时间及时段	接收机号		
		1	2	3
9 月 1 日	8:30～10:00*A* 时段	4	1	2
	10:30～12:00*B* 时段	7	3	2
	2:00～3:30*C* 时段	7	6	1
9 月 2 日	8:30～10:00*A* 时段	5	6	4
	11:00～12:30*B* 时段	9	6	8
	2:30～4:00*C* 时段	9	10	13
9 月 3 日	9:00～10:30*A* 时段	3	10	14
	1:30～3:00*B* 时段	16	15	14
	4:00～5:30*C* 时段	16	12	13
9 月 4 日	8:30～10:00*A* 时段	11	12	8
	1:00～2:30*B* 时段	11	15	5
	3:30～5:00*C* 时段			

5.4.4　GPS 外业观测工作

外业观测工作包括天线安置、观测作业、观测记录和观测数据检查等。

1. 天线安置

天线精确安置是实现精确定位的重要条件之一，因此要求天线尽量利用三脚架安置在标志中心的垂线方向上直接对中观测。一般最好不要进行偏心观测。对于有观测墩的强制对中点，应将天线直接强制对中到中心。

对天线进行整平，使基座上的圆水准气泡居中。天线定向标志线指向正北。定向误差不大于±5°。

天线安置后，应在各观测时段前后，各量测天线高一次。两次测量结果之差不应超过 3mm，并取其平均值。

天线高指的是天线相位中心至地面标志中心之间的垂直距离。而天线相中心至天线底面之间的距离在天线内部无法直接测定，由于其是一个固定常数，通常由厂家直接给出，天线底面至地面标志中心的高度可直接测定，两部分之和为天线高。

对于有觇标、钢标的标志点，安置天线时应将觇标顶部拆除，以防止对 GPS 信号的遮挡，也可采用偏心观测，归心元素应精确测定。

2. 观测作业

GPS定位观测主要是利用接收机跟踪接收卫星信号，储存信号数据，并通过对信号数据的处理获得定位信息。

利用GPS接收机作业的具体操作步骤和方法，随接收机的类型和作业模式不同而有所差异。总体而言，GPS接收机作业的自动化程度很高，随着其设备软硬件的不断改善发展，性能和自动化程度将进一步提高，需要人工干预的地方愈来愈少，作业将变得愈来愈简单。尽管如此，作业时仍需注意：

1）首次使用某种接收机前，应认真阅读操作手册，作业时应严格按操作要求进行。

2）在启动接收机之前，首先应通过电缆将外接电源和天线连接到接收机专门接口上，并确认各项连接准确无误。

3）为确保在同一时间段内获取相同卫星的信号数据，各接收机应按观测计划规定的时间作业，且各接收机应具有相同获取信号数据的时间间隔（采样间隔）。

4）接收机跟踪锁住卫星，开始记录数据后，如果能够查看，作业员应注意查看有关观测卫星数量、相位测量残差、实时定位结果及其变化和存储介质的记录情况。

5）在一个观测时段中，一般不得关闭并重新启动接收机；不准改变卫星高度角限值、数据采样间隔及天线高的参数值。

6）在出测前应认真检查电源电量是否饱满，作业时，应注意供电情况，一旦听到低电压报警要及时更换电池，否则可能会造成观测数据被破坏或丢失。

7）在进行长距离或高精度GPS测量时，应在观测前后测量气象元素，如观测时间长，还应在观测中间加测气象元素。

8）每日观测结束后，应及时将接收机内存中的数据传输到计算机中，并保存在软、硬盘中，同时还需检查数据是否正确完整，当确保数据正确无误地记录保存后，应及时清除接收机内存中的数据以确保下次观测数据的记录有足够的存储空间。

3. 观测记录

GPS接收机获取的卫星信号由接收机内置的存储介质记录，其中包括：载波相位观测值及相应的观测历元，伪距观测值，相应的GPS时间、GPS卫星星历及卫星钟差参数，测站信息及单点定位近似坐标值。

在观测现场，观测者还应填写观测手簿，其记录格式和内容见表5-8。对于测站间距离小于10km的边长，可不必记录气象元素。为保证记录的准确性，必须在作业过程中及时填写，不得测后补记。

表 5-8　GPS 测量记录格式

<table>
<tr><td colspan="2">点　号</td><td></td><td>点　名</td><td></td><td>图　幅</td><td></td></tr>
<tr><td colspan="2">观测员</td><td></td><td>记录员</td><td></td><td>观测月日/年积日</td><td></td></tr>
<tr><td colspan="3">接收设备</td><td colspan="2">天气状况</td><td colspan="2">近似位置</td></tr>
<tr><td colspan="2">接收机类型及号码</td><td></td><td>天　气</td><td></td><td>纬　度</td><td></td></tr>
<tr><td colspan="2">天线号码</td><td></td><td>风　向</td><td></td><td>经　度</td><td></td></tr>
<tr><td colspan="2">存储介质编号</td><td></td><td>风　力</td><td></td><td>高　程</td><td></td></tr>
<tr><td colspan="2" rowspan="2">天线高/m</td><td>测　前</td><td></td><td rowspan="2">观测时间</td><td>开始记录</td><td></td></tr>
<tr><td>测　后</td><td></td><td>结束记录</td><td></td></tr>
<tr><td colspan="2" rowspan="2"></td><td rowspan="2">平均值</td><td></td><td colspan="2">总时段序号</td><td></td></tr>
<tr><td></td><td colspan="2">日时段序号</td><td></td></tr>
<tr><td colspan="4">气象元素</td><td colspan="3">观测记事</td></tr>
<tr><td>时间</td><td>气压/mbar</td><td>干温/℃</td><td>湿温/℃</td><td colspan="3" rowspan="5"></td></tr>
<tr><td></td><td></td><td></td><td></td></tr>
<tr><td></td><td></td><td></td><td></td></tr>
<tr><td></td><td></td><td></td><td></td></tr>
<tr><td></td><td></td><td></td><td></td></tr>
</table>

5.4.5　GPS 相对定位作业模式

由 GPS 误差分析可知，在 GPS 定位测量中有多种误差均具有相关性，因此，为提高 GPS 定位测量的精度，通常采用相对定位的作业模式，即采用 2 台或 2 台以上的接收机分别置于不同点位，测定点之间的相对位置的定位方法。根据定位时采用的接收机硬件和软件及作业的时间等不同，相对定位被分为：静态相对定位、快速静态相对定位、准动态相对定位、动态相对定位等模式。

1. 静态相对定位

将 2 台或 2 台以上的 GPS 接收设备分别安置在 2 个或数个点上，同步观测 4 颗及 4 颗以上相同的卫星，对卫星的观测应为连续的，且必须持续一个时间段，从而实现相对定位。连续观测卫星的时间长短，即一个时段持续的时间，决定于测站间的距离和测量需达到的精度。一般观测时段为 1～2h。当测站间距离不超过 5km，相对定位精度为 $10mm+2\times10^{-6}\cdot d$，观测时段可缩短到 45min 左右。当测站间距离超过 30km，或精度要求为 $5mm+1\times10^{-6}\cdot d$ 或更高时，通常需观测 3h 以上。单频 GPS 接收机测量的精度一般较双频接收机低，特别是当长距离相对定位时。

2. 快速静态相对定位

这种定位方法与静态相对定位方法基本相同，差别仅仅是同步观测时间缩短，采用双频接收机只需同步观测 5～10min，单频接收机则需观测 15min 左右。

作业时，将一台接收机相对固定在一个基准站，连续跟踪所有可见卫星，其他接收机依次在各待定点上观测数分钟，然后利用特制的快速进行相对定位的软件计算基线向量。

采用这种方法，测站间的距离一般应小于15km，定位精度通常为5～10mm $+1\times10^{-6}\cdot d$。观测值中易包含粗差，因此，必须加强对观测值的粗差检验。

3. 准动态相对定位

采用此作业方式时，应选择一基准站安置一台GPS接收机，该接收机连续跟踪所有可见卫星。将另一台接收机置初始点上，观测数分钟，以求出整周未知数。然后在保持对所有卫星连续跟踪的条件下，将该接收机搬迁至下一待定点，观测1～2min后，再在保持对卫星的连续跟踪的条件下迁至另一待定点。重复这种操作直至测完所有待定点。

采用此种作业模式的关键，是流动的接收机在迁移的过程中保持对卫星的连续跟踪，即搬站时不能关机。同时流动站与基准站之间的距离一般不能超过15km。如果在观测过程中，卫星信号中断，应在该站再停留数分钟，重新确定整周未知数。由于不够方便，随着GPS定位技术和接收机制造技术的发展，目前已较少采用此种作业模式。

4. 动态相对定位（差分相对定位）

在一个已知的点位上安置接收机作为基准站，连续跟踪可见卫星。另一台接收机置于运动载体（如汽车、火车、飞机、船只等），在初始点上让运动接收机保持静止状态在该点数分钟，以进行初始化，在运动过程中按规定的时间间隔自动观测，或运动至待定点时稍作停留，并通过通讯设备（数据链）将基准站的数据实时传送给运动站，与运动站上的数据一并求解实现定位。运动站与基准站的距离一般应小于15km，此方法的定位精度为厘米级。

以上各种作业模式有一个共同特点——均需要至少两台接收机联合作业，求解时需有公共时间段的观测数据。静态相对定位时，公共观测时间至少应大于40min，这种方法所需的作业时间较长，但是由于有较多的有效观测数据，所以基线解的精度和可靠性最强。通常GPS控制网以及高精度的定位、变形监测常采用静态相对定位的方法。差分动态定位由于作业迅速方便、效率高，具有广阔的应用前景，但由于目前仪器设备费用较高，还没有得到广泛的应用。随着GPS技术的发展、仪器设备费用的降低，必将成为定位的主要方法之一。快速静态相对定位，由于在定位作业时，通常测站间距离较长，且交通条件较差，而成果的可靠性不够高，因此提高工效不明显，仅在小区域范围、较低精度的工程控制测量中应用。

5.5　GPS 基线向量解算与网平差概述

5.5.1　GPS 基线向量解算

对 2 台及 2 台以上接收机同步观测的数据，需根据双差模型式（3-108），三差模型式（3-113），对每一个观测值建立相应的观测方程。双差模型共应建立$(n_i-1)(n_j-1)n_t$ 个方程，三差模型共应建立$(n_i-1)(n_j-1)(n_t-1)$个方程（n_i 为测站数，n_j 为观测的卫星数，n_t 为观测历元数）。无论采用哪种模型，均应按最小二乘原理进行求解，求出方程中的未知参数：

$$X = (A^TPA)^{-1}A^TPl \tag{5-42}$$

从而获得基线向量解。同时还可求出未知参数的精度：

$$D_X = \sigma_0^2(A^TPA)^{-1} \tag{5-43}$$

$$\sigma_0^2 = \frac{V^TPV}{r} \tag{5-44}$$

（5-44）式中 σ_0^2 是验后方差因子；r 为多余观测数，r 等于模型总的观测方程数与待定未知参数之差。

由于通常一个时段接收的卫星数据量非常大，所列的方程数也很多，所以，相对定位的基线向量一般均采用仪器厂家提供的专门软件来求解。不同厂家的软件在功能和使用上均可能有所不同，但大体上均包括如下基本处理过程：

1. 数据传输

将 GPS 接收机记录的观测数据传输到计算机内存或存储介质上。

2. 数据分流

从原始数据中，剔除无效观测值和冗余信息，形成各种数据文件，如星历文件、载波相位和伪距观测文件、测站信息文件。

3. GPS 数据的预处理

对数据进行平滑滤波检验，剔除粗差；统一数据文件格式，将不同类型接收机的数据记录格式统一为标准化的文件格式，探测周跳，修复观测值。

4. 基线向量解算

一般先采用三差模型法对基线向量进行预求解，然后再采用双差模型对基线向量进行精确求解。对于 20km 以下的基线，常采用所谓的固定双差解，即整周未知数取为整数后的基线平差解。而对于 30km 以上的基线，一般采用浮点双差解，即整周未知数不取整，以实数作为整周值，所以也可称为实数解。

5.5.2 GPS网平差与坐标转换概述

由同步观测和异步观测的基线向量互相联结构成的GPS网，称为GPS基线向量网。由于存在观测误差，网中由不同时段观测的基线向量组成的闭合图形存在不符值（闭合差）。因此，应在WGS-84坐标系统下，以GPS基线向量及其相应的方差阵作为观测信息，对GPS网进行平差计算，消除不符值，获得网中点的平差后的三维坐标、基线边长的平差值、基线向量观测值改正数及其对观测值、点位坐标的精度评定。

GPS网平差可采用多种平差方法进行。为检验基线向量观测值的网内部符合精度以及观测值是否存在系统误差和粗差，一般常采用无约束平差法，即以WGS-84坐标下一个点的三维坐标作为位置基准的平差。该平差避免了基准信息误差，因此，平差后的结果，可以准确地反映观测值的精度。并可通过单位权方差检验、观测值改正数的分布及其粗差检验，发现网中可能存在的系统误差及粗差。常用的GPS网平差，还有约束平差和联合平差。约束平差是以国家大地坐标或地方坐标系下的某些点的坐标、边长、方位角作为网平差的基准信息，也就是作为平差的约束条件，在顾及GPS网的WGS-84坐标系与国家或地方坐标系之间的转换参数进行平差计算。平差后不但可获得GPS网的坐标平差值及精度评定，而且还实现了将WGS-84坐标系统成果向国家或地方坐标系统的转换。联合平差是GPS基线向量观测值与地方常规观测值的联合平差，平差计算中除包含基线观测值和基准约束数据外，还包含边长、方位、高差等一些常规观测值。由于联合平差仍带有约束条件，所以，平差后也可将GPS成果转换到国家或地方坐标系。

众所周知，GPS定位成果是属于WGS-84坐标系，而在我国，实用的测量成果往往是属于国家坐标系或地方坐标系。因此，需要进行GPS测量成果的坐标转换。

坐标系统之间的转换包括不同参心坐标系之间的转换、不同地心坐标系之间的转换、参心坐标系与地心坐标系之间的转换。如果已知两坐标系之间的转换参数，则可代入有关的坐标转换模型，直接实现两坐标系之间的坐标转换。但是，往往并不精确知道两坐标系间的转换参数，而只是已知若干点在两个坐标系中的坐标，这些点通常称为公共点。那么可以利用这些已知的公共点，将它们在两坐标系中的坐标代入到转换模型中，求定相应的转换参数，然后再利用所求的转换参数实现坐标转换。另外，还可以采用前面所述的约束平差和联合平差的方法实现坐标系之间的坐标转换，在顾及两坐标系之间转换参数的条件下进行平差，目前是解决GPS成果坐标转换的有效手段之一。

5.6　GPS 观测成果检验与技术总结

5.6.1　GPS 观测成果的检验

对于由野外测量获得的 GPS 观测成果还应进行全面检查，发现和删除不合格成果，通过重测、补测，确保观测成果的质量。外业成果检验的主要内容如下。

1. 基线长度的中误差

基线处理后基线长度中误差应在标称精度值内。对于 20km 以内的短基线，双差求解模型可有效地消除电离层的影响，其相应的中误差小于 0.01～0.02m。若超过此项限差，基线解算成果的可信性就较差。

同时基线的单位权方差主要反映偶然误差，一般也应小于 0.01m。

2. 基线求解的整周参数的整数性

对于 20km 以内的短基线，其求解的整周模糊度应具有良好的整数特性。若在基线平差解算中，有一两个模糊度与相近整数相差 0.15～0.20，则该成果较好；当差值超过 0.30 时，所求的结果往往不太可靠。此时，可采用换基准参考卫星、去掉周跳出现较多的某颗卫星或截去信号条件较差的一段时间的信号等措施，重新求解基线。

3. 基线观测值残差分析

一些基线解算的软件中，通常都具有以图或表的形式给出一个测段中每颗卫星与基准参考卫星之间观测值残差的功能。若每颗卫星的残差图形均在纵坐标零周附近，则该基线解算较好。若某颗星的残差起伏较大，则表明该星的单差可能有问题，可考虑删去该星；若残差图中出现突然的跳跃或尖峰，表明周跳未完全消除；若所有星的残差图形都不好，很可能是基准参考星的问题，可改用另一颗卫星作为基准参考星。

4. 基线浮点解与固定解之差

以平差解算的实数作为整周未知参数获得的解为浮点解（实数解），而将实数取整后的整数作为整周未知参数获得的解为固定解，两者之间的基线向量坐标应符合良好。在短基线情况下，当两者的基线向量坐标差达分米级时，处理结果可能有问题。

5. 同步多边形闭合差检查

采用单基线处理模式，对于采用同一种数学模型获得的基线解，由其同步时段若干基线组成的同步多边形环的坐标分量相对闭合差和全长闭合差应满足：

$$\left.\begin{aligned} W_x &= \sum_{i=1}^{n} \Delta x_i \leqslant \frac{1}{5}\sqrt{n}\sigma \\ W_y &= \sum_{i=1}^{n} \Delta y_i \leqslant \frac{1}{5}\sqrt{n}\sigma \\ W_z &= \sum_{i=1}^{n} \Delta z_i \leqslant \frac{1}{5}\sqrt{n}\sigma \end{aligned}\right\} \tag{5-45}$$

$$W = \sqrt{W_x^2 + W_y^2 + W_z^2} \leqslant \frac{\sqrt{3n}}{5}\sigma \tag{5-46}$$

式中，n 为多边形的边数；σ 为GPS网相应级别规定的观测精度。

6. 异步环多边形闭合差检查

由若干条独立基线边构成的异步闭合环，其闭合差应符合下式规定：

$$\left.\begin{aligned} W_x &\leqslant 3\sqrt{n}\sigma \\ W_y &\leqslant 3\sqrt{n}\sigma \\ W_z &\leqslant 3\sqrt{n}\sigma \\ W = \sqrt{W_x^2 + W_y^2 + W_z^2} &\leqslant 3\sqrt{3n}\sigma \end{aligned}\right\} \tag{5-47}$$

异步环多边形闭合差的大小，是基线向量质量检核的主要指标。如果闭合差超限，应及时分析原因，对其中部分成果进行重测。

7. 重复基线边较差检查

同一条GPS基线边若观测了多个时段，可得多次基线边观测结果。同一条基线边任意两个时段结果的互差不宜超过下式的规定：

$$\mathrm{d}s \leqslant 2\sqrt{2}\sigma \tag{5-48}$$

5.6.2 GPS测量的技术总结与上交资料

GPS控制网外业工作和数据处理工作全部结束后，应及时编写技术总结，其内容一般应包括：

1）测区范围与位置，自然地理条件，气候特点，交通及经济等情况；

2）任务来源，测区已有测量成果的情况，施测目的和基本精度要求；

3）施测单位，施测起止时间，技术依据，作业人员情况，使用接收机类型和数量以及检验情况，观测方法，重测、补测情况，作业环境，重合点情况，工作量与工作日情况；

4）野外数据检核情况和分析，起算数据和坐标系统，数据后处理内容、方法及软件情况，精度分析；

5）外业观测数据质量分析与野外检核情况；

6）方案实施与规范执行情况；

7）工作量与定额计算；

8）提交成果中尚存在的问题和需要说明的其他问题；

9）上交资料清单；

10）各种附表与附图。

GPS 测量任务完成后，应提交下列资料：

1）测量任务书；

2）技术设计书；

3）新设或重建的 GPS 点的点之记和测量标志委托保管书；

4）外业观测记录（含软盘）、测量手簿及其他记录资料；

5）GPS 控制点网图；

6）数据处理中生成的文件、资料和成果表；

7）GPS 接收机设备的检验资料；

8）技术总结报告；

9）成果验收报告。

思　考　题

1. 名词解释：同步环；异步环；重复基线；同步图形闭合差；异步图形闭合差；重复基线坐标闭合差。
2. GPS 测量分哪些等级？各级精度怎样衡量？
3. 简述 GPS 网的点连式、边连式和网连式设计。
4. 简述 GPS 网设计的一般原则。
5. 简述 GPS 网选点的一般原则。
6. GPS 测量技术总结报告的内容及提交的成果资料有哪些？

第 6 章　GPS 定位测量数据处理

6.1　概　　述

与所有测量任务相同，由 GPS 定位技术所获得的测量数据，需要经过数据处理，方能成为合理而实用的成果。

常规测量通常将某点在空间的位置分解为平面位置和高程位置来表示，即分别用两个相对独立的坐标系统——平面坐标系统（经纬度或平面直角坐标）与高程坐标系统（正常高或正高）迭加表述，这种表达在理论上不够严密，不能构成一个完整的空间三维坐标系，却能满足大多数测量定位的需要，因此，成为长期以来几乎所有测量定位的主要表述方法。常规测量中，点的平面位置一般是用国家坐标系或地方独立坐标系表示，而高程则是用相对某一大地水准面的高程系来表示。

GPS 卫星定位测量是用三维地心坐标系（WGS-84 坐标系）为依据来测定和表示点的空间位置，它既可用地心空间坐标系表示，也可用椭球大地坐标系的大地纬度、大地经度、大地高表示。

在已有常规测量成果的区域进行 GPS 测量时，往往需要将由 GPS 测量获得的成果纳入到国家坐标系或地方独立坐标系，以保证已有测绘成果的充分利用，因此，GPS 定位测量数据处理中，需要考虑如何将 GPS 测量成果由 WGS-84 世界地心坐标系转换至国家或地方独立坐标系。

本章在随后的 6.2 和 6.3 小节中，着重讨论了与坐标转换有关的问题。在介绍国家坐标系和地方独立坐标系的基础上，讨论几种常见的坐标系转换的数学模型以及转换参数的计算方法。

同其他测量数据处理一样，平差计算仍是 GPS 测量数据处理的主要任务之一。由于 GPS 测量数据是空间三维坐标系下的成果，所以对其进行的平差应是三维平差。另外，为了能和已有常规测量数据联合使用或处理，还需考虑 GPS 测量数据的二维平差。本章着重讨论 GPS 网的三维平差和二维平差计算方法。

GPS 定位获得的大地高是空间点至椭球面的高，即大地高是以椭球面为基准的高程系统。由于椭球面是一个用于计算的几何面，所以，大地高是一个几何量，不具有物理意义。高程测量一般采用以似大地水准面为依据的水准测量来确定点的高程，称为正常高。所以，实用上一般不采用大地高系统。因此，必须研究如何由GPS大地高求得实用的正常高，本章最后将讨论此问题。

6.2　国家坐标系与地方独立坐标系

在考虑坐标转换之前，首先应认识几种相关的坐标系，1.2中已讨论了地球地心坐标系、WGS-84世界大地坐标系，本节对国家坐标系和地方独立坐标系的定义与建立进行讨论。

6.2.1　旋转椭球与参心坐标系

在地球重力场中，当水处于静止时的表面必定与重力方向（即铅垂线方向）处处正交。我们称这个与铅垂线正交的静止水平面为水准面。假设海水面处于静止平衡状况，并将它一直沿伸到地球陆地内部形成一个闭合的水准面，用来表示地球的形状，我们将这个水准面称为大地水准面。大地水准面是对地球的物理逼近，它可以较真实地反映地球的形状，但是地壳内部物质密度分布的不均匀，造成地面各点重力大小和方向不同，因此，与铅垂线处处正交的大地水准面是起伏不平的，因而它也很难以简单的数学模型来描述。要用它作为各种地面测量数据的计算基准面比较困难，必须寻找一个简单的适合测量计算的基准面。

大地水准面接近于一个规则的具有微小扁率的数学曲面——旋转椭球。旋转椭球可用两个几何参数确定，即椭球的长半径 a 和扁率 f。这两个参数决定了椭球的形状和大小。为了将地面测量数据归算到椭球面上，仅仅知道它的形状和大小是不够的，还必须确定它与大地水准面的相关位置，也就是椭球定位和定向。另外，为了从几何特性和物理特性两个方面来研究全球的形状，还要使椭球与全球大地水准面结合得最为密切。现代大地测量中，采用4个参数来描述椭球的几何和物理特性。这4个参数是：

1）椭球的长半径 a；

2）地球重力场二阶带谐系数 J_2（J_2 与扁率存在一定解析关系）；

3）地心引力常数与地球质量的乘积 GM；

4）地球自转角速度 ω。

地心坐标系，就是一个将椭球中心与地球质心重合，且与全球大地水准面最为密合的旋转椭球。

为了研究局部球面的形状，且使地面测量数据归算至椭球的各项改正数最小，各个国家和地区分别选择和某一局部区域的大地水准面最为密合的椭球建立坐标系。这样选定和建立的椭球称为参考椭球，对应的坐标系称为参心坐标系。显然，该坐标系的中心一般和地球质心不一致，所以参心坐标系又称为非地心坐标系、局部坐标系或相对坐标系，由于参心坐标系处理局部区域数据带来的变形

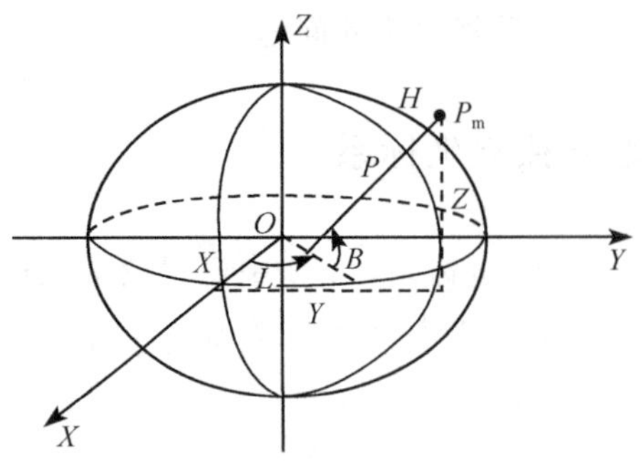

图 6-1　参心空间直角坐标和参心大地坐标

较小，所以，参心坐标系至今对大地测量仍有重要作用。

同样，参心坐标系可分为参心空间直角坐标系和参心大地坐标系。

参心空间直角坐标系是以参心 O 为坐标原点，Z 轴与参考椭球的短轴（旋转轴）相重合，X 轴与起始子午面和赤道的交线重合，Y 轴在赤道面上与 X 轴垂直，构成右手直角坐标系 $O\text{-}XYZ$（如图 6-1 所示）。地面点 P 的点位用（X，Y，Z）表示。

参心大地坐标系是以参考椭球的中心为坐标原点，椭球的短轴与参考椭球旋转轴重合，以过地面点的椭球法线与椭球赤道面的夹角为大地纬度 B，以过地面点的椭球子午面与起始子午面之间的夹角为大地经度 L，地面点沿椭球法线至椭球面的距离为大地高 H（如图 6-1 所示）。地面点的点位用（B，L，H）表示。

在同一参心坐标系中，地面点的参心空间直角坐标与相应的参心大地坐标之间存在同（1-18）式和（1-21）式的互换关系。

确定参考椭球是建立参心坐标系的主要依据。通常包括确定参考椭球的形状和大小，确定它的空间位置（参考椭球的定位与定向），以及确定大地原点 T 的大地纬度 B_T、大地经度 L_T 及它至一相邻点的大地方位角 A_T。

参考椭球的定位和定向是通过确定大地原点的大地经纬度、大地高和大地方位角来实现的，参考椭球一般采用“双平行”定向条件，即要求椭球的短轴与地球某一历元的自转轴平行，起始大地子午面与起始天文子午面平行。即参心大地坐标系与天文坐标系存在关系：

$$\left.\begin{aligned} B &= \varphi - \xi \\ L &= \lambda - \eta\sec\varphi \\ H &= H^{r} + N \\ A &= \alpha - \eta\tan\varphi \end{aligned}\right] \tag{6-1}$$

式中，φ，λ 是天文纬度和经度；ξ，η 是垂线偏差分量，N 为大地水准差距，A 和 α 为大地方位角和天文方位角。

一个国家或地区由于缺乏必要的资料来确定 ξ、η 和 N 值，往往只能简单地选取大地原点 T，有

$$\xi_T = 0 \quad \eta_T = 0 \quad N_T = 0 \tag{6-2}$$

上式表明，在大地原点 T 处，椭球的法线方向与垂线方向重合，椭球面和大地水准面相切，这时由（6-1）式，有

$$B_T = \varphi_T,\ L_T = \lambda_T,\ A_T = \alpha_T,\ H_T = H'_T$$

这就是所谓的“一点定位”。

“一点定位”的结果，往往难以使椭球面和大地水准面在较大区域范围内有较好的密合。所以，在国家天文大地测量工作基本完成后，利用已有的测量成果，按“ $\sum N^2$ =最小”进行重新定位和定向，称为“多点定位”。

6.2.2　54 北京和 80 西安国家坐标系

目前我国常用的两个国家坐标系——1954 年北京坐标系和 1980 年西安坐标系，均是参心坐标系。

1. 1954 年北京坐标系

解放前，我国一直没有统一的坐标系统。解放初期，为适应迅速开展的测绘工作的需要，根据当时的具体情况，将我国东北呼吗、吉拉林、东宁 3 个一等基线网与前苏联大地网相联，从而将前苏联 1942 年普尔科沃坐标系延伸到我国，定名为 1954 年北京坐标系。高程异常是以前苏联 1955 年大地水准面差距为依据，按我国天文重力水准路线传递而得。因此，我国 1954 年北京坐标系实际是前苏联 1942 年坐标系的延伸，其原点不在北京，而在前苏联的普尔科沃。

1954 北京坐标系采用了前苏联的克拉索夫斯基椭球体，其椭球参数是

长半径　　a=6 378 245m

扁率　　f=1/298.3

其中，长半径比现代精确值约长了 105～109 m。1954 年北京坐标系虽然是前苏联 1942 年坐标系的延伸，但二者并非完全相同。因为在该系统中，高程异常是以苏联 1955 年大地水准面差距为起算数据，按我国天文水准路线推算而得，而高程又采用我国 1956 年青岛验潮站的黄海平均海水面为基准。

1954 年北京坐标系建立之后，几十年来我国用该坐标系统完成了大量的测绘工作，获得了许多的测绘成果，在国家经济建设和国防建设的各个领域中发挥了巨大作用。但是，随着科学技术的发展，这个坐标系的先天弱点也显得越来越突出，难以适应现代科学研究、经济建设和国防尖端技术的需要，它的缺点主要表现在：

1）克拉索夫斯基椭球参数同现代精确的椭球参数相比，误差较大，长半径约长了 105～109m，这不仅对研究地球几何形状有影响，特别是该椭球参数只有 2 个几何参数，不包含表示物理特性的参数，不能满足现今理论研究和实际工作的需要，对于发展空间技术也带来诸多不便。

2）椭球定向不明确，既不指向国际通用的 CIO 极，也不指向目前我国使用的 JYD 极，椭球定位实际上采用了前苏联的普尔科沃定位，该定位椭球面与我

国的大地水准面呈西高东低的系统性倾斜。东部高程异常达 60 余米。而我国东部地势平坦、经济发达，要求椭球面与大地水准面有较好的密合，但实际情况与此相反。

3）该坐标系统的大地点坐标是经局部平差逐次得到的，全国天文大地控制点坐标值实际上连不成一个统一的整体。不同区域的接合部之间存在较大隙距，同一点在不同区的坐标值相差 1～2m，不同区域的尺度差异也很大。而且坐标传递是从东北至西北西南，前一区的最弱点即为后一区的坐标起算点，因而坐标积累误差明显，这对于发展我国空间技术、国防建设和国家大规模经济建设不利，因此有必要建立新的大地坐标系统。

2. 1980 年西安坐标系

1978 年，我国决定建立新的国家大地坐标系统，并且在新的大地坐标系统中进行全国天文大地网的整体平差，这个坐标系统定名为 1980 年西安大地坐标系统。1980 年西安坐标系的大地原点设在我国的中部，处于陕西省泾阳县永乐镇，椭球参数采用 1975 年国际大地测量与地球物理联合会推荐值，它们是：

椭球长半径　　$a=6\ 378\ 140\mathrm{m}$

重力场二阶带谐系数　　$J_2=1.082\ 63\times10^{-3}$

地心引力常数　　$GM=3.986\ 005\times10^{14}\mathrm{m}^3/\mathrm{s}$

地球自转角速度　　$\omega=7.292\ 115\times10^{-5}\mathrm{rad/s}$

由此可得 80 椭球两个最常用的几何参数：$a=6\ 378\ 140\mathrm{m}$，$f=1/298.257$。

为了使新定义的 80 参考椭球尽可能的接近我国范围内的大地水准面，椭球定位按我国范围内高程异常值平方和最小为准则求解参数，并要求椭球的短轴平行于由地球质心指向 1968.0 地极原点（JYD）的方向，起始大地子午面平行于格林威治天文台子午面。1980 年西安坐标系的长度基准与国际统一长度基准一致，高程基准以青岛验潮站 1956 年黄海平均海水面为高程起算基准，水准原点高出黄海平均海水面 72.289m。

1980 年西安大地坐标系建立后，利用该坐标进行了全国天文大地网平差，提供全国统一的、精度较高的 1980 年国家大地点坐标。据分析，80 坐标完全可以满足 1/5000 比例尺测图的需要。

3. 新 1954 年北京坐标系

由于 1980 年西安坐标系与 1954 年北京坐标系的椭球参数和定位均不相同，因而大地控制点在两坐标系中的坐标存在较大差异，最大的达 100m 以上，这将引起成果换算的不便和地形图图廓和方格线位置的变化，且已有的测绘成果大部分是 1954 年北京坐标系下产生的。所以，作为过渡，产生了新 1954 年北京坐标系。新 1954 年北京坐标系是通过将 1980 年西安坐标系的 3 个定位参数平移至克拉索夫斯基椭球中心，长半径与扁率仍取克拉索夫斯基椭球几何参数。而定位与 1980 年大地坐标系相同（即大地原点相同），定向也与 1980 椭球相同。因此，新 1954 年北京坐标系的精度和 1980 年坐标系精度相同，而坐标值与旧 1954 年北京坐标系的坐标接近。

6.2.3　站心坐标系

如果测量工作以测站为原点，则所构成的坐标系称为测站中心坐标系（简称站心坐标系）。站心坐标系分为站心地平直角坐标系和站心极坐标系。

站心地平直角坐标系的 Z 轴与过测站的椭球法线重合，X 轴垂直于 Z 轴（与过测站的大地子午线相切）并指向椭球的短轴，Y 轴垂直于 ZT_0X 平面（与过测站的大地平行圈相切），并构成左手坐标系（如图 6-2 所示）。

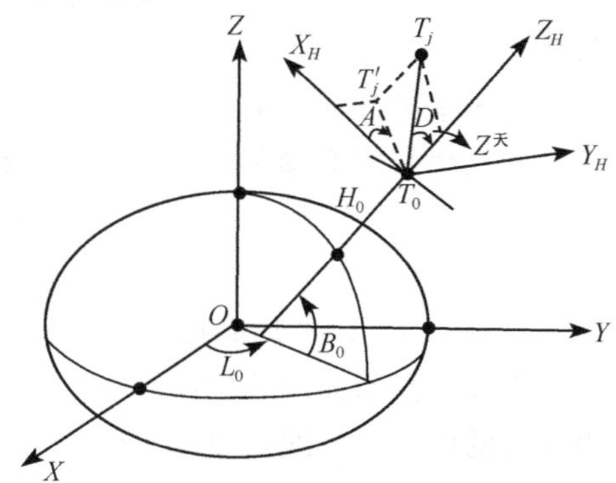

图 6-2　站心坐标系

GPS 相对定位确定的是点之间的相对位置，一般用空间直角坐标差（ΔX，ΔY，ΔZ），或用大地坐标差（ΔB，ΔL，ΔH）表示。如果建立以已知点（x_0，y_0，z_0）为原点的站心地平直角坐标系，则其他点在该坐标系内的坐标 x，y，z 与基线向量的关系为

$$\begin{bmatrix} x_j \\ y_j \\ z_j \end{bmatrix}_{站} = \begin{bmatrix} -\sin B_0 \cos L_0 & -\sin B_0 \sin L_0 & \cos B_0 \\ -\sin L_0 & \cos L_0 & 0 \\ \cos B_0 \cos L_0 & \cos B_0 \sin L_0 & \sin B_0 \end{bmatrix} \begin{bmatrix} \Delta X \\ \Delta Y \\ \Delta Z \end{bmatrix}_{oj} \tag{6-3}$$

站心极坐标系以测站的铅垂线为准，以测站点到某点 j 的空间距离 D、天顶距 $Z^{天}$ 和大地方位角 A 表示 j 点的位置（见图 6-2）。

j 点的站心地平直角坐标与站心极坐标之间的关系为

$$\begin{bmatrix} x_j \\ y_j \\ z_j \end{bmatrix}_{站} = \begin{bmatrix} D_{oj} \sin Z_{oj} \cos A_{oj} \\ D_{oj} \sin Z_{oj} \sin A_{oj} \\ D_{oj} \cos Z_{oj} \end{bmatrix} \tag{6-4}$$

$$\left.\begin{aligned} D_{oj}^2 &= x_j^2 + y_j^2 + z_j^2 \\ \tan Z_{oj} &= \sqrt{(x_j^2 + y_j^2)}/z_j \\ \tan A_{oj} &= y_j/x_j \end{aligned}\right\} \tag{6-5}$$

6.2.4 地方独立坐标系

在我国许多城市测量与工程测量中，若直接采用国家坐标系，则可能会由于远离中央子午线，或由于测区平均高程较大，而导致长度投影变形较大，难以满足工程或实用的精度要求。另一方面，对于一些特殊的测量，如大桥施工测量、水利水坝测量、滑坡变形监测等，采用国家坐标系在实用中也会很不方便。因此，基于限制变形，以及方便实用、科学的目的，在许多城市和工程测量中，常常会建立适合本地区的地方独立坐标系。

建立地方独立坐标系，实际上就是通过一些元素的确定来决定地方参考椭球与投影面。

地方参考椭球一般选择与当地平均高程相对应的参考椭球，该椭球的中心、轴向和扁率与国家参考椭球相同，其椭球半径 a_1 增大为

$$\left.\begin{aligned} a_1 &= a + \Delta a_1 \\ \Delta a_1 &= H_m + \xi_0 \end{aligned}\right\} \tag{6-6}$$

式中，H_m 为当地平均海拔高程，ξ_0 为该地区的平均高程异常。

而地方投影面的确定中，一般选取过测区中心的经线或某个起算点的经线作为独立的中央子午线，以某个特定方便使用的点和方位为地方独立坐标系的起算原点和方位，并选取当地平均高程面 H_m 为投影面。

6.2.5 高斯平面直角坐标系和 UTM 坐标系

大地测量建立的大地坐标的重要作用之一是为测图服务，传统地图均为平面图，作为测图控制的大地点的坐标也必须是平面坐标。因此，需要将椭球面上各点的大地坐标，按照一定的数学规律投影到平面上成为平面直角坐标。

由于地球椭球面是不可展的曲面，无论采用什么数学规律投影都会产生变形。因此，只能按照满足某种特定需要与用途，对一些变形加以限制，使其减小到适当程度，甚至为零。按变形性质，我们可以将投影分为等角投影、等面积投影、等距离投影以及任意投影。

等角投影也叫正形投影、相似投影。即该投影在小区域范围内使平面图形与椭球面上的图形保持相似。目前世界各国采用最广泛的高斯投影和墨卡托投影（UTM）均是正形投影。这两种投影具有如下特征：

1）椭球面上任一角度，投影到平面上后保持不变；

2）中央子午线投影为纵坐标轴；

3）高斯投影的中央子午线长度比 $m_0=1$，而 UTM 投影的 $m_0=0.9996$。

在上述条件下，可以推出椭球面投影到高斯平面的数学模型，即高斯投影正算公式：

$$\left.\begin{aligned} x &= X^0 + \frac{1}{2}N \cdot t \cdot \cos^2 B \cdot l^2 + \frac{1}{24}N \cdot t(5 - t^2 + 9\eta^2 + 4\eta^4)\cos^4 B \cdot l^4 \\ &\quad + \frac{1}{720}N \cdot t(61 - 58t^2 + t^4 + 270\eta^2 - 330\eta^2 t^2)\cos^6 B \cdot l^6 \\ y &= N \cdot \cos B \cdot l + \frac{1}{6}N(1 - t^2 + \eta^2)\cos^3 B \cdot l^3 + \frac{1}{120}N(5 - 18t^2 \\ &\quad + t^4 + 14\eta^2 - 58\eta^2 t^2)\cos^5 B \cdot l^5 \end{aligned}\right\} \quad (6\text{-}7)$$

式中，B 为投影点的大地纬度；$l=L-L_0$，L 为投影点的大地经度，L_0 为轴子午线的大地经度；N 为投影点的卯酉圈曲率半径；$t=\tan B$，$\eta=e'\cos B$；e'为椭球第二偏心率。

X°为当 $l=0$ 时，从赤道起算的子午线弧长，其计算公式为

$$X = a(1 - e^2)(A_0 B + A_2 \sin 2B + A_4 \sin 4B + A_6 \sin 6B + A_8 \sin 8B) \quad (6\text{-}8)$$

其中，系数

$$A_0 = 1 + \frac{3}{4}e^2 + \frac{45}{64}e^4 + \frac{350}{512}e^6 + \frac{11\,025}{16\,834}e^8$$

$$A_2 = -\frac{1}{2}\left(\frac{3}{4}e^2 + \frac{60}{64}e^4 + \frac{525}{512}e^6 + \frac{17\,640}{16\,834}e^8\right)$$

$$A_4 = \frac{1}{4}\left(\frac{15}{64}e^4 + \frac{210}{512}e^6 + \frac{8820}{16\,834}e^8\right)$$

$$A_6 = \frac{1}{6}\left(\frac{35}{512}e^6 + \frac{2520}{16\,834}e^8\right)$$

$$A_8 = \frac{1}{8}\left(\frac{315}{16\,834}e^8\right)$$

e 为椭球第一偏心率。

如果顾及 UTM 中央子午线投影长度比等于 0.999 6，令 $m_0=0.999\,6$，则 UTM 投影正算公式为

$$\begin{aligned} x_u &= m_0 x_G = 0.999\,6 x_G \\ y_u &= m_0 y_G = 0.999\,6 y_G \end{aligned} \quad (6\text{-}9)$$

由高斯平面直角坐标 x，y 反求椭球面上的大地经、纬度 L、B，称为高斯投影反算公式，其形式为

$$\left.\begin{aligned} B &= B_f - \frac{t_f}{2M_f N_f}y^2 + \frac{t_f}{24M_f N_f^3}(5 + 3t_f^2 + \eta_f^2 - 9\eta_f^4 t_f^2)y^4 \\ &\quad - \frac{t_f}{720M_f N_f^5}(61 + 90t_f^2 + 45t_f^4)y^6 \\ L &= \frac{1}{N_f \cos B_f}y - \frac{1}{6N_f^3 \cos B_f}(1 + 2t_f^2 + \eta_f^2)y^3 \\ &\quad + \frac{1}{120N_f^5 \cos B_f}(5 + 28t_f^2 + 24t_f^4 + 6\eta_f^2 + 8\eta_f^2 t_f^2)y^5 \end{aligned}\right\} \quad (6\text{-}10)$$

其中：B_f 为投影点的纬度，下标“f”表示与该点有关的量。投影点也称为底点，底点纬度的计算公式为

$$B_f = B_0 + \sin 2B\{K_0 + \sin^2 B_0[K_2 + \sin^2 B_0(K_4 + K_6 \sin B_0)]\} \quad (6\text{-}11)$$

其中

$$B_0 = \frac{X}{a(1-e^2)A_0}$$

X 为 $y=0$ 时 x 值所对应的子午线弧长，其中：

$$K_0 = \frac{1}{2}\left[\frac{3}{4}e^2 + \frac{45}{64}e^4 + \frac{350}{512}e^6 + \frac{11\,025}{16\,384}e^8\right]$$

$$K_2 = -\frac{1}{3}\left[\frac{63}{64}e^4 + \frac{1\,108}{512}e^6 + \frac{58\,239}{16\,384}e^8\right]$$

$$K_4 = \frac{1}{3}\left[\frac{604}{512}e^6 + \frac{68\,484}{16\,384}e^8\right]$$

$$K_6 = -\frac{1}{3}\left[\frac{26\,328}{16\,384}e^8\right]$$

高斯投影和 UTM 投影是正形投影，因此，其角度投影没有变形，而高斯投影中长度除中央子午线外均存在变形，距中央子午线越远，长度变形越大。为了限制长度变形，根据国际测量协会规定，将全球按一定经差分成若干带。我国采用 6 度带或 3 度带。6 度带是自零度子午线起每隔经度差 6 度自西向东分带，带号 n 与相应的中央子午线经度 L_0 的关系为

$$\left.\begin{aligned} L_0 &= 6°n - 3° \\ n &= \frac{1}{6}(L_0 + 3°) \end{aligned}\right\} \quad (6\text{-}12)$$

3 度带是在 6 度带的基础上分带，其带号 n' 与相应的中央子午线经度 L'_0 的关系为

$$\left.\begin{aligned} L'_0 &= 3n' \\ n' &= \frac{1}{3}L'_0 = 2n - 1 \end{aligned}\right\} \quad (6\text{-}13)$$

高斯投影的长度变形比公式为

$$m = 1 + \frac{1}{2}\left(\frac{l''}{\rho''}\right)^2 \cos^2 B(1+\eta^2) + \frac{1}{24}\left(\frac{l''}{\rho''}\right)^4 \cos^4 B(5 - 4\tan^2 B) \quad (6\text{-}14)$$

或

$$m = 1 + \frac{y^2}{2R_m^2} + \frac{y^4}{24R_m^4} \quad (6\text{-}15)$$

由以上两式可以看到，长度变形（$m-1$）与离中央子午线的经差的平方 $(l''/\rho'')^2$ 或与横坐标的平方 y^2 成正比。计算表明，在纬度 30°以下的 6 度带边缘地区，长度变形大于千分之一，3 度带边缘长度变形大于万分之二。

为了避免在平面直角坐标系中出现负值，给横坐标 y 值加入 500km 常数。

6.3　GPS定位测量中的坐标转换

我们知道，不同的测量成果均对应于各自的坐标系。GPS定位结果属于协议地球地心坐标系，即WGS-84坐标系，且通常以空间直角坐标（X，Y，Z），或以椭球大地坐标（B，L，H）的形式给出。而实用的常规地面测量成果或是属于国家的参心大地坐标系，或是属于地方独立坐标系。因此必须实现GPS成果的坐标系的转换。另外，GPS相对定位所求得的GPS基线向量通常是以WGS-84坐标差的形式表示，对于这种特殊的坐标表示形式，应考虑其相应的转换模型。

为了与传统测量成果一致，常将GPS成果投影到平面，形成GPS二维坐标系成果，因此还应考虑二维坐标转换。

6.3.1　空间直角坐标系与椭球大地坐标系的关系

无论是地心坐标系还是参心坐标系，测量成果均可以空间直角坐标（X，Y，Z）或以大地坐标（B，L，H）的形式表示。

首先推导给出两者之间的关系。设在椭球面上P点（大地经度L）的子午面上，以子午椭圆的中心O为原点，建立X^*、Z平面直角坐标系。过P点作子午圈的切线TP，它与X^*轴的夹角为$90°+B$（见图6-3）。P点的斜率为

$$\frac{\mathrm{d}Z}{\mathrm{d}X^*} = \tan(90° + B) = -\frac{\cos B}{\sin B} \tag{6-16}$$

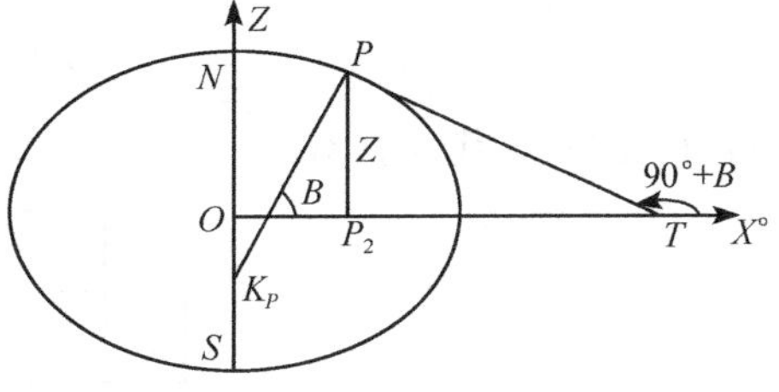

图 6-3　空间直角坐标系与椭球大地坐标系的关系

由子午线椭圆的方程

$$\frac{X^{*2}}{a^2} + \frac{Z^2}{b^2} = 1 \tag{6-17}$$

对X^*求导，得

$$\frac{\mathrm{d}Z}{\mathrm{d}X^*} = -\frac{b^2 X^*}{a^2 Z} \tag{6-18}$$

将（6-16）式代入后，有

$$\frac{b^2 X^*}{a^2 Z} = \frac{\cos B}{\sin B} \tag{6-19}$$

平方后，得

$$b^4 X^{*2} \sin^2 B - a^4 Z^2 \cos^2 B = 0 \tag{6-20}$$

而由(6-17)式可得 $$b^4 X^{*2} + a^2 Z^2 = a^2 b^2 \tag{6-21}$$

将（6-20）式与（6-21）式用矩阵表示为

$$\begin{bmatrix} b^4 \sin^2 B & -a^4 \cos^2 B \\ b^2 & a^2 \end{bmatrix} \begin{bmatrix} X^{*2} \\ Z^2 \end{bmatrix} = \begin{bmatrix} 0 \\ a^2 b^2 \end{bmatrix} \tag{6-22}$$

由上式可得

$$\begin{bmatrix} X^* \\ Z \end{bmatrix} = \frac{1}{(a^2 \cos^2 B + b^2 \sin^2 B)^{\frac{1}{2}}} \begin{bmatrix} a^2 \cos B \\ b^2 \sin B \end{bmatrix} \tag{6-23}$$

设 $PK_p = N$（N 为卯酉圈曲率半径），那么由图 6-3 可直接写出

$$X^* = N\cos B \tag{6-24}$$

将（6-23）式中的 X^* 代入（6-24）式，有

$$N = \frac{a^2}{(a^2 \cos^2 B + b^2 \sin^2 B)^{1/2}} \tag{6-25}$$

因此，有 $$\begin{bmatrix} X^* \\ Z \end{bmatrix} = \begin{bmatrix} N\cos B \\ N(1 - e^2)\sin B \end{bmatrix} \tag{6-26}$$

那么对于空间直角坐标系

$$\begin{bmatrix} X \\ Y \\ Z \end{bmatrix} = \begin{bmatrix} X^* \cos L \\ X^* \sin L \\ Z \end{bmatrix} \tag{6-27}$$

将（6-26）式代入，有

$$\begin{bmatrix} X \\ Y \\ Z \end{bmatrix} = \begin{bmatrix} N\cos B\cos L \\ N\cos B\sin L \\ N(1 - e^2)\sin B \end{bmatrix} \tag{6-28}$$

当点不在椭球面上而位于空间某点 $P_{地}$ 时，则有

$$\begin{bmatrix} X \\ Y \\ Z \end{bmatrix} = \begin{bmatrix} (N + H)\cos B\cos L \\ (N + H)\cos B\sin L \\ [N(1 - e^2) + H]\sin B \end{bmatrix} \tag{6-29}$$

(6-29) 式由已知椭球大地坐标（B，L，H）求空间直角坐标（X，Y，Z），称为正解。而由空间直角坐标（X，Y，Z）求椭球大地坐标（B，L，H）称为反解，是一种迭代求解关系。

$$\left.\begin{aligned} B &= \tan^{-1}\left[\frac{Z}{\sqrt{X^2 + Y^2}}\left(1 - \frac{e^2 N}{(N + H)}\right)^{-1}\right] \\ L &= \tan^{-1}(Y/X) \\ H &= \frac{\sqrt{X^2 + Y^2}}{\cos B} - N \end{aligned}\right\} \tag{6-30}$$

式中，$N = a/\sqrt{1 - e^2 \sin^2 B}$ 。

由（6-29）式可求出空间直角坐标与椭球坐标之间的微分变换关系。不顾及椭球元素的变化，对 X，Y，Z 和 B，L，H 进行全微分，可得

$$\begin{bmatrix} \mathrm{d}X \\ \mathrm{d}Y \\ \mathrm{d}Z \end{bmatrix} = \begin{bmatrix} -\frac{1}{\rho}(M+H)\sin B\cos L & -\frac{1}{\rho}(N+H)\cos B\sin L & \cos B\sin L \\ -\frac{1}{\rho}(M+H)\sin B\sin L & \frac{1}{\rho}(N+H)\cos B\cos L & \cos B\sin L \\ \frac{1}{\rho}(M+H)\cos B & 0 & \sin B \end{bmatrix}$$

$$\begin{bmatrix} \mathrm{d}B \\ \mathrm{d}L \\ \mathrm{d}H \end{bmatrix} = A \begin{bmatrix} \mathrm{d}B \\ \mathrm{d}L \\ \mathrm{d}H \end{bmatrix} \tag{6-31}$$

$$\begin{bmatrix} \mathrm{d}B \\ \mathrm{d}L \\ \mathrm{d}H \end{bmatrix} = A^{-1} \begin{bmatrix} \mathrm{d}X \\ \mathrm{d}Y \\ \mathrm{d}Z \end{bmatrix} A^{-1} = \begin{bmatrix} \frac{-\sin B\cos L}{M+H}\cdot\rho & \frac{-\sin B\sin L}{M+H}\cdot\rho & \frac{\cos B}{M+H}\cdot\rho \\ \frac{-\sin L}{(N+H)\cos B}\cdot\rho & \frac{\cos L}{(N+H)\cos B}\cdot\rho & 0 \\ \cos B\cos L & \cos B\sin L & \sin B \end{bmatrix} \tag{6-32}$$

6.3.2　三维坐标转换模型

设 2 个三维空间直角坐标系 O_T—$X_TY_TZ_T$ 和 O—$X_SY_SZ_S$ 有图 6-4 所示的关系，其坐标系原点不一致，存在 3 个平移量 ΔX_0，ΔY_0，ΔZ_0。且通常各坐标轴之间相互不平行，对应的坐标轴之间存在 3 个微小的旋转角 ε_x，ε_y，ε_z，两个坐标系的尺度也不一致，设 O_T—$X_TY_TZ_T$ 的尺度为 1，而 O—$X_SY_SZ_S$ 的尺度为$1+m$。

坐标转换模型有多种，应用最广的是 7 参数转换模型，主要有布尔莎模型和莫洛金斯基模型。

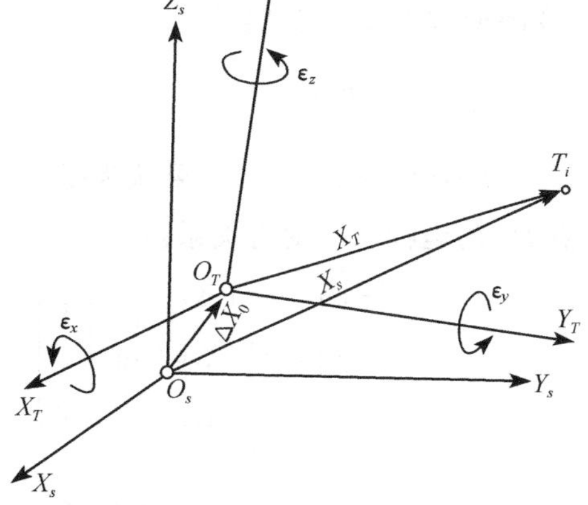

图 6-4　两空间直角坐标系的关系

1. 布尔莎模型

由图 6-4 知，任意点 P_i 在两坐标系中的坐标之间有如下关系：

$$\begin{bmatrix} x \\ y \\ z \end{bmatrix}_{i_s} = \begin{bmatrix} \Delta x_0^B \\ \Delta y_0^B \\ \Delta z_0^B \end{bmatrix} + (1+m^B)R_1(\varepsilon_x^B)R_2(\varepsilon_y^B)R_3(\varepsilon_z^B) \begin{bmatrix} x \\ y \\ z \end{bmatrix}_{i_T} \tag{6-33}$$

考虑到两坐标轴定向的差别一般很小，因此欧拉角 ε_x^B，ε_y^B，ε_z^B 通常都是微小量，有

$$R(\varepsilon^B)=R_1(\varepsilon_x^B)R_2(\varepsilon_y^B)R_3(\varepsilon_z^B)=\begin{bmatrix}1 & \varepsilon_z^B & -\varepsilon_y^B\\ -\varepsilon_z^B & 1 & \varepsilon_x^B\\ \varepsilon_y^B & -\varepsilon_x^B & 1\end{bmatrix}\qquad(6\text{-}34)$$

令

$$I=\begin{bmatrix}1&0&0\\0&1&0\\0&0&1\end{bmatrix}\quad Q(\varepsilon^B)=\begin{bmatrix}0 & \varepsilon_z^B & -\varepsilon_y^B\\ -\varepsilon_z^B & 0 & \varepsilon_x^B\\ \varepsilon_y^B & -\varepsilon_x^B & 0\end{bmatrix}$$

有 $R(\varepsilon^B)=I+Q(\varepsilon^B)$，将其代入到（6-33）式则有

$$\begin{bmatrix}x\\y\\z\end{bmatrix}_{i_S}=\begin{bmatrix}\Delta x_0^B\\ \Delta y_0^B\\ \Delta z_0^B\end{bmatrix}+(1+m^B)R(\varepsilon^B)\begin{bmatrix}x\\y\\z\end{bmatrix}_{i_T}\qquad(6\text{-}35)$$

舍去 $m^BQ(\varepsilon)$ 项，可得

$$\begin{bmatrix}x\\y\\z\end{bmatrix}_{i_S}=\begin{bmatrix}\Delta x_0^B\\ \Delta y_0^B\\ \Delta z_0^B\end{bmatrix}+(1+m^B)\begin{bmatrix}x\\y\\z\end{bmatrix}_{i_T}+\begin{bmatrix}0 & \varepsilon_z^B & -\varepsilon_y^B\\ -\varepsilon_z^B & 0 & \varepsilon_x^B\\ \varepsilon_y^B & -\varepsilon_x^B & 0\end{bmatrix}\begin{bmatrix}x\\y\\z\end{bmatrix}_{i_T}\qquad(6\text{-}36)$$

上式含有 7 个转换参数：Δx_0^B，Δy_0^B，Δz_0^B，ε_x^B，ε_y^B，ε_z^B，m^B，称为布尔莎（Bursa）7 参数转换模型。

2. 莫洛金斯基模型

在两个坐标系中，如果认为受尺度和旋转影响的只是任意点 P_i 与某一参考点 P_k 的坐标差，则有关系：

$$\begin{bmatrix}x\\y\\z\end{bmatrix}_{i_S}=\begin{bmatrix}\Delta x_0^M\\ \Delta y_0^M\\ \Delta z_0^M\end{bmatrix}+\begin{bmatrix}x\\y\\z\end{bmatrix}_{k_T}+(1+m^M)R(\varepsilon^M)\begin{bmatrix}x_i-x_k\\ y_i-y_k\\ z_i-z_k\end{bmatrix}_T\qquad(6\text{-}37)$$

或写为

$$\begin{bmatrix}x\\y\\z\end{bmatrix}_{i_S}=\begin{bmatrix}\Delta x_0^M\\ \Delta y_0^M\\ \Delta z_0^M\end{bmatrix}+\begin{bmatrix}x\\y\\z\end{bmatrix}_{i_T}+m^M\begin{bmatrix}\Delta x\\ \Delta y\\ \Delta z\end{bmatrix}_{ki_T}+\begin{bmatrix}0 & \varepsilon_z^M & -\varepsilon_y^M\\ -\varepsilon_z^M & 0 & \varepsilon_x^M\\ \varepsilon_y^M & -\varepsilon_x^M & 0\end{bmatrix}\begin{bmatrix}\Delta x\\ \Delta y\\ \Delta z\end{bmatrix}_{ki_T}\qquad(6\text{-}38)$$

上式称为莫洛金斯基（Molodensky）模型，它和布尔莎（Bursa）一样，也有 7 个转换参数。但在莫洛金斯基模型中，认为受旋转和尺度影响的只是 P_i 点

和某参考点 P_k 的坐标差。

7 参数坐标转换模型，除了布尔莎模型、莫洛金斯基模型外，还有维斯模型、范氏模型、武测模型，这些模型在表达形式上虽不尽相同，但参数间存在着明确的解析关系，可以相互转换，用它们分别换算其他点的坐标时，结果完全相同。因此，这几种转换模型是等价的。

此外，为了克服 7 参数模型的不完善，产生了多于 7 参数、在转换参数中考虑坐标系可能存在系统性误差影响的坐标转换模型，如霍丁模型（9 参数），模型中除了欧拉角 ε_x，ε_y，ε_z 外，还有 $d\alpha$（方位变化）和 $d\beta$（天顶距变化）；以及克拉克威斯基—汤姆森模型（10 参数）等。它们也可以通过一定的方法转换成布尔莎模型。因此，坐标转换中的布尔莎模型是一个重要的基础模型。

6.3.3　三维坐标差转换模型

GPS 相对定位的基线向量通常是以三维坐标差的形式表示，按照上述布尔莎模型（或其他模型）列出两个点的坐标转换方程，将两式相减，就得到两点间的三维坐标差的转换模型为

$$\begin{bmatrix} x_j - x_i \\ y_j - y_i \\ z_j - z_i \end{bmatrix}_S = (1+m)\begin{bmatrix} x_j - x_i \\ y_j - y_i \\ z_j - z_i \end{bmatrix}_T + \begin{bmatrix} 0 & \varepsilon_z & -\varepsilon_y \\ -\varepsilon_z & 0 & \varepsilon_x \\ \varepsilon_y & -\varepsilon_x & 0 \end{bmatrix}\begin{bmatrix} x_j - x_i \\ y_j - y_i \\ z_j - z_i \end{bmatrix}_T \tag{6-39}$$

记 $\Delta x_{ij}=x_j-x_i$，$\Delta y_{ij}=y_j-y_i$，$\Delta z_{ij}=z_j-z_i$，(6-39) 式也可写为

$$\begin{bmatrix} \Delta x_{ij} \\ \Delta y_{ij} \\ \Delta z_{ij} \end{bmatrix}_S = \begin{bmatrix} \Delta x_{ij} \\ \Delta y_{ij} \\ \Delta z_{ij} \end{bmatrix}_T + m\begin{bmatrix} \Delta x_{ij} \\ \Delta y_{ij} \\ \Delta z_{ij} \end{bmatrix}_T + \begin{bmatrix} 0 & -\Delta z_{ij} & \Delta y_{ij} \\ \Delta z_{ij} & 0 & -\Delta x_{ij} \\ -\Delta y_{ij} & \Delta x_{ij} & 0 \end{bmatrix}_T \begin{bmatrix} \varepsilon_x \\ \varepsilon_y \\ \varepsilon_z \end{bmatrix} \tag{6-40}$$

由于坐标差与平移参数无关，所以，三维坐标差中仅包含 3 个旋转参数和 1 个尺度比参数，且由以上任何一个 7 参数转换模型得到的坐标转换模型完全相同。此外，对于以 i 点为原点的站心坐标系，设任意点 j 的站心坐标为 (x_j, y_j, z_j)，则其与空间直角坐标 (X_j, Y_j, Z_j) 和空间直角坐标差 $(\Delta X_{ij}, \Delta Y_{ij}, \Delta Z_{ij})$ 有关系式：

$$\begin{bmatrix} x_j \\ y_j \\ z_j \end{bmatrix} = \begin{bmatrix} -\sin B_i \cos L_i & -\sin B_i \sin L_i & \cos B_i \\ -\sin L_i & \cos L_i & 0 \\ \cos B_i \cos L_i & \cos B_i \sin L_i & \sin B_i \end{bmatrix}\begin{bmatrix} X_j - X_i \\ Y_j - Y_i \\ Z_j - Z_i \end{bmatrix} = R_{ij}\begin{bmatrix} \Delta X_{ij} \\ \Delta Y_{ij} \\ \Delta Z_{ij} \end{bmatrix} \tag{6-41}$$

由以上站心坐标与空间直角坐标的关系，可以导出基于站心坐标系的三维坐标差转换模型

$$\begin{bmatrix} \Delta X_{ij} \\ \Delta Y_{ij} \\ \Delta Z_{ij} \end{bmatrix}_S = \begin{bmatrix} \Delta X_{ij} \\ \Delta Y_{ij} \\ \Delta Z_{ij} \end{bmatrix}_T + m\begin{bmatrix} \Delta X_{ij} \\ \Delta Y_{ij} \\ \Delta Z_{ij} \end{bmatrix}_T + \bar{R}_{ij}\begin{bmatrix} \varepsilon_\eta \\ \varepsilon_\xi \\ \varepsilon_A \end{bmatrix} \tag{6-42}$$

式中，ε_η，ε_ξ，ε_A 分别为绕站心坐标系的 3 个坐标轴的旋转角，其中 ε_A 为绕天顶（法线）的旋转角，而

$$\overline{R}_{ij}=R_{ij}\begin{bmatrix}0 & -\Delta Z_{ij} & \Delta Y_{ij}\\ \Delta Z_{ij} & 0 & -\Delta X_{ij}\\ -\Delta Y_{ij} & \Delta X_{ij} & 0\end{bmatrix}$$

$$=\begin{bmatrix}-\Delta Y_{ij}\cos B_i-\Delta Z_{ij}\sin B_i\sin L_i & \Delta Z_{ij}\cos L_i & -\Delta Y_{ij}\sin B_i+\Delta Z_{ij}\cos B_i\sin L_i\\ \Delta X_{ij}\cos B_i+\Delta Z_{ij}\sin B_i\cos L_i & \Delta Z_{ij}\sin L_i & \Delta X_{ij}\sin B_i-\Delta Z_{ij}\cos B_i\cos L_i\\ -\Delta X_{ij}\sin B_i\sin L_i+\Delta Y_{ij}\sin B_i\cos L_i & -\Delta X_{ij}\cos L_i-\Delta Y_{ij}\sin L_i & -\Delta X_{ij}\cos B_i\sin L_i+\Delta Y_{ij}\cos B_i\cos L_i\end{bmatrix} \tag{6-43}$$

6.3.4 联合平差确定转换参数

无论利用哪种坐标转换模型，均必须已知相应的转换参数。如果不知道两个坐标间的转换参数，则需根据两坐标系在共同点（公共点）的坐标（X，Y，Z）$_{i_S}$ 和（X，Y，Z）$_{i_T}$（$i=1$，2，3…），代入转换模型反求两个坐标系间的转换参数，然后利用所求得的转换参数再回代到模型中对另一部分点进行坐标转换。一般常用联合平差的方法求转换参数。

可以将（6-36）式的布尔莎转换模型写成如下形式：

$$\begin{bmatrix}X\\Y\\Z\end{bmatrix}_{i_S}=\begin{bmatrix}1 & 0 & 0 & X_{i_T} & 0 & -Z_{i_T} & Y_{i_T}\\ 0 & 1 & 0 & Y_{i_T} & Z_{i_T} & 0 & -X_{i_T}\\ 0 & 0 & 1 & Z_{i_T} & -Y_{i_T} & X_{i_T} & 0\end{bmatrix}\begin{bmatrix}\Delta x_0\\ \Delta y_0\\ \Delta z_0\\ m\\ \varepsilon_x\\ \varepsilon_y\\ \varepsilon_z\end{bmatrix}+\begin{bmatrix}X\\Y\\Z\end{bmatrix}_{i_T}$$

或

$$\overline{X}_{i_S}=C_iT+\overline{X}_{i_T} \tag{6-44}$$

式中，$\overline{X}_{i_S}=[X\quad Y\quad Z]^T$；$\overline{X}_{i_T}=[X\quad Y\quad Z]^T$

$T=[\Delta x_0\quad \Delta y_0\quad \Delta z_0\quad m\quad \varepsilon_x\quad \varepsilon_y\quad \varepsilon_z]^T$，是要确定的 7 个转换参数组成的向量。

要确定 7 个参数，至少需要同时知道 3 个公共点在两坐标系的坐标值，利用最小二乘法对参数 T 进行求解。由于这两个坐标系分别属于卫星网的地心坐标系（S）和地面网的参心坐标系（T），所以将这个求解过程称为卫星网与地面网的联合平差。

在联合平差时，首先以 7 个转换参数和公共点的地面网坐标为未知数，以公

共点卫星网坐标为观测值，则有误差方程：

$$\left.\begin{aligned} V_{i_T} &= \mathrm{d}X_{i_T} & \text{权}\quad P_{i_T} \\ V_{i_S} &= \mathrm{d}X_{i_T} + C_i T + L_i & P_{i_S} \end{aligned}\right\} \quad i = 1,2,\cdots,n \tag{6-45}$$

n 为公共点的个数。并设地面网和卫星网联合平差后的坐标为

$$\left.\begin{aligned} \hat{X}_{i_T} &= X_{i_T} + \mathrm{d}X_{i_T} = X_{i_T} + V_{i_T} \\ \hat{X}_{i_S} &= X_{i_S} + V_{i_S} \end{aligned}\right] \tag{6-46}$$

$$C_i = \begin{bmatrix} 1 & 0 & 0 & X_{i_T} & 0 & -Z_{i_T} & Y_{i_T} \\ 0 & 1 & 0 & Y_{i_T} & Z_{i_T} & 0 & -X_{i_T} \\ 0 & 0 & 1 & Z_{i_T} & -Y_{i_T} & X_{i_T} & 0 \end{bmatrix} \tag{6-47}$$

$$L_i = \begin{bmatrix} X_{i_T} & -X_{i_S} \\ Y_{i_T} & -Y_{i_S} \\ Z_{i_T} & -Z_{i_S} \end{bmatrix} \tag{6-48}$$

由（6-45）式可组成法方程

$$\begin{bmatrix} P_T + P_S & P_S C \\ C^T P_S & C^T P_S C \end{bmatrix} \begin{bmatrix} \mathrm{d}X_T \\ T \end{bmatrix} + \begin{bmatrix} P_S L \\ C^T P_S L \end{bmatrix} = 0 \tag{6-49}$$

$$P_S = \begin{bmatrix} P_{1_S} & & & \\ & P_{2_S} & & \\ & & \ddots & \\ & & & P_{n_S} \end{bmatrix} \quad P_T = \begin{bmatrix} P_{1_T} & & & \\ & P_{2_T} & & \\ & & \ddots & \\ & & & P_{n_T} \end{bmatrix}$$

式中　$C = [C_1 \quad C_2 \quad \cdots \quad C_n]^T \qquad L = [L_1 \quad L_2 \quad \cdots \quad L_n]^T$

$$\mathrm{d}X_T = [\mathrm{d}X_{1_T} \quad \mathrm{d}X_{2_T} \quad \cdots \quad \mathrm{d}X_{n_T}]^T$$

对（6-49）式求解，可得

$$\begin{bmatrix} \mathrm{d}\hat{X}_T \\ \hat{T} \end{bmatrix} = -\begin{bmatrix} P_T + P_S & P_S C \\ C^T P_S & C^T P_S C \end{bmatrix}^{-1} + \begin{bmatrix} P_S C \\ C^T P_S L \end{bmatrix} \tag{6-50}$$

转换参数解的精度

$$\hat{\sigma}_0 = \sqrt{\frac{V^T P V}{3n - m}} \tag{6-51}$$

m 为转换参数个数

$$V^T P V = V_T^T P_T V_T + V_S^T P_S V_S \tag{6-52}$$

转换参数协因数阵 $Q_{\hat{T}}$ 为

$$Q_{\hat{T}} = [C^T (P_S^{-1} + P_T^{-1}) C]^{-1} \tag{6-53}$$

则转换参数解的精度

$$D_{\hat{T}} = \hat{\sigma}_0 Q_{\hat{T}} \tag{6-54}$$

将由（6-50）式求出的转换参数代入（6-36）式的布尔莎转换模型中去，就可实现空间直角坐标系间的坐标转换。转换后坐标的精度和准确性，不仅取决于需转换的坐标本身的精度，更取决于采用的转换参数的精度，以及其能否真正在两坐标系之间实现转换的匹配兼容，不可靠的转换参数将导致原网发生极大变形。

影响转换参数的求定精度主要因素之一是用于联合平差的卫星网和地面网公共点的坐标精度，GPS卫星网绝对定位坐标的精度通常在5～30m之间。因此，其三维空间坐标精度较低。另一方面，地面网点是由大地坐标（B，L，H）按（6-29）式求出，而其中的大地高H，是由正常高加上该点的高程异常值得到的。目前在我国高程异常的精度为米级。鉴于以上两个原因，由（6-50）式所求得的转换参数的精度不高。

另外，按联合平差的方法用（6-50）式求转换参数，还应注意以下几方面的问题：

1）联合平差时，公共点的几何分布情况，也影响到求出的转换参数的精度。原则上，所求的转换参数确定的是两地球坐标系的几何关系，因此，公共点应全球分布。而对于一个小区域，例如几十平方公里的范围，在此区域中的公共点间的距离相对地球半径来说是非常小的，因而将导致系数矩阵性态很差，求出的转换参数不可靠。

2）按最小二乘法采用（6-50）式确定的转换参数，在用其进行坐标转换时，只能保证转换后的坐标与已有坐标在公共点区域内平均差异最小。这说明两坐标系之间有间隙，即转换后公共点上有两套同属一个坐标系统却又有微小差异的坐标。这将导致使用不便。为了使用方便，希望坐标系统转换后，公共点上的坐标完全重合，目前采用的较为广泛的是约束平差的方法，将在下一节介绍。

6.4 GPS网的三维平差

GPS网是由GPS相对定位求得的基线向量构成的空间基线向量网，并在GPS网平差时，将这些基线向量及其协方差作为网平差的基本观测量。

GPS空间三维基线向量网平差常采用以下三种平差类型。

1）三维无约束平差。我们知道，GPS基线向量本身已隐含尺度基准和方位基准，因此在三维平差中可只选某一点的固定坐标进行网平差，即无约束平差。三维无约束平差在GPS网平差中有十分重要的作用，它可发现基线向量中存在的粗差、系统误差。通过检验发现基线向量随机模型误差，可客观评价GPS网本身的内符合精度。

2）GPS网三维约束平差。以国家大地坐标系或地方坐标系的某些点的固定坐标，以及固定边长和固定方位为网的基准，将其作为平差中的约束条件，并在平差中考虑 GPS 网与地面网之间的转换系数。因此，这种形式的平差是在地面参考坐标系中进行的，故称为 GPS 三维约束平差。该平差后获得网的坐标已是国家大地坐标系或地方坐标系的坐标，因而约束平差是目前 GPS 网成果转换行之有效的方法。

3）三维联合平差。平差中除了 GPS 基线向量观测值和地面基准约束数据外，还包含了地面常规网观测值，如边长、方向、天文方位角、天顶距、水准高差乃至天文经纬度，将这些数据一并进行平差，也就是 GPS 网和地面观测数据的联合平差，其平差后网中点的坐标仍属地面坐标系。

本节除分别对这三种类型的平差进行介绍外，还将讨论平差中涉及的协方差、转换系数以及三维平差中不准确的大地高对平差结果的影响。

6.4.1　三维无约束平差

三维无约束平差的主要目的是考察 GPS 基线向量网本身的内符合精度以及考察基线向量之间有无明显的系统误差和粗差，其平差应在不引入外部基准，或者虽引入外部基准但并不会由其误差使控制网产生变形和改正。由于 GPS 基线向量本身提供了尺度基准和定向基准，故 GPS 网平差时，只需提供一个位置基准，且由于只引入一个位置基准，因此，网不会因该基准误差产生变形，所以是一种无约束平差。平差中有两种引入基准的方法：一种是取网中任意一点的伪距定位坐标作为网的位置基准；另一种是引入一种合适的近似坐标系统下的秩亏自由网基准。

1. 基线向量观测方程

设 $l_{ij}=[\Delta X_{ij}，\Delta Y_{ij}，\Delta Z_{ij}]^T$ 为 GPS 网任一基线向量，则网平差时，其观测方程为

$$\begin{bmatrix}\Delta X_{ij}\\ \Delta Y_{ij}\\ \Delta Z_{ij}\end{bmatrix}=\begin{bmatrix}-1 & 0 & 0\\ 0 & -1 & 0\\ 0 & 0 & -1\end{bmatrix}\begin{bmatrix}\mathrm{d}X_i\\ \mathrm{d}Y_i\\ \mathrm{d}Z_i\end{bmatrix}+\begin{bmatrix}1 & 0 & 0\\ 0 & 1 & 0\\ 0 & 0 & 1\end{bmatrix}\begin{bmatrix}\mathrm{d}X_j\\ \mathrm{d}Y_j\\ \mathrm{d}Z_j\end{bmatrix}-\begin{bmatrix}\Delta X_{ij}-X_i+X_j\\ \Delta Y_{ij}-Y_i+Y_j\\ \Delta Z_{ij}-Z_i+Z_j\end{bmatrix} \tag{6-55}$$

写成矩阵形式

$$V_{ij}=-E\mathrm{d}X_i+E\mathrm{d}X_j-L_{ij} \tag{6-56}$$

其对应的方差协方差阵和权阵分别为

$$D_{ij}=\begin{bmatrix}\sigma_{\Delta x}^2 & \sigma_{\Delta x\Delta y} & \sigma_{\Delta x\Delta z}\\ \sigma_{\Delta x\Delta y} & \sigma_{\Delta y}^2 & \sigma_{\Delta y\Delta z}\\ \sigma_{\Delta x\Delta z} & \sigma_{\Delta y\Delta z} & \sigma_{\Delta z}^2\end{bmatrix}\quad P_{ij}=D_{ij}^{-1} \tag{6-57}$$

2. 位置基准方程

当引入一个点的伪距定位值作为固定位置时，设第 k 点为固定点，有基准方

程为

$$\begin{bmatrix} dX_k \\ dY_k \\ dZ_k \end{bmatrix} = \begin{bmatrix} X_k^0 \\ Y_k^0 \\ Z_k^0 \end{bmatrix} - \begin{bmatrix} X_k \\ Y_k \\ Z_k \end{bmatrix} = 0 \tag{6-58}$$

或 $dX_K=0$，而对秩亏自由网平差位置基准，有基准方程：

$$G^T dB = 0 \tag{6-59}$$

其中，

$$G^T = \begin{bmatrix} 1 & 0 & 0 & \cdots & 1 & 0 & 0 \\ 0 & 1 & 0 & \cdots & 0 & 1 & 0 \\ 0 & 0 & 1 & \cdots & 0 & 0 & 1 \end{bmatrix} = \underbrace{[E \quad E \quad \cdots \quad E]}_{n个} \tag{6-60}$$

$$dB = [dX_1 dY_1 dZ_1 \quad \cdots \quad dX_n dY_n dZ_n] \tag{6-61}$$

3. 法方程的组成及解算

由于GPS网各基线向量观测值之间可认为是相互独立的，且误差方程的坐标未知数的系数均是单位阵，因而其法方程既简单又有规律，可分别对每个基线向量观测值的观测方程组成法方程，由（6-56）式有

$$\begin{bmatrix} P_{ij} & -P_{ij} \\ -P_{ij} & P_{ij} \end{bmatrix} \begin{bmatrix} dX_i \\ dX_j \end{bmatrix} - \begin{bmatrix} -P_{ij}L_{ij} \\ P_{ij}L_{ij} \end{bmatrix} = 0 \tag{6-62}$$

再将这些单个法方程的系数和常数项，加到总法方程对应的系数项和常数项上，则有

$$\begin{bmatrix} \sum P_1 & -\sum P_{12} & \cdots & -\sum P_{1n} \\ -\sum P_{21} & \sum P_2 & \cdots & -\sum P_{2n} \\ \vdots & \vdots & \vdots & \vdots \\ -\sum P_{n1} & -\sum P_{n2} & \cdots & \sum P_n \end{bmatrix} \begin{bmatrix} dX_1 \\ dX_2 \\ \vdots \\ dX_n \end{bmatrix} - \begin{bmatrix} \sum P_1 L_{1k} \\ \sum P_2 L_{2k} \\ \vdots \\ \sum P_n L_{nk} \end{bmatrix} = 0 \tag{6-63}$$

或

$$N d\overline{X} - U = 0$$

其中，$d\overline{X} = (dX_1^T \quad dX_2^T \quad \cdots \quad dX_n^T)^T$

于是可解得坐标未知数

$$d\overline{X} = N^{-1}U \tag{6-64}$$

4. 精度评定

单位权中误差估值为

$$\sigma_0^2 = \frac{V^T P V}{3m - 3n + 3} \tag{6-65}$$

这里 m 为网中的基线向量数，n 为网的总点数。坐标未知数 $d\overline{X}$ 的方差估值

为

$$D_{\bar{X}} = \sigma_0^2 N^{-1} \tag{6-66}$$

由此我们可以通过改正数检验了解网自身的内符合精度，观察网中是否可能存在粗差和系统误差。

6.4.2　GPS 网的三维约束平差

GPS 基线向量网的三维约束平差是在国家大地坐标系中进行的，平差中将地面点中已知国家大地坐标的点的方位、边长作为基准约束条件，由此建立 GPS 三维基线向量的观测方程。

1. GPS 基线向量观测方程

观测方程必须顾及 WGS-84 坐标系与国家大地坐标系间的转换参数，即应顾及 7 个转换参数。但由于观测量——基线向量是以三维坐标差的形式表示的，因而转换关系与平移参数无关，7 个参数中只需考虑尺度参数 m 和 3 个旋转参数 ε_x，ε_y，ε_z，两坐标系的坐标差转换模型为

$$\begin{bmatrix}\Delta X_{ij}\\ \Delta Y_{ij}\\ \Delta Z_{ij}\end{bmatrix}_S = (1+m)\begin{bmatrix}\Delta X_{ij}\\ \Delta Y_{ij}\\ \Delta Z_{ij}\end{bmatrix}_T + R_{ij}\begin{bmatrix}\varepsilon_x\\ \varepsilon_y\\ \varepsilon_z\end{bmatrix} \tag{6-67}$$

其中

$$R_{ij} = \begin{bmatrix}0 & -\Delta Z_{ij} & \Delta Y_{ij}\\ \Delta Z_{ij} & 0 & -\Delta X_{ij}\\ -\Delta Y_{ij} & \Delta X_{ij} & 0\end{bmatrix}$$

由（6-67）式可得在考虑转换参数后的 GPS 基线向量观测方程

$$\begin{bmatrix}V_{\Delta X_{ij}}\\ V_{\Delta Y_{ij}}\\ V_{\Delta Z_{ij}}\end{bmatrix} = -\begin{bmatrix}\mathrm{d}X_i\\ \mathrm{d}Y_i\\ \mathrm{d}Z_i\end{bmatrix} + \begin{bmatrix}\mathrm{d}X_j\\ \mathrm{d}Y_j\\ \mathrm{d}Z_j\end{bmatrix} + \begin{bmatrix}\Delta X_{ij}\\ \Delta Y_{ij}\\ \Delta Z_{ij}\end{bmatrix} m + R_{ij}\begin{bmatrix}\varepsilon_x\\ \varepsilon_y\\ \varepsilon_z\end{bmatrix} - \begin{bmatrix}L_{\Delta x_{ij}}\\ L_{\Delta y_{ij}}\\ L_{\Delta z_{ij}}\end{bmatrix} \tag{6-68}$$

式中，

$$\begin{bmatrix}L_{\Delta x_{ij}}\\ L_{\Delta y_{ij}}\\ L_{\Delta z_{ij}}\end{bmatrix} = \begin{bmatrix}X_j^0 - X_i^0 - \Delta X_{ij}\\ Y_j^0 - Y_i^0 - \Delta Y_{ij}\\ Z_j^0 - Z_i^0 - \Delta Z_{ij}\end{bmatrix}$$

通常 GPS 基线向量以空间直角坐标差 $(\Delta X_{ij}, \Delta Y_{ij}, \Delta Z_{ij})^T$ 表示，而地面网坐标系统的坐标是以大地坐标 $(B, L, H)^T$ 表示，因此，应将两坐标系的转换关系式线性化，将（6-31）式给出的两者间的微分关系代入（6-68）式，则观测值误差方程为

$$\begin{bmatrix} V_{\Delta X_{ij}} \\ V_{\Delta Y_{ij}} \\ V_{\Delta Z_{ij}} \end{bmatrix} = -A_i \begin{bmatrix} dB_i \\ dL_i \\ dH_i \end{bmatrix} + A_j \begin{bmatrix} dB_j \\ dL_j \\ dH_j \end{bmatrix} + m \begin{bmatrix} \Delta X_{ij}^0 \\ \Delta Y_{ij}^0 \\ \Delta Z_{ij}^0 \end{bmatrix} + R_{ij} \begin{bmatrix} \varepsilon_x \\ \varepsilon_y \\ \varepsilon_z \end{bmatrix} - \begin{bmatrix} L_{\Delta x_{ij}} \\ L_{\Delta y_{ij}} \\ L_{\Delta z_{ij}} \end{bmatrix} \tag{6-69}$$

其中，

$$\begin{bmatrix} \Delta X_{ij}^0 \\ \Delta Y_{ij}^0 \\ \Delta Z_{ij}^0 \end{bmatrix} = \begin{bmatrix} X_j^0 - X_i^0 \\ Y_j^0 - Y_i^0 \\ Z_j^0 - Z_i^0 \end{bmatrix}, \quad \begin{bmatrix} X_i^0 \\ Y_i^0 \\ Z_i^0 \end{bmatrix} = \begin{bmatrix} (N_i + H_i)\cos B_i^0 \cos L_i^0 \\ (N_i + H_i)\cos B_i^0 \sin L_i^0 \\ [N_i(1 - e^2) + H_i]\sin B_i^0 \end{bmatrix}$$

这里，B_i^0，L_i^0，H_i^0 为地面测量系统中 GPS 网控制点的近似大地坐标，所有系数矩阵 A_i，A_j，R_{ij} 等均以此近似值为依据计算。

2. 约束条件方程

对于已知点的坐标，其坐标约束条件为

$$\begin{bmatrix} dB_k \\ dL_k \\ dH_k \end{bmatrix} = \begin{bmatrix} 0 \\ 0 \\ 0 \end{bmatrix} \quad (k \text{ 为已知地面坐标}) \tag{6-70}$$

平差中，可将其代入（6-69）式误差方程中，取对应点的系数 A_i（或 A_j）为零。

对于已知的地面高精度测距值，可用来作为 GPS 网平差的尺度基准，其约束条件为

$$-C_{ij}A_i \begin{bmatrix} dB_i \\ dL_i \\ dH_i \end{bmatrix} + C_{ij}A_j \begin{bmatrix} dB_j \\ dL_j \\ dH_j \end{bmatrix} + W_D = 0 \tag{6-71}$$

式中，$C_{ij} = (\Delta X_{ij}^0 / D_{ij}\text{；} \Delta Y_{ij}^0 / D_{ij}\text{；} \Delta Z_{ij}^0 / D_{ij})$；$W_D = (\Delta X_{ij}^{0^2} + \Delta Y_{ij}^{0^2} + \Delta Z_{ij}^{0^2})^{1/2} - D_{ij}$；$D_{ij}$ 为已知的距离值。

对于已知的大地方位角，用其作为网的定向基准，约束条件方程为

$$-F_{kj}A_k \begin{bmatrix} dB_k \\ dL_k \\ dH_k \end{bmatrix} + F_{kj}A_j \begin{bmatrix} dB_j \\ dL_j \\ dH_j \end{bmatrix} + W_a = 0 \tag{6-72}$$

式中，

$$F_{kj}^T = \begin{bmatrix} \dfrac{\sin A_{kj}^0 \sin B_k^0 \cos L_k^0 - \cos A_{kj}^0 \sin L_k^0}{D_{kj}^0 \sin Z_{kj}^0} \\ \dfrac{\sin A_{kj}^0 \sin B_k^0 \sin L_k^0 + \cos A_{kj}^0 \cos L_k^0}{D_{kj}^0 \sin Z_{kj}^0} \\ -\dfrac{\sin A_{kj}^0 \cos B_k^0}{D_{kj}^0 \sin Z_{kj}^0} \end{bmatrix}$$

$$W_a = \arctan\frac{(N_j^0 + H_j^0)\cos B_j^0 \sin(L_j^0 - L_k^0)}{X_{kj}^0} - \alpha_{kj}$$

$$X_{kj}^0 = [\cos B_k^0 \cos B_j^0 - \sin B_k^0 \cos B_j^0 \cos(L_j^0 - L_k^0)](N_j^0 + H_j^0) + (N_k^0 \sin B_k^0 - N_j^0 \sin B_j^0) e^2 \cos B_k^0$$

其中，D_{kj}^0 为两点之间的近似弦长；Z_{kj}^0 为 k 点至 j 点的天顶距近似值；α_{kj} 为地面网中的已知方位角。

3. 法方程的组成及解算

GPS 网三维约束平差即为附有条件的相关间接平差，其误差方程为基线向量的观测方程，写成矩阵式为

$$V = B\mathrm{d}\bar{B} - L \tag{6-73}$$

约束条件方程为

$$C\mathrm{d}\bar{B} + W = 0 \tag{6-74}$$

则可按最小二乘组成法方程

$$\begin{bmatrix} N & C^T \\ C & 0 \end{bmatrix}\begin{bmatrix} \mathrm{d}\bar{B} \\ K \end{bmatrix} + \begin{bmatrix} -U \\ W \end{bmatrix} = 0 \tag{6-75}$$

其中，$N = B^T PB$，$U = B^T PL$。

$$\mathrm{d}\bar{B} = [\mathrm{d}B_1^T \quad \mathrm{d}B_2^T \quad \cdots \quad \mathrm{d}B_n^T, m, \varepsilon_x, \varepsilon_y, \varepsilon_z]^T$$

K 为联系数。

按矩阵分块求逆，可解出未知数

$$K = [CN^{-1}C^T]^{-1}[W + CN^{-1}U] \tag{6-76}$$

$$\mathrm{d}\bar{B} = N^{-1}(U - C^T K) \tag{6-77}$$

平差后未知数的协因数阵为

$$\left.\begin{aligned} Q_{kk} &= -[CN^{-1}C^T]^{-1} \\ Q_{\hat{B}} &= N^{-1} + N^{-1}C^T Q_{kk} CN^{-1} \end{aligned}\right\} \tag{6-78}$$

单位权方差估值为

$$\sigma_0^2 = \frac{V^T PV}{(3m - n + r)} \tag{6-79}$$

m 为基线数，n 为未知数个数，r 为条件方程个数，则平差后未知数的方差估值为

$$D_{\hat{B}} = \sigma_0^2 Q_{\hat{B}} \tag{6-80}$$

6.4.3 GPS 网的三维联合平差

三维联合平差是指除了顾及上述 GPS 基线向量的观测方程和作为基准的约束条件外，同时顾及地面测量中的常规观测值如方向、距离、天顶距等的平差。

GPS 基线向量观测值误差方程以及约束条件同上，而地面网观测值的误差方程如下。

1. 方向观测值 β_{ij} 的误差方程

$$V_{\beta_{ij}} = -\mathrm{d}\theta_i - F_{ij}A_i\begin{bmatrix}\mathrm{d}B_i\\ \mathrm{d}L_i\\ \mathrm{d}H_i\end{bmatrix} + F_{ij}A_j\begin{bmatrix}\mathrm{d}B_j\\ \mathrm{d}L_j\\ \mathrm{d}H_j\end{bmatrix} - L_{\beta_{ij}} \tag{6-81}$$

式中，$L_{\beta_{ij}} = \beta_{ij} + \theta_i^0 - \alpha_{ij}^0$，$\theta_i^0$ 和 $\mathrm{d}\theta$ 表示测站上定向角的近似值和改正值。

2. 方位观测值 α_{kj} 的误差方程

$$V_{\alpha_{kj}} = -F_{kj}A_k\begin{bmatrix}\mathrm{d}B_k\\ \mathrm{d}L_k\\ \mathrm{d}H_k\end{bmatrix} + F_{kj}A_j\begin{bmatrix}\mathrm{d}B_j\\ \mathrm{d}L_j\\ \mathrm{d}H_j\end{bmatrix} - L_{\alpha_{kj}} \tag{6-82}$$

$$L_{\alpha_{kj}} = a_{\alpha_{kj}} - a_{\alpha_{kj}}^0$$

3. 距离观测值 D_{ij} 的误差方程

$$V_{D_{ij}} = -C_{ij}A_i\begin{bmatrix}\mathrm{d}B_i\\ \mathrm{d}L_i\\ \mathrm{d}H_i\end{bmatrix} + C_{ij}A_j\begin{bmatrix}\mathrm{d}B_j\\ \mathrm{d}L_j\\ \mathrm{d}H_j\end{bmatrix} - L_{D_{ij}} \tag{6-83}$$

$$L_{D_{ij}} = D_{ij} - D_{ij}^0$$

4. 水准测量高差值 h_{ij} 的误差方程

$$\left.\begin{aligned} V_{h_{ij}} &= -\mathrm{d}H_i + \mathrm{d}H_j - \Delta N_{ij} - L_{h_{ij}} \\ L_{h_{ij}} &= h_{ij} - h_{ij}^0 \end{aligned}\right\} \tag{6-84}$$

这里 ΔN_{ij} 是 i、j 两点的大地水准面差距之差。

如果还考虑天顶距和天文经纬度观测值，在未知数中还要加上各点的垂线偏差及折光系数改正数。平差中法方程的组成及解算方法均与三维约束平差相同，这里就不再赘述。

6.4.4 GPS 网的三维平差中若干问题的处理

1. GPS 网三维平差的主要过程

图 6-5 为 GPS 三维平差的主要流程：

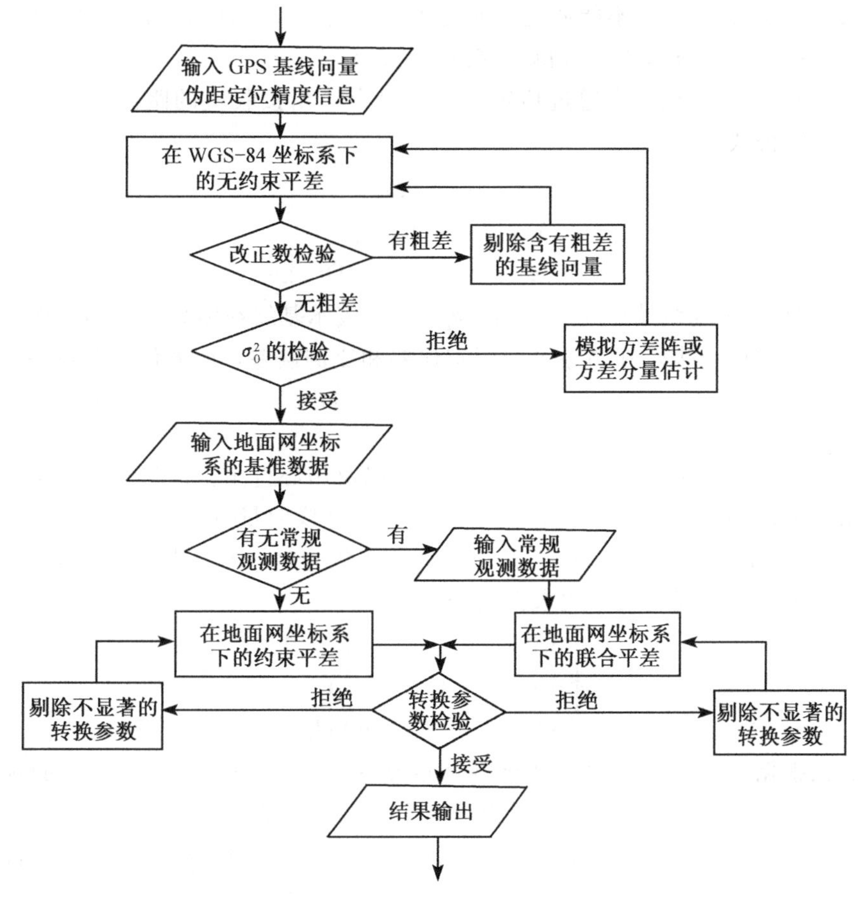

图 6-5　三维平差流程图

GPS 网三维平差中，首先应进行三维无约束平差，平差后通过观测值改正数检验发现基线向量中是否存在粗差，并剔除含有粗差的基线向量，再重新进行平差，直至确定网中没有粗差后，对单位权方差因子进行 χ^2 检验，判断平差的基线向量随机模型是否存在误差，并对随机模型进行改正，以提供较为合适的平差随机模型。在对 GPS 网进行约束平差或联合平差后，还应对平差中加入的转换参数进行显著性检验，对于不显著的参数应剔除，以免破坏平差方程的性态。

2. GPS 网三维平差中随机模型的确定

(1) GPS 基线向量随机模型的模拟协方差阵

由 GPS 基线解算输出的方差协方差阵是根据一定的精度估算数学公式计算出的，由于测量中的许多误差没有估算到，所以往往过高地估计了测量精度，与其实际误差不相匹配。例如，会出现长距离的精度高于短距离的精度。因而造成

单位权方差 $\hat{\sigma}$ 的 χ^2 检验不能通过。研究表明，这时可采用按GPS接收机的标称精度来模拟方差协方差阵可获得更接近实际的误差。

一般GPS接收机厂商通过检定，出厂时会给出接收机的距离、方位、高差的标称精度公式

$$\left.\begin{aligned} M_D^2 &= e_D^2 + q_D^2 D^2 \\ M_A^2 &= e_A^2 / D^2 + q_A^2 \\ M_{\Delta H}^2 &= e_{\Delta H}^2 + q_{\Delta H}^2 D^2 \end{aligned}\right\} \tag{6-85}$$

式中，D 是GPS基线端点间的距离，e_D^2 和 q_D^2 表示基线在距离上的固定误差和比例误差，$e_{\Delta H}^2$ 和 $q_{\Delta H}^2$ 表示在高差上的固定误差和比例误差，而方位误差可写为

$$M_A^2 \frac{D^2}{\rho^2} = \frac{e_A^2}{\rho^2} + q_A^2 \frac{D^2}{\rho^2} \tag{6-86}$$

由空间地心直角坐标与站心直角坐标，以及站心直角坐标与站心极坐标之间的关系，可以将空间地心直角坐标表示的GPS基线向量（ΔX，ΔY，ΔZ）^{T} 化成以基线起点 i 的站心直角坐标表示，进而可转化为站心极坐标（D，A，ΔH）^{T} 表示，并由它们之间的关系式求得微分关系式为

$$\begin{bmatrix} \mathrm{d}\Delta x_{ij} \\ \mathrm{d}\Delta y_{ij} \\ \mathrm{d}\Delta z_{ij} \end{bmatrix} = Q_i K_i \begin{bmatrix} \mathrm{d}D_{ij} \\ \mathrm{d}A_{ij} \\ \mathrm{d}\Delta H_{ij} \end{bmatrix} \tag{6-87}$$

那么根据协方差传播律，可导出由GPS基线的距离、方位和高差的标称精度估算其以空间直角坐标差表示的基线向量的模拟协方差公式

$$\sum\nolimits_{l_{ij}} = Q_i K_i diag\,[M_D^2 \quad M_A^2 \quad M_{\Delta H}^2] K_i^T Q_i^T \tag{6-88}$$

式中，

$$Q_i = \begin{bmatrix} -\sin B_i \cos L_i & -\sin L_i & \cos B_i \cos L_i \\ -\sin B_i \sin L_i & \cos L_i & \cos B_i \sin L_i \\ \cos B_i & 0 & \sin B_i \end{bmatrix} \tag{6-89}$$

当基线长数十公里时，可取

$$K_i = \begin{bmatrix} \cos A_{ij} \sin Z_i & -D_{ij} \sin A_{ij} \sin Z_i & -\cos A_{ij} \cot Z_i \\ \sin A_{ij} \sin Z_i & D_{ij} \cos A_{ij} \sin Z_i & -\sin A_{ij} \cot Z_i \\ \cos Z_i & 0 & 1 \end{bmatrix} \tag{6-90}$$

（2）GPS网约束、联合平差中的随机模型

对于GPS网约束平差，其随机模型可采用基线解算得到的协方差阵或模拟协方差阵。由于这时只有一类观测量，假定各基线对应同一方差因子，通常取 $\sigma_0^2 = 1\mathrm{cm}^2$，则任一基线向量的权矩阵为

$$P_{l_{ij}} = \sigma_0^2 \sum\nolimits_{l_{ij}}^{-1} = \sum\nolimits_{l_{ij}} \tag{6-91}$$

这里 $\sum_{l_{ij}}$ 为基线解算输出或模拟方差协方差阵。

对于 GPS 基线向量网联合平差，若平差只有边长和 GPS 两类观测量，σ_0^2 仍定为 1cm^2，边长观测值的权可根据测距仪的标称精度或鉴定实测精度计算：

$$P_{D_{ij}} = \sigma_0^2/(a^2 + b^2 D_{ij}^2) \tag{6-92}$$

式中，a，b 分别为仪器的固定误差和比例误差。GPS 基线向量的权同前，若平差中含有几类不同的观测值，则通常由某方向观测值的方差来确定其他观测量的权。这时，还须考虑几类方差的匹配问题，因此，须通过方差分量估计来确定各类观测值的权。

3. GPS 网平差中转换参数的显著性检验

在网平差中转换参数作为附加参数列入，如果由平差所获得的转换参数数值太小，以至可以忽略，或者虽有一定大小，但其误差大的足以证明这一数值不可信。这时，都必须对参数进行统计假设检验，以确定其是否在一定水平下显著存在。如果不显著，则应剔除。检验一般按 t 检验进行。统计假设检验的零假设是 H_0：$k=0$，$\varepsilon_x=0$，$\varepsilon_y=0$，$\varepsilon_z=0$，备选假设是 H_1：$k\neq 0$，$\varepsilon_x\neq 0$，$\varepsilon_y\neq 0$，$\varepsilon_z\neq 0$，则可组成 4 个 t 统计量

$$T_k = \frac{m}{\hat{\sigma}_0\sqrt{Q_k}} \sim t(f) \quad T_{\varepsilon_x} = \frac{\varepsilon_x}{\hat{\sigma}_0\sqrt{Q_{\varepsilon_x}}} \sim t(f)$$

$$T_{\varepsilon_y} = \frac{\varepsilon_y}{\hat{\sigma}_0\sqrt{Q_{\varepsilon_y}}} \sim t(f) \quad T_{\varepsilon_z} = \frac{\varepsilon_z}{\hat{\sigma}_0\sqrt{Q_{\varepsilon_z}}} \sim t(f) \tag{6-93}$$

这里 f 为 t 分布的自由度，有 $f=3n+u_t-n-r$，其中 n 为 GPS 基线向量数，u_t 为约束条件数，t 为坐标未知参数的个数，r 为转换参数的个数。而 Q_k，Q_{ε_x}，Q_{ε_y}，Q_{ε_z} 分别是各转换参数协因数阵所对应的主对角元素。

通常选择显著水平 $\alpha=0.05$，若 $T_i(i=k, \varepsilon_x, \varepsilon_y, \varepsilon_z)$ 大于 $t_{\alpha/2}$，则拒绝零假设，认为该参数显著，在平差中应予以保留；否则，接受零假设，平差中应舍弃这种参数后重新平差处理。

4. 大地高不准确对 GPS 网三维平差的影响

GPS 三维约束平差与联合平差均需若干与 GPS 点重合的点的地面网椭球大地坐标系下的坐标（B，L，H），作为将 GPS 成果转换至地面坐标框架下的基准点，其中的大地高 H 通常是由水准或三角高程测量获得的正常高加上高程异常值而求得的，即

$$H_{大} = h_{常} + \xi \tag{6-94}$$

其中 ξ 为高程异常值。

显然高程异常的精度将直接影响该点大地高的精度，而目前我国大部分地区的高程异常的精度为±0.5～±1m，西部边缘地区其误差甚至为数米。不难想像，由这种含有较大误差的大地高作为基准对 GPS 网进行约束平差，必将导致平差后的 GPS 网产生变形，使得成果的精度大大降低。为了直接定量地分析 GPS 网变形的程度，可采用应变分析法。

根据弹性力学中位移与应变（变形）之间的关系，由带有误差的基准约束平差与无误差的基准约束平差结果之间必然存在一个差值，这种坐标差值可视为在误差这种“外力”下引起的一种“位移”，即

$$W = \overline{X}_2 - \overline{X}_1 \tag{6-95}$$

而其对网产生的变形可以用弹性力学中的线应变、剪应变来描述，并将位移与应变数学模型推广到站心大地坐标系，即

$$\begin{bmatrix} u_{dB_S} \\ v_{dL_S} \\ \omega_{dH_S} \end{bmatrix} = \begin{bmatrix} u_{dB_0} \\ v_{dL_0} \\ \omega_{dH_0} \end{bmatrix} + \begin{bmatrix} \varepsilon_B & \varepsilon_{BL} & \varepsilon_{BH} \\ \varepsilon_{BL} & \varepsilon_L & \varepsilon_{LH} \\ \varepsilon_{BH} & \varepsilon_{LH} & \varepsilon_H \end{bmatrix} \begin{bmatrix} \Delta B_S \\ \Delta L_S \\ \Delta H_S \end{bmatrix} + \begin{bmatrix} 0 & \omega_H & -\omega_L \\ -\omega_H & 0 & \omega_B \\ \omega_L & -\omega_B & 0 \end{bmatrix} \begin{bmatrix} \Delta B_S \\ \Delta L_S \\ \Delta H_S \end{bmatrix} \tag{6-96}$$

利用该模型将线应变 ε_B，ε_L，ε_H，剪应变 ε_{BL}，ε_{BH}，ε_{LH}，平移量 u_{dB_0}，v_{dL_0}，w_{dH_0}，和旋转量 ω_B，ω_L，ω_H 等 12 个应变参数作为未知参数，利用（6-95）式研究大地高程误差对网平差结果产生的影响。

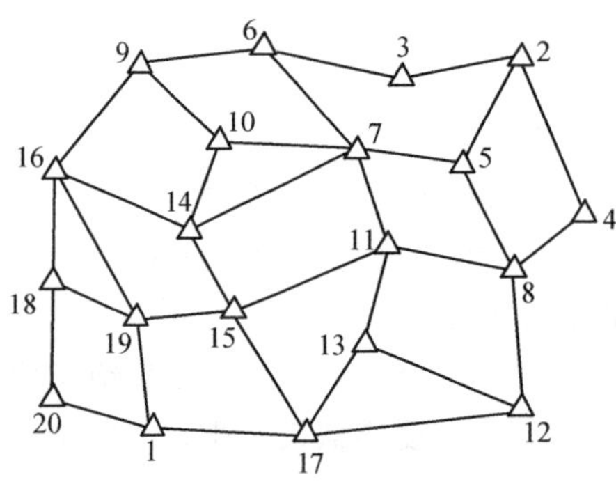

图 6-6 GPS 模拟网

对图 6-6 所示的 GPS 模拟网，以 1 号点为基准点，进行 GPS 网的三维无约束平差，该平差结果准确地反映了 GPS 的实测精度。另外分别以无误差的地面大地坐标系下的 1、2 号点坐标为基准进行约束平差，给 2 号点高程加 0.2m，0.5m 误差后，以 1、2 号点为基准再进行约束平差。利用各次平差的坐标值，分别与无约束平差坐标构成“位移量”（坐标差 u_{dB_0}，v_{dL_0}，w_{dH_0}）代入（6-95）式，按最小二乘求出 3 种基准下网的平均应变值，列于表 6-1，其中线应变、剪应变、旋转值均以（1×10^{-6}）为单位。

表 6-1 GPS 三维站心大地坐标应变值

2 号点高程误差/m	ε_B	ε_L	ε_H	ε_{BL}	ε_{BH}	ε_{LH}	ω_B	ω_L	ω_H
0.00	0.07	0.01	−0.27	−0.08	1.29	0.47	0.47	1.21	−0.04
0.20	0.20	−1.71	−3.47	−2.18	−0.94	1.96	−0.32	8.09	−2.02
0.50	0.36	−4.72	−7.54	−5.72	−1.71	4.02	−2.50	19.96	−5.10

由表 6-1 列出的应变参数可以看出，大地高误差在网的尺度伸缩变形上（ε_B，ε_L，ε_H），除使高程方向产生的变形最大外，还使球面经线方向产生较大的变形，其线应变值大约为纬度方向线应变值的 10 倍，当大地高存在 0.5m 的误差时，经度方向上的线应变为 -4.72×10^{-6}。并且大地高误差使椭球面上经纬度之间产生较大的剪切变形，即扭曲变形，其值达 5.72×10^{-6}。而通常 GPS 基线测量的相对精度为 $\pm(1\sim3)\times10^{-6}$。由此可知，当高程基准误差等于 0.5m 时，进行三维约束平差造成 GPS 网的变形已大于网的测量误差。

表 6-2 给出了将三维平差后的 GPS 大地坐标投影至高斯平面后的二维坐标，求出的大地高误差对高斯平面坐标的变形影响。

表 6-2　二维高斯坐标应变参数

2 号点高程误差/m	ε_x	ε_y	ε_{xy}	ε_1	ε_2	r	ω
0.00	−0.09	−0.10	0.00	−0.09	−0.10	0.00	−0.04
0.20	−0.29	1.75	2.16	2.22	−0.76	2.97	−2.08
0.50	−0.44	4.51	5.41	5.70	−1.63	7.33	−5.12

基准中大地高误差，对 y 方向产生的变形较大，且使平面位置发生不可忽视的扭曲变形。

从上面的分析，结合目前由正常高加上高程异常获得的大地高的精度情况，显然，不宜采用三维约束平差法对 GPS 基线向量进行坐标转换。为避免大地高误差的影响，可采用的方法之一是采用所谓的准三维约束平差，即在平差中只取一个已知点的高程作为基准，其余已知点仅取其平面坐标作约束平差，是一种三维平差中的二维平面位置约束。但是，这并非真正意义下的三维约束平差，并且由其求出的三维坐标，投影至高斯平面地面坐标系下，与该坐标系仍存在间隙。考虑到大多数工程和生产实用坐标系均是平面坐标和正常高坐标系，所以方法之二是将 GPS 基线测量成果投影到平面上，再进行二维平面约束平差。

6.5　GPS 基线向量网的二维平差

GPS 基线向量网二维平差应在某一参考椭球面上，或是在某一投影平面坐标系上进行。因此，平差前，首先须将 GPS 三维基线向量观测值及其协方差阵转换投影至二维平差计算面。也就是从三维基线向量中提取二维信息，在平差计算面上构成一个二维 GPS 基线向量网。

GPS 基线向量网二维平差也可分为无约束平差、约束平差和联合平差 3 类，平差原理及方法均与三维平差相同。由二维约束平差和联合平差获得的 GPS 平面成果，就是国家坐标系下或地方坐标系下具有传统意义的控制成果。在平差中的约束条件往往是由地面网与GPS网重合的已知点坐标，这些作为基准的已知点的精度或它们之间的兼容性是必须保证的。否则由于基准本身误差太大互不兼容，将会导致平差后的GPS网产生严重变形，精度大大降低。因此，在平差结束前，应通过检验发现并淘汰精度低且不兼容的地面网已知点，再重新平差。

6.5.1　GPS基线向量网的二维投影变换

三维基线向量转换成二维基线向量，应避免地面网不准确的大地高引起尺度误差和网变形，保证GPS网转换后整体及相对几何关系不变。因此，可采用在一点上实行位置强制约束，在一条基线的空间方向上实行定向约束的三维转换方法；也可以是在一点上实行位置强制约束，在一条基线的参考椭球面投影的法截弧和大地线方向上实行定向约束的准三维转换方法。转换后的GPS网与地面网在一个基准点上和一条基线上的方向完全重合一致，两网之间只存在尺度比差和残余定向差。

1. GPS基线向量网至地面网的平移

设地面控制位置基准点在国家大地坐标系中的大地坐标为（B_T^0，L_T^0，H_T^0）（$H_0=h_0+\zeta_0$），由大地坐标与空间三维直角坐标关系式（6-29）可得该点在国家空间直角坐标系下的坐标（X_T^0，Y_T^0，Z_T^0）。

假定网中基准点的坐标为（B_0，L_0，H_0），不同于基准点的其他点为（B_1，L_1，H_1）。而该基准点在GPS网的三维直角坐标为（X_S^0，Y_S^0，Z_S^0），由此可求得GPS网平移至地面测量控制网基点的平移参数为

$$\left.\begin{aligned}\Delta X &= X_T^0 - X_S^0\\ \Delta Y &= Y_T^0 - Y_S^0\\ \Delta Z &= Z_T^0 - Z_S^0\end{aligned}\right\}$$

于是，可将GPS网中其他各点坐标经下式平移到国家大地坐标系中：

$$\begin{bmatrix} X_{T_i} = X_{S_i} + \Delta X\\ Y_{T_i} = Y_{S_i} + \Delta Y\\ Z_{T_i} = Z_{S_i} + \Delta Z\end{bmatrix} \tag{6-97}$$

利用大地坐标与空间直角坐标的反算公式（6-30）可得各点在国家大地坐标系中的大地坐标B_i、L_i、H_i。

2. 三维GPS网至国家大地坐标系的二维投影变换

由平移变换已将GPS网与地面控制网在基准点上（见图6-7，1号点为基准点）实现了重合，为使GPS网与地面控制网在方位上重合一致，可利用椭球大

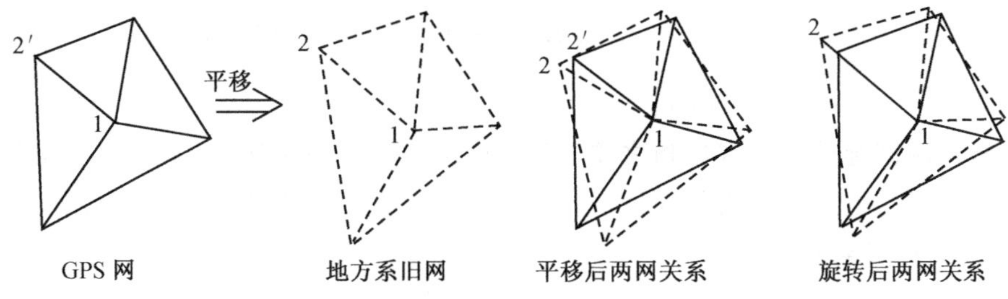

图 6-7　GPS 网的转换过程

地测量学中的赫里斯托夫第一类微分公式。该公式给出当基准数据发生变化（起始点的大地坐标 dB、dL，方位 dA，长度 dS）时，相应的其他大地点坐标的变化值，实现两网在同一椭球面上的符合。

设 $B_1=B^0+\Delta B$，$L_1=L^0+\Delta L$，$A_1=A^0+\Delta A\pm180°$，则有全微分公式

$$\left.\begin{aligned} \mathrm{d}B_1 &= 1+\frac{\partial\Delta B}{\partial B}\mathrm{d}B^0+\frac{\partial\Delta B}{\partial S}\mathrm{d}S^0+\frac{\partial\Delta B}{\partial A}\mathrm{d}A^0 \\ \mathrm{d}L_1 &= \frac{\partial\Delta L}{\partial B}\mathrm{d}B^0+\frac{\partial\Delta B}{\partial S}\mathrm{d}S^0+\frac{\partial\Delta L}{\partial A}\mathrm{d}A^0+\mathrm{d}L^0 \end{aligned}\right\} \tag{6-98}$$

因为参考椭球是旋转椭球，因而当 L^0 有 dL^0 变化时，相当于起算子午面有了微小的变化，仅对经度 dL_1 有一个平移 dL^0 的影响，对 B_1 没有影响。为了书写方便，上式可写成

$$\left.\begin{aligned} \mathrm{d}B_1 &= p_1\mathrm{d}B^0+p_3\left(\frac{\mathrm{d}S^0}{S}\right)+p_4\mathrm{d}A^0 \\ \mathrm{d}L_1 &= q_1\mathrm{d}B^0+q_3\left(\frac{\mathrm{d}S^0}{S}\right)+q_4\mathrm{d}A^0+\mathrm{d}L^0 \end{aligned}\right\} \tag{6-99}$$

式中，$p_1=\left(1+\frac{\partial\Delta B}{\partial B}\right)$，$p_3=\left(S\frac{\partial\Delta B}{\partial S}\right)$，$p_4=\frac{\partial\Delta B}{\partial A}$，$q_1=\frac{\partial\Delta L}{\partial B}$，$q_3=S\frac{\partial\Delta L}{\partial S}$，$q_4=\frac{\partial\Delta L}{\partial A}$。该式即赫里斯托夫第一微分式。在该公式中，对于已经平移变换、两网在基准上重合的网，有 d$B^0=0$，d$L^0=0$。同时由于在进行三维至二维的投影变换时，往往难以准确确定两网的尺度差异，因此可将此变换留待约束（联合）平差时考虑，因而此时可设 d$S^0=0$，那么，此处赫里斯托夫第一类微分式就化简为

$$\mathrm{d}B_1=p_4\mathrm{d}A^0 \quad \mathrm{d}L_1=q_4\mathrm{d}A^0 \tag{6-100}$$

由椭球大地测量可知

$$p_4=-\cos B^0(1+\eta_0^2)\Delta L+3\cos B^0t_0\eta_0^2\Delta B\Delta L+\frac{1}{6}\cos^3B^0\times(1+t_0^2)\Delta L^3$$

$$q_4=\frac{1}{\cos B^0}(1-\eta_0^2+\eta_0^4)\Delta B+\frac{1}{\cos B^0}t_0\left(1-\frac{1}{2}\eta_0^2\right)\Delta B^2-\frac{1}{2}\cos B^0t_0\Delta L^2$$

$$+\frac{1}{3\cos B^0}(1+3t_0^2)\Delta B^2-\frac{1}{2}\cos B^0(1+t_0^2)\Delta B\Delta L^2$$

式中，$\eta_0=e'\cos B$，$t_0=\tan B$。

根据两网起始坐标方位角之差 $\mathrm{d}A=A_t^0-A_S^0$。由（6-100）式就可得 GPS 网各点在国家大地坐标系内与地面网起始基准点一致、起始方位一致（见图 6-7 中 1～2 方位）的坐标。

$$\left.\begin{aligned}B_1&=B_1+\mathrm{d}B_1\\L_1&=L_1+\mathrm{d}L_1\end{aligned}\right\}\tag{6-101}$$

为了平差计算及科研生产实用方便，二维平差通常是在平面上进行。可利用高斯投影正算（6-7）式将 GPS 各点由参心椭球坐标投影到高斯平面坐标系。

3. 三维基线向量协方差阵至二维高斯平面协方差阵

除了将三维 GPS 网投影到二维平面上外，还应把相应的协方差阵变换到二维高斯平面。

由空间直角坐标与椭球大地坐标的关系可得任一条基线的大地坐标差关系为

$$\begin{bmatrix}\Delta x\\\Delta y\\\Delta z\end{bmatrix}_{01}=\begin{bmatrix}(N_1+H_1)\cos B_1\cos L_1\\(N_1+H_1)\cos B_1\sin L_1\\(N_1(1-e^2)+H_1)\sin B_1\end{bmatrix}-\begin{bmatrix}(N_0+H_0)\cos B_0\cos L_0\\(N_0+H_0)\cos B_0\sin L_0\\(N_0(1-e^2)+H_0)\sin B_0\end{bmatrix}\tag{6-102}$$

可将上式展开成三维级数式，并通过对其求偏导得到空间直角坐标差与大地坐标差之间的全微分式

$$\begin{bmatrix}\mathrm{d}\Delta x\\\mathrm{d}\Delta y\\\mathrm{d}\Delta z\end{bmatrix}=\begin{bmatrix}a_B&a_L&a_H\\b_B&b_L&b_H\\c_B&c_L&c_H\end{bmatrix}\begin{bmatrix}\mathrm{d}\Delta B\\\mathrm{d}\Delta L\\\mathrm{d}\Delta H\end{bmatrix}\tag{6-103}$$

式中，a_i，b_i，c_i（$i=B$，L，H）为一阶偏导系数

由于偏导系数矩阵是可逆的，于是可唯一地得到大地坐标差关于直角坐标差的微分关系式

$$\begin{bmatrix}\mathrm{d}\Delta B\\\mathrm{d}\Delta L\\\mathrm{d}\Delta H\end{bmatrix}=\begin{bmatrix}a_B&a_L&a_H\\b_B&b_L&b_H\\c_B&c_L&c_H\end{bmatrix}^{-1}\begin{bmatrix}\mathrm{d}\Delta x\\\mathrm{d}\Delta y\\\mathrm{d}\Delta z\end{bmatrix}\tag{6-104}$$

或

$$\mathrm{d}\Delta\bar{B}=B\mathrm{d}\Delta\bar{X}$$

其中，$\mathrm{d}\Delta\bar{B}=[\mathrm{d}\Delta B,\mathrm{d}\Delta L,\mathrm{d}\Delta H]^T$，$\mathrm{d}\Delta\bar{X}=[\mathrm{d}\Delta x,\mathrm{d}\Delta y,\mathrm{d}\Delta z]^T$，按协方差传播律，可得到大地坐标差与直角坐标差之间的协方差转换公式

$$D_{\Delta\bar{B}}=BD_{\Delta\bar{X}}B^T\tag{6-105}$$

而由高斯正算公式（6-7）可得平面直角坐标差与椭球坐标的全微分式

$$\begin{bmatrix} d\Delta x \\ d\Delta y \end{bmatrix} = \begin{bmatrix} a_B & a_L \\ \beta_B & \beta_L \end{bmatrix} \begin{bmatrix} d\Delta B \\ d\Delta L \end{bmatrix} = a d\Delta \bar{B}' \tag{6-106}$$

其中，
$$d\Delta \bar{B}' = (d\Delta B, d\Delta L)$$
而 $\alpha_B = N_0(1-\eta_0^2-\eta_0^4-\eta_0^6)+3N_0t_0(\eta_0^2-2\eta_0^4)\Delta B$，$\alpha_L = N_0t_0C_0\Delta l$，

$\beta_B = N_0t_0C_0(-1+\eta_0^2-\eta_0^4+\eta_0^6)\Delta l$，$\beta_L = N_0C_0+N_0t_0C_0(-1+\eta_0^2-\eta_0^4+\eta_0^6)\Delta B$

由此，可得三维空间基线向量到二维高斯平面的协方差阵

$$D_{\text{高斯}} = aD'_{\Delta B}a^T \tag{6-107}$$

$D'_{\Delta B}$ 是 $D_{\Delta\bar{B}}$ 中的与 ΔB，ΔL 有关的方差、协方差分量的子矩阵。

6.5.2　GPS 基线向量网的二维平差

由上述转换方法可将 GPS 基线向量及其协方差阵转换到二维国家大地平面坐标系下，网的二维平差即可在该平面上进行。

1. GPS 二维约束平差的观测方程和约束条件方程

设二维基线向量观测值为 $\Delta X_{ij}=(\Delta x_{ij}, \Delta y_{ij})^T$，而待定坐标改正数 $dX=(dx_i, dy_i)^T$ 和尺度差参数 m 以及残余定向差参数 $d\alpha$ 为平差未知数，则 GPS 基线向量的观测误差方程为

$$\begin{bmatrix} V_{\Delta x_{ij}} \\ V_{\Delta y_{ij}} \end{bmatrix} = \begin{bmatrix} -1 & 0 \\ 0 & -1 \end{bmatrix} \begin{bmatrix} dx_i \\ dy_i \end{bmatrix} + \begin{bmatrix} 1 & 0 \\ 0 & 1 \end{bmatrix} \begin{bmatrix} dx_j \\ dy_j \end{bmatrix} + \begin{bmatrix} \Delta x_{ij} \\ \Delta y_{ij} \end{bmatrix} m + \begin{bmatrix} -\Delta y_{ij}/\rho \\ \Delta x_{ij}/\rho \end{bmatrix} d\alpha - \begin{bmatrix} l_{\Delta x_{ij}} \\ l_{\Delta y_{ij}} \end{bmatrix} \tag{6-108}$$

其中
$$\begin{bmatrix} l_{\Delta x_{ij}} \\ l_{\Delta y_{ij}} \end{bmatrix} = \begin{bmatrix} \Delta x_{ij} \\ \Delta y_{ij} \end{bmatrix} - \begin{bmatrix} x_j - x_i \\ y_j - y_i \end{bmatrix} \tag{6-109}$$

$$m = (S_G - S_T)/S_T, \quad d\alpha = \alpha_G - \alpha_T$$

当网中有已知点的坐标约束时，则 GPS 网中与该点重合的点的基线向量的坐标改正数为零，即

$$\begin{bmatrix} dx_i \\ dy_i \end{bmatrix} = 0 \tag{6-110}$$

当网中有边长约束时，则边长约束条件方程为

$$-\cos\alpha_{ij}^0 dx_i - \sin\alpha_{ij}^0 dy_i + \cos\alpha_{ij}^0 dx_j + \sin\alpha_{ij}^0 dy_j + \omega_{S_{ij}} = 0 \tag{6-111}$$

此外，
$$\left.\begin{aligned} \alpha_{ij}^0 &= \tan^{-1}\left(\frac{y_j^0 - y_i^0}{x_j^0 - x_i^0}\right) \\ \omega_{S_{ij}} &= \sqrt{(x_j^0 - x_i^0)^2 + (y_j^0 - y_i^0)^2} - S_{ij} \end{aligned}\right\} \tag{6-112}$$

这里的 S_{ij} 即为 GPS 网的尺度标准。

当网中有已知方位角约束时，则其约束条件方程为

$$a_{ij}\mathrm{d}x_i + b_{ij}\mathrm{d}y_i - a_{ij}\mathrm{d}x_j - b_{ij}\mathrm{d}y_j + \omega_{a_{ij}} = 0 \tag{6-113}$$

式中，

$$a_{ij} = \frac{\rho''\sin a_{ij}^0}{S_{ij}^0} \quad b_{ij} = -\frac{\rho''\cos a_{ij}^0}{S_{ij}^0} \tag{6-114}$$

$$\omega_{a_{ij}} = \tan^{-1}\left(\frac{y_j^0 - y_i^0}{x_j^0 - x_i^0}\right) - a_{ij} \tag{6-115}$$

此处，α_{ij}是已知方位，它是GPS网的外部定向基准。

2. GPS基线向量网与地面网的二维联合平差

GPS基线向量网与地面网的二维联合平差是在上述的GPS基线观测方程及坐标、边长、方位的约束条件方程的基础上再加上地面网的观测方向和观测边长的观测方程。

方向观测值误差方程为

$$V_{\beta_{ij}} = -\mathrm{d}z_i + a_{ij}\mathrm{d}x_i + b_{ij}\mathrm{d}y_i - a_{ij}\mathrm{d}x_j - b_{ij}\mathrm{d}y_j - l_{\beta_{ij}} \tag{6-116}$$

这里 $\mathrm{d}z_i$ 是测站 i 上的定向角未知数，其近似值为 z_{ij}^0

$$l_{\beta_{ij}} = z_{ij}^0 + \beta_{ij} - a_{ij}^0 \tag{6-117}$$

边长观测值误差方程为

$$V_{S_{ij}} = -\cos a_{ij}^0\mathrm{d}x_i - \sin a_{ij}^0\mathrm{d}y_i + \cos a_{ij}^0\mathrm{d}x_j + \sin a_{ij}^0\mathrm{d}y_j - l_{S_{ij}} \tag{6-118}$$

式中，

$$l_{S_{ij}} = S_{ij} - S_{ij}^0 \tag{6-119}$$

GPS基线向量网的二维平差方法和平差过程均与三维网相同，这里就不再赘述。

6.5.3 GPS网平差约束基准兼容性检验

在GPS网约束平差中，当采用多个地面网已知点作为基准时，这些点的精度必须保证，即各基准信息必须兼容一致。否则，正如上节大地高基准误差一样，将导致约束平差后的成果精度大大降低，使网产生变形。而且，这种不准确的基准信息，还会影响平差求出的坐标转换参数的真实可靠性。

事实上，地面各控制点由于建立时间的先后不同，测量的单位和仪器不同，以及地壳的不均匀运动，它们之间往往难以完全兼容一致。因此，必须研究讨论基准兼容性的检验问题，下面提出3种检验方法，并分别对它们的应用方法及检验中存在的问题逐一进行讨论。

1. F 统计检验方法

方差比 F 检验，可用于检验两正态母体方差是否相等。无约束平差，即自由网平差，与基准点的选择无关，充分反映了控制网的测量精度，因此其改正数

平方和 $V_0^T PV_0$ 与固定点无关。而约束平差，如果作为基准点的若干点之间不兼容，则平差后会导致整个网的结构发生变形，使得部分观测值改正数增大，从而其改正数平方和 $V_1^T PV_1$ 增大。设自由网平差的改正数平方和为 $V_0^T PV_0$，自由度为 r_0；约束网平差改正数平方和为 $V_1^T PV_1$，自由度为 r_1，则有 F 统计量

$$F = \frac{V_1^T PV_1/r_1}{V_0^T PV_0/r_0} = \frac{\sigma_1^2}{\sigma_0^2} \sim F(r_1, r_0) \tag{6-120}$$

根据问题的性质，选择显著水平 α，便可进行 F 检验。

用 F 检验来分析基准点的兼容性，首先要获得无约束平差的成果及 $V_0^T PV_0$，然后选取不同的若干基准点进行约束平差，得 $V_1^T PV_1$。若选取的基准点之间兼容一致，则其平差后改正数无明显增大，相应的 F 统计量将小于临界值 $F < F_\alpha(r_1, r_0)$；反之，当基准点不兼容，其平差改正数增大，使得改正数平方和 $V_1^T PV_1$ 值偏大，从而导致 $F > F_\alpha(r_1, r_0)$，这时，即认为在显著水平 α 下，基准点的误差大。

利用 F 检验对图 6-8 所示的某城市 D 级 GPS 控制网进行 F 检验，该 GPS 控制网共由 21 个点组成，其中 5 个点分别与国家Ⅰ、Ⅱ等点重合，最长边长为 10.5km，最短边长为 2.7km，平均边长为 7.0km。

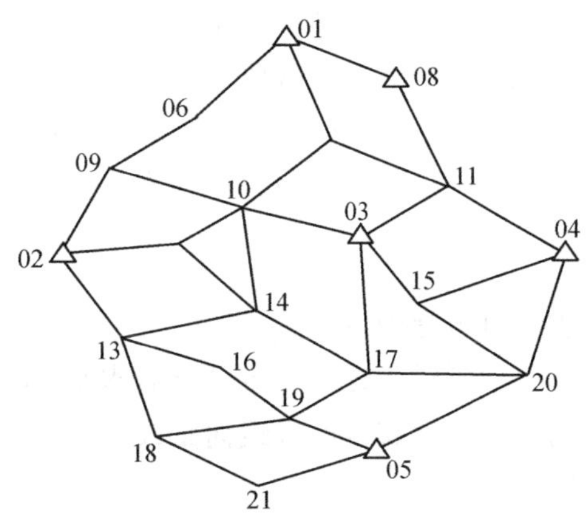

图 6-8　某市 D 级 GPS 控制网图

该网选择 14 组不同基准组合，分别进行了平差，以其中 4 号点为固定基准点，方位角 T_{4-2} 为固定方位角作自由网平差，其改正数为 $V_0^T PV_0$，方差为 α_0^2，在显著水平 $\alpha = 0.001$ 下，对其他平差结果分别作 F 检验，结果列于表 6-3，由表中可以看出哪些基准点是兼容的，哪些是有问题的。当以 4、1、2、3、5 号点为基准时，F 值最大，同时以 4、1、2、3 号点为基准，4、1、3 号点为基准，4、1、3、5 号点为基准时 F 值也非常大，因此可以判断这些点中有不稳定的大误差点，由分析可知不稳定点可能是 1、3 点，而较为稳定的点是 2、4 点。

方差比 F 检验显然可以达到整体检验的目的，但有可能失之过严。在表 6-3 中，几乎所有以 3 个点为基准的网平差均未能通过检验。而 GPS 网约束平差的一个重要的目的是要使网通过平差后，较好地符合于地面坐标系统，实现网的坐标转换。不难想像，如果选择的地面基准点太少，难以实现 GPS 网与地面坐标系框架的完全吻合。所以在基准检验中，应同时顾及既不使 GPS 网精度过多的下降，又要保证较好地实现其至地面坐标系的转换这两个方面。

表 6-3 基准点兼容性的 F 检验

平差方案	1	2	3	5	9	10	11	12	13
基准点号	4	2,4	1～5	1,3,4,5	2,4,5	1～4	1,3,4	1,4,5	1,2,4,5
中误差	0.88	0.89	6.19	4.15	2.28	3.72	3.48	2.42	2.47
F 统计值	—	1.01	7.03	4.72	2.59	4.22	3.95	2.75	2.80
临界值	—	2.66	2.57	2.61	2.64	2.61	2.64	2.64	2.61
显著性判断	—	接受显著	拒绝高度显著	拒绝高度显著	接受	拒绝高度显著	拒绝显著	拒绝显著	拒绝显著

2. 基线向量改正数的分布检验

若选用的基准点之间是兼容一致的，且基线向量中不存在粗差，则约束平差成果中基线向量改正数的统计特性应服从正态分布，即 $V_i \sim N(0, \sigma)$。否则选取的基准点中存在不兼容的点，约束平差后必然会造成网扭曲变形，从而使某些基线向量改正数增大，使其正态特性受到破坏。因此，检验基线向量改正数分布的正态性可以发现基准点中是否存在不稳定的点，检验的方法可采用 χ^2 检验法。

设平差成果中各改正数 V_i 服从正态分布 $N(0, \sigma)$，可对其进行正态分布标准化 $(V_i - 0)/\sigma$，并假定标准化后的改正数相互独立，则由 N 个相互独立标准化后的改正数构成的统计量为

$$\chi^2 = \left(\sum_{i=1}^{N} V_i^2\right)/\sigma^2 \tag{6-121}$$

服从自由度为 N 的 χ^2 分布。

检验时，选取一定的显著水平 α，并由 χ^2 分布可获得其临界值 $\chi^2_{\alpha/2}$，如果由约束平差后获得的基线向量改正数构成的统计量 χ^2 在 χ^2_α 之内，则接受原假设，即

$$\mathrm{H}_0: \chi^2 < \chi^2_\alpha$$

认为基准点兼容一致，否则接受备选假设

$$\mathrm{H}_1: \chi^2 > \chi^2_\alpha$$

认为基准点存在误差，不兼容。

表 6-4 列出了对图 6-8 所示的 GPS 网的 14 组基准约束平差的部分基准组获得的基线向量改正数的 χ^2 检验结果。

表 6-4 基线向量改正数的 χ^2 检验

平差方案	3	5	9	10	11	12
统计量值	28.06	16.52	12.59	18.36	18.95	10.94
临界值	18.50	10.61	12.84	16.29	14.47	11.07
α	0.001	0.005	0.005	0.01	0.001	0.05
判断显著性	拒绝高度显著	拒绝高度显著	接受显著	拒绝显著	拒绝高度显著	接受高度显著

对照表 6-3 的检验结果，可知两种检验结果大体相似，但仍有一些不同，第 12 组基准（1，4，5 号固定点）F 检验是拒绝的，而 χ^2 检验却接受，说明这 3 点仍是基本兼容的，并未使基线向量改正数的正态性受到破坏，即改正数值并没明显增大。因此基线向量改正数检验略松于 F 检验。

在此种检验中，当 GPS 网中基线向量较多时，对于这种大子样，χ^2 检验的临界值无法从一般的 χ^2 分布表中查得，可用下式进行换算：

$$\chi_\alpha^2 = [u_\alpha + (2n-1)^{1/2}]^2/2 \tag{6-122}$$

式中，u_α 为显著水平 α 下的 u 检验临界值，n 为 χ^2 检验的自由度。

3. 基准兼容性的应变分析法

以上两种检验方法，均是通过构成的统计量（F 或 χ^2）是否超过临界值作为判断基准点是否兼容的标准，这种判断标准除了失之过严外，而且对基准不兼容造成的网的变形没有数量大小的概念和一定的几何解释，因而难以正确判断某一基准点是否兼容可用。判断一组地面基准点是否兼容一致，一种标准是以基准约束平差后的成果应与原 GPS 网测量精度相一致；另一种标准是满足 GPS 网测量规范相应等级网的精度要求。无论何种标准都应尽量使平差后的 GPS 网能较好地转换至地面坐标系框架下。

基准兼容性研究，可采用前面提及的应变分析方法，借用弹性力学中的几何方程，建立不同基准约束平差的坐标之差——“位移”与网形变之间的关系式，获得基准不兼容造成变形大小的数量和几何概念，并通过分析得到满足判断基准点稳定与否标准的判断准则，此方法具有几何意义明确、计算简单、宜于实行的特点。

对于二维平面坐标，假设 $P(x_1, y_1)$ 和 $P(x_2, y_2)$ 分别表示不同基准下求得的 GPS 网两组坐标，则可得该点“位移”为

$$\left.\begin{aligned} u &= x_1 - x_2 \\ v &= y_1 - y_2 \end{aligned}\right\} \tag{6-123}$$

假定控制网具有均匀、各向同性和小变形的性质，按弹性力学中关于平面“位移”与应变的关系式，由位移计算 GPS 网的应变

$$\begin{aligned}\begin{bmatrix} u \\ v \end{bmatrix} &= \begin{bmatrix} u_0 \\ v_0 \end{bmatrix} + \begin{bmatrix} \dfrac{\partial u}{\partial x} & \dfrac{\partial u}{\partial y} \\ \dfrac{\partial v}{\partial x} & \dfrac{\partial v}{\partial y} \end{bmatrix} \begin{bmatrix} \Delta x \\ \Delta y \end{bmatrix} = \begin{bmatrix} u_0 \\ v_0 \end{bmatrix} + \begin{bmatrix} \dfrac{\partial u}{\partial x} & \dfrac{1}{2}\left(\dfrac{\partial u}{\partial y} + \dfrac{\partial v}{\partial x}\right) \\ \dfrac{1}{2}\left(\dfrac{\partial u}{\partial y} + \dfrac{\partial v}{\partial x}\right) & \dfrac{\partial v}{\partial y} \end{bmatrix} \\ &\quad \begin{bmatrix} \Delta x \\ \Delta y \end{bmatrix} + \begin{bmatrix} 0 & -\dfrac{1}{2}\left(\dfrac{\partial u}{\partial y} - \dfrac{\partial v}{\partial x}\right) \\ \dfrac{1}{2}\left(\dfrac{\partial u}{\partial y} - \dfrac{\partial v}{\partial x}\right) & 0 \end{bmatrix} \begin{bmatrix} \Delta x \\ \Delta y \end{bmatrix} \end{aligned} \tag{6-124}$$

式中，

$$\begin{cases}\Delta x = x_i - x_0 \\ \Delta y = y_i - y_0\end{cases} \quad i = 1,2,\cdots,n-1 \tag{6-125}$$

令 $\varepsilon_x=\frac{\partial u}{\partial x}$，$\varepsilon_y=\frac{\partial v}{\partial y}$，$\varepsilon_{xy}=\frac{1}{2}\left(\frac{\partial u}{\partial y}+\frac{\partial v}{\partial x}\right)$，$\omega=\frac{1}{2}\left(\frac{\partial u}{\partial y}-\frac{\partial v}{\partial x}\right)$。$\varepsilon_x$，$\varepsilon_y$，$\varepsilon_{xy}$ 为应变参数，其几何意义为：线应变 ε_x，ε_y 反映在 x、y 轴线方向的伸缩变形，剪应变 ε_{xy} 反映网在 x，y 轴之间的角度变形，ω 为刚体旋转参数。

式（6-124）可表达为

$$\left.\begin{aligned}u &= u_0 + \Delta x\varepsilon_x + \Delta y\varepsilon_{xy} - \Delta y\omega \\ v &= v_0 + \Delta x\varepsilon_{xy} + \Delta y\varepsilon_y - \Delta x\omega\end{aligned}\right\} \tag{6-126}$$

此式是位移与平面应变（变形）的基本关系式，式中 ε_x，ε_y，ε_{xy} 与所取坐标轴有关。在众多的任意方向轴的应变值中，存在着一对互相垂直的特殊方向，这对坐标方向存在最大和最小线应变 ε_1、ε_2，其间的剪应变为零，称为主应变。计算公式为

$$\left.\begin{aligned}\varepsilon_1 &= \frac{1}{2}(\varepsilon_x + \varepsilon_y) + \frac{1}{2}\gamma \\ \varepsilon_2 &= \frac{1}{2}(\varepsilon_x + \varepsilon_y) - \frac{1}{2}\gamma\end{aligned}\right\} \tag{6-127}$$

式中，

$$\gamma = \sqrt{(\varepsilon_x - \varepsilon_y)^2 + 4\varepsilon_{xy}^2} = \varepsilon_1 - \varepsilon_2 \tag{6-128}$$

主应变方向 θ 由下式计算：

$$\tan 2\theta = \frac{2\varepsilon_{xy}}{\varepsilon_x - \varepsilon_y} \tag{6-129}$$

设总应变量为

$$\lambda = \sqrt{\varepsilon_1^2 + \varepsilon_2^2} \tag{6-130}$$

将图 6-6 所示的 GPS 模拟网投影至高斯平面，并用几种不同的基准组进行约束平差，利用（6-126）式分析基准不兼容造成的变形情况，进而得出基准是否兼容的准则。

该模拟网共有 33 个基线观测向量，20 个 GPS 点，其中 1～4 号点与地面已知点重合。对该网以 1 号点为基准进行自由网平差，然后分别给 2 号点的坐标加入 $dx=0.1$m，$dy=0.1$m 的误差，给 4 号点坐标加入 $dx=0.01$m，$dy=0.012$m 的误差后，以 1 号点与其他已知点组合为一组基准实行约束平差（共选取 8 组基准）。分别计算出这些平差坐标相对自由网坐标的“位移”，代入（6-126）式求出相应情况下 GPS 网产生的平均变形值。表 6-5 列出了几种不同基准约束下，GPS 网相对于自由网的变形值。

分析表 6-5 可知，GPS 基线向量所在的卫星坐标系与国家或地方坐标系必然存在着系统差，即尺度差和方位差，它们对应着应变参数中的线应变和旋转参

表 6-5　几种不同基准约束下 GPS 网相对地自由网的变形值

基准点号	基准点含误差值/cm			线应变		剪应变	主应变		旋转	总应变	总剪切
	点号	ΔX	ΔY	ε_x	ε_y	$2\varepsilon_{xy}$	ε_1	ε_2	ω	λ	γ
1,3	3	0.0	0.0	−3.01	−3.09	−0.28	−2.91	−3.19	−1.03	4.32	0.30
1,4	4	1.0	1.2	−3.80	−3.91	−0.08	−3.79	−3.92	−0.94	5.45	0.14
1,3,4	4	1.0	1.2	−3.09	−3.18	−0.44	−2.91	−3.36	−0.93	4.44	0.45
1,2	2	10.0	10.0	−6.66	−6.72	−0.06	−6.65	−6.73	−4.61	9.46	0.09
1,2,3	2	10.0	10.0	−6.43	−6.39	−4.34	−4.23	−8.58	−1.73	9.57	4.34
1,2,3,4	4 2	1.0 10.0	1.2 10.1	−6.25	−4.13	−4.00	−2.93	−7.45	−2.23	8.01	4.45
1,2	2	30.0	20.0	−13.80	−13.94	−0.08	−13.79	−13.95	−7.95	19.59	0.16
1,2,3	2	30.0	20.0	−13.16	−11.91	−9.28	−7.85	−17.22	−2.06	18.92	9.36

数。一组精度良好的地面基准，其相对 GPS 自由网的两个主应变理论值应相等，总剪切应为零，但是由于基准误差和观测误差的不可避免，故一般 $\varepsilon_1 \neq \varepsilon_2$，$\gamma \neq 0$。那么，判断一组地面基准是否达到精度要求，是否兼容的标准是什么呢？

生产实践与应变分析均证明，其判断的原则应以不降低 GPS 测量精度为前提，同时满足生产需要，将 GPS 网依附于地面坐标系统的要求为基本准则。因此，给出基准兼容准则：

1）最大与最小线应变之差不应超过 GPS 基线测量精度的比例误差，即

$$|\varepsilon_1 - \varepsilon_2| < b \times 10^{-6} \tag{6-131}$$

2）最大线应变和剪应变也不应超过 GPS 测量精度的比例精度，可取

$$\lambda < \sqrt{2}b, \ \gamma < b \tag{6-132}$$

此处 b 有两种含意：如果以基准约束平差后的成果应与 GPS 网原测量精度相一致为判断标准，则此处 b 为网无约束平差后网中基线向量的最弱边精度；而如果以满足 GPS 网测量规范相应等级网的精度要求为判断标准，则 b 为 GPS 规范中基线向量的比例误差允许值；例如：GPS B 级网 $b=1$，C 级网 $b=5$，D 级网 $b=10$ 等。

准则（1）是针对 GPS 网与地面网转换时尺度参数的均匀性要求提出的，准则（2）是对 GPS 网依附于地面基准时变形大小的限制。

如取 $b=5$，则表 6-5 中取地面点 1，3，4 为控制点是最合理的。

从表 6-5 中第 4 至 6 行看出，若引入具有 10cm 坐标误差的 2 号点为基准，如测量精度要求 $b=10$，即 1∶100 000 时，取 1，2，3，4 为控制基准也是可取的。

用应变分析方法，并结合两条基准兼容性准则，对图 6-8 所示的城市 GPS D 级控制网进行基准检验。已知该网由 21 个 GPS 点组成，有 5 个与 GPS 网重合的地面已知控制点，网中共有 34 条独立基线，其最弱边的精度为 1∶280 000，方位误差的最大值为 0″.89。

以 2 号点为位置基准对该 GPS 网进行无约束平差，然后，在 5 个地面点中

选取不同点进行约束平差，其结果分别与无约束网平差进行应变计算，结果列于表 6-6。

表 6-6 某市 D 级 GPS 控制网在不同约束基准下的平差与约束平差结果的应变计算

固定基准点号	ε_x	ε_y	$2\times\varepsilon_{xy}$	ε_1	ε_2	λ	γ	ω
2,4	−3.16	−3.15	0.08	−3.11	−3.20	4.46	0.08	−1.98
2,5	−5.72	−5.03	−0.20	−5.01	−5.73	7.37	0.72	−1.84
1,2	−3.21	−3.52	−0.31	−3.15	−3.59	4.77	0.44	−0.12
2,3	4.30	4.33	0.02	4.34	4.30	6.11	0.04	5.10
1,2,4,5	−0.92	−2.72	1.26	−0.72	−2.92	3.00	2.20	−2.02
1,2,3,4,5	−4.72	−8.04	−0.87	−4.66	−8.10	9.34	3.43	3.04

此网为 D 级网，规范规定 $b=10$，如取 $b=10$，从上述二个基准准则判断，可知网中 5 个地面控制点均可作为网的控制基准。

如以该 GPS 网原测量精度为标准，相对应的 b 值约为 3.6，若取 $b=3.6$，则表 6-6 中仅第 1、3、5 行合格，可取地面点 1，2，4 或 1，2，4，5 为基准点，这样可确保 GPS 网的测量精度不因坐标转换而降低，同时又能较好地附合于地面坐标系之中。

本节介绍的基准检验的方法具有一般性，它不仅适用于二维网，同时也可推广应用于三维网；不仅适用于 GPS 网，也适用于常规测量控制网。

6.6 GPS 高程

GPS 相对定位高程方面的相对精度一般可达 $(2\sim3)\times10^{-6}$，在绝对精度方面，实验表明，对于 10km 以下的基线边长，可达几个厘米，如果在观测和计算时采用一些消除误差的措施，其精度优于 1cm。本节将介绍如何将 GPS 高程观测成果变为可实用的高程成果。

6.6.1 高程系统简介

为了说明 GPS 高程系统与实用高程系统的关系，首先简单介绍常用高程系统及它们之间的关系。

1. 大地高程系统

大地高程系统是以参考椭球面为基准面的高程系统，地面某点的大地高 H 定义为由地面点沿通过该点的椭球法线到椭球面的距离，称为以该椭球面为基准面的大地高 H，如图 6-9 所示地面点 P 的大地高为 PP'。

如前所述，GPS 定位测量获得的是 WGS-84 椭球大地坐标系上的成果，也就是说 GPS 测量求得的是点相对于 WGS-84 椭球的大地高 H。

由大地高的定义可知，它是一个几何量，不具有物理意义。对于不同定义的椭球大地坐标系，构成不同的大地高系统。

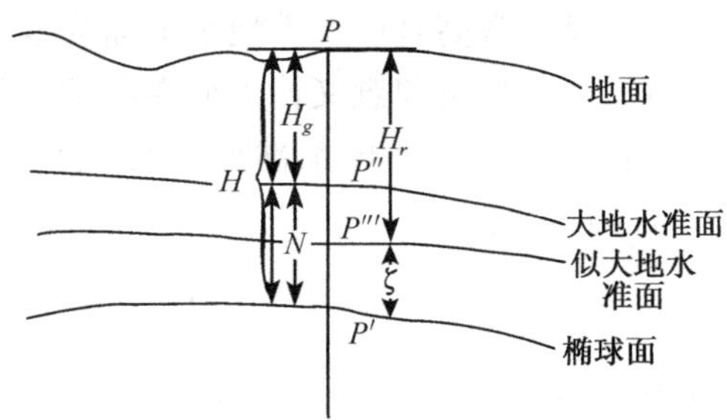

图 6-9 大地高、正高、正常高

2. 正高系统

正高系统是以大地水准面为基准面的高程系统，地面某点的正高 H_g 定义为由地面点沿铅垂线至大地水准面的距离。

大地水准面是一族重力等位面（水准面）中的一个，由于水准面之间的不平行，所以，过一点并与水准面相垂直的铅垂线，实际上是一条曲线，正高的计算式为

$$H_g = \frac{1}{g_m}\int^{H_g} g\,\mathrm{d}H \tag{6-133}$$

其中：g_m 为由地面点沿铅垂线至大地水准面的平均重力加速度。由于 g_m 无法直接测定，所以严格说来，正高是不能精确确定的。

因为正高是以大地水准面为基准面的高程系统，因而具有明确的物理意义。大地水准面至椭球面的距离 $P'P''$ 为大地水准面差距（N）

$$N = H - H_g \tag{6-134}$$

3. 正常高

由于正高实际上无法精确求定，为了实用上方便，人们建立了正常高系统，其定义为

$$H_r = \frac{1}{r_m}\int^{H_r} g\,\mathrm{d}H \tag{6-135}$$

其中，r_m 为由地面点垂线至似大地水准面之间的平均正常重力值

$$r_m = r - 0.3086\left(\frac{H_r}{2}\right) \tag{6-136}$$

式中 r 为椭球面上的正常重力，其计算式为

$$r = r_e(1 + \beta_1 \sin^2\varphi - \beta_2 \sin^2 2\varphi) \tag{6-137}$$

式中，r_e 为椭球赤道上的正常重力值；β_1，β_2 为与椭球定义有关的系数；φ 为地面点的天文纬度。我国目前采用的 r_e，β_1，β_2 值为：$r_e = 978.030$；$\beta_1 = 0.005\,302$；$\beta_2 = 0.000\,007$。

可见正常高是以似大地水准面为基准面的高程系统，是可以精密确定的，同样具有明显的物理意义，因而在各项工程技术方面有着非常广泛的应用。

任意一点的大地水准面与似大地水准面之间的差值，由式（6-133）与式（6-135）可得

$$H_r - H_g = \frac{g_m - r_m}{g_m} H_r \tag{6-138}$$

其中，$(g_m - r_m)$ 为重力异常，在高山和海底重力异常相差较大，可达数米，在平原地区仅为数厘米，而在海平面上两者重合。

似大地水准面与椭球面之间的差距称为高程异常 ζ（图 6-9 中的 $P'P$）

$$\zeta = H - H_r \tag{6-139}$$

6.6.2 GPS 水准

众所周知，实际应用中的地面点高程是以似大地水准面为起算面的正常高，而 GPS 高程是以 WGS-84 椭球面为基准的大地高。由前所述已知两者之间相差高程异常 ζ，显然，如果知道了各 GPS 点的高程异常 ζ，则可由各 GPS 点的大地高求得各点的正常高。

我国似大地水准面主要是采用天文重力方法测定的，其精度为 1m 左右，因此很难直接由 GPS 大地高求得正常高。目前在小区域范围内，常采用 GPS 水准的方法较为精确地计算 GPS 点的正常高。所谓 GPS 水准就是在小区域范围的 GPS 网中，用水准测量的方法联测网中若干 GPS 点的正常高（这些联测点称为公共点），那么根据各 GPS 点的大地高就可按（6-139）式求得各公共点上的高程异常。然后由公共点的平面坐标和高程异常采用数值拟合计算方法，拟合出区域的似大地水准面，即可求出各点高程异常值，并由此求出各 GPS 点的正常高。

目前，国内外 GPS 水准主要是采用纯几何的曲面拟合法，即根据区域内若干公共点上的高程异常值，构造某种曲面逼近似大地水准面，随着所构造的曲面不同，计算方法也不一样。其中，主要的方法有：平面拟合法、曲面拟合法、多面函数拟合法、样条函数法等。下面分别简要介绍。

1. 平面拟合法

在小区域且较为平坦的范围内，可以考虑用平面逼近局部似大地水准面。设某公共点的高程异常 ζ 与该点的平面坐标有关系式

$$\zeta_i = a_1 + a_2 x_i + a_3 y_i \tag{6-140}$$

其中，a_1，a_2，a_3 为模型参数。

如果公共点的数目大于 3 个，则可列出相应的误差方程为

$$v_i = a_1 + a_2 x_i + a_3 y_i - \zeta_i \quad i = 1,2,3,\cdots,n \tag{6-141}$$

写成矩阵形式有

$$V = Ax - \zeta \tag{6-142}$$

其中，

$$V = \begin{bmatrix} V_1 \\ V_2 \\ \vdots \\ V_n \end{bmatrix} \quad A = \begin{bmatrix} a_1 \\ a_2 \\ a_3 \end{bmatrix} \quad X = \begin{bmatrix} 1 & x_1 & y_1 \\ 1 & x_2 & y_2 \\ \vdots & \vdots & \vdots \\ 1 & x_n & y_n \end{bmatrix} \quad \zeta = \begin{bmatrix} \xi_1 \\ \xi_2 \\ \vdots \\ \xi_n \end{bmatrix} \tag{6-143}$$

根据最小二乘原理可求得

$$A = (X^T X)^{-1} X^T \zeta$$

根据文献记载，该方法在 120km^2 的平原地区，拟合精度可达 3～4cm。

2. 二次曲面拟合法

似大地水准面的拟合也可采用二次曲面拟合法，即对于公共点上的高程异常与平面坐标之间，存在如下数学模型：

$$\zeta_i = a_0 + a_1 x_i + a_2 y_i + a_3 x_i^2 + a_4 y_i^2 + a_5 x_i y_i \tag{6-144}$$

式中，a_0，a_1，…，a_5 为模型待定参数，因此，区域内至少需有 6 个公共点。当公共点多于 6 个时，仍可组成形如（6-142）式的误差方程，此时

$$X = \begin{bmatrix} 1 & x_1 & y_1 & x_1^2 & y_1^2 & x_1 y_1 \\ 1 & x_2 & y_2 & x_2^2 & y_2^2 & x_2 y_2 \\ \vdots & \vdots & \vdots & \vdots & \vdots & \vdots \\ 1 & x_n & y_n & x_n^2 & y_n^2 & x_n y_n \end{bmatrix} \quad A = \begin{bmatrix} a_1 \\ a_2 \\ \vdots \\ a_5 \end{bmatrix}$$

仍按最小二乘原理求解（6-142）式，解出参数 a_0，a_1，…，a_5。

该拟合方法适合于平原与丘陵地区，在小区域范围内，拟合精度可优于 3cm。

二次曲面拟合还可进一步扩展为多项式曲面拟合法，这时数学模型为

$$\zeta_i = a_0 + a_1 x_i + a_2 y_i + a_3 x_i^2 + a_4 y_i^2 + a_5 x_i y_i + a_6 x_i^3 + a_7 y_i^3 + \cdots \tag{6-145}$$

上式的误差方程矩阵式仍为（6-142）式

$$V = AX - \xi$$

3. 多面函数法

美国的 Hardy 在 1971 年提出了多面函数拟合法，并建议将此法用于拟合重力异常、大地水准面差距、垂线偏差等大地测量问题。

多面函数法的基本思想是：任何数学表面和任何不规则的圆滑表面，总可用一系列有规则的数学表面的总和以任意精度逼近。根据这一思想，高程异常函数可表示为

$$\zeta = \sum_{i=1}^{k} C_i Q(x, y, x_i, y_i) \tag{6-146}$$

式中，C_i 为待定系数，$Q(x, y, x_i, y_i)$ 是 x 和 y 的二次核函数，其中核在 (x_i, y_i) 处，ζ 可由二次式的和确定，故称多面函数。

常用的简单核函数，一般采用具有对称性的距离型，即

$$Q(x, y, x_i, y_i) = [(x - x_i)^2 + (y - y_i)^2 + \delta^2]^b \tag{6-147}$$

式中，δ 称为平滑因子，用来对核函数进行调整；b 一般可选某个非零实数，常用 $b=1/2$ 或 $-1/2$。

式（6-147）可写成误差方程的矩阵形式

$$v = QC - \xi \tag{6-148}$$

待定系数 C 可根据公共点上的已知高程异常值，按最小二乘法计算

$$C = (Q^T Q)^{-1} Q^T \xi \tag{6-149}$$

由上式求出多面函数的待定系数，就可按（6-146）式计算各 GPS 点上的高程异常值。

多面函数法拟合高程异常，核函数 Q 和平滑因子 δ 的选择对拟合效果有非常重要的影响，对于每个区域都应认真研究和选取，如果核函数和平滑因子选取得合适，其拟合精度与二次曲面拟合相当。

4. 样条函数法

高程异常曲面也可以通过构造样条曲面拟合，设某点的高程异常值 ζ 与该点的坐标 x，y 存在如下关系：

$$\zeta = a_0 + a_1 x + a_2 y + \sum_{1}^{n} F_r r_i^2 / n r_i^2 \tag{6-150}$$

$$\sum_{i=1}^{n} F_i = \sum_{i=1}^{n} x_i F_i = \sum_{i=1}^{n} y_i F_i = 0 \tag{6-151}$$

$$\left.\begin{aligned} a_0 &= \sum_{i=1}^{n} [A_i + B_i(x_i^2 + y_i^2)] \\ a_1 &= 2\sum_{i=1}^{n} B_i y_i \\ F_i &= P_i / (16\pi D) \\ r_i^2 &= (x - x_i)^2 + (y - y_i)^2 \end{aligned}\right\} \tag{6-152}$$

式中，(x_i, y_i) 为已知高程异常值公共点的坐标，(x, y) 为未知高程异常值的 GPS 点的坐标，A_i，B_i 为待定系数，P_i 为点的负载，D 为刚度。

对于每一个公共点都可以列出一个 $\zeta(x, y)$ 方程，对于 n 个公共点列出 $n+3$ 个方程，求解 $n+3$ 个未知系数 a_0，a_1，a_2，F_1，F_2，…，F_n。求解方程组

(6-150) 时，至少应有 3 个公共点。样条曲面拟合解法与多面函数法大致相同。该方法适合于地形比较复杂的地区，拟合精度也可以达 3cm 左右。

曲面拟合法中还有非参数回归曲面拟合法、有限元拟合法、移动曲面法等，这里不再详述。当 GPS 点布设成测线时，还可应用曲线内插法、多项式曲线拟合法、样条函数法和 Akima 法等。

6.6.3 GPS 重力高程

1. 地球重力场模型法

地球重力场模型是指用卫星跟踪数据、地面重力数据、卫星测高数据等重力场信息，由地球扰动位的球谐函数级数展开式求高程异常。

由物理大地测量学、地面点扰动位 T 与该点引力位 V 和正常引力位 U 之间的关系为

$$T = V - U \tag{6-153}$$

而高程异常为

$$\zeta = T/\gamma \tag{6-154}$$

式中，γ 为地面点 P 的正常重力值。正常重力值 γ 和正常引力位 U 可以精确计算，因此只要求出地面点的引力位 V，就可求出地面点的高程异常 ζ。

引力位 V 可由球谐函数级数展开式计算

$$V = \frac{GM}{\rho}\left[1 + \sum_{n=2}^{\infty}\sum_{m=0}^{n}\left(\frac{a}{\rho}\right)^{n}(C_{nm}\cos mL + S_{nm}\sin mL \cdot P_{nm}(\sin B))\right] \tag{6-155}$$

式中，ρ，B，L 为地面点的矢径、纬度、经度；C_{nm}，S_{nm} 为位系数；$P_{nm}(\sin B)$ 为勒让德函数；n 为阶，m 为次。

虽然 n 的阶数越大，求得的结果越精确，国内外已推出许多地球重力模型，国外已求到 360 阶次的模型。但是，由于国外的模型均没有利用我国的重力资料，所以用于我国计算精度比国内模型要低。我国的 WDM_{89} 模型是一个完全阶次为 180 的模型，除利用国外重力资料外，用了我国 5 万多个重力点的资料，在我国沿海平原地区计算 ζ 可达厘米级精度，山区为 0.2m 的精度，其他地区为 1.0～1.5m 左右。

2. 重力场模型与 GPS 水准相结合法

由于我国幅原辽阔，地形地质结构复杂，因此，无论重力点密度还是精度，都很难达到由重力场模型求出高精度重力异常的要求，通常重力场模型求出的高程异常精度往往低于由水准联测获得公共点上的高程异常的精度，因而一些学者提出采用重力场模型和 GPS 水准相结合的方法。

该方法的基本思路是：在 GPS 水准点上，将由 GPS 大地高和水准正常求得的高程异常 ζ 与由重力场模型求得的高程异常 ζ_m 进行比较，可求出该地面点的

两种高程异常的差值：

$$\delta_{\zeta} = \zeta - \zeta_m \tag{6-156}$$

然后再采用曲面拟合方法，由公共点的平面坐标和 δ_{ζ} 推求其他点的 δ_{ζ}，则可计算 GPS 网中未测水准点的正常高

$$H_r = H - \zeta_m - \delta_{\zeta} \tag{6-157}$$

实验表明，采用这种重力场模型与 GPS 水准相结合的方法是提高高程精度的一条有效的途径。

3. 地形改正方法

地面点的高程异常可分为高程异常中的长波项（平滑项）和短波项两部分，即

$$\zeta = \zeta_0 + \zeta_T \tag{6-158}$$

高程异常的中长波项 ζ_0 可按前面所述的方法求出，而短波项 ζ_T 是地形起伏对高程异常的影响，称为地形改正项。在平原地区 ζ_T 很小，可以忽略，而在山区 ζ_T 不可忽略。

按莫洛金斯基原理

$$\zeta_T = T/\gamma \tag{6-159}$$

其中，T 为地形起伏对地面点扰动位的影响；γ 为地面正常重力值。

地形起伏对地面点扰动位的影响，可表示为积分形式

$$T = G \cdot \rho \iint_{\pi} [(h - h_r)/r_0] \mathrm{d}\pi - \frac{G \cdot \rho}{6} \iint_{\pi} [(h - h_r)^3 / r_0^3] \mathrm{d}\pi \tag{6-160}$$

其中，$r_0 = [(x - x_i)^2 + (y - y_i)^2]^{1/2}$；$G$ 为引力常数；ρ 为地球质量密度；h_r 为参考面的高程（平均高程面）；x，y 为高程格网点的坐标；x_i，y_i 为待求点的坐标。

计算时，利用测区地形图，用 1km×1km 格网化，得测区数字地面模型 (DTM)，或者也可用测区 GPS 点的大地高差来格网化，再用（6-160）式计算扰动位影响 T。

地形改正方法求高程异常时，可采用“除去—恢复”过程进行，即先由（6-160）及（6-159）式求出 GPS 公共点上的 T 和 ζ_T，再代入（6-158）式求出中长波项 ζ_0。然后以这些公共点上的 ζ_0 为数据点，采用拟合方法推算出所有 GPS 点上的 ζ_0。最后再由（6-158）式加上 ζ_T 求出各点的高程异常值。

6.6.4 GPS 高程精度

影响 GPS 高程精度的主要有 GPS 大地高的精度、公共点几何水准的精度、GPS 高程拟合的模型及方法、公共点的密度与分布等几个因素。

具有高精度的 GPS 大地高是获得高精度 GPS 正常高的重要基础之一，因此必须采取措施以获得高精度的大地高，其中包括改善 GPS 星历的精度，提高 GPS 基线解算起算点坐标的精度，减弱对流层、电离层、多路径误差的影响等。

几何水准测量必须认真组织施测，保证提供具有足以满足精度要求的相应等级的水准测量高程值。

应根据不同测区，选用合适的拟合模型，以便使计算既准确又简便。均匀合理且足够地布设公共点，点位的分布和密度影响着 GPS 高程的精度。对于高差大于 100m 的测区，应加地形改正。对于大区域范围，可采用重力场模型加 GPS 水准的方法，拟合时对于不同趋势的区域，采用分区平差方法。

理论分析和实践检验表明，在平原地区的局部 GPS 网，GPS 水准可代替四等水准测量。在山区只要加地形改正，一般也可达到四等水准的精度。

思 考 题

1. 试简要说明 1954 年北京坐标系、1980 年西安坐标系及新北京 54 坐标系的定义及各自对应的椭球。
2. WGS-84 世界大地坐标系是如何定义的？
3. 在我国条件下，卫星网与地面网之间的转换意义是什么？
4. 试写出 Burse-Wolf 模型以及变形的 Burse-Wolf 模型。如何实现 WGS-84 坐标系向国家坐标系的转换？
5. 设某网有 3 个已知点，试用 Burse-Wolf 模型写出计算过程。
6. GPS 基线向量网平差有哪几种类型？
7. 试述 GPS 基线向量网平差的目的、意义和作用。
8. GPS 基线向量网三维无约束平差的目的是什么？
9. GPS 基线向量网二维约束平差的目的是什么？
10. 试述三种高程系统的区别与联系。
11. 何谓 GPS 水准？常用的 GPS 水准方法有哪些？
12. 影响 GPS 高程精度的因素主要有哪些？

第7章 GPS定位测量技术应用

GPS系统的建立给定位技术带来了革命性的巨大的变化。从最初为全球导航目的而研发，到近期已成功用于各个专业领域与人们的日常生活。

三十多年来，GPS技术已发展成多领域、多模式、多用途、多机型的国际性高新技术产业，GPS信号成为一种重要的资源。随着GPS系统的不断发展与完善，其应用领域也在不断扩展，有人甚至这样说："今后GPS的应用，将只受人类想象力的制约"。

本章概要介绍GPS定位技术在大地测量与地球动力学研究、地质灾害监测与大坝等工程建筑物的安全监测、工程测量与摄影测量、海洋测绘、农业与林业等资源调查、旅游与野外考查、导航及其他许多领域中的应用。

7.1 GPS在大地测量与地球动力学研究中的应用

应用GPS静态定位技术在多个测站上长时间观测，再经过事后数据处理，可以在数百公里甚至上千公里的距离上达到厘米级甚至毫米级的观测精度，因而为大地测量和地震监测，以及研究地球动力学、地壳运动、地球自转和极移等提供了新的理想的观测手段。

7.1.1 GPS在大地测量中的应用

GPS在大地测量方面的应用最为广泛和成熟。时至今日，可以说GPS定位技术已完全取代了用常规测角、测距手段建立大地控制网，成为大地控制测量的主要技术手段。GPS在大地测量中的应用大体上包括以下几个方面：

1）建立和维持高精度的三维地心参考基准；

2）建立全球或国家的高精度GPS网；

3）加密或扩展地区性的GPS控制网；

4）检核、分析与改进原有的地面控制网；

5）确定高程与进行精化大地水准面研究。

1. 现代大地测量参考基准

传统大地测量由于受到观测技术的限制存在局限性，特别是传统大地测量在参考基准上的局限性，随着技术进步表现得越来越明显。

首先，传统大地测量采用的坐标系统是一种非地心的参考基准。传统的大地坐标系所提供的位置基准、方向基准与尺度基准取决于所采用的参考椭球的大小、定位与定向参数，以及大地原点的起算数据。不同的定位与定向方式，或者不同的大地原点的起算数据决定了不同的大地坐标系，因此传统大地测量坐标系统不是严格意义下的地心坐标系。

第二，传统大地坐标系统是一种近似的三维坐标参考系。众所周知，传统大地坐标系统是由二维水平坐标系统与正高加大地水准面差距（或正常高加高程异常）所构成的垂直坐标系合成的，因此它同样不是严格意义下的三维参考系。

第三，传统大地坐标系统是一种静态的坐标参考基准。传统大地坐标系统忽略了地球的各种变化，如地极的变化、地球自转速度的变化、地球表面不同块体间的相对运动与变化，认为所有参考点的坐标都是固定不变的。然而由于上面提到的地球本身的运动和变化，可以使参考点的坐标每年产生大到几个厘米的变化。因此静态的坐标参考基准，随着时间的推移，其误差将越来越大。

除此以外，静态的坐标参考基准通常由各个国家或地区自己定义和建立，具有明显的地区性，不同的国家和地区其参考基准不同，不能适应全球实时导航、定位，以及全球性的地壳运动与气象、海洋监测需要。再由于受到观测仪器、计算工具与计算方法的限制，传统大地坐标系的精度通常只能达到 10^{-5}～10^{-6}，对于现代高精度测量已不能起到“控制”和“基准”的作用。

自 20 世纪 60 年代以来，随着空间技术（如 VLBI，SLR，LLR 等）的进步，特别是近年来 GPS 的迅速发展，建立和维持一个基于空间技术的现代大地测量参考系统已成为可能。

一些国家和国际科研组织，在最近几十年间先后建立了若干不同的地心大地坐标参考系统，比较著名的有法国的 MEDOC 和 BTS，美国的 NNSS 及 WGS 系列，以及国际地球自转服务（IERS）组织建立的国际地球参考框架 ITRF 等，其中应用最广精度最高的首推 ITRF 国际地球参考框架。

ITRF（international terrestrial reference frame）是 ITRS（international terrestrial reference system）的具体体现，后者是一种协议地球参考系统，它的建立和维持基于 IERS 的全球观测网。ITRS 系统的定义是：

1）地心为包括海洋和大气的整个地球质量中心；

2）长度为米，是在广义相对论框架下的定义；

3）坐标轴定向与国际时间局 BIH 1984.0 历元的定义一致；

4）时间演变基准，采用满足无整体旋转条件的板块运动模型。

IERS 根据全球观测网 VLBI、SLR、LLR、GPS 等空间大地测量技术的观测数据，由 IERS 中心局（IERS CB）分析得出一组全球站坐标和速度场，这就是国际地球参考框架 ITRF。IERS CB 每年根据全球观测站数据综合分析结果得出一个 ITRF 参考框架，并以 IERS 年报和技术备忘录的形式发布，如 ITRF88，ITRF89，ITRF90，ITRF91 等。

显然，不同年份的 ITRF 框架间存在微小的系统差异，可采用第 6 章中介绍的 7 参数模型通过坐标变换消除。

2. 国家高精度 GPS 网

由于 ITRF 是全球坐标参考框架，其框架点的密度不能满足区域大地测量应用要求，因此，自 20 世纪 80 年代后期以来，一些国家和地区通过高精度的 GPS 测量建立区域性的与 ITRF 框架一致的三维地心坐标参考基准。

ITRF 在欧洲的测站点称为 ETRF（European terrestrial reference frame），是 ITRF 的一部分，但其密度远不能满足欧洲大地测量坐标基准的需要。1989 年，欧洲通过一次大规模的 GPS 会战（近 100 个测站），并采用 ETRF89（ETRF 框架，1989.0 历元）的站坐标作为固定基准，建立了欧洲 89 参考框架 EUREF89（图 7-1）。

图 7-1　欧洲参考框架网 EUREF89

英国于 1992 年建立了包含 700 个测站的国家 GPS 网 SciNet92，该网在数据处理时采用了 6 个 ITRF91 框架点的站坐标作为固定基准，然后再通过 4 参数 Helmert 相似变换，转换为 ETRF89 基准，由此建立与 EUREF89 基准统一的英国三维地心坐标参考基准。

此外，澳大利亚也利用高精度的 GPS 测量，建立了澳大利亚三维地心坐标参考基准 GDA94（geocentric datum of Australia 1994）。该基准与 ITRF92 框架、1994.0 历元的基准一致。美国国家大地测量局 NGS（national geodetic survey）计划通过高精度 GPS 测量，计算 ITRF 框架下的国内测站坐标，这类测站数目最终将达到 7000 个。

我国于 1992 年首次进行全国范围的大规模 GPS 会战，建立了在 ITRF 坐标框架下的 1992 国家 GPS A 级网。1996 年为了进一步提高 A 级网的精度，由国家测绘局组织对 A 级网进行复测。国家 A 级 GPS 网由 30 个主点和 22 个副点组成，均匀地分布在中国大陆地区。大部分点进行了水准联测，点间距离平均约 650km。第一次外业观测从 1992 年 7 月 25 日至 8 月 5 日进行，在 27 个主点和 6 个副点上进行了 9 昼夜的连续观测。第二次外业观测从 1996 年 5 月 8 日至 5 月 17 日进行，使用 14 台 Ashtech-MDl2、8 台 Ashtech-Zl2、6 台 Rogue8000、17 台 Trimble-4000SSE 和 8 台 Leica200 型 GPS 接收机，在 52 个主、副点上进行了连续同步观测。

国家 A 级 GPS 网复测数据的处理在 ITRF93（93 的参考历元为 1996.365）参考框架下进行，GPS 基线解算采用了美国麻省理工学院研制的 GAMIT 软件与 IGS 精密星历，GPS 网平差采用了武汉大学研制的 GPSADJ 软件。30 个主站数据加上 17 个 IGS 全球站数据一起处理，IGS 站的坐标根据 IGS 公布的精度给予相应的权约束，副站与主站之间的关系单独处理。国家 A 级 GPS 网观测成果精度优于 2×10^{-8}。

1991～1997 年，由国家测绘局组织建立了覆盖全国的国家高精度 GPS 网（简称 GPS B 级网）。国家 B 级 GPS 网由 818 个点组成，其中大部分重合了原天文大地网的天文点、三角点或重力点，新埋设的仅 89 点。全部 B 级网点都联测了精密水准。布设 B 级网的目的除了建立我国新一代基于 GPS 等空间技术的三维地心坐标框架外，另一个重要目的是为了改善我国似大地水准面的精度和分辨率，以满足基础测绘、资源勘查和环境变化监测，以及经济和国防建设的需要。考虑到我国幅员辽阔，经济发展不平衡的特点，国家 GPS B 级网的布设采用了不同的分辨率，其中，沿海经济发达地区平均点距为 50～70km，中部地区为 100km，西部地区为 150km。

B 级网的内业数据处理同样采用 GAMIT 软件进行，以国家高精度 A 级 GPS 网点坐标为基准，按同步图形逐一递推。另外又用 BERNESE 软件（瑞士伯尔尼大学研制）解算部分基线，以检核GAMIT软件解算基线的正确性。基线解算时卫星轨道固定。GPS网平差前依据不同情况将全网分成25个子网，然后采用PowerADJ Ver2.0软件分别进行三维无约束平差。其目的是通过粗差分析和方差分量因子分析以剔除粗差，改善基线观测量的方差协方差阵的相互兼容性和实际可靠性，从而提高全网的平差精度。最后在进行全网三维约束平差时，首先将经过子网无约束平差剔除了粗差，又经过方差协方差分析修正后的基线作为观测量。并将所有基线向量通过NNR-NUVEL1A板块运动模型换算至1996.365历元，与国家A级GPS网的观测瞬时历元相一致，然后以国家高精度A级GPS网点为起算数据，在ITRF93地心参考框架中进行整网约束平差。采用的精密星历包括DMA星历、CODE星历和IGS星历。国家B级GPS网平差结果中，99%以上的坐标点位中误差相对于A级网框架水平方向优于0.05m，垂直方向优于0.10m；平均点位中误差水平方向为0.013m，垂直方向为0.026m；其基线分量重复性水平方向优于4×10^{-7}，垂直方向优于8×10^{-7}，绝对地心坐标精度不低于±1m。

我国建成的高精度国家A、B级GPS网已成为我国现代大地测量和基础测绘的基本框架，将在国民经济建设中发挥越来越重要的作用。国家A、B级GPS网以其特有的高精度把我国传统天文大地网进行了全面改善和加强，从而克服了

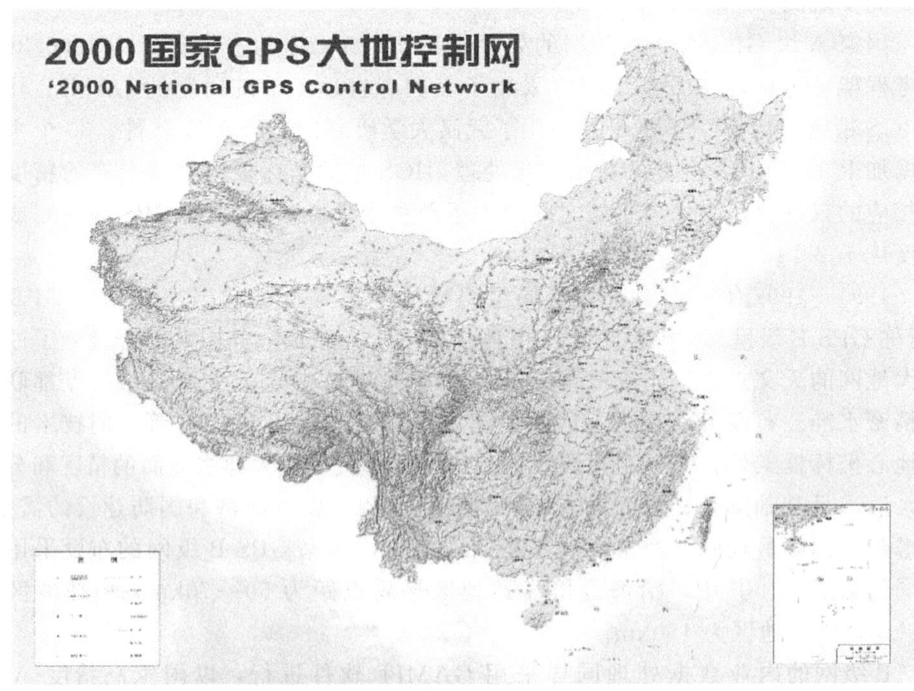

图7-2 2000国家GPS大地控制网

传统天文大地网的精度不均匀、系统误差较大等传统测量手段不可避免的缺点。通过求定 A、B 级 GPS 网与天文大地网之间的转换参数，建立起了地心参考框架和我国国家坐标的数学转换关系，从而使国家大地点的服务应用领域更宽广。利用 A、B 级 GPS 网的高精度三维大地坐标，并结合高精度水准联测，从而大大提高了确定我国大地水准面的精度，特别是克服我国西部地区大地水准面存在较大系统误差的缺陷。

目前，2000 国家 GPS 控制网已投入使用，该网由国家测绘局布设的国家高精度 GPS A、B 级网，总参测绘局布设的 GPS 一、二级网，以及由中国地震局、总参测绘局、中国科学院、国家测绘局共建的中国地壳运动观测网组成。全网共 2609 个点。通过联合处理将其归于一个坐标参考框架，形成了紧密的联系体系，可满足现代测量技术对地心坐标的需求，同时为建立我国新一代的地心坐标系统奠定了坚实的基础（图 7-2）。

3. 地区性的 GPS 大地控制网

国家高精度 GPS 网的网点密度远不能满足城市建设、工程勘测、土地与资源调查等 GPS 应用领域的需要，因此，需要对国家 A、B 级网加密，建立国家 C、D、E 级 GPS 网。除此以外，某些工程项目，特别是一些大型工程项目，如水坝、高速公路、桥梁、矿区等，需要布设专用的 GPS 工程控制网。国家 C 级网的平均边长为 10～15km、D 级网为 5～10km、E 级网为 2～5km，通常可作为城市或者矿区的一、二级控制，要求联测国家坐标系。专用的 GPS 工程控制网其平均边长可由数百米到数十公里不等，坐标系统往往采用自定义的工程椭球建立地方独立坐标系。由于 GPS 定位具有精度高、速度快和费用低等优点，所以目前地区性的大地控制网已基本被 GPS 网所取代。

7.1.2　GPS 在地球动力学研究中的应用

地球动力学是研究地球各种运动状态及其力学机制的一门学科。它所研究的运动，包括地球整体的自转和公转运动、地球内部、地壳、水圈、大气圈的物质运动等。

这些运动的力学机制涉及地球内部的结构、物理性质和物质运动，如地核与地幔、地幔与地壳的相互作用；地磁场和重力场的精细结构及其变化；地球水圈和大气圈的大规模物质运动；地球所在的宇宙空间中的引力场和电磁场的作用以及地球和太阳系的起源和演化等。

除上述有重大意义的基础理论的研究外，对地球自转速度与极移的研究，还关系到确定地面观测站在宇宙空间的精确位置，和地球坐标系在空间的指向，这是地面精密测绘和宇宙飞船跟踪所需要的参数。板块运动和断层位移，则是大地测量和地震监测所需要的资料。板块和断裂构造同地下矿藏、能源的分布有关。所以，地球动力学研究还具有明显的实用意义。

GPS在地球动力学研究中的应用主要包括：测定现代板块运动速率；监测区域性地壳运动；研究地球自转速度与重力场变化等。

1. 现代板块运动

地球动力学研究表明，地壳被划分为若干个彼此相对运动的刚性板块，构造活动主要发生在板块的边缘。板块运动的理论，来源于20世纪60年代赫斯(Hess H H，1962)与迪茨(Dietz R，1961)提出的海底扩张观点。按照这一观点，大洋岩石圈在地壳较为薄弱的洋中脊处裂开，地幔中炽热的岩浆从这里涌出，并冷却结成新的大洋岩石圈，把先期形成的岩石圈向两侧对称地推挤，导致洋底不断扩张。另一方面，在假设地球的体积和面积不变的情况下，大洋岩石圈也必然在大陆边缘的海沟处沿着消减带向大陆岩石圈之下俯冲，消亡于软流圈中。因此，海底扩张实质上是全球洋壳在不断循环变化，$(2\times10^8)\sim(3\times10^8)$年内更新一次。海底扩张说的确凿证据是海底岩石年龄的分布：以年龄最新的大洋中脊为轴，向两侧呈对称地分布，离中脊愈远愈老(图7-3)。

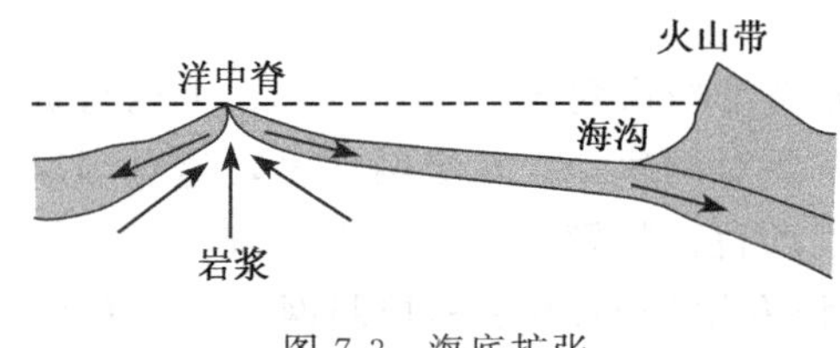

图7-3 海底扩张

多数地质学家认为现代岩石圈已破裂分成十二大板块，即北美板块、南美板块、加勒比板块、欧亚板块、菲律宾板块、阿拉伯板块、太平洋板块、非洲板块、印度澳大利亚板块、纳兹卡板块、科科斯板块、南极板块(图7-4)。

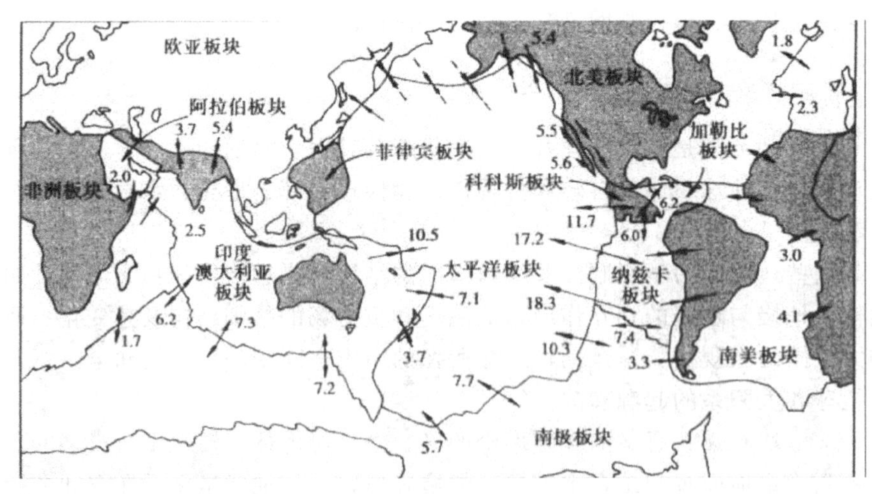

图7-4 全球板块构造及洋脊半扩张速率

根据板块构造理论，刚性的岩石圈板块漂浮在部分熔融的塑性软流圈上，沿着一个总的方向滑动，根据与相邻板块的相对运动方式，我们可以确定三种不同类型的板块边界：

扩张型板块边界——所有大洋中脊都是这类板块边界，两侧板块沿着相反的方向运动，两侧以频繁的线状玄武岩浆上涌，扩张作用以引起浅源地震和高速热流为特征，见图 7-5（a）。

会聚型板块边界——可以太平洋东西两岸的海沟俯冲带为代表，以产生深源地震，形成摺皱山系（海岸山脉增生楔），引起玄武质和安山质火山活动（火山弧、弧前盆地和弧后盆地）为特征，见图 7-5（b）。

错动（走滑）断层型边界——这种边界既不形成新的岩石圈，原来的岩石圈也不会消减。转换断层并不是使洋中脊发生单方向的平移错位，而是反映了岩石圈的不均匀断裂。转换断层以陡崖为标志，具有水平位移的浅源地震特征，往往伴随着板块的分离和火山活动，见图 7-5（c）。

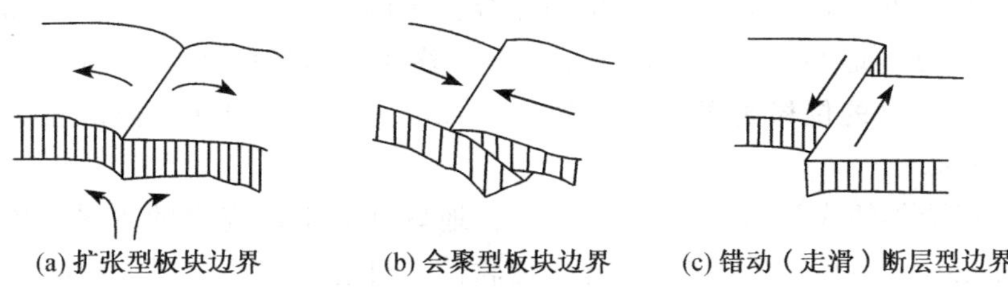

(a) 扩张型板块边界　(b) 会聚型板块边界　(c) 错动（走滑）断层型边界

图 7-5　板块运动边界的类型

每一个板块都可能以上述三种或两种类型的边界组合为自身的界限。如太平洋板块边界包括太平洋中脊（扩张型边界）、沿太平洋西侧海沟带（会聚型边界），以及众多的转换断层组成的边界，而非洲板块则只有大洋中脊和转换断层两种边界。无论是板块边缘或板块内部、都可以在地壳受到拉张或挤压情况下发生一系列的摺皱和断裂，规模小的只有几厘米，大的可达数公里，当然，发生褶皱和断裂最强烈的地区就是造山带。地震一般发生在板块的边界，而那里又往往是生成矿源的地点。

2. GPS 在全球与洲际板块运动监测中的应用

证明板块运动的主要方法，是在各板块上设立固定观测站，利用空间测量技术（如 VLBI 甚长基线干涉测量，SLR 卫星激光测距，LLR 月球激光测距等），长期观测各站的位置及各站间长度、高差的变化。对各时期观测资料的分析，就可发现板块之间移动的速度和移动方向。到 1985 年止，全球已建立了包括 44 个站的板块运动监测网，其中北美板块上 17 个，欧亚板块上 16 个

(包括我国的上海站)，太平洋板块上4个，南美板块上3个，印澳板块上2个，阿拉伯板块上1个，纳斯卡板块上1个。通过观测发现大西洋在扩大，太平洋在缩小。

上述空间技术与GPS相比，不但设备庞大而且维持费用也较高。为了研究GPS技术用于监测全球或洲际板块运动的可能性，1992年全球组织了GPS地球动力学服务的92联测，联测的结果显示了GPS定位技术具有高精度测量地面点位及监测地球动态变化的巨大能力。这次联测的成功，促使全球GPS的国际合作。国际大地测量协会（IAG）成立了一个全球GPS的机构——国际地球动力学GPS服务（IGS)。其目的就是为全球的地球动力学研究和大地测量提供GPS方面的服务。IGS有一个中央局，几个数据中心和几个数据分析中心。IGS的全球跟踪网由全球2000多个基准站组成，目前我国的IGS基准站有上海、武汉、拉萨、西安、昆明、北京、乌鲁木齐和台北。

同时，IGS的数据中心还提供IGS跟踪站的GPS数据。IGS自1994年起正式运行，目前IGS提供的GPS卫星的综合星历的定轨精度约为5～10cm。大部分IGS基准站的地心坐标精度优于1cm，位移速率的精度达1～3mm/a。其中，有几十个IGS站的位移速率测定精度优于1mm/a。地球自转参数的监测精度达0.2～0.3ms。

IGS所取得的成就集中代表了GPS在地球动力学研究中的水平。IGS的几个分析中心所研制的GPS数据分析处理软件，目前已广泛应用于国际上很多研究机构。其中，最具代表性的为美国加州喷气推进实验室的GIPSY软件、麻省理工学院的GAMIT/GLOBK软件、瑞士伯尔尼大学天文研究所的BERNESE软件，这些软件系统我国已引进，在我国GPS资料处理中发挥了重要的作用。

IGS所取得的成就和为全球用户提供高精度、高效率的服务，使GPS技术的应用深入到各个领域，对科学发展和社会发展的多方面产生了深远的影响。

3. GPS在区域性地壳运动监测中的应用

目前，除了监测全球与洲际板块运动IGS的全球网外，在板块边缘地壳运动剧烈，地震活动频繁的地区也已布设了许多区域性的GPS监测网。

在美国西部从阿拉斯加到加利福尼亚沿板块边界区建立了多个永久台与流动台结合的监测网，其中包括在加州南部由250个观测站组成的永久性密集网SCIGN（Southern California integrated geodetic network）等。这些台网产生的数据已服务于地震监测与科学研究，其中包括区域性中长期地震危险性估计，地壳结构、断层演化过程及地震破裂动力学过程研究等。

日本作为一个地震灾害频繁的国家，建立了由1200多个固定GPS观测站组成的日本地壳运动连续观测网络，大大强化了对日本列岛地壳运动和变形的监测。由观测资料初步确立了由于太平洋与菲律宾板块下插造成地壳形变的运动学模型，并在局部地区观测到由于断层及岩浆活动造成的地表形变，为研究形变源的时空演化提供了重要基础。

中国位于欧亚板块的东南端，被印度板块、菲律宾海板块、太平洋板块、西伯利亚和蒙古板块所包围，它受到印度板块的碰撞和菲律宾海板块的俯冲，是全球板块及板内地壳构造运动最强烈的地区。它的水平和垂直运动非常突出，隆起了喜马拉雅，形成了青藏高原，创造了好几条大尺度的走滑断裂构造，也形成了西北高山、巨大盆地的再生和华北新生代裂陷伸展构造以及很强的地震活动。

我国利用 GPS 技术监测地壳运动的起步较早，由中国地震局牵头，联合总参测绘局、中国科学院和国家测绘局四方共同建立的“中国地壳运动观测网络”，是以 GPS 技术为主结合多种观测手段构成的，大尺度、高精度的全国地壳运动观测网络。其科学目标以监测中国地壳运动，服务于地震预报为主，兼顾国防建设和大地测量的需要，并可服务于广域差分 GPS、气象研究、电离层监测等领域。网络工程包含 25 个基准站，56 个基本站和 1000 个区域站组成的观测网络，以及由 1 个数据中心和 3 个数据共享子系统组成的数据传输与分析系统。观测网络覆盖我国大陆 95%左右的领土，部分站并置了 VLBI 和 SLR 观测，采用了国际先进的硬软件设备，并在国际地球参考框架（ITRF）下进行计算。每个基准站都联测了精密水准和绝对重力，具备了多种技术的综合观测能力。“中国地壳运动观测网络”的建成将我国地壳运动的传统测量精度提高了 3 个数量级，观测效率提高了几十倍，初步实现了全国同时监测，从根本上改善了我国地球表层的动态监测方式和功能。网络工程已积累了大量的原始观测数据，其中有部分全球网的观测数据。利用网络工程的观测资料，我国可以自主发布 GPS 卫星精密星历，提供给国内大地测量、军事测绘等应用领域，摆脱了精密星历完全依赖国外的历史。连续产出目前国内精度最高的中国地壳运动图，包括中国大陆的三维运动速率矢量图、主要构造块体间相对运动图及各基准站位移的时间序列图，为地震预报、国土规划及经济建设服务。此外，改进了我国地心坐标系，提高了地面点的地心坐标精度，精化了我国大地控制网。网络工程的建成提高了我国对大地震的预测预报能力。基准网、基本网 GPS 联测的基线长度相对精度平均为 3×10^{-9}，这一精度可以监测地壳运动的变化并提供相关信息。

此外，为了满足地球动力学研究、地震监测与预报的需要，还建立了一些区域性的高精度 GPS 地壳形变监测网，如青藏高原地球动力学监测网（1993，1995，1997），华北地区地壳运动监测网（1995，1996），新疆地区地壳运动监测网（1995，1996，1997，1998）等。

在我国台湾地区建成的固定与流动台网对研究台湾岛及周边地区的地质构造、断层活动、大地震的震源物理与应力场迁移等发挥了重要作用。

4. GPS 连续大地参考站系统

在应用 GPS 定位技术监测全球板块运动与区域地壳运动中，广泛应用了 GPS 连续大地参考站系统。GPS 连续大地参考站系统简称基准站或固定站，它由 GPS 双频接收机、高精度的双频扼流圈天线、调制调解器、远程控制软件、电源，以及其他专用设备组成。

基准站接收接除应满足一般双频 GPS 接收机的要求外，还应具备以下性能：

1）能接受多种供电方式，确保设备常年连续运行；

2）具有环行缓冲存储功能，确保观测数据记录的安全和不间断；

3）支持调制解调器，可实施即时远程网络控制；

4）具有连续发布 RTK 与 RTD 差分信号的功能；

5）可连接气象仪、倾斜仪等多种传感器联合作业。

高精度的双频扼流圈天线是专为监测网设计，具有优越的抗多路径干扰能力，天线相位中心稳定度优于 ±1mm。图 7-6 为 Ashtech MicorZ-CGRS 连续大地参考站系统和扼流圈天线。配套远程控制软件称为 MicroManager 与 GBBS，具有人工干预和命令行两种作业模式，并可进行测段的预编，按用户意愿生成文件，GPS 文件可自动下载、自动解压分流、自动转换、自动删除。

图 7-6　Ashtech Micorz-CGRS 连续大地参考站与扼流圈天线

目前，IGS 全球监测网，美国南加州地壳运动监测网，以及中国地壳运动观测网络工程等都配了适当数量的 GPS 连续大地参考站。利用参考站的连续监测数据，不但可提高监测网的精度，并且可实现一网多用，建成 GPS 综合服务网，即兼顾形变监测、高精度控制、发布 RTK 与 RTD 信号，甚至提供气象学服务等。我国深圳、上海等大城市都相继建成了 GPS 综合服务网，为城市建设和市民生活服务。

7.2　GPS 在灾害监测与预报中的应用

灾害监测与预报，包括滑坡、地面沉降等自然灾害的监测与预报，以及水坝、大桥、海上钻井平台等工程建筑物的安全监测与预报。GPS 由于其高精度和具备连续自动监测能力，在这些应用领域中也取得了巨大的成功。

7.2.1　GPS 在滑坡、矿山地面沉陷等灾害地质监测中的应用

GPS 在监测滑坡、矿山地面沉陷等灾害地质中的应用现在已经很普遍，许

多重大工程项目在考虑防治滑坡或地面沉陷灾害时，都采用了 GPS 技术，尤其 GPS 远程控制自动监测技术更受欢迎。

1. 滑坡地质灾害

滑坡是指在一定环境下斜坡岩土体在重力的作用下，由于内、外因素的影响，使其沿着坡体内一个（或几个）软弱面（带）发生的剪切下滑现象。

滑坡是一种常见、多发的灾害地质现象，被认为是仅次于地震的第二大地质灾害，危害人民的生命财产与国家建设。中国是世界上滑坡灾害严重的国家之一，据不完全统计，全国受到滑坡危害和可能受到滑坡危害的地区约占陆地面积的 1/5～1/4。平均每年至少造成 15～23 亿元的经济损失，使大约 1500～2000 人丧身。在国家工程项目，特别是重大工程项目（如三峡水利工程等）建设及运营过程，往往受到滑坡灾害的威胁。因此对滑坡的监测以及预报具有十分重要的意义。

滑坡的典型的结构大体包括以下几种类型。

滑坡体——滑坡滑动的主体部分，通常是与母岩脱离开的松散的滑动岩体和土体。在滑坡体表面，往往由于受力不均匀而产生裂缝（滑坡裂缝），由于运动受阻而产生鼓丘（滑坡鼓丘），并由于运动速度不均匀而产生阶梯状地面（滑坡台坎）。

滑床——负载滑坡体的底部坚硬稳定基岩或土体。

滑动面——滑坡体与滑床的接触面，滑坡体沿着该面下滑。

滑坡后壁——滑坡体后缘脱离原生斜坡时产生的陡壁，滑坡后壁与滑坡体之间往往分布槽状积水洼地（滑坡洼地）。

图 7-7 描绘了滑坡典型的结构断面图和平面图。

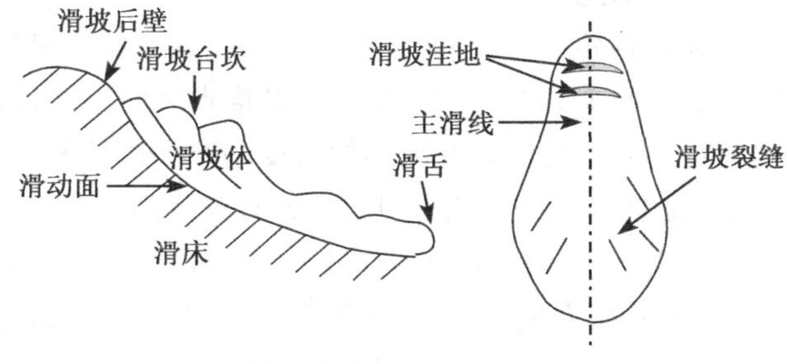

图 7-7 滑坡断面图与平面图

滑坡按其自然类别或与工程的关系可以分为自然边坡滑坡、水库库岸滑坡、铁路、公路边坡滑坡等。发生滑坡的原因，既有斜坡的内部结构、土石性质等内部因素，也有斜坡边界条件、地表与地下水影响、地震与人工开掘爆破等外部因素。在滑坡的防治方案中，监测滑坡体的水平和垂直位移具有重要意义。

滑坡变形监测方法很多，但大体上可分成两种类型。一种是采用特殊的变形观测专用仪器，如应变仪、倾斜仪、流体静力水准仪等，直接测定斜坡的地应力变化、斜坡倾斜以及垂直位移；另一种就是采用精密大地测量方法测定坡体的水平与垂直位移。应用GPS定位技术监测滑坡变形，属于精密大地测量方法。与常规大地测量方法相比，GPS定位技术用于监测滑坡体水平和垂直位移不仅可以达到和常规大地测量相媲美的精度，同时又有如下一些明显的优点：

1）克服了常规大地控制网点间必须通视的缺点，把滑坡监测控制网中的固定点、工作点（中间过渡点）和形变点的点位测量联成一体，减少布网层次及不必要的过渡点测量，既节省了人力物力，又可保证观测精度的均匀可靠。

2）GPS滑坡监测网可直接获得位于同一坡面上的点间的基线数据，更有利于直接分析滑坡体的位移情况，这是常规大地网所无法比拟的。

3）应用GPS监测滑坡形变实现了真正意义上的三维变形监测，可获得滑坡体的三维整体形变信息，从而更准确地分析滑坡体的空间位移规律。

4）GPS自动化程度高，如采用GPS大地参考站系统，还可做到在无人值守的情况下通过计算机网络远程控制，实现对滑坡的连续自动监测，即自动按规定时刻下载数据、自动解算和分析。

2. 滑坡GPS监测网的布设、观测与数据处理

应用GPS定位技术监测滑坡体的水平与垂直位移，通常包括布设监测网，数据采集，数据处理与分析等3个作业阶段。

布设滑坡监测网通常可以采用自定义的滑坡监测坐标系。滑坡监测坐标系的设计，可假定一点坐标作为位置基准；假定一条边的方位角作为方向基准；精确测定一条边的长度作为尺度基准。

在实际工作中，通常假定一个基准点坐标作为位置基准。基准点应埋设在滑坡体外的基岩上，基准点的个数不应少于2个。基准点之间的边长，通常可采用高精度的全站仪精确测定，并以此作为监测网的尺度基准。边长测量精度，一般不应低于1×10^{-6}，以此保证坐标系统具有优于1mm的分辨率。为了检验基准点的稳定性，还应定期复测边长。监测网的方向基准，通常可选用滑坡体主轴线的方位，这样使坐标系统的X轴方向与滑坡位移方向大体一致，为分析、研究滑坡变形带来了方便。图7-8为在滑坡监测坐标系中描绘的滑坡体水平位移场。

变形监测点应沿着滑坡体的主轴线及其两侧均匀布设。在选埋基准点与监测点观测墩时，应注意选择具有良好的天空观测环境的地点。

通常处在蠕变阶段的滑坡体，其位移量是比较小的。如果希望能分辨3mm以上的水平位移量，那么监测网平差后的点位精度就应当优于±2mm。要达到

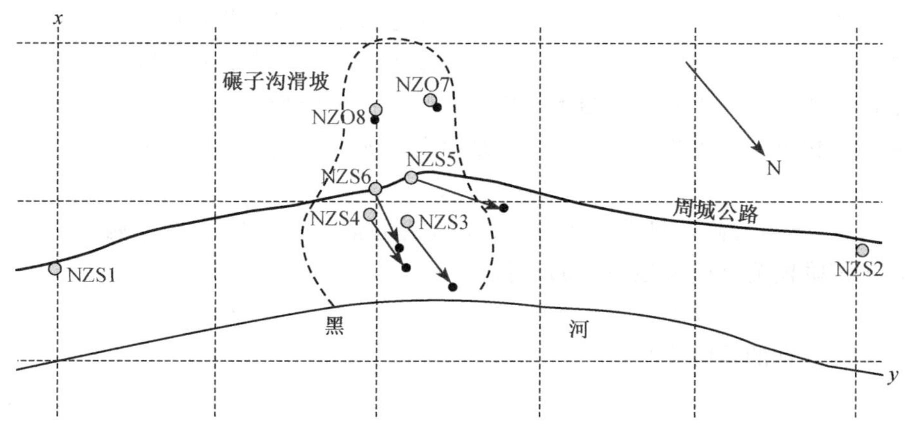

图 7-8 滑坡监测坐标系中描述的滑坡水平位移场

这一精度，不但要求各基准点和监测点有良好的天空观测环境，并且要保证足够的观测时间，通常采用 15″采样率，需要 1～3h 的观测时间。在观测设备上最好选用双频 GPS 接收机，并配备扼流圈天线。

应用 GPS 观测数据研究滑坡体的垂直位移时，通常采用监测点的大地高变化量作为它的垂直位移量。由于 GPS 垂直分量上观测精度较差，通常要比水平分量的精度低 1 倍，因此应用 GPS 研究滑坡体垂直位移时，其分辨率也降低 1 倍。即如果水平位移的设计分辨率为 3mm，那么垂直位移的分辨率就是 6mm。

由于滑坡体面积一般不大，所以不论是基准点还是监测点，相邻点间的边长一般在数十米到数百米之间，因此数据处理可采用随机配备的 GPS 商用软件包和广播星历。但要求软件具有设置自定义坐标系的功能，并具有进行二维坐标变换的功能。为了削弱 GPS 基准误差对监测结果带来的影响，最好已知网中一点精确的 WGS-84 坐标，并以此作为解算 GPS 基线的起算点。如果网中没有已知 WGS-84 坐标的点，而联测国家已知点也很困难，那么就要求作为解算 GPS 基线的起算点至少要观测 6h，以保证单点定位精度优于 20m。

目前，GPS 技术在滑坡监测中已经得到广泛的应用，例如，在长江三峡工程中，目前已建立了 GPS 滑坡监测网，用于监测著名的新滩滑坡的变形。

7.2.2 GPS 在大城市地面沉降监测中的应用

地面沉降是一种因多种原因引起的地表高程缓慢减小的现象，由于地面沉降发生范围大且不易察觉，又多发生在经济活跃的大、中城市，因此对人民生活、生产、交通和旅游环境影响极大，已成为一种世界性环境公害。

按照传统观念，地面沉降被定义为正常高的变化量，习惯上是通过重复精密水准测量测定。尽管精密水准测量可以达到很高的分辨率，但是，它存在作业周期长、实时性差，以及系统误差积累与大地水准面不平行性影响等瓶颈问题，使监测成果的可靠性与真实性受到严重影响。随着GPS技术的发展，高精度测定大地高变化量成为现实，而当不考虑高程异常的瞬时变化时，大地高变化量与正常高的变化量完全等价。事实上，大地高与正常高之间满足关系式

$$H_\gamma = H - \zeta \tag{7-1}$$

式中，H_γ 为正常高，H 为大地高，ζ 为高程异常。如果在 t_1 与 t_2 两个不同时刻测定了沉降监测点的大地高，那么就有

$$\Delta H = H_\gamma(t_2) - H_\gamma(t_1) = H(t_2) - H(t_1) + \zeta(t_1) - \zeta(t_2)$$

忽略高程异常的瞬时变化，就有

$$\Delta H = H_\gamma(t_2) - H_\gamma(t_1) = H(t_2) - H(t_1) \tag{7-2}$$

式中，ΔH 为地面沉降，可见地面沉降采用正常高变化量表示与采用大地高变化量表示完全等价。

GPS具有经济、简便、高精度、高实时性，以及容易实现自动监测等优点，很自然地成为地面沉降研究工作者心目中的理想工具。

1. GPS用于监测大城市地面沉降的发展概况

GPS技术的发展及其卓越性能，使一些国家和地区从20世纪80年代末就开始探索应用GPS技术监测地面沉降。

应用GPS技术监测地面沉降的早期报道见于美国 *Journal of surveying engineering*，1989（2）。William ES于1984～1985年应用4台V100 GPS信号接收机研究了亚利桑那州（Arizona）东南部沉积盆地的大面积沉降，并与同步水准监测结果进行了比较，结果表明两者相差0.8～3.5cm，但两种方法所得的地面沉降曲线形态基本一致。William研究认为，两种方法在沉降量上产生厘米级差异的主要原因，在于GPS所测定的大地高在转化为正常高时损失了精度。事实上，William没有必要进行这种转换，直接用大地高变化量描述地面沉降，会获得更好的结果。

20世纪80年代中期，GPS工作卫星刚刚开始发射，GPS信号接收机还处于早期发展阶段，能取得上述成果已经是非常令人鼓舞了。90年代中期，GPS技术已趋于成熟，24颗工作卫星全部上天并投入使用，测轨精度也有很大提高，GPS信号接收机与后处理软件的性能也日益完善。GPS技术进步，使大地高的测量精度稳定在3mm以内，这就为应用GPS技术监测地面沉降奠定了基础。

1998年8月～1999年4月伊朗Mousavi和Hesham通过GPS技术监测，研究地下水位下降与地面沉降间的关系，对地面沉降进行评估。结果表明，地下水位下降是导致伊朗Ranfsanjan平原地面沉降的主要原因，并得出定量结论，即地面沉降约占地下水位降深的10%左右。

自 1993 年开始，在美国得克萨斯州的休斯敦-加尔维斯敦地区，由美国国家大地测量局（NGS）、哈里斯-加尔维斯敦海岸沉降局（HGCSD）合作，应用 GPS 连续大地参考站技术研究该地区的地面沉降。

由于休斯顿-加尔维斯敦地面沉降区域比较大，且该区域无稳定的基准，所以用相对稳定分层标配备 GPS 天线来提供一个参考框架。分层标虽然不是典型的基准点，但它是相对稳定的，可以为 3 个 GPS 连续大地观测站提供起算基准，这 3 个 GPS 连续观测站分别是：休斯敦湖站（Lake Houston）、东北站（Northeast）、埃迪克斯站（Addicks）。图 7-9 是东北站（Northeast）的照片，部分国家海洋和大气管理局（NOAA）的连续观测站也采用这种系统，测量该区域其他测站的沉降量。这些测站被冠以地名称为某某 GPS 固定站，为方便工作还设计并加工便携式的 GPS 数据采集拖车，称作 PAM（Port-A-Measure）单元（图 7-9）。

图 7-9　GPS 固定站与数据采集拖车

本项目采用双频、全波长 GPS 接收机，并配备大地型天线。数据采样间隔为 30s，平均时段长为 24h，预期大地高高差精度：在自动模式下，垂向变化量准确度小于±1cm。根据哈里斯-加尔维斯敦地区，3 个 GPS 连续大地参考站与 4 个 PAM 单元，采集 4 年多的数据的连续测量结果表明：一些观测标志以 7cm/a 的速率下沉，相互关联的分层标也显示了同样的结果。

图 7-10 是该地区埃迪克斯站（Addicks）分层标测量结果与 PAM05 站 GPS 测量结果的比较，因两站只相距 50m，沉降结果应当近似相等。

我国台湾地区也于 1999 年开始，在彰化、云林两个地面沉降严重的地区建立 GPS 地面沉降监测网，并应用连续大地参考站技术建立了西港国小 GPS 固定站与新兴国小 GPS 固定站，GPS 固定站外观见图 7-11。

台湾 GPS 固定站野外观测参考美国大地测量局的 GPS 测高规范（Zildoski et al.，1997）与内政部一、二等卫星控制点的作业规范（1983年），数据处理

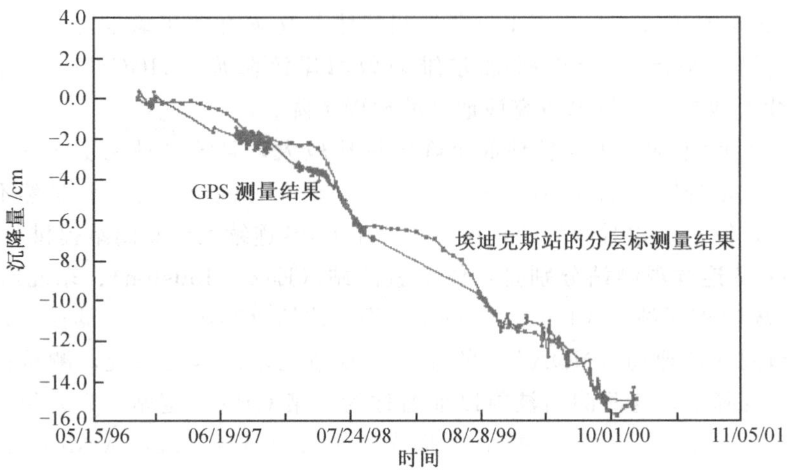

图 7-10　分层标测量结果与PAM05站GPS测量结果的比较

图 7-11　西港国小、新兴国小GPS固定站

采用Bernese 4.2软件和IGS精密星历。通过长时间连续观测，获得GPS固定站的沉降量，并与同一位置的监测井资料对比，结果二者趋势和沉降量非常接近，见图7-12与图7-13。比较西港国小GPS固定站与地层下陷井从1990年7月至

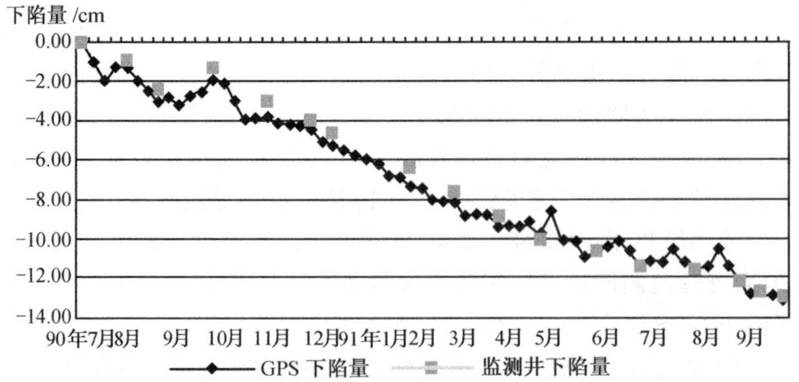

图 7-12　西港国小GPS固定站与地层下陷井下陷量比较图

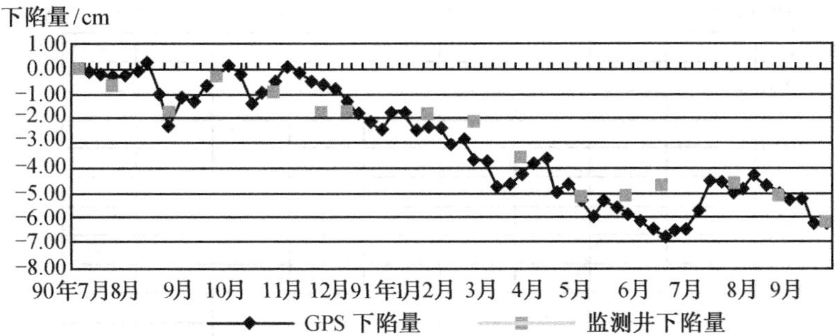

图 7-13　新兴国小 GPS 固定站与地层下陷井下陷量比较图

1991 年 2 月资料，显示西港国小 GPS 固定站下沉 7.4cm，下陷井下沉 7.6cm，二者的下沉趋势相当接近。比较新兴国小 GPS 固定站与地层下陷井从 1990 年 7 月至 1991 年 2 月资料，显示新兴国小 GPS 固定站下沉 2.65cm，下陷井下沉 2.2cm，二者的下沉趋势同样非常吻合。

天津市也建立了 18 个 GPS 点用于研究地面沉降，自 1995 年到 2001 年连续观测了 7 次，并同时进行精密水准联测。GPS 测量使用的仪器为 Ashtech-Z12 型双频接收机，时段长 48h，数据处理采用 GAMIT/GLOBK 软件。7 次测量成果表明：用 GPS 测得的沉降量（大地高变化量）与直接用精密水准得到的结果（正常高变化量）相当一致，二者偏差的均方根值为 11.6mm/a。

1995 年同济大学测量与国土信息工程系在苏州建立了三维形变监测网，采用 GPS 技术监测苏州市地面沉降。该网共 12 个监测点，采用 Leica wild 200/300 GPS 测量系统静态观测 3h，所得结果在大地高方向的误差为 0.56～1.00cm。

上海市于 1998 年开始应用 GPS 技术研究地面沉降，先后进行了可行性论证、基准网建设、数据处理和平差方法探索等一系列研究工作，并布设了由 34 点组成的覆盖整个上海市的地面沉降监测基准网。2004 年又设立了 4 个 GPS 固定站，对地面沉降实施连续监测。

近年来，GPS 应用于监测区域地面沉降常见于国外研究报道与文献中，GPS 技术已成为地面沉降监测的主要手段之一。

2. GPS 用于监测城市地面沉降的实例——上海 GPS 地面沉降监测

上海市位于长江三角洲东南前缘，全区除西南部有几座低矮残丘外，地势低平，海拔高程在 2.2m 到 4.5m 之间，为第四纪沉积平原。沉积厚度一般在 200m 到 350m 之间，由于土质松软、过量开采地下水等原因，导致上海市地面大面积沉降，严重威胁各项工程建设的安全，成为上海市城市建设和环境保护中的一个突出问题（图 7-14）。

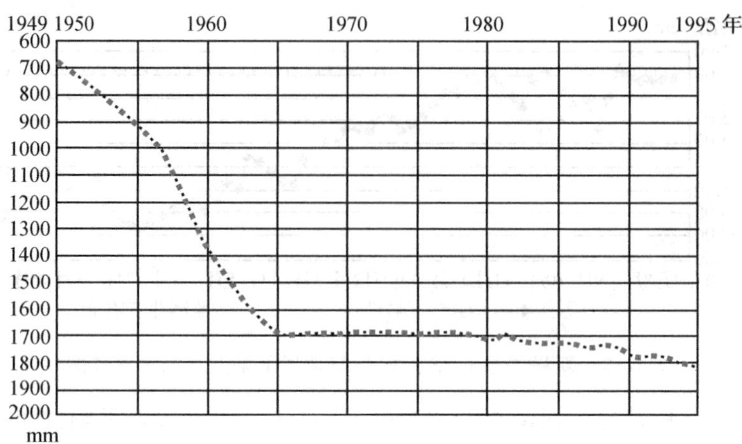

图 7-14 上海市地面年累计沉降曲线

早在 1921 年，上海市中心区地面沉降就为水准测量所发现，此后进行了长达 70 多年的连续监测。根据统计资料，截止 1995 年上海市中心区地面平均累计沉降量达 1806.7mm。地面沉降速率变化大致可分成如下三个阶段：1921 年到 1965 年为快速沉降阶段，年平均沉降量达 37.6mm；1966 年到 1985 年为相对稳定期，地面沉降趋于稳定；1986 年后为再次加速期，年平均沉降量达 11.9mm。显然，上海市地面沉降速率变化与不同历史时期上海城市建设发展速度有关，上海市中心区地面沉降再次加速，告诫我们在上海市城市建设的发展过程中，要充分重视地面沉降监测，以确保各项工程建设的安全，同时也保护我们赖以生存的环境。

多年来上海市地质矿产局采用重复精密水准测量的方法，监测上海市地面沉降，共布设一、二等水准点 500 多个。每期监测不但人工费用较高，而且工期也较长，难以适时、客观地反映地面动态变化。并且水准测量系统误差积累也比较大，影响监测精度。随着上海市城市建设的发展，监测范围尚需进一步扩大，常规测量手段已很难继续满足上海市地面沉降研究的要求。1998 年 3 月起上海市地质矿产局立项研究采用 GPS 技术监测上海市地面沉降的可行性，并于 1999 年开始实施建设上海市地面沉降 GPS 监测网络计划。

上海市 GPS 地面沉降监测网由参考基准点和若干在基岩分层标邻近埋设的坚固的永久性监测点组成，平均边长约 20km，共 34 个点（图 7-15）。并选定小闸基岩分层标 J1-2，作为 GPS 沉降监测网的参考基准。自 1999 年起到 2003 年共组织了六期 GPS 监测试验，采用 10 台配备扼流圈天线的 Ashtech Z-Suveyor 双频 GPS 接收机同步观测，观测时段长 12 小时。数据处理采用美国 GAMIT/GLOBK 软件包与 IGS 精密星历，GAMIT/GLOBK 软件是美国麻省理工学院开发研制的大地测量分析软件，新版软件与Linux系统兼容，可以在PC机上运行。

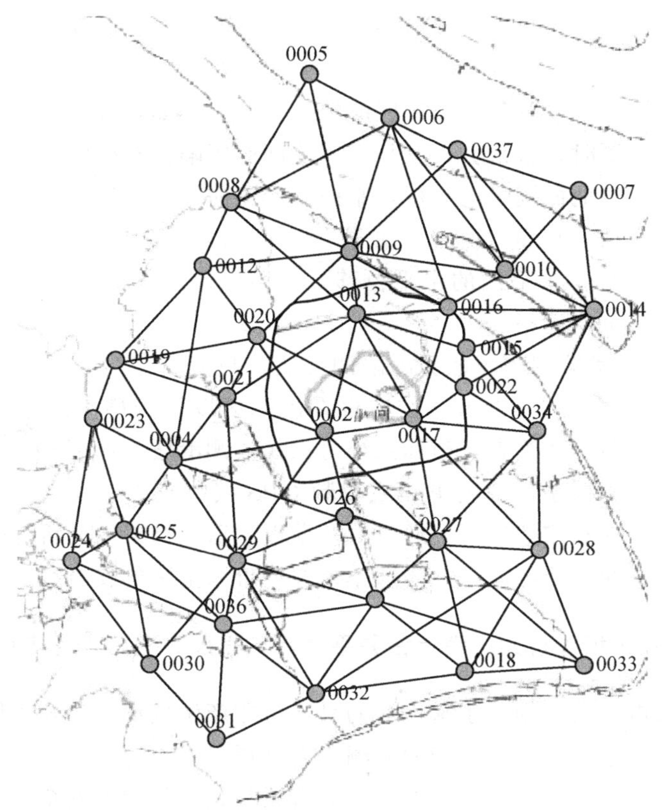

图 7-15 上海市 GPS 地面沉降监测网

GAMIT 软件处理基线可以达到 10^{-8}～10^{-9}的精度，因此成为处理长基线的首选软件。GPS 网平差采用了含形变速率参数的动态模型，平差时固定小闸基岩分层标 J1-2 的大地高不变，平差结果直接获得监测点的地面沉降量。计算结果表明，在基线边长达到 30～40km 时，GPS 在大地高方向上的中误差仍可控制在 2mm 左右，由此推算 GPS 监测地面沉降的分辨率在 3mm 左右，完全适应上海地面沉降的现实。

为了进一步提高监测网的精度，实现地面沉降的连续变形监测与远程控制。2004 年又建设四个具有连续大地参考站性能的 GPS 固定站，使上海 GPS 地面沉降监测步入国际先进行列。图 7-16 为上海为监测地面沉降而建立的具备连续大地参考站功能的 GPS 固定站。

图 7-16 上海市 GPS 地面沉降监测固定站

3. GPS在矿山地面沉陷监测中的应用

开采地下资源，常常会引起矿区的地面沉陷。例如，开采地下煤炭、石油和天然气等地下资源时，常常会发生采空区地面的沉陷。对矿区的地面沉陷进行监测，及时提供有关地面沉陷的数据，掌握其变化的规律和拟定相应的措施，是确保矿区安全生产的一项重要任务。在这一应用领域，GPS技术也是经济而有效的。GPS既可以提供沉陷区的水平位移，又可以通过大地高变化量描述采空区地面的沉陷量与沉陷速率。

应用GPS技术监测矿区地面沉陷的方法，与前面介绍的监测滑坡与城市地面沉降的方法大体相同。参考基准应设在沉陷区以外的稳定地点，最好是基岩点。而在沉陷区布设监测点，坐标系统可以像监测滑坡变形那样，设置监测矿区地面沉陷的独立坐标系，采用单频或双频GPS接收机静态观测1～2h，数据处理可采用商用软件和广播星历。通过对两期以上监测结果的分析比较，可获得大地高变化量，由此分析测区的沉陷速率，并评价采空区的安全程度。

7.2.3 GPS在大坝、桥梁、海上钻井平台等工程形变监测中的应用

水库或水电站的大坝由于水负荷的重压可能产生变形，危及坝体的安全，需要对大坝的变形进行连续而精密的监测。大型桥梁以及海上钻井平台，也同样会在风浪冲击与负荷作用下产生变形，影响桥梁与钻井平台的安全。

GPS定位技术同样可以满足这类工程安全监测的精度（1×10^{-6}～0.1×10^{-6}），而且比常规方法更容易实现监测工作的自动化。

1. GPS大坝外观连续变形监测

传统的大坝外观变形监测是采用全站仪进行的，采用传统的人工观测方式采集数据，自动化程度比较低，同时存在很大的局限性。首先，由于监测环境的通视障碍，不得不在基准点和大坝变形监测点之间增加若干中间点，这样不但要浪费一部分工作量，而且由于观测误差的传递、积累必然会影响监测精度；再有，人工观测难以实现对大坝的自动化连续监测。近年来国内外学者，尝试应用GPS定位技术监测大坝外观变形，并在若干大坝安全预警系统中取得实效。应用GPS大地连续参考站系统研究大坝相对于基准点的整体位移，不仅精度高，而且不受通视限制，可以在无人值守的情况下实现24h连续监测，确保大坝安全。

GPS大地连续参考站系统由监测（数据采集）单元、数据传输单元和数据处理、分析、管理单元组成。例如7.1.2中介绍的Ashtech μZ-CGRS连续大地

参考站系统，其监测单元为 μZ-CGRS GPS 接收机与扼流圈天线；数据传输单元是指调制调解器与英特网；数据处理、分析与管理单元是指计算机、远程控制软件 MicroManager，以及 GPS 后处理软件与变形分析软件。图 7-17 描绘了 GPS 大坝外观连续监测系统的组成概况，图中观测室建在观测墩内部，用于放置 GPS 主机、调制调解器、电源整流器、变压器与外接备用电池等设备。

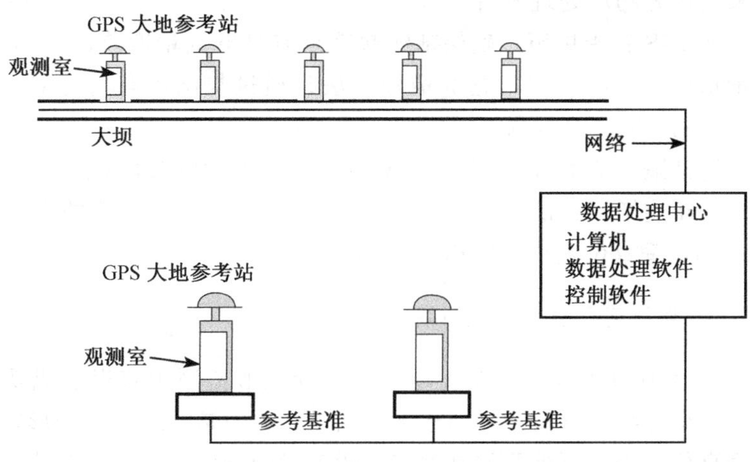

图 7-17 大坝 GPS 连续自动监测系统示意图

参考基准建在大坝邻近地区的稳定基岩上，并通过定期精确复测两基准点间的距离评价其稳定性。监测点可布设在大坝的冠点及其两侧，监测点的个数可根据实际需要确定。布设基准点与监测点时，应特别注意选择天空观测环境良好的地点建立监测墩，以免环境干扰降低监测精度。

大坝 GPS 监测网的基线边一般只有数百米长，而观测精度要求达到亚毫米级，因此大坝监测实际是应用 GPS 技术在短基线上进行亚毫米级定位。按照国家《混凝土大坝安全监测技术规范》规定，要求拱坝位移量的切向精度优于 ±1.0mm、径向精度优于 ±2.0mm。这相当于要求切向点位精度优于 ±0.7mm，径向点位精度优于 ±1.4mm。在短基线的情况要达到亚毫米级精度，就应当采取如下一些措施。

(1) 尽量减少接收机天线的安置误差

接收机安置误差，包括接收机天线的对中误差、定向误差与天线高测量误差。削弱这些误差的具体方法是：基准点与监测点均建造成具有强制对中装置的观测墩，使对中误差稳定在 0.1mm 以内；精确进行 GPS 天线定向，如要求天线相位中心与几何中心的平均偏差不超过 0.1mm，则各观测站的 GPS 天线定向误差就不应超过 ±2°；采用专用工具精确测量天线高，保证天线高的测量精度在 ±0.1mm以内；严格进行天线整平，以此确保天线纵轴严格垂直。

(2) 采用性能优良的GPS接收机和天线

通常要求接收机的载波相位观测值精度达到0.2～0.3mm，用于大地连续参考站的GPS接收机一般都能满足这一要求；要求天线相位中心稳定在1mm以内，扼流圈天线一般也都能满足这个要求。

(3) 进行严格的数据处理

包括采用优秀的后处理软件，如GAMIT、Bernese等；采用高精度的GPS卫星星历，如IGS精密星历；确保基线起算点有足够的精度，以免GPS基准误差影响测量精度。解决这一问题的最好方法是通过与国家高精度GPS网联测，获得网中一点的WGS-84坐标。

湖北省清江隔河岩大坝采用7台Ashtech Z-12 GPS接收机组成自动监测系统，经过近一年连续运行证明系统安全可靠，6h观测数据解算的水平位置精度可达±0.5mm，垂直位置精度可达±1mm。

2. GPS在大桥连续变形监测中的应用

GPS连续大地参考站系统在大坝外观连续变形监测中获得了成功，但同样的思路用到大桥连续变形监测时却遇到了困难。原因是监测大桥变形，除需要测定水平与垂直位移外，更重要的是测定大桥钢梁的挠度，这就需要使用更多的接收机，价格昂贵的参考站接收机往往使工程费用超出预算标准。这时采用GPS多天线阵列变形监测系统，无疑是十分理想的。所谓GPS多天线阵列变形监测系统，即通过多路天线共享器使接收机能控制多个接收天线（天线阵列），由此实现使用少量接收机即可监测多个天线相位中心的变化量。多路天线共享器的输入端口与GPS天线联接，武汉大学灾害监测与防治研究中心设计的GAMS系统有8个输入端口，也就是说使用该设备后，每一台GPS接收机可连接8个GPS天线，其经济效益十分显著。共享器的输出端口与GPS接收机上的天线插口连接。在实用中，为了防止GPS高频信号在传送过程中发生损耗，可在天线与共享器之间设置一个GPS信号放大器。GPS多天线阵列变形监测系统采用局域网管理，数据采用无线传输。因此，对于系统中的每一台GPS接收机来说，它的数据口应与串口设备服务器连接（如NPort 5200 Series serial device servers等），这是为工业串口设备连接到局域网或因特网上而设计的，它使得GPS终端通过RS-232串口设备轻易地连接到网络上面，使原有读取GPS终端数据的软件不需要做任何修改就可以继续使用，无论距离有多远，只要计算机在网络上就可以运行软件，实现远程控制。当然要实现数据无线传输的设想，串口设备服务器还需与远程室外路由器和全向天线连接。图7-18描绘了大桥GPS多天线阵列变形监测系统的结构概况，当然，GPS多天线阵列变形监测系统也可以用于大坝与滑坡的变形监测。

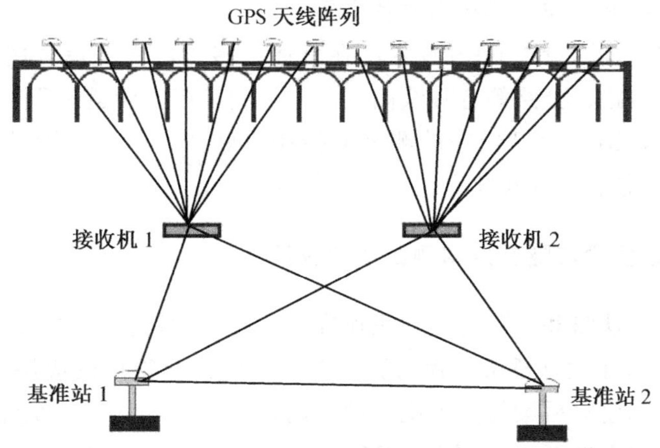

图 7-18　大桥 GPS 多天线阵列变形监测系统

3. GPS 海上钻井平台垂直形变监测

在海上，由于石油和天然气的开采，可能会引起海底地壳的沉降，从而引起勘探平台的下沉。根据北海油田的经验，典型的沉降速度每年可达 10～15cm。因此，随时监测海上勘探平台的水平和垂直位移情况，对于保障安全生产显然是极为重要的。随着我国海上资源勘探工作的发展，这项工作日益引起人们的关注。

用经典的大地测量方法监测海上平台位移，一般是极其困难的。而 GPS 测量技术由于其操作简单、快速，监测点之间不但不需通视，且距离一般也不受限制，所以它为海上勘探平台的监测工作开辟了重要途径。

利用高精度的 GPS 静态相对定位法，对海上平台进行监测，应定期地重复观测。重复观测周期的长短，视相对定位的精度和平台可能的沉降量而定（例如每月一次或每半年一次）。由于平台位移监测的精度要求很高，所以在实际工作中，要注意削弱多路径效应等系统性误差的影响，同时在数据处理中要使用精密星历减弱卫星轨道误差的影响。

7.3　GPS 在工程测量以及摄影测量与遥感技术中的应用

近年来 GPS 技术取得了重大发展，例如，美国从 2000 年 5 月 1 日开始停止实施 SA 政策，又于 2003 年开始执行 GPS 现代化计划，GPS 测轨精度也有了大幅度的提高、GPS 接收机性能不断完善，特别是 GPS RTK（real time kinematic）技术、广域差分 GPS（WADGPS）技术的日益成熟，使得原来在大地测量与地球动力学研究中非常活跃的 GPS 技术，以更强大、更多样的技术手段渗入到工程测量以及摄影测量与遥感技术的各个领域。

目前，在工程测量中 GPS 技术已在下述许多邻域中获得应用，如桥梁工程和隧道工程，铁路、公路等各种线路工程，水利工程，管道工程等。在摄影测量与遥感技术中，GPS 也已经在航测外业控制点联测、航空摄影导航、遥感定位以及 GPS 辅助空中三角测量等许多方面获得应用。

7.3.1 GPS 在桥梁与隧道控制测量中的应用

近年来随着铁路和公路建设的飞速发展，建设大跨度桥梁与隧道贯通工程也发展很快。GPS 在大型桥梁工程与隧道工程中已经获得广泛应用。采用 GPS 静态相对定位技术建立桥梁与隧道施工控制网，既能满足工程精度要求，又能提高功效、满足工程进度要求。因此，GPS 定位技术在桥梁与隧道控制测量中已获得广泛的应用。

1. GPS 大桥控制测量

GPS 大桥控制网通常采用桥梁轴线坐标系。具体做法，可以联测或者假定桥梁主轴线上的一个控制点坐标为位置基准，以正桥轴线作为 y 轴，并以此确定 GPS 网的方位基准，而网的尺度基准由高精度测距仪器（如 ME5000 等）测定的正桥轴线两端控制点间的长度来确定。GPS 大桥控制网的投影面可以选用正桥高程面，控制点的布设应遵循以下原则。

1）正桥轴线方向上，除桥位控制点以外，两岸至少应各设置 1～2 个方向控制点。

2）GPS 网可由三角形或大地四边形组成，最适宜的方案是布设成以正桥轴线为公共边的多个大地四边形组成的网形。

3）控制点应布设在两岸与正桥轴线两侧，控制与桥轴线的垂距，应不小于桥梁轴线的 0.6 倍。在选点时应注意满足 GPS 对点位的要求，并考虑交会桥墩时对控制点位置的要求。

4）相邻控制点之间应力求通视，在困难情况，也要保证每个控制点至少与另外两个控制点通视。

5）GPS 网应能控制全桥（包括正桥与引桥）的长度和方向。

GPS 大桥控制网（如图 7-19）的测量精度，对于正桥轴线长度超过 2km 的大型铁路桥，长度相对精度应当不低于 1/200 000。这样的精度要求，对于 GPS 静态定位来说并不困难。只要各控制点具有良好的天空观测环境，采用 4 台双频或者单频 GPS 接收机，按 15″或者 10″采样间隔，同步观测 1～2h，就完全可以满足上述精度要求。GPS 基线处理可以采用一般商用静态后处理软件和广播星历，有条件的话，也可使用高精度软件和精密星历。如果已经选定了正桥高程面作为大桥控制网的投影面，那么，就应当事先将正桥轴线边长和联测得到的控制点坐标投影到该高程面上，然后再进行二维坐标变换和 GPS 网的约束平差。

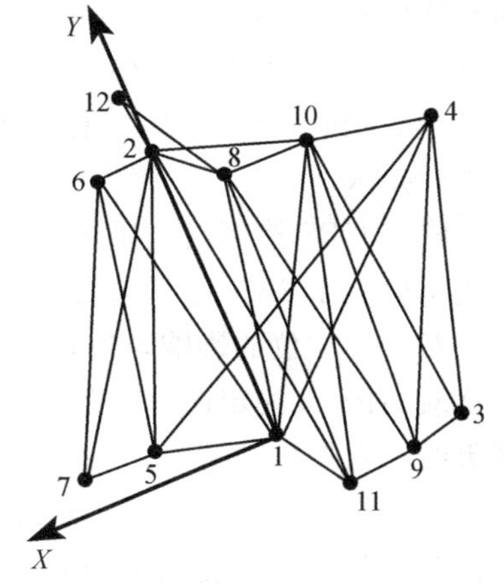

图 7-19 江阴长江大桥 GPS 控制网

2. GPS 隧道控制测量

隧道贯通是隧道工程中最重要的环节，而隧道是否能顺利贯通，又在很大程度上取决于隧道洞外平面控制网的精度。隧道洞外平面控制网的精度，直接影响到地下两相向开挖面在横向上的准确贯通，即直接影响横向贯通误差的大小。应用 GPS 技术布设隧道洞外平面控制网，可以免去通视上的困难，无需布设中间过渡点，点数少、工期短、精度高、费用低。

布设 GPS 隧道平面控制网通常采用隧道工程坐标系。隧道工程坐标系的设置，通常以隧道洞口控制点为坐标原点，x 轴正向与线路的前进方向一致，y 轴与 x 轴正交成右手规则。图 7-20 是几种不同形式的隧道工程坐标系示意图，大体有直线状、曲线状、直线和曲线组合三种形式。

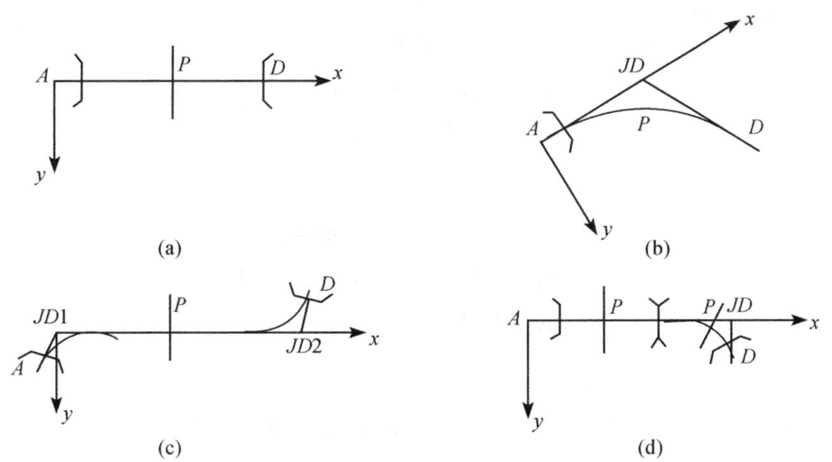

图 7-20 隧道工程坐标系

选埋 GPS 隧道平面控制网网点时既要顾及 GPS 测量的要求，又必需考虑隧道施工的要求。一般地，隧道洞口至少要布设 3 个控制点，其中一点布置在隧道中线上，即洞口控制点 A，另外两点为定向点，三点必需相互通视。为了满足横向贯通误差要求，定向边不宜过短，对于3～6km长的隧道，定向边最好不短于500m，在困难地区也不得短于300m。对于长度在3km以内的隧道，定向边不应短于200m。隧道平面控制网布设还需估计横向贯通误差，以确定能否满足隧道工程要求。

隧道GPS控制网应采用GPS静态相对定位作业模式进行观测，每时段观测时间不应少于2h，每条基线边至少观测两个时段。为了减少天线相位中心迁移误差对进洞方位的影响，应在观测前对天线相位中心偏差进行检测，并在观测中严格对GPS天线定向，有条件的话尽量使用天线相位中心迁移误差较小的扼流圈天线。数据处理可采用一般商用软件进行，为了减少GPS基准误差影响，要求至少已知网中一点的WGS-84坐标，或者对起算点进行6h以上的连续观测，保证基线起算点精度优于20m。隧道GPS控制网的坐标系统，一般采用通过洞口点的子午线为中央子午线的独立坐标系，投影面采用隧道轴线平均高程面。

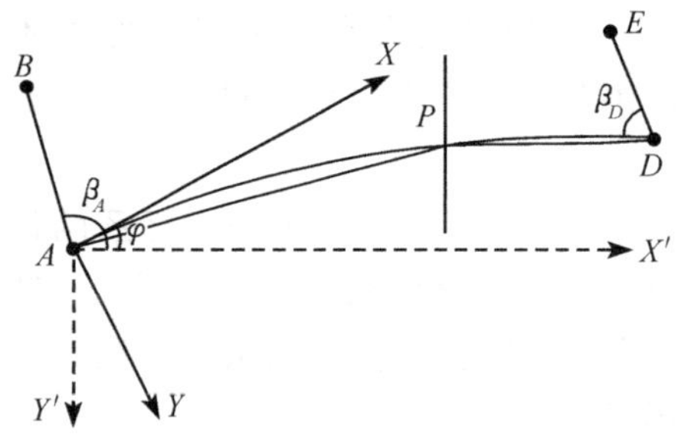

图7-21　横向贯通误差计算

3. 隧道GPS控制网横向贯通误差计算

图7-21中，A、D为进洞控制点，位于隧道中线上，B、E为方位点，P为贯通面。隧道工程坐标系为xAy，该坐标系顺时针转动φ角，使x轴与贯通面垂直，组成$x'Ay'$坐标系。现在分别由A、D两进洞点推算P点坐标，由图7-21不难看出

$$\left.\begin{aligned} X_{P_A} &= X_A + S_{AP} \cdot \cos\alpha_{AP} \\ Y_{P_A} &= Y_A + S_{AP} \cdot \sin\alpha_{AP} \end{aligned}\right\} \tag{7-3}$$

同样有

$$\left.\begin{aligned} X_{P_D} &= X_D + S_{DP} \cdot \cos\alpha_{DP} \\ Y_{P_D} &= Y_D + S_{DP} \cdot \sin\alpha_{DP} \end{aligned}\right\} \tag{7-4}$$

由此可得对向推算P点坐标的坐标差表达式

$$\left.\begin{aligned} \Delta X_P &= X_{P_D} - X_{P_A} = X_D - X_A + S_{DP} \cdot \cos(\alpha_{DE} - \beta_D) - S_{AP} \cdot \cos(\alpha_{AB} + \beta_A) \\ \Delta Y_P &= Y_{P_D} - Y_{P_A} = Y_D - Y_A + S_{DP} \cdot \sin(\alpha_{DE} - \beta_D) - S_{AP} \cdot \sin(\alpha_{AB} + \beta_A) \end{aligned}\right\}$$

于是贯通面的横向贯通误差为

$$\begin{aligned} P &= \cos(90^\circ + \varphi) \cdot \Delta X_P + \sin(90^\circ + \varphi) \cdot \Delta Y_P \\ &= -\sin\varphi \cdot \Delta X_P + \cos\varphi \cdot \Delta Y_P \end{aligned} \tag{7-5}$$

如果不考虑边长S_{AP}、S_{DP}，以及定向角β_A、β_D的测量误差，那么微分后就有

$$dP = -\sin\varphi \cdot d(\Delta X_P) + \cos\varphi \cdot d(\Delta Y_P) \tag{7-6}$$

式中，

$$\left.\begin{aligned} d(\Delta X_P) &= dX_D - dX_A - \Delta Y_{DP} \cdot d\alpha_{DE} + \Delta Y_{AP} \cdot d\alpha_{AB} \\ d(\Delta Y_P) &= dY_D - dY_A + \Delta X_{DP} \cdot d\alpha_{DE} - \Delta X_{AP} \cdot d\alpha_{AB} \end{aligned}\right\}$$

又有

$$\left.\begin{aligned} d\alpha_{AB} &= a_{AB} \cdot dX_A + b_{AB} \cdot dY_A - a_{AB} \cdot dX_B - b_{AB} \cdot dY_B \\ a_{AB} &= \sin\alpha_{AB}/S_{AB}; b_{AB} = -\cos\alpha_{AB}/S_{AB} \end{aligned}\right\}$$

$$\left.\begin{aligned} d\alpha_{DE} &= a_{DE} \cdot dX_D + b_{DE} \cdot dY_D - a_{DE} \cdot dX_E - b_{DE} \cdot dY_E \\ a_{DE} &= \sin\alpha_{DE}/S_{DE}; b_{DE} = -\cos\alpha_{DE}/S_{DE} \end{aligned}\right\}$$

代入式（7-6），并顾及

$$\left.\begin{aligned} \Delta Y_{AP} \cdot \sin\varphi + \Delta X_{AP} \cdot \cos\varphi &= \Delta X'_{AP} \\ \Delta Y_{DP} \cdot \sin\varphi + \Delta X_{DP} \cdot \cos\varphi &= \Delta X'_{DP} \end{aligned}\right\}$$

略加整理后即得横向贯通误差的微分表达式

$$dP = f_P^T \cdot dZ \tag{7-7}$$

式中，

$$\begin{aligned} f_P^T = [&\sin\varphi - a_{AB}\Delta X'_{AP}; -\cos\varphi - b_{AB}\Delta X'_{AP}; a_{AB}\Delta X'_{AP}; b_{AB}\Delta X'_{AP}; \\ &-a_{DE}\Delta X'_{DP}; -b_{DE}\Delta X'_{DP}; -\sin\varphi + a_{DE}\Delta X'_{DP}; \cos\varphi + b_{DE}\Delta X'_{DP}] \end{aligned}$$

$$dZ^T = [dX_A \quad dY_A \quad dX_B \quad dY_B \quad dX_E \quad dY_E \quad dX_D \quad dY_D]$$

于是横向贯通标准差为

$$m_P = \pm\sigma_0 \sqrt{f_P^T Q_{XX} f_P} \tag{7-8}$$

式中，σ_0 为单位权标准差；Q_{XX} 为坐标协因数矩阵。可以证明横向贯通误差与坐标系的选择无关。

7.3.2 GPS 在各种线路工程测量中的应用

公路、铁路等各种线路工程中的测量工作，包括线路控制测量、线路的定测和施工测量，目前已大量使用 GPS 定位技术来完成。其中，GPS 静态定位技术主要用于线路控制测量，GPS RTK 技术主要用于线路的定测和施工测量，以及线路工程中需要的小块面积的地形测量工作。

1. GPS 线路工程控制测量

各种线路工程测量控制网多数总是只沿线路的延伸方向布设，因此网的长度可能有数十公里、甚至上百公里，而网的宽度可能不到几公里，使控制网呈狭长的带状图形。采用常规测量方法布设这类具有带状图形的狭长控制网，由于其图形结构差，因此很难控制误差的积累。尤其方向误差往往过大，引起横向误差超限。在联测国家控制点方面，常规测量方法由于受到通视和距离的限制，不得不增加一些中间过度点，浪费不少工作量。GPS网的精度只与天空中GPS卫星的分布有关，而与网的图形结构无关，因此完全适应这类带状控制网的布设。在联测国家控制点方面，GPS不受通视与距离的限制，与常规测量相比更有其明显的优点。

铁路与公路等线路工程部门规定GPS线路工程控制网的技术标准，分成C、D、E三级，GPS网的基线相对精度由下式表达：

$$\sigma = \sqrt{a^2 + (b \cdot d)^2} \tag{7-9}$$

式中，σ为基线边标准差/mm；a为固定误差/mm；b为比例误差/(mm/km)；d为基线边长度。各级GPS网a、b的精度标准见表7-1。

表7-1　GPS线路控制网的精度标准

GPS网的级别	a	b	适用范围
C	≤5	≤10	桥梁、隧道、大型枢纽、立交控制
D	≤10	≤10	线路首级控制
E	≤10	≤20	初测控制、航外控制

线路GPS控制网（如图7-22）通常按D级网的精度要求布设，沿着线路的延伸方向每5～10km布设一个控制点，为了便于使用全站仪等常规测量仪器进行控制网的加密工作，需要增设一个定向用的方位点。换句话说，线路GPS控制网是按“对点”方式布设的。按照D级网边长相对精度应满足1/40000的国家标

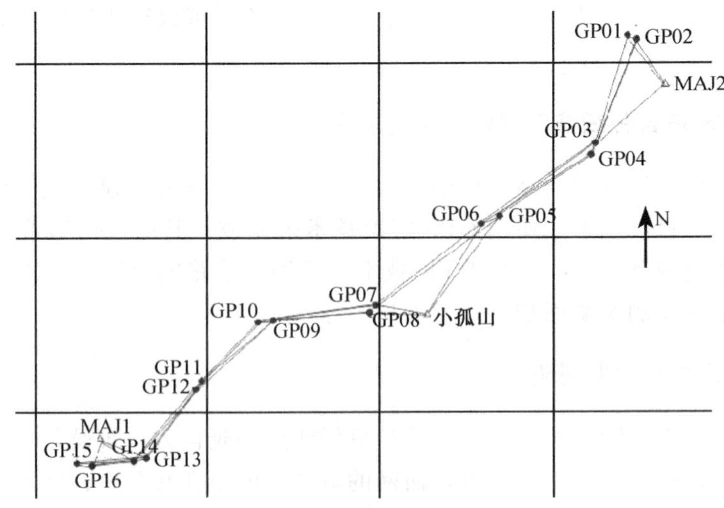

图7-22　热木GPS线路工程控制网示意图

准计算，控制点与方位点之间的边长应不短于 450m，控制点与方位点之间必须保持通视。

GPS 网通常总是由若干同步图形组成，线路 GPS 控制网要求各个同步图形之间应尽量采用边联式或网联式连接，避免采用点联式布网，更不容许网中出现独立基线。通常要求线路 GPS 控制网至少联测 3 个以上国家控制点，并要求国家控制点的分布均匀。如果 GPS 网还要用作高程控制，那么为了便于进行高程拟合计算，应当尽可能地联测沿线路的水准点，联测水准点要求分布均匀。

在选埋 GPS 网点时，除考虑线路工程设计要求外，还应注意 GPS 观测对点位的要求。如要求仰角 15°以上天空畅开，点位附近不应有高压电线与强幅射源等。通常采用双频或单频 GPS 信号接收机，按 10″～15″采样间隔，同步观测 1h 左右，即可达到精度要求。数据处理可采用一般商用软件进行，但应注意，当网点位置与中央子午线的距离超过 45km 时，由于高斯投影长度变形的影响，实际边长相对精度已不能达到 1/40 000。所以线路工程控制网常常采用任意带中央子午线的高斯投影，或者采用抵偿投影面的方法消除投影长度变形影响。

2. GPS RTK 技术在线路定测中的应用

GPS RTK 技术能以厘米级精度进行实时动态定位，具有速度快、节省人力和经费等许多优点，因此目前已广泛用于线路工程中的定测工作，并取得良好的效果。应用 GPS RTK 技术进行线路定测具有如下一些优点：

1）常规的中线测量总是先确定平面位置，而后再确定高程。即先放线，后做中平测量。GPS RTK 技术可提供三维坐标信息，因此在放样中线的同时也获得了点位的高程信息，无需再进行中平测量，大大提高了工作效率。

2）目前 GPS RTK 基准站数据链的作用半径可以达到 10～20km，因此整个线路上只要布设首级控制网便可完成控制，而不必布设以下几级的控制网，如一、二级导线等。只要保存好首级点，即可随时放样中线或恢复整个线路，因此也不必担心一些重要桩位如交点桩的遗失而给线路测量带来困难等。

3）GPS RTK 基准站发出的定位信息，可供多个流动站应用，而流动站只需由一个人单独操作，这就大大节省了人力，提高了功效。

4）在 GPS RTK 定线测量中首级控制网直接与中线桩点联系，不存在中间点的误差积累问题，因此能达到很高的精度，适合高等级线路工程的要求。

应用 GPS RTK 技术进行线路定测的作业方法如下：首先，在内业根据设计数据计算出各待定点的坐标，包括整桩、曲线主点、桥位等加桩。然后将这些待定点坐标数据，以及沿线路的控制点坐标数据传送到专为 RTK 设备配备的电子手簿中。有了这些坐标数据，就可以按坐标放样的方法在作业现进行定线测量。目前各 GPS 生产厂家制造的 RTK 设备，除坐标放样功能外，一般都还具有直线放样、圆曲线放样等功能，因此只要知道曲线的设计参数也能在现场进行定线工作。

在现场工作中，GPS RTK 基准站架设在线路控制点上，开机后按软件的提示输入基准站控制点坐标与高程，并按设备使用手册的指导进行基准站设置。完成上述工作后，基准站接收机正常工作，基准站电台即发布 RTK 信号。接着要做的是按使用手册的要求设置流动站，一旦流动站设置完成，基准站和流动站之间就可以实现通信，流动站就能以厘米级精度采集数据和放样。为了使 GPS 测量结果转换到工程采用的坐标系统中，在应用 GPS RTK 流动站进行定测工作之前，还需要连测两个以上的已知控制点，以便计算坐标转换参数，有了坐标转换参数便可进行线路的定测工作。

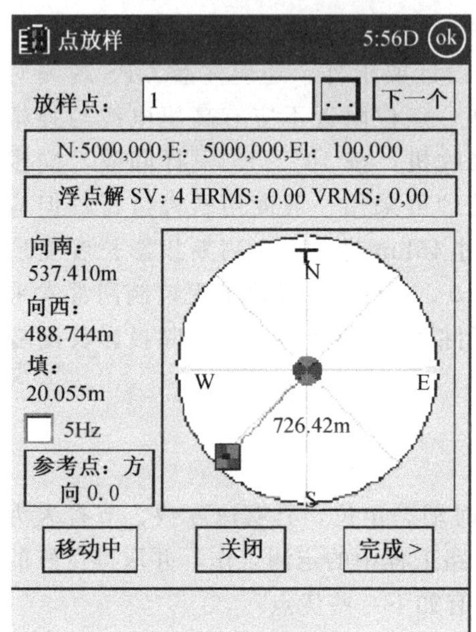

图 7-23　FDC 测图放样软件中的电子罗盘

应用 GPS RTK 技术进行线路定测工作比较轻松，流动站作业员只要进入放样模式，并调出放样点，手簿软件中的电子罗盘就会引导你到达放样点。图 7-23 为 FDC 测图放样软件中的电子罗盘，指针标明了到达放样点的移动方向，屏幕左侧还注明了需要移动的距离，作业员仅需按照罗盘的指示工作。

GPS RTK 技术还可用于线路施工工程测量，例如，道路施工过程中恢复中线，施工控制桩测设，竖曲线测设，以及路基边桩、边坡和路面的测设，收费站、停车场、停车坪等面状施工区域的测设等。

3. GPS RTK 技术在地形数据采集中的应用

应用 GPS RTK 技术进行地形数据采集，可以收到快速、高精度、低成本的理想效果。尤其是适用于线路工程中的小块面积的地形测图，如管线与铁路、公路工程中的站址、输电线路工程中的塔址等地形测图。也可以在地籍和房地产测量中用于精确测定土地权属界址点的位置，为地籍图和房产图采集数据。

与用常规的测图方法（如用经纬仪、全站仪等）相比，GPS RTK 采集地形数据，不需要事先布设控制网，仅需在邻近地区有几个可作为 RTK 基准站的控制点就可以了。目前 GPS RTK 基准站的有效控制半径，都不会少于 10km。也就是说在以基准站为中心，以 10km 为半径的范围内，GPS RTK 流动站可以随意采集地形数据，而其测量精度可以达到厘米级，这也是常规测量方法所无法相比的。但是，应用 RTK 采集地形数据也会受到一些限制。目前，各个 GPS 著名生产厂家大都采用自适应技术确定整周未知数，即根据少量的甚至 1 个观测历元确定整周未知数，这样可以加快 RTK 初始化速度，但需要基准站和流动站同步跟踪 5 颗以上的 GPS 卫星。同时，RTK 又要求基准站和流动站之间的数据传播路径不受干扰，这两点要求在高楼林立的大城市中心地区是不易实现的。

应用 GPS RTK 技术采集地形数据，需与自动化测图软件配合。目前，不少自动化测图软件都开通了 GPS 数据接口，GPS 测量数据可以直接进入成图软件，经适当编辑后生成所需要的地形图。

地籍和房地产测量中，GPS RTK 技术更多地用于实时更新每一宗土地的权属界址点以及地籍与房产图，将 GPS 采集的数据处理后直接录入某种 GIS 系统，可实时地获得精确的地籍和房地产图。

7.3.3　GPS 在摄影测量与遥感技术中的应用

摄影测量与遥感中的定位问题，通常可采取两种不同的途径实现。一种是通过各种直接测量的方法求定摄影机和传感器的空间位置和姿态，并由此测量出像片上任意一点的坐标；另一种是借助若干已知空间坐标的地面控制点在像片上的影像，先求出像片的外方位元素，进而确定像片上任一目标的空间位置。

在摄影测量中是采用解析空中三角测量的方法解决定位问题，而在遥感技术中是通过航天摄影机和 CCD 阵线扫描仪的影像定位，与解析空中三角测量的方法等同。所以解决摄影测量与遥感中的定位问题，或者必须依靠一定数量的地面控制点，或者需要直接测定摄影机和传感器的空间位置和姿态。GPS 定位技术恰好能够快速、自动测定摄影机和传感器的空间位置和姿态，因此，应用 GPS 技术解决摄影测量与遥感中的定位问题，可以加快摄影测量与遥感数据处理速度，大幅度减少外业工作量。GPS 快速、高精度、易操作等优点，使其在摄影测量与遥感领域中有广泛的应用前景。就目前看来，GPS 在摄影测量与遥感领域中主要用于以下各个方面：

1）测定航片和卫片上的地面控制点；

2）用于航摄飞机的实时导航；

3）进行由 GPS 辅助的空中三角测量；

4）直接测定摄影机和传感器的空间位置和姿态。

1. GPS 用于航测外业控制点联测

应用 GPS 替代常规控制测量方法测定像片控制点坐标，目前已在航外控制点测量中普遍使用。GPS 航外像片控制点联测一般可按 E 级网的技术要求施测，在布设 GPS 网时应按像片控制点要求，在每对像片上选定 4～6 个公共外部控制点，而在刺定点位时应考虑到 GPS 测量对观测环境的要求，如要求仰角 15°以上天空敞开、邻近地段不应有强反射物体，以及高压电线和强幅射源等。GPS 网可以由若干个三角形或四边形同步环构成的闭合环路组成，一般不需要分级布网，可以直接联测已知控制点一次形成，网中允许存在单基线（图 7-24）。像片控制点联测可以采用静态定位或快速静态定位模式进行，按照 10″或 15″采样间隔，观测 15～30min。数据处理可采用一般商用软件与广播星历进行，为了获得 GPS 高程，就应该按 6.6 中介绍的高程拟合的方法进行计算。

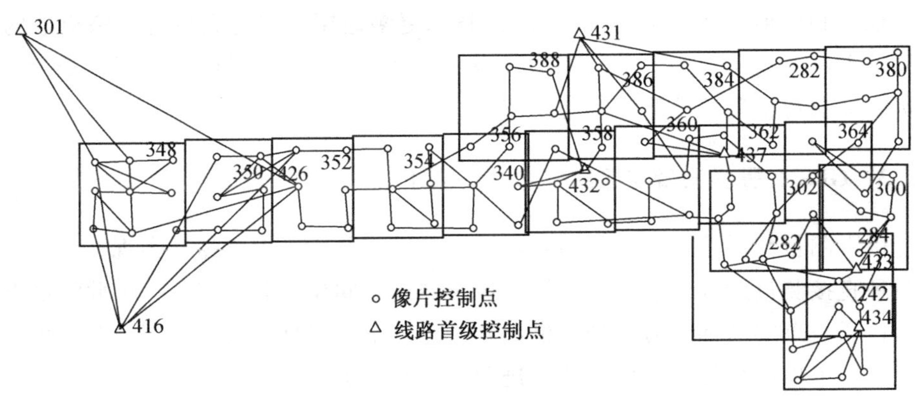

图 7-24 GPS 像片控制点联测示意图

2. GPS 在航空摄影导航中的应用

许多飞机导航系统，如 VOR（VHF omnidirectional range）系统、TACAN（tactical air navigation）系统、DME（distance measuring equipment）系统等尽管已应用于现代飞机的导航，但不能达到航空摄影与遥感要求的精度。

LORAN（long range navigation）系统已接近摄影测量要求的精度，但其精度与控制范围又依赖于位置和飞行高度。采用 GPS 技术导航完全能满足航空摄影与遥感的要求，而且用于导航的 GPS 接收机价格低廉。目前一些厂家已将导航用的 GPS 接收机与航空摄影机联成一体，使得能够顺利的完成航空摄影工作，提供符合摄影计划要求的高质量的航摄负片资料。

导航用 GPS 接收机还可与 PC 计算机、电子地图与数据库技术集成，构成自动化导航与航空摄影系统，图 7-25 即是这套系统的示意图。

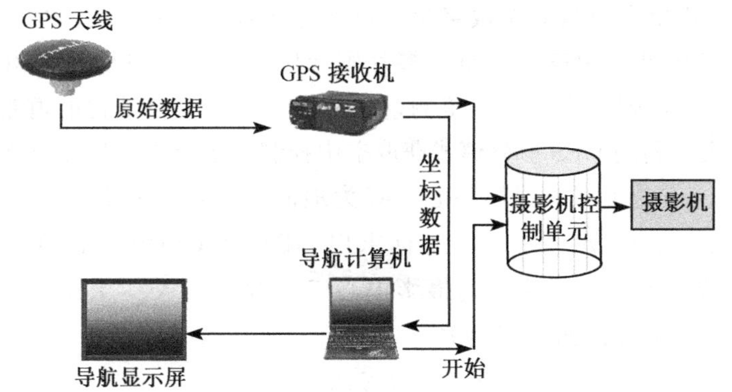

图 7-25　GPS 自动导航摄影系统

3. GPS 辅助空中三角测量

应用 GPS 技术测定摄影中心位置，用于改进传统的空中三角测量，可以节约大量的地面工作量。

传统的空中三角测量分为两大主要部分。第一部分工作是数据采集，包括转点、像点坐标或模型点坐标量测、坐标规化和预改正。第二部分工作是数据处理，通常称为区域网平差。平差的目的是要将空中三角测量网纳入规定的地面坐标系中。区域网平差所需要的地面控制点，可以用 GPS 接收机在野外进行联测确定，但仍需要作业员携带 GPS 接收机在野外爬山涉水，并没有改变航测生产的流程和周期，只不过是用卫星测量方法代替常规的地面测量方法，不可能产生本质上的变革。

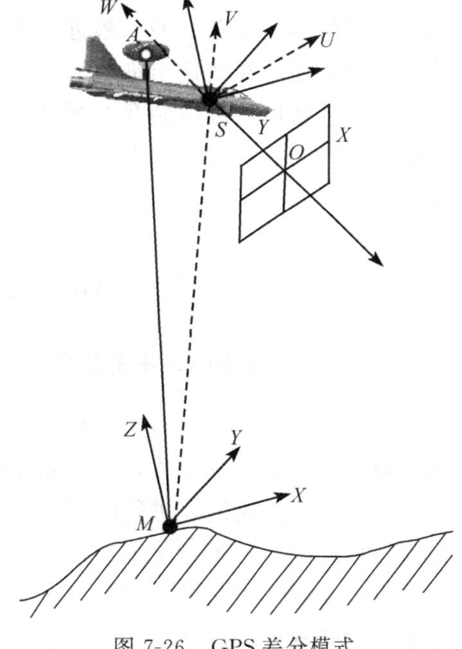

图 7-26　GPS 差分模式获取空中控制的示意图

随着 GPS 技术的成熟，利用载波相位差分 GPS 定位方法，可以精确地测定摄影中心的空间坐标。将它作为附加非摄影测量观测值与摄影测量观测值一起进行区域网联合平差，可以在只需少量周边或四角控制的情况下，完成各种精度要求的空中三角测量，加密测图或其他目的需要的点位坐标。这是继 GPS 在大地测量中取得革命性成就之后，在摄影测量和遥感定位中又一具有划时代意义的成就。同时，它也为解析摄影测量向全数字化、自动化和智能化方向发展奠定了基础。如果采用了 GPS 辅助空中三角测量、多片影像匹配转点、自检校光束法平差和自动粗差探测技术，则解析空中三角测量就完全走上了全自动化的道路了。

图 7-26 表示利用 GPS 差分模式获取空中控制的示意图。图中，A 为机载 GPS 天线相位中心，S 为航摄机摄影中心，M 为地面已知点。采用 GPS 相位差分定位方法，不难由 M 点已知三维地心坐标求出 GPS 天线相位中心 A 的坐标（X_A，Y_A，Z_A）与位于同一坐标系中的摄影中心 S 的坐标（X_S，Y_S，Z_S），再利用像片姿态角 φ，ω，κ 可得如下变换关系式：

$$\begin{bmatrix} X_A \\ Y_A \\ Z_A \end{bmatrix} = \begin{bmatrix} X_S \\ Y_S \\ Z_S \end{bmatrix} + R \begin{bmatrix} u \\ v \\ w \end{bmatrix} \tag{7-10}$$

式中，R 为由像片姿态角所表示的正交变换矩阵。（u，v，w）为 GPS 天线相位中心在像片坐标系中的坐标。

由式（7-10）出发，并在其中加入为剔除 GPS 观测值系统误差的附加参数，即可建立 GPS 摄影中心坐标线性化误差方程式。与整个联合平差的其他误差方程式并列在一起，在选取适当的权函数形式后，便可按最小二乘法求解。

GPS 辅助空中三角测量的研究始于 20 世纪 80 年代，自 1984 年以来，德国、美国、加拿大、荷兰、芬兰等国进行了十分活跃的试验研究。我国学者也进行了该项目的科学研究和试验。最近十多年来，经过大量的模拟研究和实际试验，无论在理论上还是在实用上都取得了令人鼓舞的成果。目前，联合平差结果地面未知点坐标的精度可以达到几个厘米的水平，表明 GPS 辅助空中三角测量可以成功地适应不同像片比例尺与不同大小区域的航测成图工作，完全可以投入生产使用。

7.4 GPS 定位技术的其他应用

7.4.1 GPS 在海洋测绘中的应用

海洋测绘主要包括海上定位、海洋大地测量和水下地形测量。海上定位通常指在海上确定船位的工作，主要用于舰船导航。海洋大地测量主要包括在海洋范围内布设大地控制网，进行海洋重力测量，测定海洋大地水准面。在此基础上进行水下地形测量，测绘水下地形图。此外，海洋测绘的工作还包括海洋划界、航道测量以及海洋资源勘探与开采（如海洋渔业、海上石油工业、大陆架以及专属经济区的开发）、海底管道的敷设、近海工程（如海港工程等）、打捞、疏浚等海洋工程测量，以及平均海面测量、海面地形测量，海流和海面变化、板块运动及海啸等测量。海洋测绘工作涉及面广，内容丰富，为 GPS 定位技术的应用开辟了更为广阔的领域。

1. GPS 在海上定位中的应用

采用 GPS 技术进行海上定位，目前已相当普遍。

最简单的方法是采用一台 GPS 接收机进行单点定位（绝对定位），其实时定位精度，对于 C/A 码伪距可达 15～20m。这样的定位精度对于多数海洋定位工作，是可以满足要求的。对于要求精度较高的定位，可采用 GPS 伪距差分实时定位（GPS RTD）方法，包括单站差分（SRDGPS）、局部区域差分（LADGPS）和广域差分（WADGPS）等，精度一般可达米级和亚米级。它们的定位方法和原理见本书第 4 章。应用差分 GPS 进行海上定位，都必须建立一个甚至若干个基准站，安装在舰船上的流动站，只有在收到基准站发出差分改正数信号之后才能定位，在使用上多少还存在一些不方便之处。而增强广域差分系统（WAAS），是通过地球同步卫星（GEO）传递差分信号（见 4.6.3），利用同步卫星的 L1 波段转发广域差分 GPS 修正信号，同时发射调制在 L1 上的 C/A 码伪距信号。这一系统完全抛弃了附加的差分数据通信链系统，直接利用 GPS 接收天线识别、接收、解调由地球同步卫星发送的差分信号。并同时利用该系统发射 C/A 码测距信号，从而大大提高了系统的导航精度、可靠性和完备性。图 7-27 是一种称为 S2050 的增强广域差分接收机，它可以接收 StarFire 网络提供的差分改正数信号，单机定位的标称精度达 25cm。StarFire 网络提供全球范围差分信号服务，它的差分改正数信号由国际海事卫星发布，信号覆盖面积由北纬 76°到南纬 76°，自 1999 年 4 月开始运行以来联机可靠性达 99.99%。

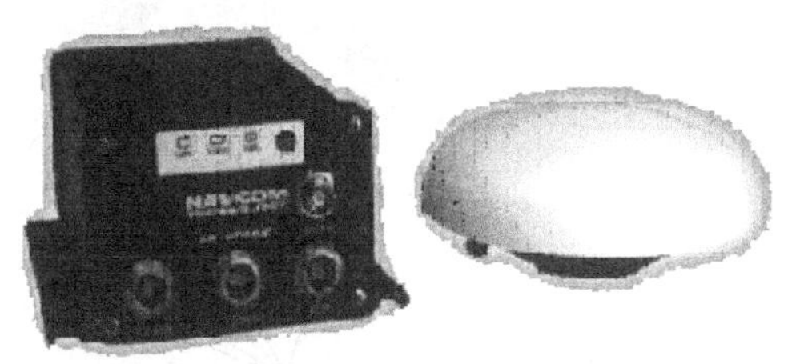

图 7-27　S2050GPS 增强广域差分接收机

2. GPS 在海洋大地测量中的应用

海洋大地测量的工作内容包括：建立海洋大地控制网，测定海洋大地水准面，进行海岛间的联测，以及海洋重力测量等。本书介绍应用 GPS 定位技术建立海洋大地控制网的基本思路。

海洋大地控制网，是由分布在岛屿、暗礁上的控制点和海底的控制点所组成。传统的海洋大地测量方法，由于受点间距离、通视条件以及动态的海洋作业环境等限制，建立大规模、高精度的海洋大地控制网，往往十分复杂和困难。而 GPS 定位技术恰好不受距离与通视限制，自然就成为建立海洋大地控制网以及进行大陆与海洋联测的有效方法。

对位于海岛与海礁上的大地控制点，可用静态相对定位模式进行定位，确定其在统一参考系中的坐标。而对于海底大地控制点的定位，则需要应用特殊的方法完成。实际上，测定海底控制点的位置包含两个同步过程，一是确定海上测量船的位置，另一个是确定海底控制点相对于测量船的位置。由于测量船受到海浪影响而不可能静止不动，因此这两个过程必须在一瞬间完成。假设 $Pi(t)$ 是测量船（称为中介点）的瞬时位置，T_0 为设在海岸或岛礁上的参考点，T_k 为海底控制点（图 7-28）。测量船的瞬时位置 $Pi(t)$，可通过安置在测量船上的用户接收机与安置在参考点上的基准站接收机同步观测 GPS 卫星，以 GPS RTK 模式确定，而测量船瞬时位置与海底控制点的相对关系，需应用安置在海底控制点上的水声应答器同步测定。假定应用 GPS RTK 模式测定了测量船的瞬间位置，又利用海底水声应答器同步测定了中介点 $Pi(t)$ 至海底控制点 T_k 之间的距离 $D_{i,k}(t)$，则由此可得基本观测方程如下：

$$D_{i,k}(t)=[(X_i(t)-X_k]^2+[Y_i(t)-Y_k]^2+[Z_i(t)-Z_k{}^2]^{1/2} \tag{7-11}$$

其中，$[X_i(t),\ Y_i(t),\ Z_i(t)]$ 为测量船 GPS 天线相位中心在历元时刻 t 的三维地心标，可视为已知；$(X_k,\ Y_k,\ Z_k)$ 为海底控制点在同一坐标系中的坐标，可视为待定点。显见，为确定海底控制点的位置 $(X_k,\ Y_k,\ Z_k)$，至少需要 3 个历元的同步观测结果。

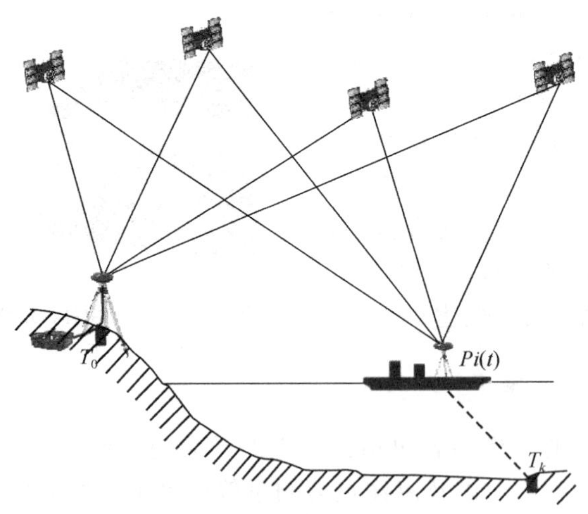

图 7-28　GPS 在测量海底大地控制点中的应用示意图

以上便是综合利用全球卫星定位系统和海底水声应答器，测定海底大地控制点的基本思想。在实际工作中，无论是观测方案或数据处理方法都可能复杂得多，对此这里就不详述了，有兴趣的读者可参阅有关文献。

3. GPS 在海底（水下）地形测量中的应用

海港的建设、航道的疏浚和整治、海岸和江岸码头的施工和设计，以及现有港口的扩建和改造等，一切有关水下建筑物的建设都需要进行海底（水下）地形测量。海底地形测量，通常包括水深测量、平面位置测量、自动成图等内容。

最常用的水深测量仪器是回声探测仪，它依靠安装在测量船底部的发射机换能器，向海底垂直发射一定频率的声波脉冲，并记录下由声波发射瞬间开始到返回被换能器接收为止的时间间隔 t。如果已知声波在水中的传播速度 C，那么由换能器表面到海底的距离 H（图 7-29），可按下式计算：

$$H = \frac{1}{2}\sqrt{(C \cdot t)^2 - L^2} \qquad (7\text{-}12)$$

式中，L 称为基线长，实际是发射与接收两换能器之间的距离。对于收发合一的换能器上式变为

$$H = \frac{1}{2}C \cdot t \qquad (7\text{-}13)$$

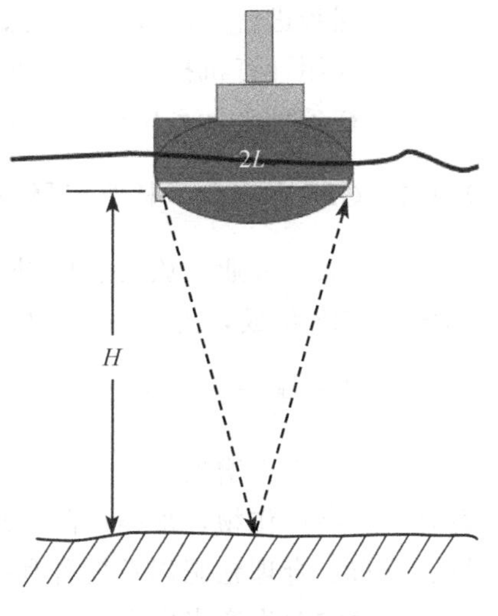

图 7-29　测深原理示意图

声波在海水中的传播速度与水介质体积的弹性模量以及密度有关，当温度为 0℃时，可以算出 C=1452m/s。在实际工作中，求体积的弹性模量是很困难的，因此常常是用仪器直接测定声波在海水中的传播速度，或者采用如下经验公式计算水声速度 C：

$$\begin{aligned} C = & 1449.2 + 4.6t - 0.055t^2 + 0.000\,29t^3 \\ & + (1.34 - 0.01t)(S - 35) + 0.168P \end{aligned} \qquad (7\text{-}14)$$

式中，t 是温度，S 是盐度，P 是静水压力。可见声速随着温度、盐度、静水压力的增加而增加。在水深测量的同时，还利用潮位仪进行潮位测量，用于改正水深测量值。最后得到水下地形的高程。除回声探测仪外，还有许多先进的水深测量仪器，如海底地貌探测仪（侧向声纳）、多波速测探系统与条带式测深系统，以及激光测探系统等。

平面位置测量，目前已摆脱了经纬仪测角交会、全站仪距离交会，以及无线电定位等传统定位方法。而采用 GPS 差分定位，包括单站差分（SRDGPS）、局部区域差分（LADGPS）和广域差分（WADGPS）等，定位精度为米级和亚米级。为了使定位结果的坐标系统与成图坐标系统一致，在进行平面位置测量之前，应联测 3 个以上已知成图坐标的控制点，进行坐标变换。将测深仪、潮位

仪、差分GPS系统以及计算机和水下测量软件结合起来，构成完整的水下地形测绘系统，能应用于一切航道、海港等领城内的各种作业。这种系统可以具备如下一些功能：

1）自动引航到所从事的海域去作业，引导测量船沿预先编制的断面进行测量；

2）在作业前预先编制断面航线；

3）同步进行GPS差分定位、水深测量、潮位测量的数据采集工作；

4）利用计算机控制导航、采集数据、编辑数据和潮位改正等一系列工作；

5）在各种坐标系中进行测量，即具备坐标变换功能。

7.4.2 GPS在农业、林业与野外考查中的应用

在农业、林业、旅游、野外考查等领域，也越来越广泛地应用GPS技术。GPS与GIS集成，为这一领域的用户创造了巨大的效益。

1. GPS在农业中的应用

农业生产中增加产量和提高效益是根本目的。要达到增产高效的目的，除了适时种植高产作物，加强田间管理等技术措施外，弄清土壤性质，检测农作物产量、分布、合理施肥以及播种和喷撒农药等也是农业生产中重要的管理技术。尤其是现代农业生产走向大农业和机械化道路，大量采用飞机撒播和喷药，为降低投资成本，如何引导飞机作业做到准确投放，也是十分重要的。

利用GPS技术，配合遥感技术（RS）和地理信息系统（GIS），能够做到监测农作物产量分布、土壤成分和性质分布、做到合理施肥、播种和喷洒农药，节约费用、降低成本、达到增加产量提高效益的目的。例如，日本的欧姆龙公司与京都大学合作，利用GPS系统对奈良县的农田做出科学规划，让自动行驶的农业机械在田间检测土壤中氮、碳含量以及氢离子浓度等，以此决定水肥用量，实现精确耕作。他们利用GPS系统进行精细管理，然后验证能否达到计划产量。这就是环境效益与经济效益双管齐下的所谓“精确耕作”农业生产方式。

GPS在农业中的另一应用实例是帮助农田按需要施肥。对农田农作物撒施家畜肥能减少对商业化肥的依赖，有益于环境保护。但是，随意或不均匀地施肥，家畜肥会污染地下水的供应。因此，当向田野施肥时，要求十分精确。

其一，单块田地中的土壤里肥料营养成分具有千差万绪的“空间多变性”。如果这块土地不需要这种养分，那么，家肥中的氮、磷、钾和其他成分将会浪费掉。而大多数农民在撒播施肥时会造成很大的浪费。

其二，由于土壤和地下水之间的“化学过滤作用”，使得土地中的养分不均匀，富饶地方可能高出两三倍，贫瘠地方可能更缺肥。雨水和灌溉能冲刷肥料，流入地下水。

为了改变这种状况和促进农作物生产，美国农业部研究中心的水土保持实验室的土壤科学家 Jim Schepers 应用了 Trimble 精密实时地理数据采集系统（GPS 路径寻迹仪 Pro XRS）和地理信息系统（GIS）。首先，Schepers 利用 GPS 路径寻迹仪 Pro XRS 采集数据，绘制详尽的土地分类图。然后，他用农作物生产数据来评估土壤的肥力和找出低产区。这样，对症下药，给农作物生产地增施肥料。实践证明，使用 GPS 指导施肥的产量比传统平衡施肥的产量提高 30%左右，经济效益大大提高。

2. GPS 在林业中的应用

GPS 技术在确定林区面积，估算木材量，计算可采伐木材面积，确定原始森林的边界、道路的位置，对森林火灾周边测量，寻找水源和测定地区界线等方面可以发挥其独特的重要作用。在森林中进行常规测量相当困难，而 GPS 定位技术可以发挥它的优越性，精确测定森林位置和面积，绘制精确的森林分布图。

例如 GPS 可以测定森林分布区域。美国林业局是根据林区的面积和区内树木的密度来销售木材。对所售木材面积的测量闭合差必须小于 1%。在一块用经纬仪测量过面积的林区，采用 GPS 沿林区周边及拐角处进行了 GPS 定位测量并进行偏差纠正，得到的结果与已测面积误差为 0.03%，这一实验证明了测量人员只要利用 GPS 技术和相应的软件沿林区周边使用直升飞机就可以对林区的面积进行测量。过去测定所出售木材的面积要求用测定面积的各拐角和沿周边测量两种方法计算面积，使用 GPS 进行测量时，沿周边每点上都进行了测量，而且测量的精度很高很可靠。传统的方法将被淘汰。

再如，GPS 技术用于森林防火。利用实时差分 GPS 技术，美国林业局与加里弗尼亚的喷气推进器实验室共同制定了“FIREFLY”计划。它是在飞机的环动仪上安装热红外系统和 GPS 接收机，使用这些机载设备来确定火灾位置，并迅速向地面站报告。另一计划是使用直升飞机或轻型固定翼飞机沿火灾周边飞行并记录位置数据，在飞机降落后对数据进行处理并把火灾的周边绘成图形，以便进一步采取消除森林火灾的措施。

我国近期从保护生态环境出发，在林区边缘地区展开退耕还林工作，也大量使用了手持型 GPS 接收机，用以测定林区面积等工作。

3. GPS 在旅游及野外考查中的应用

在旅游及野外考查中，比如到风景秀丽的地区去旅游，到原始大森林、雪山峡谷或者大沙漠地区去进行野外考查，GPS 接收机是你最忠实的向导。它可以随时知道你所在的位置及行走速度和方向，使你不会迷失路途。目前，掌上型导航接收机已经广泛应用于旅游和野外考察。在特殊的野外科学考查活动中，GPS

技术的作用更加明显。例如，在第17次南极科学考察中，就应用GPS技术作了大量的工作，这些工作包括：

1）长城站的国际GPS联测和中山站的GPS跟踪站。南极板块运动监测等地球动力学问题的研究是国际南极地学界多年来关注的大尺度、长周期研究计划，属于南极环境长期变化的研究范畴。从1992年开始，SCAR组织协调十几个国家30多个南极站参加每年一度的连续22天的南极GPS会战联测，我国从1994年参加此项国际合作研究。2003年的国际联测时间为2003年1月20日00：00（UTC）—2003年2月10日24：00（UTC），累计22天，我国的长城站与中山站均参与联测。中山站的GPS跟踪站还需常年进行观测，每天观测24h。

2）南极格罗夫山地形图测绘。南极格罗夫山地区，属于南极内陆冰盖区，是目前东南极地区极少数尚未有任何国家开展正规考察的地区之一。为了测绘整个格罗夫山地区的地形图，考察要深入格罗夫山区进行GPS观测，为卫星影像测图做地面控制。

3）南极艾默里冰架GPS观测。艾默里冰架系统，是南极洲最大的冰流系统。2003年我国进行首次艾默里冰架考察，在冰架上做9个高精度GPS点。GPS测量工作对该地区的物质平衡、接地线、陆地冰盖和漂浮冰架的冰川运动学特征等研究具有十分重要的意义。

4）内陆考察沿线GPS高精度定位点复测。前几年我国分别进行了3次南极内陆冰盖考察，初步完成了我国向国际社会承诺的从中山站至Dome-A的“ITASE中国计划”，并在考察沿线布设了25个高精度的GPS定位点。2003年的内陆考察，从格罗夫山区返回中山站时要复测沿线经过的9个GPS点，以厘米级、甚至毫米级的精度来监测冰川运动。

7.4.3 GPS在导航、航天及天气预报中的应用

GPS在导航与航天科学中的应用开始较早，“全球、全天候、实时导航定位”本是GPS系统的设计目标，随着广域差分GPS（WADGPS）与增强广域差分GPS（WAAS）系统的完善，GPS技术可以说已经完全实现了上述目标。GPS信号在通过地球上空大气层时，对流层中的水汽会使GPS信号发生变形，产生GPS信号的对流层延迟。然而通过反演GPS信号的对流层延迟，却可以分离出GPS信号传播路径上的水汽分量，从而为天气预报提供基础数据。目前，应用GPS技术预报天气已经实现，并表现出巨大的优越性。

1. GPS导航

陆地导航是GPS技术最早进入的应用领域，近年来随着GPS接收机价格的下降，GPS的陆地导航用户大幅度增加。预计今后陆地导航用户，将是GPS卫

星系统最大的用户群。

GPS 陆地导航包括如下应用领域：

1）汽车定位。在汽车上装配 GPS 接收机，可以实现汽车的实时定位，并为汽车提供导航、报警、防盗等服务和功能。若在汽车上配以电子数字地图，可给驾驶员提供各种道路、服务网点、安全系统等的位置。

2）行业车辆管理。如出租车、银行、公安、交通、急救、消防等，既可为单车定位，又可为指挥管理部门提供车辆运行信息，方便车辆的管理和调度。

3）列车监控。利用 GPS 对列车统一调度和交通管理，可保证安全、正点，缩短行车间隔，增加车流量，大大提高列车营运的效益。

4）野外作业。如沙漠、深山、森林等陌生地带对车辆和人员导航，为野外考察或救援行动提供准确的定位信息。

5）陆军移动定位。如车辆、坦克、装甲车、火炮、野战部队等的导航定位，可大大提高部队的战斗效率和野外生存能力。

GPS 用于车辆定位具有非常好的前景。但是一些具体技术问题仍需解决，例如城市中大量的电磁干扰、信号反射、楼房遮挡、树木对信号的衰减以及车辆定位导航系统的价格等。

民用航空是 GPS 卫星导航最重要的用户之一，GPS 在民航各方面的应用研究和试验几乎与卫星导航系统本身的发展是同步进行的。美国联邦航空局 1992 年公布的卫星导航计划中明确表示："支持所有民航需要的海洋、航路、终端、非精密进场、精密进场、自动着陆、离场和机场表面导航的运行使用、开发和试验各种卫星导航技术与增强技术的可行性，同时支持和制定运行程序与标准以满足所有飞行阶段的要求"。国际民航组织（ICAO）未来航行系统（FANS）委员会已确定了卫星导航系统的地位，并制定了分阶段实施的目标和任务，卫星导航系统将作为海洋航路、大陆航路和终端的单一导航手段，其增强的系统或组合系统也将作为机场表面引导和精密进场的手段，并逐步撤离其他陆基无线电导航设施。欧洲一些政府和研究机构则准备对 GPS 系统和精度进行测试，目标是建立一个 21 世纪的全球导航卫星系统，用于取代微波着陆系统。日本政府也加入了这个行列。

GPS 卫星导航的全球、全时、全天候、精密、实时、近于连续的特点，使它具有其他系统无法比拟的优点，并且改变了传统的概念和方式。它可对民航飞机提供"导航—着陆"一体化服务，从地面到高空的一体化服务。用于航路导航，作为空中交通管制的一部分，可以改变航路上交通拥挤状况，改善高度分层，对飞机全程监视。用于进场着陆，不仅着陆设备简单，还可实现可变下滑道，曲线进场，多跑道同时工作。用于机场场面监控，可代替场面雷达管理各种机动车辆和飞机。

国外用于航空导航的设备已经成熟，并且已在包括波音 747 这样的大型飞机上进行了多次试验，GPS 组合系统用于进场着陆的首飞也早在 1989 年就已完成。中国通用航空公司的飞机用 GPS 导航已有多年的历史；原航空工业部某研究所的“GPS/惯导组合系统”已完成了试飞；某研究所试飞院和某高等学校共同完成的“GPS 着陆工程”阶段试验也通过了部级鉴定。这表明国内的应用在技术正在达到成熟。

2. GPS 在航天科学中的应用

卫星定位系统是航天飞机最理想的制导、导航系统。它能提供航天飞机的位置、速度和姿态参数，可以为航天飞机的起飞、在轨运行、再入过程及进场着陆连续服务。美国已在这方面作过多次试验。航天飞机是载人的再入式航天器，其导航系统要求有很高的精度和可靠性，因此，需要多余度的惯性测量装置、多余度的塔康系统、多余度的微波着陆系统、雷达高度表、大气数据计算机、星光跟踪器和乘员光学观测器等，进行多余度复合及组合工作。采用 GPS 后，可以大大简化原有系统。美国航天飞机亚特兰大号已正式安装了两套 GPS。卫星定位还可用于低轨卫星和空间站的定轨，用差分 GPS 和相对 GPS 完成飞船的交会和对接，其优点为：

1）减少和简化地球观测站，降低费用；

2）近乎实时地作轨道修正，消除星地间信息往返延迟，省去地面数据处理，提高卫星工作效率；

3）减少传统测控系统的各种误差，例如电波传播误差、地球自转、极移、重力场、测站位置误差等；

4）GPS 卫星轨道高，对中、低轨用户观测几何关系好，跟踪时间长。

1982 年以来，美国曾在 Landsat-4、Landsat-5、航天飞机以及海军的两颗军用卫星上试飞了一种两通道“GPSPAC”接收机，定位精度达到 5～10m，测速精度达到 2～5cm/s。1998 年日本在其“工程试验卫星Ⅶ号”上用 GPS 及其他设备成功地进行了交会对接试验。国际空间站已选定 GPS 为其导航、制导子系统之一。目前还在研究用于卫星定轨的双差分 GPS、干涉仪法和 GPS/INS/星光组合导航等。这些努力不仅可以提高定轨精度，而且可以用于各种从中、低轨用户到静止轨道的用户，并更多地用于低成本的小卫星。

中国对 GPS 在航天领域的应用的跟踪研究从 20 世纪 80 年代初就已开始、主要活动集中在航天研究院和几所航空、航天院校，包括方案探讨、算法研究、仿真及硬件设备的改进等工作。可以肯定，利用国内外现有设备对航天器制导、定轨及测控等，可以获得其他设备无法达到的精度和方便程度。

3. GPS在天气预报中的应用

GPS技术除了定位以外的一个重要的应用领域就是气象学研究。利用GPS理论和技术来遥感地球大气，进行气象学的理论和方法研究，如测定大气温度及水汽含量，监测气候变化等，叫做GPS气象学（GPS/METeorology，简写为GPS/MET）。GPS气象学的研究始于20世纪80年代后期，最先在美国起步。在美国取得理想的试验结果之后，其他国家如日本等也逐步开始GPS在气象学中的研究。我国上海于2002年开始采用GPS技术进行天气预报，整个上海市和长江三角洲共布设了19个GPS观测站，上海市区实现了半小时天气预报。

研究大气状态的传统方法是应用无线电探测、卫星红外线探测和微波探测等手段获取大气气温、气压和湿度等参数。这些方法与GPS技术相比，具有明显的局限性。无线电探测法的观测值精度较好，垂直分辨率高，但地区覆盖不均匀，在海洋上几乎没有数据。被动式的卫星遥感技术可以获得较好的全球覆盖率和较高的水平分辨率，但垂直分辨率和时间分辨率很低。利用GPS手段来遥感大气的优点是，它是全球覆盖的，费用低廉，精度高，垂直分辨率高。根据1995年4月3日美国发射的用于GPS气象学研究的Microlab-1低轨卫星的早期结果显示，对于干空气，在从5～7km到35～40km的高度上，所获得的温度可以精确到±1.0℃之内。正是这些优点使得GPS/MET技术成为大气遥感的最有效最有希望的方法之一。

当GPS发出的信号穿过大气层中对流层时，受到对流层的折射影响，GPS信号要发生弯曲和延迟，其中信号的弯曲量很小，而信号的延迟量很大，通常在2.3m左右。在GPS精密定位测量中，大气折射的影响是被当作误差源而要尽可能将它的影响消除干净。而在GPS/MET中，与之相反，所要求得的量就是大气折射量。通过计算可以得到我们所需的大气折射量，再通过大气折射率与大气折射量之间的函数关系可以求得大气折射率。大气折射率是气温T，气压P和水汽压力e的函数，通过一定关系，则可以求得我们所需要的水汽分量。

根据GPS/MET观测站的空间分布，可以将其分为两大类：地基GPS气象学（ground-based GPS/MET）与空基GPS气象学（space-based GPS/MET）。

地基GPS气象学就是将GPS接收机安放在地面上，像常规的GPS测量一样，通过地面布设GPS接收机网络，来估计一个地区的气象元素。

空基GPS气象学就是利用安装在低轨卫星（LEO）上的GPS接收机来接收GPS信号。当GPS信号与LEO卫星上GPS接收联线经过地球上空对流层时，GPS信号会发生折射。这一测量大气折射的方法叫做掩星法，该方法是20世纪60年代美国喷气推进实验室JPL和Stanford大学为研究行星大气和电离层而发展起来的。通过对含有折射信息的数据进行处理，可以计算出大气折射量而估计出我们所需要的气象元素的大小。

不论是地基 GPS/MET 还是空基 GPS/MET，其思路都是通过 GPS 信号延迟推算大气的水汽含量，这也是 GPS/MET 研究的主要对象。GPS 信号延迟中的湿延迟部分主要反映大气中水汽分布对信号传播的影响。湿延迟可以通过某种数学模型计算，如 Hopfield、Saastamaninen、Black 等模型，在卫星高度角大于20°时这三种模型计算结果相差无几，差别为毫米量级。

设 ΔS_W 为 GPS 信号传播路径上的湿延迟，应用下式可将其改算到天顶方向

$$\Delta S_{ZW} = \frac{1}{n}\sum_{i=1}^{n}(\Delta S_{Wi} \cdot \sin E_i) \tag{7-15}$$

式中，i 代表观测次数，E_i 是第 i 次观测时的高度角。天顶湿延迟 ΔS_{ZW} 在干旱地区仅数厘米，而在潮湿地区可增大到 40cm。

对于地基 GPS/MET 来说，由天顶湿延迟 ΔS_{ZW} 计算大气综合水汽的数学模型为

$$IWV = K \cdot \Delta S_{ZW} \tag{7-16}$$

式中，

$$\begin{aligned} K^{-1} &= 10^{-6}(k_3 T_m^{-1} + k_2')R_v \\ k_2' &= 22.1 \\ k_3 &= 3.739 \times 10^5 \end{aligned} \tag{7-17}$$

$$T_m = \int (P_v/T)\mathrm{d}z \Big/ \int (P_v/T'^2)\mathrm{d}z \tag{7-18}$$

这里，k_2' 与 k_3 是大气折射常数，R_v 是水汽的气体常数，P_v 是垂直分量上某点的水汽分压/mbar，T 是同一点的温度。利用式（7-15）就可以由 GPS 观测数据推算大气中的水汽含量，如果在地面上已建立一定分布密度的 GPS 观测网络，那么应用 GPS 测定大气中的水汽含量的优越性是非常明显的。应用地基 GPS/MET 测定大气水汽含量的相对误差约为±15%。

前文已经提到，空基 GPS/MET 是采用掩星法来测定大气水汽含量的。所谓掩星法，即当一颗 GPS 卫星在被地球掩住以前，穿过大气层的卫星信号被安置在低轨卫星（LEO）上的接收机接收，该接收机同时又接收了 1 颗以上未被掩星的卫星信号，而安置在地面已知点上的 GPS 固定站又同跟踪了上述卫星信号。这些信号有的穿过大气层，含有水汽分量；有的没有穿过大气层，不含水汽分量。如果空中和地面接收机的位置都精确已知，那么通过双差模型消除卫星钟和接收机钟差后，即可求出信号延迟，从而换算出水汽含量。由空基 GPS/MET 推算的水汽含量有较高的垂直分辨率，但它的水平分辨率较地基 GPS/MET 低。

GPS/MET 遥感大气层水汽含量具有覆盖范围广、分辨率高、精度高和长期

稳定等特点。目前对它的研究已经用于天气预报、气候和全球变化监测等领域。

我国上海地区的 GPS 气象服务网，由 14 个 GPS 地面基准站组成，以上海为中心覆盖整个长江三角洲。该网应用 GPS 遥感大气水汽含量原理，为上海地区提供高精度、高时空分辨率、全天候、近实时的几乎连续的可降水汽量变化序列，并由此逐步形成一个新的上海地区灾害性天气监测预报系统。

7.4.4 GPS 测时、测速

应用 GPS 技术进行测时、测速，不仅精度较高，而且设备简单、经济可靠。因此，GPS 测时与测定接收机载体的运动速度，是 GPS 技术的另一重要应用领域。

1. GPS 测时

在科学技术高度发达的现代生活，时间对于科学研究、经济建设和日常生活的重要意义是不言而喻的，因此，对时间的测量精度要求也在不断提高，精密测时是现代科学技术中的一项极为重要任务。与经典的测时方法相比，GFS 测时的精度较高且设备简单，经济可靠，因而获得了广泛的应用。

GPS 测时的基本原理，即利用已知点上的伪距观测量反求接收机钟差改正数，并由此推算出相应的协调时（UTC）。假设用户接收机于历元 t，在测站 T_i 观测卫星 S^j 得伪距观测量（见式 3-43）

$$\widetilde{D}_i^j(t) = D_i^j(t) + c\delta t_i^j(t) + \delta I_i^j(t) + \delta T_i^j(t) \tag{7-19}$$

式中，$\widetilde{D}_i^j(t)$ 是历元 t 时刻测站 T_i 到卫星 S^j 的伪距观测量；$D_i^j(t)$ 是同一历元瞬间测站与卫星之间的几何距离，由于测站坐标已知，卫星瞬时坐标由导航电文给出，因此 $D_i^j(t)$ 可视为已知量；$\delta I_i^j(t)$ 与 $\delta T_i^j(t)$ 则是相同历元瞬间由卫星到达测站的信号传播路径上的电离层改正与对流层改正，同样由导航电文给出。而接收机钟与卫星钟的相对钟差 δt_i^j 可表示为

$$\delta t_i^j(t) = \delta t_i(t) - \delta t^j(t) \tag{7-20}$$

式（7-20）代入式（3-43），略加整理后即得用户接收机钟差 $\delta t_i(t)$ 表达式

$$\delta t_i(t) = \frac{1}{c}[\widetilde{D}_i^j(t) - D_i^j(t)] + \delta t^j(t) - \frac{1}{c}[\delta I_i^j(t) + \delta T_i^j(t)] \tag{7-21}$$

接收机钟差已经求得，就可以由导航电文给出的 GPS 时间与协调时（UTC）关系，由用户钟时间推算出相应的 UTC 时间。从理论上讲，只要在一个已知测站上观测一颗 GPS 卫星就可算出钟差 $\delta t_i(t)$。而实际上这样算出的钟差包含较多的误差，如卫星的轨道误差、卫星钟差、电离层和对流层误差等，除此而外由导航电文给出的，由 GPS 时间换算 UTC 时间的参数误差，也将给最后结果带来误差。提高精度的方法，当然可以延长观测时间和增加观测卫星，通过最小二乘法

求解钟差改正数。还可以采用共视法，即在两个已知测站上同步观测同一颗GPS卫星，组成伪距单差模型

$$\Delta\widetilde{D}_{i,s}^{j}(t)=\Delta D_{i,s}^{j}(t)+c\Delta\delta t_{i,s}(t)+\Delta\delta I_{i,s}^{j}(t)+\Delta\delta T_{i,s}^{j}(t) \tag{7-22}$$

式中，

$$\left.\begin{aligned}\Delta\widetilde{D}_{i,s}^{j}(t)&=\widetilde{D}_{s}^{j}(t)-\widetilde{D}_{i}^{j}(t)\\ \Delta D_{i,s}^{j}(t)&=D_{s}^{j}(t)-D_{i}^{j}(t)\\ \Delta\delta t_{i,s}(t)&=\delta t_{s}(t)-\delta t_{i}(t)\\ \Delta\delta I_{i,s}^{j}(t)&=\delta I_{s}^{j}(t)-\delta I_{i}^{j}(t)\\ \Delta\delta T_{i,s}^{j}(t)&=\delta T_{s}^{j}(t)-\delta T_{i}^{j}(t)\end{aligned}\right\} \tag{7-23}$$

由此不难解出用户钟的相对钟差

$$\Delta\delta t_{i,s}(t)=\frac{1}{c}[\Delta\widetilde{D}_{i,s}^{j}(t)-\Delta D_{i,s}^{j}(t)]-\frac{1}{c}[\Delta\delta I_{i,s}^{j}(t)+\Delta\delta T_{i,s}^{j}(t)] \tag{7-24}$$

可见，共视法消去了卫星钟差的影响。同时卫星的轨道误差以及电离层和对流层误差的影响也将明显减弱。因此，利用GPS以共视法进行时间对比，所得相对钟差的精度较高，其误差的大小与观测站之间的距离和使用的测距码（P码或C/A码）有关。一般估计，测时的精度可达数十纳秒（ns）。

2. 应用GPS技术测定接收机载体航速

GPS技术应用的另外一个重要方面，就是在确定GPS接收机载体的实时位置的同时，测定运动载体的实时航行速度。这些载体包括船只、飞机和陆上的各种车辆。而这对于导航型用户来讲是非常重要的。

假设，在历元 t_1 与 t_2 瞬间，测定两GPS载体的实时位置分别为

$$X(t_1)=[x(t_1),y(t_1),z(t_1)]^T,X(t_2)=[x(t_2),y(t_2),z(t_2)]^T$$

则其运动速度向量可简单地表示为

$$\begin{bmatrix}v_x\\v_y\\v_z\end{bmatrix}=\frac{1}{\Delta t}\left\{\begin{bmatrix}x(t_2)\\y(t_2)\\z(t_2)\end{bmatrix}-\begin{bmatrix}x(t_1)\\y(t_1)\\z(t_1)\end{bmatrix}\right\} \tag{7-25}$$

由此载体的运动速度可表示为

$$v=\sqrt{v_x^2+v_y^2+v_z^2} \tag{7-26}$$

一般导航型GPS接收机，都可以在显示运动载体实时位置的同时，显示载体的运动速度。

思考题

1. 名词解释：

ITRF；EUREF89；国家高精度GPS网；地球动力学；板块运动；滑坡；地面沉降。

2. 简述 GPS 连续大地参考站系统及其应用。

3. 怎样设计滑坡监测坐标系?

4. 简述大坝 GPS 外观连续监测系统的组成。

5. 简述 GPS 多天线阵列变形监测系统的组成及其应用。

6. 试介绍大桥 GPS 控制网的布设原则。

7. 布设隧道 GPS 控制网时应注意哪些问题?

8. GPS 定位技术在线路工程中有哪些应用?

9. 简述 GPS 定位技术在摄影测量中的应用。

10. GPS 定位技术在海洋测绘中有哪些应用?

11. 简述 GPS 气象学。

12. 试述 GPS 测时测速原理。

第8章　现代全球卫星导航定位系统发展

8.1　全球导航卫星系统概述

美国GPS系统技术的不断提高与应用的广泛普及，使人们愈来愈深刻地认识到卫星导航系统具有无可比拟的卓越性能和难以想象的宽广应用领域。然而，GPS卫星导航系统毕竟是由美国国防部控制的系统，它的可用性、完好性、连续性均存在隐患，为弥补这一缺陷，也为了打破由一两个国家军事部门独霸卫星全球导航系统的被动局面，充分满足各国民用和军事等需要，从20世纪90年代中期开始，国际民航组织、国际移动卫星组织、欧洲空间局等就倡导并研究发展完全由民间控制的、多个卫星导航系统共同构成的全球导航卫星系统GNSS (global navigation satellite system)。经国际导航协会多次会议协商，最终达成逐步构建发展全球导航卫星系统的基本框架协议计划。全球导航卫星系统(GNSS) 可以采取分步实施，首先以GPS/GLONASS卫星系统为依托，建立以同步地球静止卫星RS移动通信导航卫星系统（INMARSAT）地面增强和完好性监视系统（GAIT）以及接收机完善性监视系统组成的混合系统，以提高导航系统的完好性与服务的可靠性；第二步还将建立纯民间的GNSS系统，建成后的GNSS将拥有30颗以上中高轨全球卫星和6～10颗既能用于导航定位又能用于移动通信的静止卫星。

欧洲一直是发展完全民用卫星导航系统的积极倡导者与实施者，并力图在未来GNSS的发展中扮演主要角色。目前，欧洲已建成欧洲静止卫星导航覆盖系统EGNOS (European Geo-Stationary navigation overlay system)，它是一种星基的广域增强系统（WASS)，目的是建立能覆盖欧洲的区域增强系统，以改善GPS/GCONASS的实时定位（导航）精度及数据完好性。EGNOS由空间部分、地面部分、用户部分和保障设施四部分组成。EGNOS的空间部分由GPS/GLONASS定位卫星和3颗INMARSAT静止（CEO）卫星组成，静止卫星的导航转发器用于发送CEO卫星导航电文、广域差分校正信号和GPS/GLONASS卫星的完好性电文。地面部分包括主控中心（MCC)，测距与完好性监测站(RIMS)，静止卫星基准站（GRS）和导航地面站（NLES)。用户必须装备专用接收机，它能同时接收EGNOS和GPS的信号，并具有对两者的信号进行定位数据综合处理的功能。完善的EGNOS系统于2004年正式运行，连续导航定位设计指标为4～7m，连续可用性99%～99.9%。目前在印度洋上空的一颗

EGNOS 讯号已可覆盖中国大陆地区和部分相邻海域，可利用 GENOS 的差分信号改善实时导航的精度。

美国联邦航空管理局为确保航空 GPS 用户实现 Ⅰ 级精度着陆建成了 GPS 的外部增强系统 WAAS，为航空用户提供 GPS 星历和星钟改正数、差分距离改正数、电离层格网计算值等，以及 GPS 卫星完好性数据，以提高 GPS 卫星导航的可靠性。另外，WAAS 的静地卫星还向 GPS 用户发射附加的测距信号（L1），以增强 GPS 卫星星座的覆盖能力，改善 GDOP 因子。WAAS 系统由 2 个主控站、35 个基准站、6 个注入站和 3 颗用于发射 WAAS 信号的静地卫星组成。由日本发射的 MTSAT 多功能传输卫星的 MSAS 系统，也是类似于美国 WAAS 的 GPS 外部增强系统。

INMARSAT 系统是由国际移动卫星组织筹建的卫星通信导航系统。最初的 INMARSAT-1 和 INMARSAT-2 仅具有卫星通信功能。1996 年 4 月发射的 INMARSAT-3 上还安装了导航转发器，因此，它不但可以向用户提供通信服务，同时还可以提供由地面送来的完整性信息，距离信号和广域差分修正信息，达到增强 GPS 覆盖能力，提高定位精度和可靠性的目的，因此系统也是一个 GPS 外部增强系统。新型的 INMARSAT-4 卫星具有更强的导航舱，可以发射类似于 GPS 的导航信号，使其在向全球提供通信服务的同时，也具备了导航定位能力，因此，INMARSAT-4 更像一个独立的导航卫星。

上述各种系统基本属于卫星的外增强系统，也就是不具有独立导航定位的卫星系统，而是以 GPS/GLONASS 系统为依托的增强系统，起到提高定位精度、完好性和可靠性的作用，可以说是 GNSS 的第一阶段。

当代全球空间卫星导航定位系统 GNSS，除了广泛应用的美国 GPS 系统外，还有已存在的俄罗斯的 GLONASS 系统、双静止卫星导航定位系统（中国“北斗”双星系统）、正在建设的欧洲的 Galileo 系统。同时，美国也感到其在空间导航定位领域一统天下的局面已受到了极大的挑战，为了巩固和保障其在该领域的优势地位，美国也在加紧进行名为“GPS 的现代化”的 GPS 系统改造工程。本章将分别对以上系统的组成、定位原理、功能等特点进行论述。此外，本章还将简要介绍其他几种空间卫星定位测量技术的发展情况，以期使读者对空间定位测量技术和全球导航定位系统 GNSS 的发展有较全面的认识，为空间卫星定位技术的研究与应用奠定基础。

8.2　俄罗斯卫星导航系统——GLONASS 卫星系统

8.2.1　GLONASS 系统的发展与结构

前苏联海军从 1965 年开始采用第一代卫星导航系统——CICADA，该系统类似于美国的 TRANSIT 系统，也是一种基于多普勒频移测量的低轨卫星导航系统，其轨道高度仅 1000km，只能实现二维位置定位，且定位精度为 500m 左右，因此，不能满足现代高精度导航的需要。从 1982 年 10 月开始，前苏联在全面总结研究 CICADA 卫星导航优劣以及吸取美国 GPS 系统成功经验的基础上，研制发展第二代导航卫星系统——GLONASS 全球导航卫星系统，历经 13 年，于 1996 年 1 月建成了满星座 24 颗卫星的 GLONASS 系统，可全球、全天候、连续实时地为用户提供三维位置、三维速度和时间信息。

与美国的 GPS 系统相同，前苏联（现归属俄罗斯）的 GLONASS 系统也是由 24 颗卫星组成，但是，这 24 颗卫星是均匀分布在 3 个轨道平面上，每个轨道上布设着 8 颗 GLONASS 卫星。3 个轨道平面间按升交点经度计算互为 120°，平均轨道高度为 19 100km，轨道倾角为 64.8°，卫星的运行周期为 11h15min。GLONASS 卫星星座如第 1 章中图 1-10 所示。

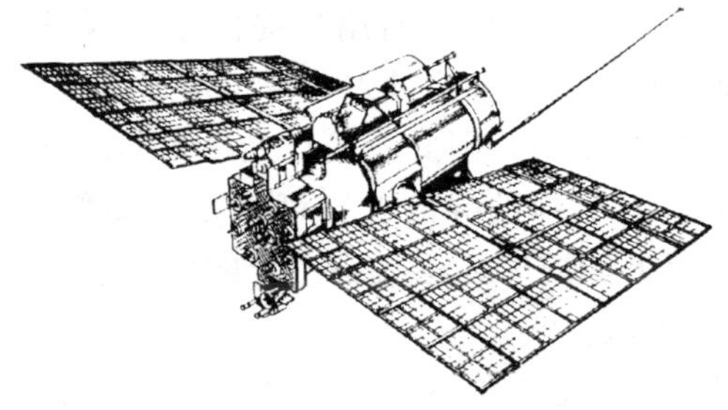

图 8-1　GLONASS 卫星图

GLONASS 卫星在轨重量为 1400kg，卫星体直径为 2.25m，其外形结构如图 8-1 所示，卫星圆标形的星体为仪表舱；两侧安设太阳电池翼板，为星载电子设备提供电能；星体尾部装备 312 根 L 波段的发射天线，用以向全球用户发送 GLONASS 卫星的导航定位信号。

GPS 系统时与世界协调时相关联，而 GLONASS 系统时与莫斯科标准时相关联。GLONASS 系统的卫星广播星历是以卫星在空间直角坐标（x，y，z）、速度分量（$\dot{x}$，$\dot{y}$，$\dot{z}$）和加速度分量（$\ddot{x}$，$\ddot{y}$，$\ddot{z}$）9 个参数为星历参数；另外 GLONASS 卫星系统的参考坐标系是以与俄罗斯地区的地球表面拟合较好的地球模型建立的 PZ-90 坐标系。GLONASS 卫星与 GPS 卫星系统的主要区别见 8.3.3 节。

8.2.2　GLONASS 系统频率和信号

GLONASS 系统的卫星发射的信号结构和频率也与 GPS 卫星不同，GLONASS 采用的伪随机码长度比 GPS 短一半，码率比 GPS 的码率低一倍。GPS 采用码分多址技术，信号载波频率只有 L 波的 f_1 和 f_2 两个频率；而 GLONASS 采用频分多址技术，即每颗卫星用自己独特的频波频率信号，第 i 颗卫星的频率为

$$f_{1i} = f_1 + (i-1)\Delta f_1$$
$$f_{2i} = f_2 + (i-1)\Delta f_2$$

其中：

$$f_1 = 1602.5625\text{MHz}, \quad \Delta f_1 = 0.5625\text{MHz}$$
$$f_2 = 1246.4375\text{MHz}, \quad \Delta f_2 = 0.4375\text{MHz}$$
$$i = 1,2,3,\cdots,24$$

GLONASS 在卫星星座设计、导航定位原理等方面与美国的 GPS 基本相同。但是 GLONASS 不但发射的信号结构和频率与 GPS 卫星不同，而且卫星信号中调制的导航电文在结构和参数等方面与 GPS 导航电文存在着较大的差异。了解 GLONASS 导航电文的结构，对实现 GLONASS 定位具有重要作用。

导航电文包含有卫星的轨道参数、卫星工作状态参数、时间系统参数、卫星历书等数据，是用户赖以进行导航的数据基础。GLONASS 导航电文所含数据可分为实时数据和非实时数据两类。实时数据是与发射该导航电文的 GLONASS 卫星相关的数据。包括卫星钟面时、卫星钟钟面时与 GLONASS 系统时的差值、卫星信号载波频率实际值与设计值的相对偏差、卫星星历。非实时数据为卫星导航系统的历书数据，包括所有卫星的状态数据（状态历书）、每颗卫星的钟面时相对于 GLONASS 系统时的近似改正数（相应历书）、所有卫星的轨道参数（轨道历书）、GLONASS 系统时间相对于 UTC（SU）的改正数等。

GLONASS 导航电文是一种二进制码，并按汉明码（Hamming Code）方式编码。一个完整的导航电文由 1 个超帧（Superframe）组成，而每个超帧由 5 个帧（Frame）组成，每个帧又由 15 个串（String）组成，串相当于 GPS 导航电文的子帧（Subframe）。

发播一个超帧历时 2.5min，调制速率 50bit/s。每帧历时 30s，每串历时 2s。每个超帧内含有 24 颗 GLONASS 卫星历书的全部内容。在超帧内含有保留位，用于以后在导航电文中插入和附加信息。每个帧传送 GLONASS 卫星的部分实时数据和给定卫星的全部非实时数据。

8.2.3 现阶段 GLONASS 系统存在的问题与发展方向

由于 GLONASS 卫星在轨作业寿命过短，部分卫星在轨作业时间不足 2 年，因此，维持这样一个系统的基本功能每年需数千万美元，而目前 GLONASS 与 GPS 卫星系统相比所占市场份额太小，特别是俄罗斯经济相对不景气，难以有效维持 GLONASS 的正常运行，也没有足够资金支持补充发射新的卫星。截止 2002 年底，GLONASS 在轨卫星仅为 11 颗。为了挽救困难重重的 GLONASS 卫星系统，1999 年 2 月 18 日俄罗斯总统叶利钦决定同意军民共同分享控制 GLONASS，授权建立一个军民联合组织来控制、维护和使用该系统，并希望使 GLONASS 成为 GNSS 系统的基础，以扩大 GLONASS 的应用领域，提高 GLONASS 与 GPS 的竞争能力。

8.3 欧洲卫星导航系统——Galileo 系统

欧洲空间局早于 1982 年就提出建议，希望通过国际合作，建立一套以民用为主要目的全球导航卫星系统。20 世纪 90 年代后，随着美国 GPS 系统的建成完善，卫星导航系统在定位、导航、大地测量以及精密授时等许多领域得到广泛的应用。为了打破 GPS 和 GLONASS 一统全球卫星导航天下的局面，更为了能在未来的太空舞台上承担重要角色，经过多年的协商讨论，欧盟首脑于 2002 年初正式签署协议开始建设欧洲的全球导航系统 Galileo。预计系统建设经过开发验证阶段（2002 年～2005 年），星座部署与配置阶段（2006 年～2007 年），将于 2008 年全面投入使用。系统总耗资预计为 34 亿欧元。其建成后，不仅使欧洲拥有了自己独立的安全防务体系，而且将为欧洲带来丰厚的经济利润，在 2008 年至 2020 年 Galileo 计划预计将为欧洲创造 800 亿欧元的利润，每年的经济收益将达 100 多亿欧元；同时，该计划还可以为欧洲提供 15 万个高科技的就业岗位。

8.3.1 Galileo 系统的结构和组成

未来的 Galileo 系统是一个独立的，又与 GPS 兼容的全球导航系统，要求系

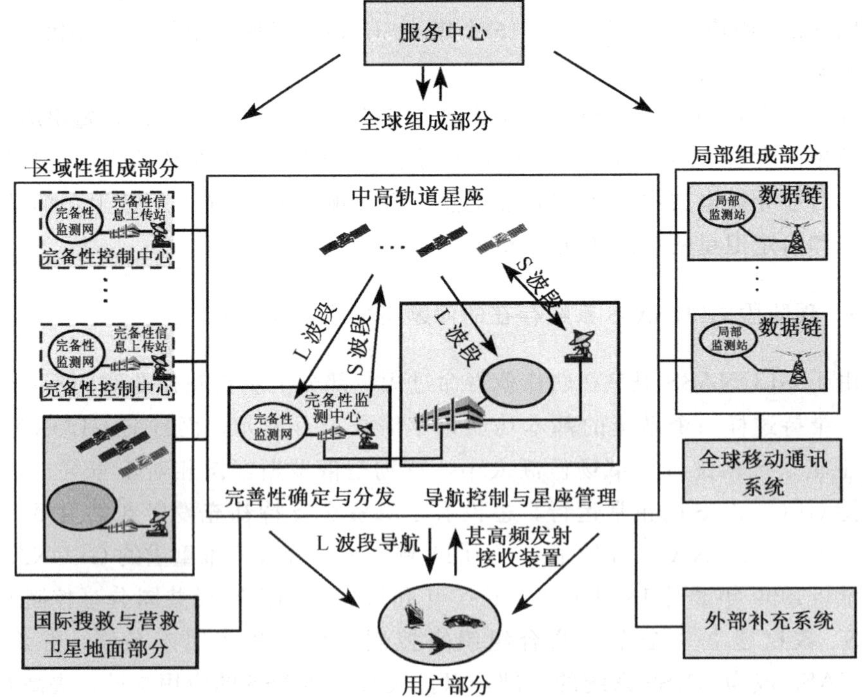

图 8-2 Galileo 系统体系结构图

统结构应尽量满足以下几个条件：①适应用户及市场需要；②开发和运行成本最小；③系统本身固有风险最小；④与其他系统（主要是 GPS）具有互操作性。

基于以上考虑，Galileo 系统主要由 4 部分组成：①全球设施部分；②区域设施部分；③当地设施部分；④用户接收机及终端（图 8-2）。

1. 全球设施部分

该部分是 Galileo 系统基础设施的核心，包括空间星座部分与地面监控部分。Galileo 卫星星座，由 30 颗卫星（27 颗在轨工作，3 颗备用）构成，平均分布在 3 个等间距的地球轨道上，轨道高度 23 616km，轨道倾角 56°。卫星设计工作寿命为 20 年。卫星绕地球一周时间约 14h04min。每颗卫星的重量为 625kg，其中导航载荷为 113kg，装有两对铷钟和氢脉冲钟以及直径 1.5m 的全球波束天线；搜救载荷为 15kg，采用螺旋天线。Galileo 卫星结构如图 8-3 所示。

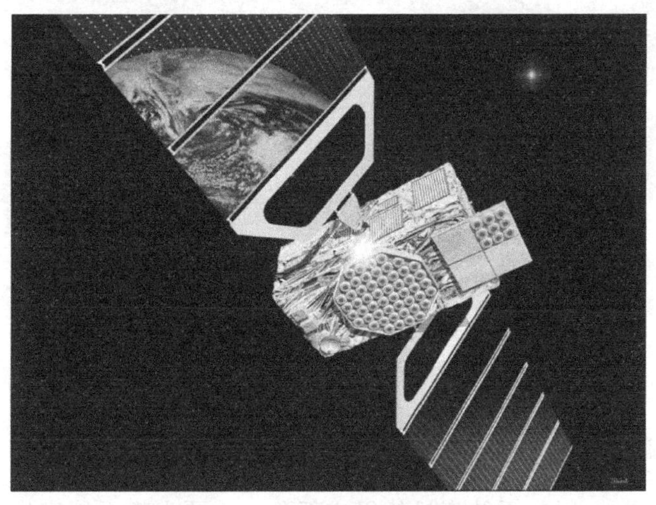

图 8-3　Galileo 卫星图

分布于全球的地面监控设备负责维持 Galileo 导航卫星的星座，控制导航系统的核心功能（如定轨、时钟同步），以及通过 MEO 卫星向全球发布 Galileo 系统完好性信息，地面段监控设备包括：

1）控制中心 GCC：座落在欧洲的两个 Galileo 控制中心是系统地面监控的核心，其主要功能是控制星座、保证卫星原子钟的同步、完好性信号的处理、监控卫星及由它们提供的服务、数据处理；

2）上行链路站 GVS：分布于全球的上行链路站主要是用来传输往返于卫星的数据，每个上行链路站 GVS 包含一个进行卫星管理的 TT&C 站和一个任务上行站 MVS。TT&C 上行链路通过 S 波段发射，MVS 通过 C 波段发射；

3）监测站 GSS 网络：分布在全球范围的 GSS 网络接收卫星导航信息 SIS，并且检测卫星导航信号的质量，以及气象和其他所要求的环境信息。这些站将收到的信息通过通讯网 GCN 中继传输给控制中心 GCC；

4）全球通讯网络 GCN：利用地面和 VSAT 卫星链路，把所有地面站和地面设施连接起来。

Galileo 的 32 个地面监测站在全球的分布如图 8-4 所示，其中两个控制中心分别位于法国和意大利。

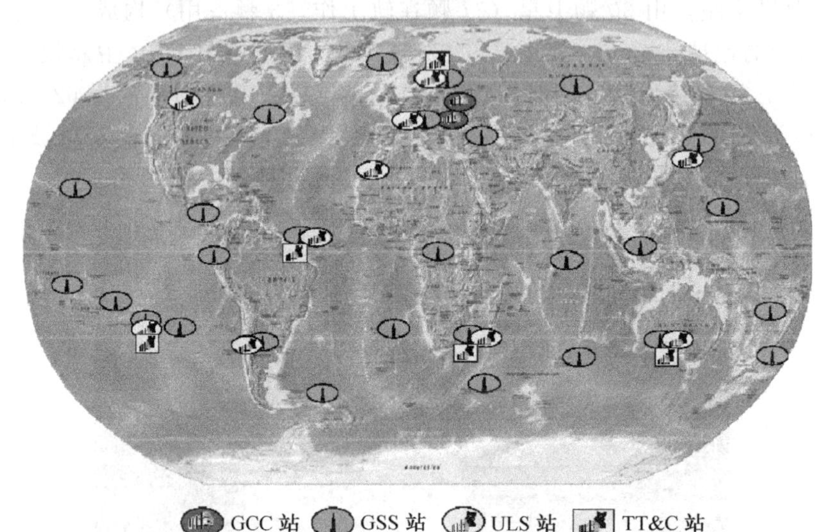

图 8-4 Galileo 全球地面监测控制站分布示意图

2. 区域设施部分

区域部分是 Galileo 系统有机的组成部分，主要由对系统完好性实施监测的监测站 IMS 网络和数个进行完好性监测的控制中心 ICC，以及完好性信息注入站 IVCS 组成。Galileo 系统区域完好性数据可以直接由该区的地面站上传至对应的 Galileo 卫星；另外，该部分还可以通过地球同步卫星为 GPS 和 GLONASS 系统提供相应的差分信息。

3. 当地设施部分

根据当地的特殊需要提供特别的精确性和完好性信息，以及当地差分信息。当地设施部分主要包括：①提供本地差分修正信号的本地精确导航设备，用户可用这些信号修正星历和钟差，以及补偿对流层、电离层延迟误差；②提供本地差分信号的本地高精度导航设备，使用户可利用载波模糊度解修正每颗卫星的有效距离，用于修正星历和钟差、补偿对流层、电离层延迟误差；③使用单向或双向通讯方式来协助用户确定在复杂环境下的位置的本地辅助设备；④提供本地辅助的“伪卫星”的本地增强可用性导航设备。

4. 用户接收机及终端

Galileo 用户接收机及终端，其基本功能是在用户段实现 Galileo 系统所提供的各种卫星无线导航服务，包括直接接收 Galileo 的 SIS 信号；拥有与区域和当地设施部分提供服务的接口；与其他定位导航系统（如 GPS）及通讯系统互操作等功能。

8.3.2　Galileo 系统的信号

Galileo 系统也是采用被动式导航定位原理和扩频技术发送导航定位信号。同其他卫星导航系统一样，导航信号也包含 3 种信号分量：载波、测距码和数据码（导航电文）。导航信号将测距码和数据码调制到无线电载波上，由星上发射器发射。Galileo 系统在所发射的载波上以双相相移键控方式调制测距用的伪随机测距码和导航用的星历数据码。

1. Galileo 系统频率设计

2001 年 Galileo 信号特别工作组（STF）在国际导航组织全球定位系统会议（ION GPS-2001）上公开了 Galileo 频率和信号设计的初步方案。2002 年 9 月，STF 又公布了新的频率结构和信号设计方案。Galileo 所使用的频率为分布在 1164～1215MHz 上的 E5a、E5b（低 L 波段）信号，该频段的信号包含了与公共免费以及生命安全服务有关的导航信号；1260～1300MHz 上的 E6（中 L 波段）信号，包含的是公共授权和商业加密导航信号；1559～1591MHz 的 E2-L1-E1（高 L 波段）的信号，主要包含公共授权、有关生命安全的导航服务信号；Galileo 的频率中心与频段分布如图 8-5 所示。

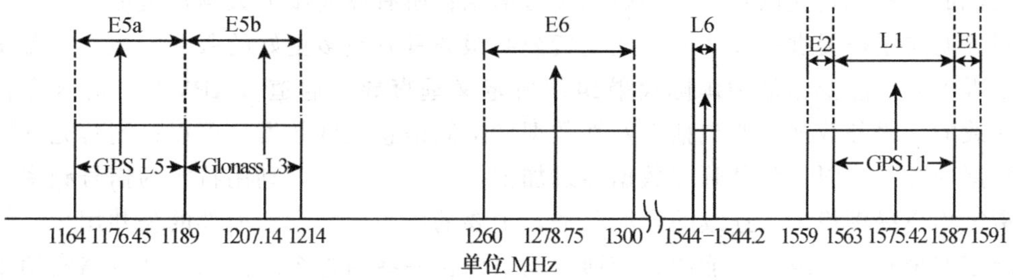

图 8-5　Galileo 频率分布图

如图 8-5 所示，为了保证 Galileo 和 GPS 的兼容性，Galileo 的 E2-L1-E1 波段选用了和 GPS L1 波段相同的中心频率；Galileo E5a 频段和 GPS L5 频段重合，Galileo E5b 频段和 GLONASS L3 频段重合。另外，L6 频段是搜寻救援服务信号的下行频段。

所有的 Galileo 卫星共享相同的载波频率，使用和 GPS 类似的码分多址技术法来区别各个不同卫星的信号，而不是使用 GLONASS 系统所采用的频分多址技术。

2. Galileo 信号与服务

Galileo 提供 10 个右旋极化的导航信号和 1 个搜救信号。Galileo 信号设计是以满足 Galileo 系统服务为目标，其中 E5a、E5b、L1 载波上的 6 个信号对所有的用户来说均可以访问；E6 上的两个加密信号由商业服务商向特许用户提供访问；E6 和 E2-L1-E1 上的两个加密信号只能由公共管理服务的特许用户访问。表 8-1 列出了 Galileo 信号的主要性能参数。

表 8-1　Galileo 信号的主要性能参数

频	段	通 道	信号编号	调制方法	码率/Mcps	码加密	数码率/sps	数据加密
低 L 波段	E5a	1	1	尚在研究中，可能采用 AltBOC（15，10）或 QPSK	10	否	50	否
		Q	2			否	无	无
	E5b	1	3			否	250	否
		Q	4			否	无	无
中 L 波段	E6	A	5	BOC（10，5）	5.115	政府	待定	是
		B	6	BPSK（5）		商业	1000	是
		C	7			商业	无	无
高 L 波段	L1	A	8	BOC（n，m）	m * 1.023	政府	待定	是
		B	9	BOC（2，2）	2.046	否	250	否
		C	10			否	无	无

Galileo 信号为用户定义了 4 种不同类型的服务：免费公共服务、商业服务、有关生命安全的服务和公共管理服务。免费公共服务可以为任何拥有 Galileo 接收机的用户免费提供定位、导航和授时信息；所有商业服务数据都是加密的，由服务商向用户提供；商业服务比免费公共服务具有更多更好的服务功能；生命安全服务的性能指标是和国际民航组织所定义垂直导引通道（APVⅡ）的规定相一致的，服务数据主要包括完好性数据和空间信息精度数据，可以控制对完好性数据的访问权限；公共管理数据经过加密，由欧盟控制，利用特定的信号频率为指定用户提供稳定、连续的导航服务，主要的用户包括欧洲内部的公共用户、与国家安全有关的组织、能源、交通、电信以及一些与整个欧洲的发展战略密切相关的经济行为，该项服务相当完善，对外界干扰以及有意和无意的攻击将具有非

常强的系统保护能力。Galileo 信号不同服务类型与精度指标的关系见表 8-2。

表 8-2　Galileo 系统服务的精度指标及其服务领域

服务领域	精度指标	
公开服务	15～20m（单频）	5～10m（双频）
商业服务	5～10m（全球，双频）	1～10m（局部，双频）
公共事业服务	4～6m（全球，双频）	1m（局部，双频）

另外，搜救服务比较特殊。Galileo 卫星在 406～406.1MHz 频段上探测已存在的 Cospas-Sarsat 系统信标发出的灾难求救信号；并由 L6 频段把这些信号向特定的地面站广播，从而实现对 Cospas-Sarsat 搜救服务系统的增强。

3. Galileo 信号调制方法

Galileo 信号的调制遵从以下设计原则：使 Galileo 卫星实现成本最小、功率效益最大；Galileo 信号对 GPS 接收机的干扰最小；优化性能以使 Galileo 接收机设计简化。目前，信号的调制方法还未最后确定。在低 L 波段，主要有 A、B 两种方案：

A. 相关生成两个 QPK（10）信号，通过 E5b 分别发放大后，再分别由 1176.45MHz 和 1207.14MHz 调制发射；

B. 用 AltBOC（15，10）方法来产生一个混合的宽带信号并放大，在 1191.795MHz 调制发射。

在 E6 波段和 E2、L1、E1 波段各有 3 个信号，也有两种方案备选：①分时使用；②改进的六相位调制方法。

8.3.3　Galileo 系统的特点与 GPS 的同异及兼容性

Galileo 系统最大的特点是从系统方案设计开始就由民间组织负责管理和实施，这为该系统未来广阔的应用领域提供了有利保障。

通过美国有关 GPS 政策的相关文件和资料分析，可知 GPS 不但存在鲜明的军用色彩民用需求得不到保障的缺点之外，而且系统本身还存在以下问题：①在两极高纬度地区信号覆盖能力弱，且在人口密集区域和城镇中心信号穿透性差；②GPS 信号易受干扰，系统完备性不好，在 GPS 系统的应用过程中，经常会出现无任何先兆的情况下系统失效的现象；③定位精度随时间和位置变换而变化，快速定位应用精度仅 70～100m。

Galileo 从系统概念设计开始就非常注意系统的完备性，最大限度地保证系统的可用性，并及时地为指定用户提供系统的完备性信息，使用户在使用过程中能够及时了解系统的状态和性能；Galileo 系统实现了全球完好性监控，当系统信号出现问题时，系统将向用户提供即时的警告，有效地保证了整个系统的导航性能；Galileo 在信号无线电频谱的选取上采取一定的技术手段，并进行了特殊处理，以提高信号的抗干扰性。

在定位技术上，相比 GPS 和 GLONASS 导航定位系统，Galileo 系统所提供的数据率更高、波段更宽、具有更出色的电离层建模技术；Galileo 将提供更加完善的导航和定位服务以及更高的定位精度，系统可为地面用户提供误差不超过 1m 的定位服务，定位精度按免费信号、加密且需交费信号、加密且需特殊允可的信号依次提高，最高精度比 GPS 高 10 倍，即使使用免费信号定位精度也达 6m。

Galileo 与当前已有的 GPS 系统、CLONASS 系统相比，在系统的设计与结构上均有较大差异，表 8-3 给出了三个导航卫星系统的比较。

表 8-3 Galileo 与 GPS、GLONASS 系统的对比

参　数	Galileo	GPS	GLONASS
在轨卫星数	30	24＋3	24＋3
轨道平面数	3（间隔 120°）	6（间隔 60°）	3（间隔 120°）
轨道倾度	56°	55°	64.8°
轨道高度	23 616km	20 230km	19 390km
轨道周期	14h04min	11h58min	11h16min
星历数据表示方法	—	卫星轨道的开普勒参数	卫星在地心坐标系统运动的 9 个参数
卫星寿命	15～20 年	3～5 年	7～8 年
卫星信号分隔法	码分（CDMA）	码分（CDMA）	频分（FDMA）
载波 L_1	1561.098～1589.742MHz	1575.42MHz	1602.5625～1615.5MHz
载波 L_2	1202.025～1278.750MHz	1227.60MHz	1246.4375～1256.5MHz
参考系	GTRF	WGS-84	PZ-90
时间系统	GST	UTC（USNO）	UTC（SU）

Galileo 的另外一个特点是在系统设计和整个建设过程中充分考虑系统与 GPS 系统的兼容性以及信息的共享性，能够与各卫星导航系统协同工作。兼容性指 Galileo 和 GPS 不会互相干扰各自的服务、信号等，信息具有很好的共享性；协同工作指用户能够同时利用这两个系统来提高定位精度、数据完好性、可用性和可靠性。

Galileo 除了信号与 GPS、GLONASS 信号有很好的重合性外，系统的地面段还会把 Galileo 时间系统 GST 与 GPS 系统的时间的偏移由广播星历发给用户；同时 Galileo 地球参考框架 GTRF 和 GPS 使用的 WGS-84 都是国际地球参考框架，两者之差在厘米数量级。因此，在未来用户可以使用一台 Galileo 接收机同时接收 GPS 和 Galileo 系统的信号，可以进一步提高系统可见星数目，改善定位精度和系统的可靠性。

总之，在 Galileo 系统的建设过程中在吸取已有卫星系统优势的同时，充分利用一系列新技术和新工艺，以克服 GPS 系统的不足之处，使系统服务保障、系统完整性监测等多方面均有较大改善。Galileo 系统的建成将大大提高和改善卫星导航系统的可用性和扩大卫星导航的应用领域。

8.4　北斗双星导航定位系统——RDSS 系统

无论是美国的 GPS 系统、俄罗斯的 GLONASS 系统，还是正在建设的 Galileo 系统均采用了被动式导航定位的方法，即用户不发射信号，仅接收卫星发射的信号，由用户完成对信号的处理及定位，是一种无源定位导航系统。无源定位系统的优点是用户自身的保密性好，且用户数量不受限制；存在的问题是用户间、用户与地面系统之间无法进行通讯。

相对卫星无源定位导航系统，还存在一种有源导航系统（主动式定位），即用户将接收的卫星信号发送给地面中心站，由中心站解算出用户的位置，再以通讯方式告知用户。这种定位方式，除了具有导航定位功能外，还具有通信功能，它弥外了无源位方式的不足。目前美国的 Geostar 系统、欧洲的 Locstar 系统均归于这种有源导航定位通信系统。

我国为了满足国民经济和国防建设的需要，特别是为了克服对美国 GPS 导航定位系统的过度依赖，根据我国的国情，陈芳允院士于 1983 年提出了建设自己的双静止卫星导航定位系统的设想，经过十几年的论证与研制，于 2000 年 10 月和 12 月分别成功发射了两颗“北斗”导航定位卫星，并于 2003 年 5 月发射了第三颗“北斗”导航备份卫星，标志着我国已拥有了自主完善的第一代卫星导航这位系统，该系统就是一个有源导航定位与通讯系统。

8.4.1　双星定位系统的组成

双星定位系统是由 2～3 颗在地球同步轨道上运行的静止卫星构成的空间导航定位系统，系统由空间卫星部分、地面系统部分和用户三部分组成，如图 8-6 所示。

图 8-6　北斗双星定位导航系统的组成

空间卫星部分：包括 3 颗地球同步轨道卫星，前两颗分别定点在东经 80°和东经 140°的上空，两卫星的升交点赤经相隔 60°，备份卫星定点于东径 140°。每颗静止卫星承担包括：接收来自地面中心站的出站信号并转发给导航用户，接收来自导航用户的发送信号并转发给地面中心站，将地面中心解算出的用户坐标值发送给导航用户，接收地面中心的各种控制指令，向地面中心发送卫星工作状态信息等项任务。卫星所发射的天线电波为能覆盖 42％地球表面的全球波束，其覆盖的经度为 100°，纬度为±81°。

地面系统部分：由主控站和计算中心、测轨站、气压测高站、校准站等组成。地面系统作为整个系统的功能中枢，承担用户终端位置解算、通信信息转发、用户数据保存、系统监控管理等一系列功能，可为用户提供定位、通信和授时服务。

用户终端：是直接由用户使用的设备，包括带有全向收发天线的接收、转发器。用于接收卫星发射的 S 波段信号，从中提取地面中心传送给用户的数字信号，同时从信号中提取时间标记，以该时间标记为基准，生成向卫星发送的信号，该信号包含用户向地面中心站或请地面中心站向其他用户传送的数字信息。用户设备可以接收定位信号，通信信号和定时信息，实现单机定位和双向数字简短报文通信，也可实现自主导航和精确授时。用户终端设备根据执行任务的不同分为定位通信终端（用户收发机）、校时终端、集团用户终端等。

8.4.2　双星定位系统的定位原理及方法

1. 定位原理与定位过程

双星定位系统采用主动定位方式，先由定位用户终端接收卫星发来的包含有测距信号、地址电文、时间码等的询问信号，并注入用户站的必要信号作为应答信号再返回发给卫星，由卫星转发到地面中心，地面中心根据用户信号测量并计算出用户到两颗卫星的距离，并根据中心存储的数字高程地图或由用户携带的气压测高仪提供的高程，计算出用户的点位坐标，然后置入出站信号中发送给用户，使用户获得自己所在位置。系统的定位过程如图 8-7 所示。

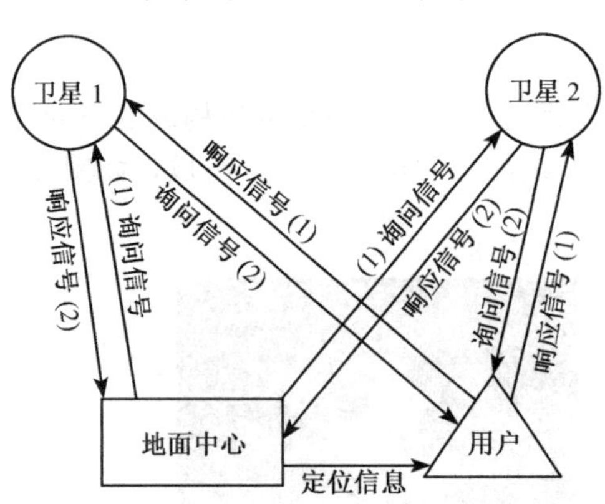

图 8-7　双星定位导航系统定位工作过程图

双星定位的几何原理：如果已知空间两颗卫星 A、B 的精确坐标，且用户测站到卫星的真实距离 S_1 和 S_2 已知，那么用户的位置必定在分别以卫星 A、卫星 B 为中心，以 S_1 和 S_2 为半径的两个圆球的交线圆上（图 8-8）。为了在这个圆上找出用户的位置，还需已知用户的大地高，然后利用以地心为中心，大地高为半径的圆球与交线圆形成两个交点，且用户位置必在这交点之中，而两个交点的取舍极易判断。

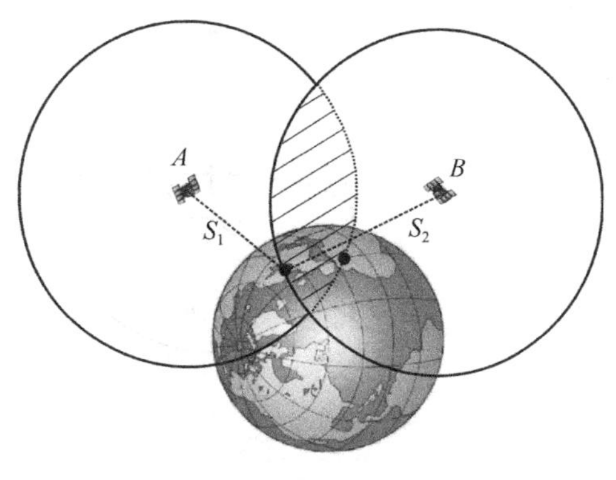

图 8-8　双星系统定位几何原理图

令地面中心站至两卫星的距离分别为 D_1 和 D_2，测站到卫星的距离分别 S_1 和 S_2，测站的观测量是电波在地面中心、卫星、测站之间往返传播的时间，相应的距离为 O_1 和 O_2，按上述定位原理可建立求解的几何观测方程

$$O_1 = 2(S_1 + D_1) = 2\sqrt{(X_A - X_u)^2 + (Y_A - Y_u)^2 + (Z_A - Z_u)^2} + 2D_1$$

$$O_2 = (S_1 + S_2 + D_1 + D_2) = \left[\sqrt{(X_B - X_u)^2 + (Y_B - Y_u)^2 + (Z_B - Z_u)^2} + D_2\right] + \frac{1}{2}O_1 \tag{8-1}$$

式中，(X_A, Y_A, Z_A)，(X_B, Y_B, Z_B) 为已知卫星空间坐标，(X_u, Y_u, Z_u) 为用户位置坐标。

另外当用户的大地高 H 已知，如图 8-9 所示，该大地高 H 是用户点位法线的延长线，在用户法线与地球短轴交点 O' 与用户点位之间存在：

$$O_3 = N_e + H = \sqrt{(X_o - X_u)^2 + (Y_o - Y_u)^2 + (Z_o - Z_u)^2} \tag{8-2}$$

式中，N_e 为用户定位纬度 B 的卯圈曲率半径；$N_e = \dfrac{a}{\sqrt{1 - e^2\sin^2 B}}$，$(X_{o'}, Y_{o'}, Z_{o'})$ 为 O' 点的坐标；$(X_{o'}, Y_{o'}, Z_{o'}) = (0, 0, -N_e e^2 \sin B)$。

因此，式（8-1）的两个方程和式（8-2）联立即可解出用户的坐标位置值 (X_u, Y_u, Z_u)。

2. 双星导航定位方法

双星导航定位系统（图 8-9）求定用户位置的方法主要有高程代入法、相似椭球法、近似椭球法和三点交会法等 4 种方法。高程代入法是通过将已知的大地高迭代求出用户位置空间坐标的 Z 坐标分量代入由卫星获得的两个测距方程，再利用这两个方程求出用户的另两个坐标量 X，Y 来实现定位的；相似椭球法是设想用户测站位于与地球椭球相似的椭球上（中心重合、三轴平行、偏心率相等），通过将该相似椭球方程与两测距方程联立求定测站的三维空间坐标；近似

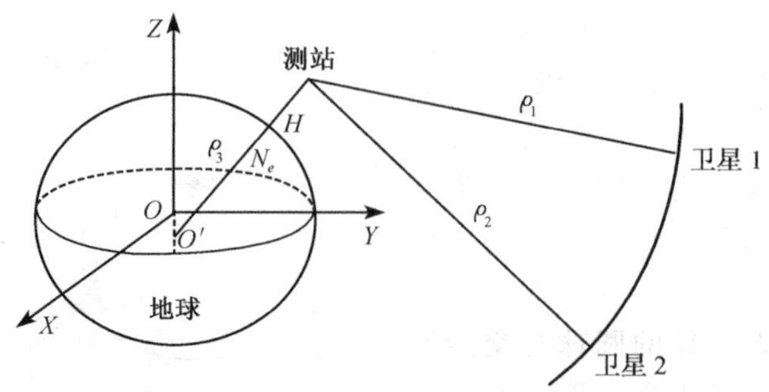

图 8-9　双星定位示意图

椭球法是设想用户测站位于与地球椭球相似的椭球上（中心重合、三轴平行、偏心率不同）来求用户位置；三点交会是通过 ρ_1、ρ_2、ρ_3 三条边交会于一点来求出测站点的位置。以上 4 种方法均属于单点定位，适用中低精度定位，其中三点交会法最优，高程代入法不适于低纬度地区的定位。

要进行较高精度的定位可采用差分定位法和时差图定位法。差分定位法是将用户测站与定位基准站在同一时刻获得的测距信息进行差分处理，以消除或削弱一些相关误差，以获得较高精度的定位数据。差分定位法按改正方法的不同，又分为位置改正法和边长改正法；在同样的条件下，边长改正法精度优于位置改正法，而位置改正法的方程解算较为简单。时差图定位法是提供高精度相对定位的计算方法，其基本原理是：相隔一定距离的地面上任意两点对同一颗卫星的观测边之差，就是电波从卫星至这两点的传播时间差；同步观测两颗卫星可得到两个时间差；以地面某个固定点为参考原点，以周围相对点位的坐标差为纵横轴，把对应相对定位的时差列出，形成时差图。参考点和在其周围的测站点准同步观测时，可得两个时差，每个时差在对应卫星时差图上是一条曲线，两条曲线的交便是用户测站。

8.4.3　双星导航定位系统的功能与特点

1. 系统的主要功能

“北斗”双星导航定位系统具有快速定位，实时导航，简短通信和精密授时四大服务功能。

1）快速定位：“北斗”卫星导航定位系统使用的卫星，以快速捕捉信号和传送大量数据见长。系统信号在地面中心—卫星—用户测站—卫星—地面中心 4 条边路径上的传播时间约为 0.48～0.56s，地面中心信号处理时间不到 0.4s，整个定位可在 1s 时间内完成，其定位精度为 20～100m。因此，系统可为服务区内用户提供全天候、高精度、快速实时定位服务。

2）实时导航：系统地面中心有庞大的数字化地图数据库和各种丰富的数字

化信息资源，地面中心根据用户的定位信息，参考地图数据库可迅速地计算出用户距目标的距离和方位，可对用户发出防撞和救援信息等；另外，用户收发机也具有一定的信息存储和处理能力，可以设置多个航路点、目标点、用户航行允许最大偏差等信息，计算用户距目标的距离和方位，导引用户到达目的地。因此导航具有为诸如车、船等一些中低速运动载体导航的功能。

3）简短通信：导航系统具有用户与用户、用户与地面控制中心之间双向数字简短通信的能力。通信过程为地面控制中心接收到用户发送来的响应信号中的通信内容，进行解读后再传送给收件用户端。一般用户 1 次可传输 36 个汉字，经核准的用户可利用连续传送方式最多传送 120 个汉字。

4）精密授时："北斗"系统具有单向和双向授时功能。根据不同的精度要求，利用授时终端，完成与北斗导航定位系统之间的时间和频率同步，提供 100ns 单向授时和 20ns 双向授时的时间同步精度。

2. "北斗"导航定位系统的特点

"北斗"双星导航定位系统具有以下优点：

1）可以对覆盖区内的用户进行 24h 全天候连续定位，且定位精度较高，双静止卫星为昼夜 24h 的定位，导航通信和授时提供了条件，其定位精度随测站纬度的降低而降低。采用差分定位法和扩频技术，可以使测距精度达到 3m 左右，数字地图高程平均精度在平原地区可达 5m 左右，利用差分定位技术可使定位精度达 10～20m，高于 GPS C/A 码的定位精度。

2）系统由于需要的卫星数少（仅需 2～4 颗），故比全球定位系统如 GPS 所需的资金要少许多。另外，系统的每个用户接收机有专门识别码，可用计费形式控制收发机的使用。系统投资少，建设周期短，效益高；而且，用户收发机仅仅是个应答器，设备结构比较简单，操作简单，价格低廉。

3）具有通信功能，便于用户与用户、用户与管理者的交流，信息高度集中，有利于军事指挥和管理。

4）可提供高精度的时间信息。

另一方面，"北斗"双星导航定位系统还存在以下的限制与弱点：

1）由于"北斗"系统是用两颗卫星导航定位的，因此，只能测得二维平面的定位数据；需要利用数值地图资料库或用户的测高仪方能求得用户高程，并进一步确定用户的三维坐标。

2）由于"北斗"系统用户的定位申请要送回控制中心，经由中心解算出用户的三维坐标再发给用户，整个定位需约 1s 左右的时间，难以实现诸如飞机、导弹等高速载体的导航。

3）系统采用有源工作方式，用户数量有限且隐蔽性差，如果作为军事用户的信号可被敌方定位而遭致攻击；另外，由于整个系统在同一时间内服务用户的数量受到用户可以使用的通信频率数量、询问信号速率和用户响应速率条件的限制，因此“北斗”系统的用户信号有限，每秒钟只能容纳 150 个用户。

4）系统生存能力差，定位精度有限。由于系统采用集中式处理，地面控制中心扮演着系统的关键角色。一旦中心被毁坏，整个系统就不能运作，这是“北斗”系统的致命弱点。

5）不能实现全球导航定位，只能用于覆盖区域。

6）通信的容量和速度有限，仅仅允许简短报文通信。

7）由于静止卫星位于地球赤道平面内，对于赤道附近的测站定位精度很差。

“北斗”双星是我国的第一代导航定位系统，尽管有许多不足，但也具有 GPS 系统没有的优点。更重要的是它结束了我国无自主导航定位系统以及完全依赖美国 GPS 系统的历史。目前我国正在进行第二代卫星导航定位系统研究论证工作，预计在 2005 年将给出第二代系统的基本设计方案，二代系统的初步构想为：在继承北斗卫星系统已有成熟技术的基础上，建立 MEO＋GEO 卫星的全球覆盖星座框架，采用单向时间被动式测距，实现无源定位，用户容量不受限制的导航系统体制。也就是二代卫星导航定位系统将从根本克服“北斗”系统的弱点。

8.5 GPS 现代化的构架与作用

从 20 世纪 90 年代初 GPS 卫星系统全面投入使用以来，随着人们对 GPS 卫星系统开发与应用的深入，使得 GPS 不仅在军事上，而且在交通航空、测绘、通讯、电力、能源、农业、城市管理、安全防范等民用领域广泛应用，GPS 成为一种跨学科、跨行业、广用途、高效益的综合性高新技术产业。预计 2005 年，GPS 市场的年销售额可达 100 亿美元以上，GPS 已成为美国八大无线电产业之一，而且是经济发展速度最快的行业之一。

但是，GPS 系统的总体设计方案是在 1973 年完成的，迄今已有 30 余年，无论在系统的组成、信号结构上，还是在 GPS 的政策方法上均存在一些不足，特别是面临 GLONASS 和 Galileo 两大卫星导航定位系统在技术和市场应用前景的挑战。从 20 世纪 90 年代中期，美国国防部等有关单位就认识到进行现有 GPS 系统的改造的必要性，经过几年的研究讨论，于 1999 年 1 月以国家副总统文告的形式正式提出“GPS 现代化”的提法。

8.5.1 现有 GPS 系统存在的问题

GPS 系统经过近三十年的运行，人们逐渐认识发现，现行的 GPS 系统主要存在如下不足：

1）现有 GPS 系统的组成和结构，使得其在高纬度地区的卫星图形难以满足导航、定位的需要，而在中、低纬度地区，每天也有两次时间历时 20～30min 的导航定位盲区出现，此时的 PDOP 值远大 20，给导航定位带来很大误差；

2）GPS 卫星向用户发送的导航定位信号是强度不大于 3.5E-16W 的无线电信号，如此微弱的信号极易受到电子干扰。实验表明，一台 1W 的调频噪声干扰机，可使距它 22km 范围内的民用 GPS 信号接收机不能正常工作。

此外，由于 GPS 信号 $L1$-C/A 码和 $L1$-P（Y）码共处于载波信号 $L1$ 的中心频带，因此，如果对 $L1$ 实施人为干扰，就会导致处于干扰影响区域内的 GPS 民用（C/A 码）信号和军用（P 码）信号接收机不能正常工作。由此可知，GPS 信号的抗干扰性差。

3）GPS 卫星作为导航定位的动态已知点，用户需要通过 GPS 星历解算方能获取其在天空的位置，而现行的 GPS 星历均是由地面监制系统计算外推求得，进而注入到 GPS 卫星，因此，GPS 卫星星历的获取方式，使信号星历具有很强的依他性，一旦地面监控系统受到破坏，GPS 整个系统将难以维持正常工作，致使系统无法进行高精度导航定位。

4）GPS 卫星信号 $L1$ 上加载有民用的 C/A 码和军用的 P 码，$L2$ 上仅加有 P 码，而 P 码的获取须借助于捕获的 C/A 码，通过 Z 计数实现，因此，P 码存在无法独立获取，受 C/A 码可获得性牵制的问题。同时，对于民用用户而言，由于 $L2$ 上无 C/A 码，也难以用双频测距差进行电离层改正，限制了 GPS 伪距单点定位精度的提高。

综上所述，现行 GPS 星座的组成、信号构成以及 GPS 政策，使得现行的 GPS 系统既不能满足军方要求，也不能满足民用需要，致使系统实时导航定位的精度甚至低于 GLONASS 和 GNSS 系统的精度。

8.5.2　GPS 现代化的构架

鉴于国际卫星导航系统 GNSS 的迅速发展，以及现行 GPS 系统的完整性、连续性、可用性和抗干扰性能有待改进的事实，美国政府决心对 GPS 系统核心部分进行现代化，主要包括：增加 GPS 两个新的民用频率，提高 GPS 卫星集成度，增强 GPS 无线电信号强度，改进导航电文，改善导航定位精度，提高可靠性和强化 GPS 抗干扰能力。

进行 GPS 现代化的目的就是要使 GPS 在 21 世纪继续成为军民两用的系统，既要更好的满足军事需要，也要继续扩展民用市场和应用的需求；亦即实现军民分离、强化军用。概括起来也就是实施所谓的“3P”政策：

1）保护（protection）——采用一系列措施保护 GPS 系统不受敌方和黑客干扰。增强 GPS 军用信号的抗干扰能力，其中包括增加 GPS 的军用无线电讯号的强度；

2）防止（prevention）——阻止敌方利用 GPS 的军用讯号。设计新的 GPS 卫星型号（ⅡF 型），设计新的 GPS 信号结构，增加频道，将民用频道 $L1$、$L2$、$L5$（1.176 45GHz）和军用频道 $L3$、$L4$ 分开；

3）改善（preservation）——改善 GPS 定位和导航的精度，在 2F 型卫星中增加两个新的民用频道，即在 $L2$ 中增加 C/A 码（2005 年），另增 $L5$ 民用频道（2007 年）和提前结束 SA。

具体地说，GPS 现代化包括：

1）取消 SA 政策。2000 年 1 月，美国关于“局部屏蔽 GPS 信号”的技术试验获得成功，使其在战时可以局部关闭 GPS 信号，这更加坚定了美国推进 GPS 系统现代化，提高民用 GPS 定位精度的决心。在 2000 年 5 月 1 日，美国终于关闭了运行长达 10 年的 SA 软件，从而使 GPS C/A 码单点定位精度可达 25m（2σ）测速精度为 10cm/s（2σ），这也标志着 GPS 现代化的正式开始。

2）新增民用 $L2C$ 码和军用 M 码。计划在 2004 年至 2006 年间发射改进的 BlockⅡR 星系列（ⅡR-M），在该卫星的 $L2$ 频率上将播发民用测距码（$L2C$），并在 $L1$ 和 $L2$ 频率上播发新的军用 M 码。$L2C$ 码速率仍为 1.023MHZ，但具有不同于 $L1$ C/A 码的结构与长度。$L2C$ 码是由两个不同长度的伪随机码相乘而产生的。其中，一个码的长度为 10 230 码元，周期为 20ms，并带速率为 25bit/s 的调制数据；另一个码的长度为 767 250 码元，周期为 1.5s，不含调制数据。采用这种信号结构设计的 $L2C$ 码比 $L1$ C/A 码有较强的数据恢复和信号的跟踪性能；且民用用户可以通过 $L1$ C/A 和 $L2C$ 码伪距线性组合来修正电离层延迟的误差，进一步提高导航定位的精度。军用 M 码比 P（Y）具有较强的发射功率，抗干扰能力和保密性能，以及便于军用接收机直接捕获等优点。

3）控制部分的性能提高。GPS 现代化还将进行地面控制部分的改造，以提高控制部分的性能。改进措施包括：用数字化的接收机和性能更优越的计算机来配备地面监控站和天线站；用发送式结构来取代目前主控站 MCS 的计算机；增加改进精度初始化、空军控制网络融合；在范登堡（Vandenberg）空军基地完成能行使全部使命的可选择性主控站 AMCS 的建设；增加ⅡF 的指挥控制能力；主控站 MCS 用单个的“最小卡尔曼滤波器”对每一个卫星进行轨道和星历的误差预报，并且将轨道和星历改正发送到每一个卫星上。

4）将在 2006 年至 2010 年间陆续发射新型的 GPS BlockⅡF 卫星，该卫星系列除了具有 BlockⅡR-M 卫星的功能外，还增加民用频率 $L5$（1176.45MHZ）。由于在 GPS $L2$ 频段附近是地面雷达射频，对民用航空使用 GPS 导航造成干扰，其安全性难于保证，因此，增加 $L5$ 频率将有利于保障民航安全，改善电离层延迟误差修正；有利于载波相位模糊度的实时解算，削弱多路径效应的影响等。

L5 民用码（L5C）由两个长度均为 10 230 码元的伪随机码组合而成，速率为 1.023MHZ，采用四相移键控（QPSK）调制技术，并带有速率为 50bit/s 的数据信息。在表 8-4 和图 8-10 中分别给出了未来八年可用的 GPS 卫星信号，以及新增信号的可见卫星数量。

表 8-4 新型 GPS 卫星系列信号

信号类型	BlockⅡR	BlockⅡR-M	BlockⅡF
L1C/A	√	√	√
L1P(Y)	√	√	√
L1M		*	*
L2C		*	*
L2P(Y)	√	√	√
L2M		*	*
L5C			*

注："√"表示相应的卫星系列具有此类信号；"*"表示 GPS 系统新增加的信号类型。

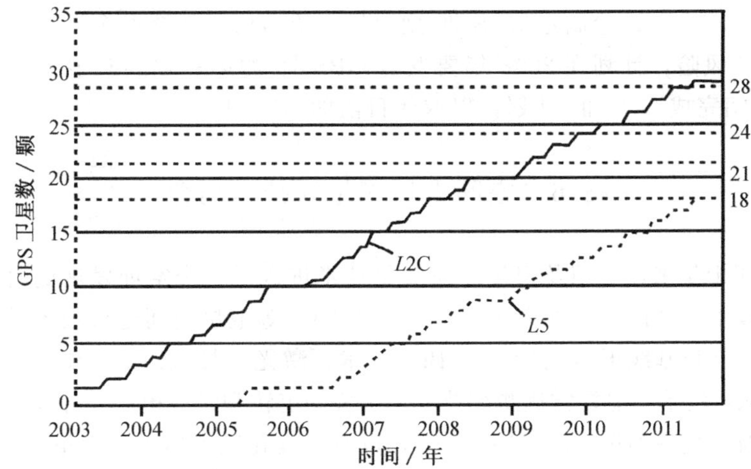

图 8-10 具有新增加信号和频率的 GPS 卫星数

5）实施新的 GPS 系统计划。2010 年以后，将研制开发新型的 GPS BlockⅢ卫星系列，实施新一代 GPS 系统计划。该计划将选择全新的优化设计方案，融合各种卫星资源，增强系统完整性；将采用点波束发射技术，使选定区域集中更高的信号功率，M 码信号的地面接收功率提高到－138dBW；采用高性能的空间原子钟（如氢钟等），增加卫星使用寿命；改变传统的 GPS 系统内部和外部接口，以提高系统工作效率；还有可能改变卫星轨道构形和轨道高度，放弃额定 24 颗中地球共同构成的空间星座配置方案，而采用由 33 颗高椭圆轨道（HEO）卫星共同构成的空间星座。

8.5.3 GPS 现代化计划的进程安排

GPS 现代化第一阶段：发射 12 颗改进型的 GPS BLOCK ⅡR 型卫星，它们具有一些新的功能。既能发射第二民用码，即在 $L2$ 上加载 CA 码；在 $L1$ 和 $L2$ 上播发 P（Y）码的同时，在这两个频率上还试验性的同时加载新的军码（M 码）；ⅡR 型的信号发射功率，不论在民用通道还是军用通道上都有很大提高。

GPS 现代化第二阶段：发射 6 颗 GPS BLOCK ⅡF（“ⅡFLite”）。GPS BLOCK ⅡF 型卫星除了有上面提到的 GPS BLOCK ⅡR 型卫星的功能外，还进一步强化发射 M 码的功率和增加发射第三民用频率，即 $L5$ 频率。GPS ⅡF 型卫星的第一颗的发射不迟于 2005 年。到 2008 年在空中运行的 GPS 卫星中，至少有 18 颗 ⅡF 型卫星，以保证 M 码的全球覆盖。到 2016 年 GPS 卫星系统应全部以ⅡF 卫星运行，共计 24+3 颗。

GPS 现代化计划的第三阶段：发射的 GPS BLOCK Ⅲ 型卫星，在 2003 年前完成代号为 GPS Ⅲ的 GPS 完全现代化计划设计工作。目前正在研究未来 GPS 卫星导航的需求，讨论制定 GPS Ⅲ 型卫星系统结构，系统安全性、可靠程度和各种可能的风险，计划在 2008 年要发射 GPS Ⅲ 的第一颗实验卫星。计划用近 20 年的时间完成 GPS Ⅲ 计划，以取代目前的 GPS Ⅱ。

8.6 空间大地测量新技术简介

近三四十年来，空间及卫星定位测量技术进入了一个空前发展的时期，各种空间定位技术及理论的发展突飞猛进。除了 GPS 等卫星空间定位技术外，还先后发展出现了甚长基线干涉测量（VLBI）技术、激光测月（LLR）技术、卫星激光测距（SLR）技术、卫星雷达测高技术、多普勒定轨和无线电定位系统（DORIS）、精密测距及其变率测量系统（PRARE），以及合成孔径雷达干涉测量（InSAR）等空间定位测量技术。这些空间定位测量技术极大地提高了人们定位的能力和对地观测的手段，同时也极大地拓展了定位测量的研究和应用领域，已成为为国民经济建设和社会发展、国家安全以及地球科学和空间科学研究等提供重要信息和技术支持的重要手段。本节将对这些新型的空间定位测量技术作概要简介。

8.6.1 甚长基线干涉测量

甚长基线干涉测量（very long baseline interferometry，VLBI），是利用电磁波干涉测量在多个测站上同步接收河外射电源（类星体）发射的无线电信号进行测站间时间延迟干涉处理以测定测站间相对位置以及从测站到射电源的方向的技术与方法。该技术是随着干涉测量法和射电天文学的发展以及现代电子技术和高稳定度频率标准的诞生而形成的，于 1967 年春由美国和加拿大试验成功。由于这种射电干涉仪的各单元间的基线距离可达上万公里，因此称之为甚长基线干涉测量。

VLBI 除在射电天文学和天体物理学中有重要应用外，也可应用于大地测量与地球动力学。从 20 世纪 80 年代初开始，经常性的观测活动充分显示了它为地学研究提供新信息的巨大潜力。最近 10 年来，VLBI 观测结果的可靠性和重要性得到了愈来愈广泛的承认。VLBI 在大地测量和天体测量中，主要用于建立和维持天体参考系和地球参考系；监测地球自转变化和极移；监测全球板块运动和区域性地壳形变；并为其他大地测量技术提供高精度的基准。目前，VLBI 技术被认为是全球尺度相对定位、确定日长、极移以及连接天体参考框架最精密可靠的技术手段。

1. VLBI 系统的组成及其功能

甚长基线干涉测量是靠观测河外射电源进行的。射电源在很宽的频率范围内以基本不相干的信号发射能量，但 VLBI 只能接受调制待定的频率，典型的频率为 X 波段（约 4cm 波段或 8GHz 频率）和 S 波段（约 15cm 波段或 2GHz 频率）。

如图 8-11 所示，VLBI 主要由以下四部分组成。

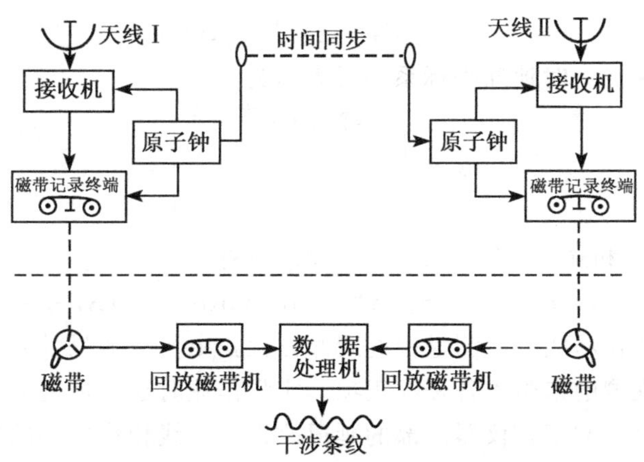

图 8-11　VLBI 系统组成及其原理图

(1) 天线

VLBI 固定站通常需要口径 15～25m 的全自动抛物面天线，配有可以同时接收 3.6cm 和 13cm 波段的馈源系统以消除电离层对射电波传播的影响。

(2) 接收机

接收机的作用是将接收到的射电信号进行放大，通过混频将射电信号变为中频信号，成为 VLBI 磁带记录终端所需要的视频信号。

(3) 磁带记录终端和数据相关处理机

磁带记录终端和数据相关处理机是配套使用的。记录终端的功能是把接收到的射电源信号记录到磁带上保存起来，以作为进一步相关处理之用。

(4) 时间频率系统

本机振荡器产生的参数频率必须非常稳定，对于测地 VLBI 系统，它要求 VLBI 测定时延的精度应优于 0.1ns，钟的频率稳定度达到 10^{-14}，只有氢原子钟才能达到这样的稳定度。VLBI 观测时要求两地的氢原子钟精确同步，误差不大于 1μs。

2. VLBI 系统测量的基本原理

利用甚长基线干涉测量技术来精确测定基线向量及射电源方向的基本原理公式如下：

$$aA = c \cdot \tau = |\boldsymbol{b}| \cdot \cos\theta = \boldsymbol{b} \cdot \boldsymbol{S} \tag{8-3}$$

式中，$\boldsymbol{b}=\boldsymbol{AB}$ 称为基线向量，τ 称为时间延迟，$\boldsymbol{S}$ 为射电望远镜至射电源方向上的单位向量，c 为光速，θ 为 $\boldsymbol{S}$ 和 $\boldsymbol{b}$ 间的夹角。

在瞬时地球坐标系中，$\boldsymbol{b}$ 矢量可以表示为

$$\boldsymbol{b} = \begin{pmatrix} X_B - X_A \\ Y_B - Y_A \\ Z_B - Z_A \end{pmatrix} = \begin{pmatrix} \Delta X \\ \Delta Y \\ \Delta Z \end{pmatrix} \tag{8-4}$$

单位矢量 $\boldsymbol{S}$ 在瞬时地球坐标系中可表示为

$$\boldsymbol{s} = \begin{pmatrix} \cos\delta\cos(\alpha - S_G) \\ \cos\delta\sin(\alpha - S_G) \\ \sin\delta \end{pmatrix} \tag{8-5}$$

将式 (8-4) 和式 (8-5) 代入式 (8-3) 后得

$$c \cdot \tau = \cos\delta\cos(\alpha - S_G)\Delta X + \cos\delta\sin(\alpha - S_G)\Delta Y + \sin\delta\Delta Z \tag{8-6}$$

上式即为甚长基线干涉测量中的观测方程。由于本节只是对 VLBI 作原理性的介绍，因而观测中未引入各种改正项。实际作业时还需加上原子钟的钟差和钟速改正，地球自转改正，仪器内部的延迟改正，天线相位中心的偏差改正，电离层延迟和对流层延迟改正，固体潮和海潮改正等一系列改正。

3. VLBI 的特点及其应用

VLBI 主要具有下列特点：第一，是一种纯粹的几何方法，不涉及地球重力场；第二，不受气候条件限制，有长期的稳定性；第三，为大地测量、地球物理等提供了一个以河外射电源为参考的坐标系，这个坐标系与地球、太阳系、银河系的动态无关，是迄今最佳的准惯性参考系；第四，可以提供关于地球整体运动和地壳运动的丰富的信息，从而深化了人们对于极移和地球自转速度变化的激发

机制、地幔和液态外核的相互作用、大气圈和海洋的相互作用、板块运动和岩石圈形变方面的认识，并可改进固体潮洛夫数的测定；第五，它的观测可以改进岁差和章动模型；第六，VLBI 站可以作为 GPS 卫星轨道测定的基准站等。

基于以上特点用 VLBI 来测定基线向量，其相对精度可以达到 $10^{-8}\sim 10^{-9}$，是监测板块运动和建立维持全球参考框架的主要方法之一，也是测定极移和日长变化的主要方法之一。目前利用 VLBI 测定极移的精度可优于 1 毫角/秒；测定日长变化的精度可以优于 0.05ms。

目前全球约有 40～50 个 VLBI 站，VLBI 用于大地测量领域的全球性计划主要有美国航空航天局 NASA 组织发起的地壳动力学计划（crustal dynamics project），以及参加国际地球自转服务（IERS）的国际射电干涉测量网（IRIS）。

1978 年，上海天文台建成 25m 口径的射电望远镜；1993 年乌鲁木齐天文台也建成了口径为 25m 的射电望远镜；1999 年 10 月，我国自行研制的流动型 VLBI 固置于昆明，形成了我国自己的 VLBI 网，这些台站在测量现代地壳运动和建立地面参考系方面发挥了重要作用。

8.6.2　卫星激光测距

卫星激光测距或激光测卫（satellite laser ranging，SLR），即利用激光测距仪在地面上跟踪观测装有激光反射棱镜的卫星，测定测站到卫星距离的技术和方法。激光测卫开始是使用 BE-C 卫星。1976 年美国宇航局发射了激光地球动力卫星 LAGEOS-Ⅰ，1992 年美国和意大利合作发射了 LAGEOS-Ⅱ，扩大了地球上 SLR 的观测范围。同时，法国、前苏联、日本和德国等先后都发射了 SLR 卫星。因此，短短的 30 多年内，SLR 系统的测距精度提高了两个数量级，从 20 世纪 70 年代第一代 SLR 系统 1m 的测距精度，发展为 80 年代第三代 SLR 系统 5～10cm 的测距精度，如今已达到 1～2cm 的测距精度，它已成为当前卫星精密定轨定位中观测精度最高的观测技术。

1. SLR 测距原理

SLR 采用的是主动式测距方法，其测距原理非常简单，用安置在地面测站上的激光测距仪向配备了后向反射棱镜的激光卫星发射激光脉冲信号，该信号被卫星的棱镜反射后返回测站，通过精确测定信号往返传播的时间，进而求出观测瞬间从仪器中心到卫星质心间的距离 $R=\frac{1}{2}C\Delta t$，如图 8-12 所示。SLR 的测距原理如下。

设卫星在地心惯性系的运动方程为

$$\dot{X}=F(X,P_d,t)\quad X(t_0)=X_0 \tag{8-7}$$

其中，X 为卫星在 t 时刻的状态向量 $X=(r,\ r_0)^T$ 或 $X=\sigma$，σ 为 6 个轨道根数；X_0 为卫星初始时刻 t_0 的状态向量；P_d 为待估的物理参数向量。

方程（8-7）的形式解可表示为

$$X = Q(X_0, P_d, t) \tag{8-8}$$

设卫星的观测量为 Θ_0（对于 SLR 技术，观测量为卫地距离），其相应的计算量 Θ_c 可由下式表示：

$$\Theta_c = \Theta(X, R), R = PNSR_0 \tag{8-9}$$

其中，R，R_0 分别表示测站在惯性系和地固系的位置矢量；P，N，S 分别表示岁差、章动和地球自转矩阵。

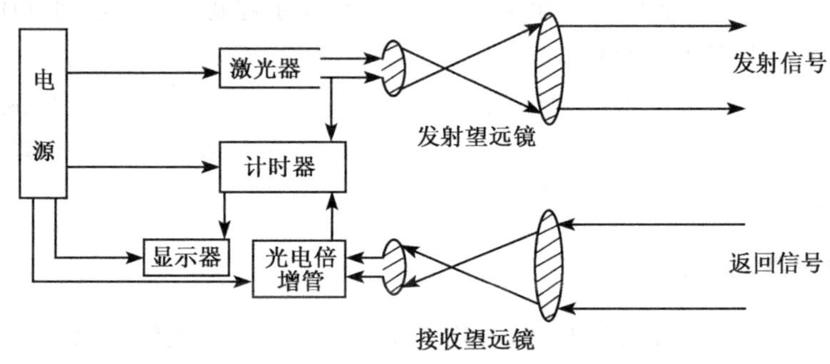

图 8-12 SLR 测量原理图

以上为卫星动力测地的一般测量原理，在实际工作中应当根据不同情况、不同目的和要求，选择适当的参数作为平差量，其他参数采用理论值保持不变，但无论哪一种动力测地一般都需把卫星轨道作为平差量，即都有一个定轨和测轨过程。

2. SLR 的应用

SLR 是目前空间技术中最精密的地基卫星定位系统，它除了可以用于地球自转研究外，还用于一些缓慢变化的地球动力学现象，如板块运动、由于地球惯性张量变化引起的重力时变、地球质心变化以及地球动力扁率 J_2 的长期变化的研究，其应用概括起来包括以下 3 个方面。

1）测定测站的地心坐标，地球参考系的建立和维持。利用 SLR 技术测定测站三维地心坐标的精度可达厘米级，且高程测定精度与水平方向的测定精度相近。利用 SLR 技术还可以精密测定地球质心的位置和地球定向参数及其时间变化，从而建立和维持精确的地球参考框架。

2）精确测定地球引力场、大地测量常数及其时间变化。利用不同轨道倾角和高度的激光卫星，可精确建立地球引力场模型，测定地球引力场低阶位系数的季节性变化和固体潮参数，目前应用广泛的全球卫星重力场模型 JGM3 和 GRIM5 以及全球 360 阶重力场模型 EGM96 均采用了多颗卫星的全球激光测距数据。

3）精确确定卫星轨道。由于激光跟踪卫星受对流层延迟影响小，因此激光测距精度高于无线电测距，目前 SLR 测距精度达厘米级，全球大部分的地球卫星的定轨均采用 SLR 进行卫星轨道的确定。目前全球约有 50 个左右的 SLR 固定台站以及少量的流动台站。测距精度已达到 1～3cm。少数台站已达到亚厘米级的精度水平。1981 年以来我国在上海、武汉、长春、北京、昆明等地先后建立了 SLR 站。测距精度达到亚厘米级水平，并实现了白天观测。我国还自行研制了流动型 SLR 站 TROS-1。

预计在不久的将来激光测距的精度还可能有较大的提高，达到 mm 级的测距精度。此外也有人提出在卫星上安装激光测距仪，在地面上安装廉价的反射棱镜以组成空基激光测距系统的建设，如能实现将会进一步推动激光测距技术的广泛应用。

8.6.3　卫星测高

卫星测高（satellite altimetry），是通过 SLR、GPS 和 DORIS 等手段精确确定测高卫星的运行轨道，同时利用安置在卫星上的测高仪测定卫星到瞬时海面（或平坦地面）的垂直距离来测定地球重力场，研究海洋学、地球物理学中各种物理现象的技术和方法。卫星测高技术是 20 世纪 70 年代由美国科学家提出的，最早实现是由美国空间实验室（Skylab）地球动力学实验海洋卫星（Geos-3）和海洋卫星（Seasat）进行了三次试验。随着 1985 年美国 Geosat 实用化卫星发射，开始为测高卫星的科学应用提供持续时间长、覆盖范围广的卫星测高观测数据。自 1992 年 T/P 卫星发射后，提供了高精度的全球测高数据。目前测高数据经各种改正后，精度可达厘米量级。

1. 卫星测高基本原理

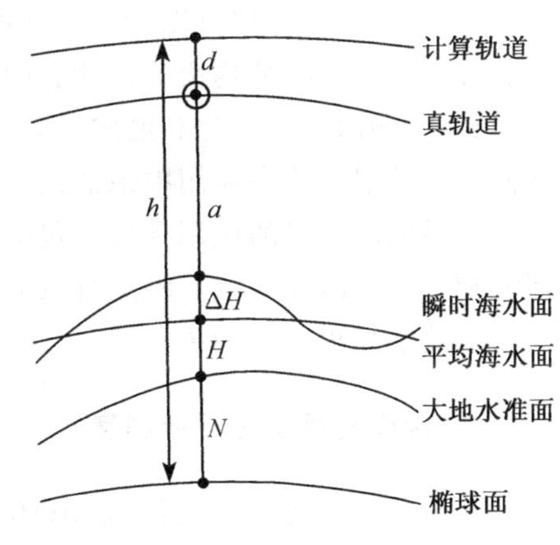

图 8-13　卫星测高原理图

图 8-13 是卫星测高基本原理图。图中 h 是测高卫星距椭球面的垂直距离，即大地高。通过 SLR、GPS、DORIS 等手段精确确定卫星的轨道后，h 即可据卫星的位置及椭球体的参数计算而得。由于 h 是根据卫星轨道求得的，因而含有轨道误差 d。N 为大地水准面起伏，即大地水准面与椭球面间的垂直距离。H 为海面地形，即平均海水面与大地水准面间的差距，其值为 1～2m。ΔH 为潮汐、海浪等的影响。a 为卫星测高中的观测值，即卫星至瞬时海面

间的垂直距离。d 为计算轨道与真实轨道之间的径向误差。由图 8-13 可以看出：

$$h = N + H + \Delta H + a + d \tag{8-10}$$

在空间大地测量中卫星测高主要用于确定地球重力场。由于在海洋上进行重力测定极为困难，因而卫星测高为获取海洋地区重力资料提供了一种高效快速的技术方法。

2. 卫星测高的应用

直到目前为止，曾经或正在运行的测高卫星有 Geosat（1985），ERS-1（1991），Topex/poseidon（1992），ERS-2（1995），Geosat Follow-on（GFO）（1998），JASON-1（2001），ENVISAT（2001）等。卫星测高技术是目前研究和监测海面地形与中尺度海洋现象及其动力学的重要手段之一，其应用概括起来有：

1）精确测定平均海平面高，实现海洋基准的垂向定位。联合多种卫星测高的海面高数据可以精确计算平均海面高，进而可实现海洋深度基准面的垂向定位，为陆地与海洋地形图建立转换关系。

2）测定高分辨率的海洋重力场。利用卫星测高测量获得的地球形状和大地水准面，反演地球重力场，并且联合多种测高数据可以精化全球和局部重力场模型。如 EGM96 和我国的 2000 似大地水准面（CQG2000）都采用了多种海洋卫星的测高数据。

3）反演高分辨率的海洋潮汐模型。这样改变了传统采用建立验潮站来获取数据的方法，据初步统计，采用卫星测高数据，从 1994 年到现在，已有近 50 个全球潮汐模型问世。

4）卫星测高数据可以为地球物理学提供有关海洋岩石圈的构造和状态以及海底各不同构造特征均衡抵偿状态的信息。

5）监测海平面变化和厄尔尼诺现象。利用卫星测高数据监测全球和区域海平面变化是卫星测高应用中最活跃的领域之一。

卫星测高技术的应用领域还包括利用卫星测高数据反演海潮模型，推算大洋环流和中尺度海洋现象，测定有效的波高和海面风速，用于监测冰面的变迁，建立全球数字高程模型和统一的全球高程基准等。

8.6.4 合成孔径雷达干涉测量

合成孔径雷达干涉测量（interferometry synthetic apeture radar，INSAR），通过装有两个侧视天线或采用重复轨道法，对同一地区采用干涉法记录相位和图像的回波信号，通过一系列必要的后处理，可获得地面三维几何和物理特征的合成孔径雷达。合成孔径雷达干涉测量是新出现的卫星大地测量技术，在地学中有多方面的应用，如建立数字高程模型（DEM），监测地面形变，监测冰川与河流的运动等。用于 INSAR 的卫星有美国的 LANDSAT、欧空局（ESA）的 ERS-1 和 ERS-2、日本宇航局的 JERS-1 和加拿大的 RADARSAT；此外还有美国的 SIR-C/X-SAR 等。

1. 雷达干涉测量的原理

雷达干涉测量的成像几何关系可用图 8-14 来表示。从图中可以导出以下主要关系：

$$\Phi = \frac{4\pi}{\lambda} \cdot B\sin(\theta - \alpha) \tag{8-11}$$

$$\delta\Phi = \frac{4\pi}{\lambda} \cdot B\cos(\theta - \alpha) \cdot \mathrm{d}\theta \tag{8-12}$$

$$\begin{aligned} h &= H \cdot \tan\theta_0 - \frac{\lambda \cdot \delta\Phi}{4\pi \cdot B\cos(\theta_0 - \alpha)} \\ &= H \cdot \tan\theta_0 - \frac{\lambda \cdot \delta\Phi}{4\pi \cdot B} \end{aligned} \tag{8-13}$$

式中，h 为所求解的未知高差；Φ 为相位；$\delta\Phi$ 为相位差。

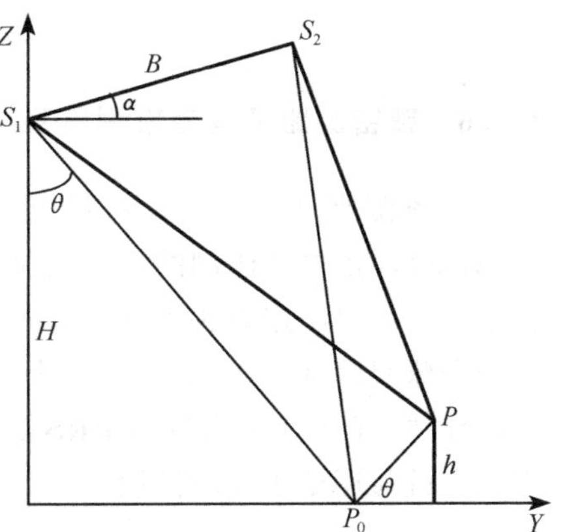

图 8-14　雷达干涉测量的成像几何关系

2. 合成孔径雷达干涉测量的应用

INSAR 的数据处理步骤包括：基线的测定，图像的粗配准和精配准，干涉图与相干图的生成，相位解缠，DEM 的生成等，利用 D-InSAR 还可以获取地表形变的信息。

INSAR 的应用概括起来有地形测绘和形变场的探测。

从 1974 年首次利用 InSAR 进行地形制图开始，地形测绘一直是 InSAR 的主要应用之一。星载 InSAR 是进行大面积快速地形测绘的一种比较经济的手段，不受天气和气候的影响，无需大量的地面控制点。在地形测绘方面主要工作有：区域地形测绘、地形图的镶嵌、DEM 精度的评价及坡度估算等。

INSAR 在地球科学领域中最主要用于地球表面的形变场的探测研究。采用 D-INSAR 技术其形变监测精度可达到厘米级甚至毫米级，因此被广泛应用于地震监测、火山研究、冰川研究和地面沉降监测等。随着 InSAR 理论的完善和 INSAR 软件的普及，其应用将会更加广泛。

8.6.5　由卫星集成的多普勒定轨和无线电定位系统

由卫星集成的多普勒定轨和无线电定位系统（Doppler orbitograph and radio positioning intergrated by satellite，DORIS），是由法国研制的多功能系统，主

要用于美-法合作的 T/P 海洋学计划的精密定轨，也用于绝对定位和相对定位以及地壳运动监测。由于是地基系统，卫星上只有一台多普勒接收机、全方位辐射天线和一台在 10～100s 期间稳定度为 5×10^{-13} 的高稳定振荡器。DORIS 在全球设有 50 个以上的固定跟踪站，供定轨之用。

DORIS 可以提供三类数据：DORIS 地面站的精密绝对单点定位；SPOT-2 和 T/P 卫星的精密定轨；地球自转参数（极移）。根据已处理的 SPOT-2 和 T/P 几个月的数据，每日解结果表明，绝对单点定位内符合中误差为：纬度 10cm，经度 20cm，高程 20cm。定轨精度为亚分米级。极移的每周日估值的中误差为 $1\sim2''\times10^{-3}$。

8.6.6 精密测距及其变率测量系统

精密测距及其变率测量系统（precise range and rangerate equipment，PRARE），是德国研制的一种精密、双向（s/x 带）卫星跟踪系统。它也是多功能系统，可以测定时钟参数、轨道根数、站坐标和地球自转参数。这一系统也有一个全球跟踪网，包括大约 30 个自动地面站，其中一个主站、一个控制站和一个校准站。PRARE 安置在 ERS-1 和 ERS-2 卫星上，用于与 SLR 定轨结果进行比较，目前还处于试验阶段。

思 考 题

1. 试简述 GNSS 的定义及其构成。它与 GPS 系统有什么关系？
2. 试写出现有的几种卫星导航定位系统的名称。
3. GLONASS 系统由哪几部分构成？各部分的作用是什么？GLONASS 系统的信号有何特点？
4. Galileo 卫星导航定位系统的信号包括哪几部分？其信号有何特点？
5. Galileo 卫星导航定位系统由哪几部分构成？各部分的作用是什么？
6. Galileo 系统有何特点？它在哪些方面克服了 GPS 系统的不足？
7. Galileo 卫星导航定位系统是如何实现与 GPS 系统相兼容的？试比较 GPS、GLONASS 和 Galileo 系统的异同。
8. “双星”导航定位系统的定位方式与全球卫星导航定位系统的定位方式有何不同？
9. 试简述“北斗”双星定位系统的定位原理与定位过程。
10. 试简述“北斗”双星导航定位系统的功能与特点。
11. 现有的 GPS 系统存在哪些问题？何谓“3P”政策？
12. GPS 现代化包括哪些内容？GPS 现代化完成之后，可使 GPS 系统的哪些性能得到改善？
13. 在 VLBI、SLR、卫星雷达测高、DORIS、PRARE 和 INSAR 技术中，哪些属于卫星空间测量技术？这些技术各有什么特点和用途？

参考文献

陈俊勇. 1998. 利用GPS反解大气水汽含量. 测绘工程，7 (2)：6～8

陈俊勇. 1999. 世纪之交的全球定位系统及其应用，测绘学报，28 (1)：6～10

陈俊勇. 2000. 美国GPS现代化概述. 测绘通报，(8)：44～45

陈俊勇. 2000. 面向21世纪的GPS. 测绘通报，(3)：1～5

陈俊勇. 2002. 欧洲全球导航卫星系统EGNOS进展. 全球定位系统，27 (6)：46

陈永奇. 1997. 一种检验GPS整周模糊度解算有效性的方法. 武汉测绘科技大学学报. 22 (4)：342～345

丁良，李佛等. 2003. Galileo全球卫星导航系统的体系结构. 全球定位系统，28 (4)：11～14

杜道生，陈军，李征航. 1995. RS、GIS、GPS的集成与应用. 北京：测绘出版社

庚晋，白杉. 2003. 全球卫星导航系统发展面面观. 全球定位系统，28 (6)：35～38

韩波. 2004. 国防军工计量专题报道：北斗卫星导航定位系统. 中国计量，(3)：22～23

胡明城. 2003. 现代大地测量学的理论及其应用. 北京：测绘出版社

黄劲松，李征航. 1996. GPS快速静态定位技术. 武测科技，(2)：40～44

刘大杰，刘经南，刘国辉. 1994. GPS与地面测量数据的三维联合平差. 测绘学报，23 (1)：14～21

刘大杰，沈云中，方婉如. 1995. GPS水准的重力异常样条逼近解法. 测绘通报，(3)

刘基余. 2003. GPS卫星导航定位原理与方法. 北京：科学出版社

刘基余，李征航，王跃虎，桑吉章. 1993. 全球定位系统原理及其应用. 北京：测绘出版社

刘经南等. 1999. 广域差分GPS原理和方法. 北京：测绘出版社

刘林. 1992. 人造地球卫星轨道力学. 北京：高等教育出版社

刘志赵，刘经南，李征航. 2000. GPS技术在气象学中的应用. 测绘通报，(2)：7～8

刘大杰，白征东，施一民，沈云中. 1997. 大地坐标转换与GPS控制网平差计算及软件系统. 上海：同济大学出版社

刘大杰，施一民，过静君. 1996. 全球定位系统（GPS）的原理与数据处理. 上海：同济大学出版社

刘本培，蔡运龙. 2000. 地球科学导论. 北京：高等教育出版社

刘经南. 1991. 三维基线向量与大地坐标差间的微分公式及其应用. 武汉测绘科技大学学报，16 (3)：70～77

刘经南，葛茂荣. 1998. 广域差分GPS的数据处理方法及结果分析. 测绘工程，7 (1)：1～5

刘经南，吴素芹. 1991. GPS控制网基准优化设计方案. 大地测量学术年会论文

李德仁. 1988. 误差处理和可靠性理论. 北京：测绘出版社

李德仁. 1996. GPS用于摄影测量与遥感. 北京：测绘出版社

李建文，李军正. 2003. GLONASS导航电文介绍. 全球定位系统，28 (3)：31～36

李伟，刘长征等. 2003. Galileo系统频率和信号设计现状. 全球定位系统，(6)：1～4

李征航，王泽民，刘志赵. 1998. 利用GPS在短基线上进行亚毫米级定位. 武汉测绘科技大学学报，(23)：9～14

李庆海，崔春芳. 1989. 卫星大地测量原理. 北京：测绘出版社

梁开龙，暴景阳，刘雁春. 1994. GPS动态测量方法研究. 导航，(1)：16～22

赖锡安，黄立人，徐菊生等. 2004. 中国大陆现今地壳运动. 北京：地震出版社

宁津生，陈俊勇，李德仁等. 2004. 测绘学概论. 武汉：武汉大学出版社

秦加法. 2003. 北斗星光照，神州放眼量. 全球定位系统，28 (3)：50～51

邱斌，朱建军，贺跃光. 2002. GPS在大地及工程变形观测中的应用. 矿冶工程，22（2）：16～19
单国政. 1993. GPS网的优化设计［学位论文］. 武汉测绘科技大学
沈镜祥等. 1990. 空间大地测量. 武汉：中国地质大学出版社
施闯. 2002. 大规模高精度GPS网平差与分析理论及其应用. 北京：测绘出版社
施品浩. 1994. GPS定位技术的又一里程碑——RTK. 导航，（3）：1～12
帅平，曲广吉. 2004. 现代卫星导航系统技术的研究进展. 中国空间科学技术，（3）：45～52
陶本藻. 1992. 测量数据统计分析. 北京：测绘出版社
王爱朝. 1995. GPS动态定位的理论研究［学位论文］. 武汉测绘科技大学
王广运，陈增强，陈武等. 1989. GPS精密测地系统原理. 北京：测绘出版社
王广运，郭秉义，李洪涛. 1996. 差分GPS定位技术与应用. 北京：电子工业出版社
王超，张红，刘智. 2002. 星载合成孔径雷达干涉测量. 北京：科学出版社
武汉大学灾害监测与防治研究中心. 2004. GPS多天线阵列变形监测系统（GAMS）
谢世富. 1991. 差分GPS及其扩展. 导航，（1）：1～9
许其凤. 1989. GPS卫星导航与精密定位. 北京：解放军出版社
徐绍铨. 1998. GPS测量原理及应用. 武汉：武汉测绘科技大学出版社
徐绍铨，李征航. 1995. GPS高程. 武汉测绘科技大学地测院. 15～23
熊福文. 2004. 应用GPS技术监测上海市地面沉降研究总结报告. 上海市地质调查研究院
熊介. 1989. 椭球大地测量学. 北京：解放军出版社
闫利，张胜凯. 2003. GPS技术在南极的应用. 测绘信息与工程. 28（2）：33
袁建平等. 2003. 卫星导航原理与应用. 北京：中国宇航出版社
姚连壁，周小平. 1999. 线路与桥隧GPS测量. 上海：上海科学技术文献出版社
张勤. 1994. GPS网坐标转换中的基准兼容性研究及GPS网质量分析［学位论文］. 武汉测绘科技大学.
张勤，李家权. 2001. 全球定位系统（GPS）测量原理及其数据处理基础. 西安：西安地图出版社
张勤，陶本藻. 1996. GPS网应变强度分析与设计. 测绘通报，（1）：14～18
张小红，李征航，汪志明. 2001. GPS定位技术在不同领域的应用. 测绘信息与工程，（2）：10～13
张玉册，梁开龙. 2002. GPS的现代化计划与第三信号L5. 测绘工程，11（1）：22～25
张玉册，杨道军. 2003. 现代化GPS系统的发展趋势与导航战. 现代防御技术，31（5）：33～36
郑祖良. 1993. 大地坐标系的建立与统一. 北京：解放军出版社
忠频. 2003. “北斗”卫星导航定位系统. 军事家，（12）
周忠谟，易杰军，周琪. 1992. GPS卫星测量原理与应用. 北京：测绘出版社
朱华统. 1986. 大地坐标系的建立. 北京：测绘出版社
朱华统. 1990. 常用大地坐标系及其变换. 北京：解放军出版社
Bock Y. 1982. The use of baseline measurements and geophysical models for the estimation of crust deformations and the terrestrial reference system. Department of Geodetic Science and Surveying Report No. 337, Ohio State University
Cross P. 1994. Quality measure for differential GPS positioning. The Hydrographical Journal, No. 72：17～22
Frei E, Beutler G. 1989. Rapid static positioning based on the fast ambiguity resolution apporach “FARA”：theory and first result. Manuscripta Geodetica
Frei E, Beutler G. 1990. Rapid static positioning based on FARA：the alternative to kinematic positioning. Proceeding of the 2nd Inter. Symp on Precise Positioning with GPS, Canada, Sept, 3～7

Günter Seeber. 1998. 卫星大地测量学. 赖锡安等译. 北京：地震出版社

Hatch R. 1986. Dynamic differential GPS at centimeter level. Proceedings 4th International Geod. Symp. in Satellite Positioning, Austin, Texas, 1287～1298

Hatch R. 1989. Ambiguity resolution in the fast lane. Proceedings ION GPS-89. Colorado Springs, CO. 45～50

Hatch R. 1990. Instantaneous ambiguity resolution. Proceedings of IAG International Symposium 107 on Kinematic Systems in Geodesy, Surveying and Rensing, New York, Springer Verlag, 299～308

Hein G W. 1988. Integrated processing of GPS and grarity data. Journal of Surveying Engineering. Vol. 114, No. 4

Hein G W. 1989. Prazise kinematische positionierungdurch GPS and Inertiale navigationssysteme in sekunden. zfv, 7/8

Hein G W. 1990. Bestimmung orthometrischer hohen durch GPS and schweredaten, Sch riftreihe der UbwM H. Vol. 38, No. 1

Heiskanen, W A, Moritz H. 1967. Physical geodesy. Freeman and Company, San Francisco

Hofmann-Wellenhof B. , Lichtenegger H. , Collins J. 1994. GPS theory and practice. Springer Wien/New York

Jin X. 1997. Algorithm for carrier adjusted DGPS positioning and some numerical results. Journal of Geodesy, Vol. 71, No. 1: 411～422

Kahmen H, Schwarz J, Wanderlich T. 1987. GPS messungen im testnetz "Neul Welt". zfv, No. 3

Krakiwsky E J, Wanless B, Buffett B, et al. 1998. GPS 轨道改进和精密定位. GPS 卫星定位技术（译文专辑）

Langley R B. 1991. The GPS receiver: an introduction. GPS World, Vol. 2, No. 1: 50～53

Leick A. 1990. GPS satellite surveying. John Wiley & Sons, New York

Peter J G, Teunissen, Alfred Kleusberg. 1998. GPS for geodesy. Springer-Verlag, Berlin

Remondi B W. 1984. Using the global positioning system phase observable far relative geodesy. Modeling, Processing and Results, PhD thesis, Uni. of Taxas

Remondi B W. 1985. Performing centimeter-level surveys in seconds with GPS carrierphase: initial results. Journal of the Institute of Navigation. Vol. 32, No. 4

Teunissen P J G. 1994. The least-square ambiguity decorrelation adjustment: a method for fast GPS integer ambiguity estimation. Delft Geodetic Computing Centre (LGR) . LGR-Report, No. 9: 18

Wang J. 1998. Mathematical model for combined GPS and GLONASS positioning. Proceeding of 11th International Technical Meeting of the Satellite Division of the Institute of Navination. ION GPS-98, Nashville TN, (15～18): 1333～1334

Xiaoli Ding, Yongqi Chen, Jianjun Zhu, et al. 1999. Surface deformation detection using GPS multipath signals. Proceeding of the 12th International Technical Meeting of the Satellite Division of the Institute of Navigation. ION GPS-99, Nashville TN, (14～17): 53～62

Zumberge J F, Heflin M B, Jefferson D C, et al. 1997. Precise point positioning for the efficient and robust analysis of GPS data from large network. Journal Geophysics Res. 102, B3: 5005～5018